实验室生物安全

主编　郗园林

郑州大学出版社

图书在版编目(CIP)数据

实验室生物安全 / 郗园林主编. — 郑州：郑州大学出版社，2021. 6 （2024.8 重印）

ISBN 978-7-5645-7805-3

Ⅰ. ①实… Ⅱ. ①郗… Ⅲ. ①生物学 - 实验室 - 安全管理 Ⅳ. ①Q-338

中国版本图书馆 CIP 数据核字(2021)第 063582 号

实验室生物安全

SHIYANSHI SHENGWU ANQUAN

策划编辑	苗 萱	封面设计	苏永生
责任编辑	吕笑娟	版式设计	苏永生
责任校对	薛 晗	责任监制	李瑞卿

出版发行	郑州大学出版社	地 址	郑州市大学路40号(450052)
出 版 人	孙保营	网 址	http://www.zzup.cn
经 销	全国新华书店	发行电话	0371-66966070
印 刷	郑州宁昌印务有限公司		
开 本	787 mm×1 092 mm 1 / 16		
印 张	25.5	字 数	603 千字
版 次	2021 年 6 月第 1 版	印 次	2024 年 8 月第 4 次印刷

书 号	ISBN 978-7-5645-7805-3	定 价	89.00 元

本书如有印装质量问题,请与本社联系调换。

编委名单

主　编　郗园林

副主编　臧文巧　汤黎明　王　涛　唐　悦

编　委（按姓氏笔画排序）

王　涛　河南中医药大学第一附属医院

王鹏飞　河南科技大学

刘利娥　郑州大学公共卫生学院

汤黎明　郑州大学基础医学院

阴志刚　郑州大学实验动物中心

陈帅印　郑州大学公共卫生学院

胡　军　郑州大学基础医学院

胡　凯　河南省医学科学院、河南省实验室生物安全技术中心

胡香杰　郑州大学基础医学院

郗园林　郑州大学公共卫生学院

唐　悦　郑州大学基础医学院

蔺　萌　郑州大学基础医学院

臧文巧　郑州大学基础医学院

前　言

　　人们在从事与病原微生物相关的教学科研、药品和生物制品生产、临床检测和传染病防控过程中都需要实验室。同时，在实验过程中不可避免地要与病原微生物及其样本进行接触，这样就会存在因实验室泄露而造成感染的风险。据统计，由于病原微生物实验所造成的感染事件较普通人群高 5～7 倍，使得人们不断地思考如何防范实验中的感染问题。实验室生物安全概念起源于 20 世纪 50～60 年代，为了控制实验室生物风险，减少实验室生物危害，国际社会组织逐渐建立生物安全体系，为实验室生物技术操作在理论上和实践上提供了安全保障。

　　习近平总书记多次谈到生物安全问题，并将生物安全纳入国家安全体系的一部分，实验室生物安全是生物安全的重要内容之一。近年来，随着传染病防控需要和生物科技发展，大量生物医学实验室陆续建设并投入使用，确保生物实验室安全运行，防止重大生物泄漏事故的发生，已成为保障公共卫生安全乃至国家安全的一个重要环节和内容，是国家和社会的一个关注焦点。自 2004 年以来，我国新出台和更新了有关的实验室生物安全的法律法规、生物安全实验室的建设标准、仪器设备的技术要求、生物废弃物的处理、样本的管理与运输、个人防护用品级别要求等，使实验室生物安全的管理越来越规范化、制度化。

　　全书共 15 章，依据生物安全的法律法规结合实验室生物安全的具体要求，系统介绍了实验室生物安全的发展过程、病原微生物危害评估方法、实验室设施要求和设备要求、个人防护装备、实验安全操作规程、动物实验室的要求、实验动物的操作规范、实验室管理要求、实验废弃物的处理、实验室危险化学品的管理和实验室存在的物理危害(水、电、辐射)等内容。

　　在多年的生物安全工作中，笔者认为生物安全理念应该从学生抓起，高等院校生物医学专业教育的过程中会涉及微生物的学习和研究，需要接触微生物和相关的感染性材料，培养学生的生物安全意识，规范学生的实验操作，使学生养成良好的实验操作习惯对于防控实验室感染至关重要。本书从实验室生物安全的角度出发，理论结合实践，注重实用性和可操作性，让本科生和研究生熟悉和掌握生物安全实验室要求及实验操作的规范，同时也可为生物医学实验室工作人员生物安全管理能力的提高、生物安全知识的培训和实验操作的规范性提供帮助。本书为高等院校的本科生和研究生实用性教材，也可作为相关从业人员的专业参考书。

　　生物安全知识的宣传和普及是每一个从事生物医学工作者的责任，本书是郑州大学 2020 年校级教材建设项目，限于编者水平本书可能存在一些问题和不足，请各位读者和专家多提宝贵意见。

郅园林

2021 年 4 月

目 录

第一章

绪　论

病原微生物带来的危害一直是人类健康与生存面临的巨大挑战,早期传染病曾是危害人类健康和生命最严重的疾病。鼠疫、霍乱、天花及流感都曾经给人类带来了巨大的灾难。自列文·虎克发现显微镜下的"小动物"——微生物,巴斯德揭示出它们与人类的关系,人类才得以了解这个微观的世界,人类观察和研究微生物还不到 400 年的时间,但对于微生物的认识得到了突飞猛进的发展。

人们在研究、开发、利用生物技术的过程中,由于生物泄漏、物种的迁移等导致危害人体健康和生态环境破坏的情况发生进而对生物安全产生威胁。进入 21 世纪,环境变化、生物科技发展导致生物危害来源更为广泛,形式更多样,对人类健康、环境的危害增加。原有生物物种的破坏不断增加,社会经济全球化加速,使病原微生物传播所需条件得到满足与实现,如甲型 H_1N_1 流感病毒、埃博拉病毒、寨卡病毒、新型冠状病毒等引起的疾病暴发和流行,从而加重了生物安全潜在危机的突显与激化,引发全球生物安全危机日益严峻。

目前,我国已将生物安全纳入国家安全体系,并系统规划国家生物安全风险防控和治理体系建设,全面提高国家生物安全治理能力。2020 年 10 月 17 日《中华人民共和国生物安全法》的通过,加速了国家生物安全法律法规体系和制度保障体系的构建。《中华人民共和国生物安全法》中对生物安全进行了定义和诠释:所谓生物安全是指国家有效应对生物因子及相关因素威胁,在生物领域能够保持稳定健康发展,利益相对处于没有危险和不受威胁的状态,具备保障持续发展和持续安全的能力。为防止生物有害因子对人、物种与生态环境产生危害风险而采取的相应措施提供法律保障。随着经济全球化和生物技术的发展,人们对生物安全的认识越来越深入,生物安全的范围越来越广泛。目前主要包括防控重大新发突发传染病、动植物疫情,研究、开发、应用生物技术,实验室生物安全管理,人类遗传资源与生物资源安全管理,防范外来物种入侵与保护生物多样性,应对微生物耐药,防范生物恐怖袭击与防御生物武器威胁,其他与生物安全相关的活动等内容。生物安全与国家的核心利益紧密相关,我国已把生物安全上升到国家安全的战略高度,病原微生物实验室生物安全是生物安全法的重要内容之一。

第一节　实验室生物安全概述

人们在从事与病原微生物相关的教学、科学实验和传染病防控中取得丰硕的成果,为人类的身心健康做出了巨大的贡献,同时,在实验过程中不可避免地要与病原微生物及其样本进行接触,这样就存在因实验室泄漏而造成实验人员感染和污染环境的风险。早在1886年德国科学家科霍发表了关于霍乱的实验室感染报告,是世界上第1次关于实验室获得性感染的文献记录。在微生物实验过程中尤其是病原微生物的实验活动中,由于实验室泄漏而造成感染的事故频繁发生,据统计,由于病原微生物实验所造成的感染事件较普通人群高5~7倍。

在20世纪50~60年代,欧美国家开始关注实验室生物安全问题,Pike从文献记录和问卷调查中发现,1930年到1978年共记录了4 079例实验室相关感染事故,这些事故共造成168人死亡。Harding和Byers的统计表明,1978—1999年世界范围报道了1 267例实验室相关感染事故,其中22人死亡。美国陆军传染病医院研究所公布了1940—2010年记录的实验室获得性感染情况,使得人们不断地思考如何防范实验中的感染问题。为了控制实验室生物风险,减少实验室生物危害,国际社会组织逐渐建立生物安全体系,为实验室生物技术操作在理论上和实践上提供安全保障。

一、实验室生物安全的概念

参照中华人民共和国国家标准《实验室生物安全通用要求》(GB 19489—2008)和中华人民共和国卫生行业标准《病原微生物实验室生物安全通用准则》(WS 233—2017)的定义,实验室生物安全指实验室的生物安全条件不低于容许水平,可避免实验室人员、来访人员、社区及环境受到不可接受的损害,符合相关法规、标准等对实验室安全责任的要求。

实验室生物安全是防控实验室生物风险的综合体系。主要内容包括组织管理机构、管理制度、微生物危险度评估、实验室生物防护设施及设备、实验操作规程、个人防护措施、应急措施、菌(毒)种保藏、菌(毒)种及样本的处置等。

随着生物安全防护装备的完善,实验室管理体系的规范和生物安全培训的加强,实验室相关感染得到很好地控制,但因实验室暴露出现的感染问题仍时有发生。人为的疏忽大意,运行管理失误或仪器设备故障等因素导致的暴露感染,仍然是实验室工作人员及周边公共安全的严重威胁。

二、国际组织对实验室生物安全的要求

(一) 世界卫生组织

为了防止实验室感染的发生,20世纪50年代美国首次提出针对实验室生物安全的措施。美国疾病预防控制中心于1974年首次提出了生物安全4级分类体系,发表了《基于危害性的致病因子分类》(*Classification of Etiologic Agents on the Basis of Hazard*)报告,该报告提出根据微生物学实验室所操作的病原生物危害程度不同,将病原微生物划分为不同的危害等级,病原微生物实验室根据所研究病原微生物的危害等级采取相应级别的防护措施。

随后,美国国立卫生院于1976年为不同等级生物安全实验室,分别制定了相应的建设规范,在上述分类体系和建设规范的基础上,美国疾病预防控制中心和美国国立卫生

院 1985 年共同提出了实验室生物安全概念,并联合编撰了《微生物学与生物医学实验室的生物安全》(*Biosafety in Microbiological and Biomedical Laboratories*)手册,确立了一整套保证实验室生物安全的具体措施,包括生物安全实验室的风险评估、设计规范、设计条件、防护设备等级、人员培训、实验操作指南和配套规章制度等。

此后,随着现代生物技术的不断发展,由现代生物技术产品以及跨境转移所带来的环境破坏和健康威胁日益受到重视,使得实验室生物安全越来越多地受到世界卫生组织(WHO)和世界各国的重视。实验室生物安全成为一个重要的国际性公共卫生问题,因此,WHO 于 1983 年在美国《微生物学与生物医学实验室的生物安全》基础上,刊发了第 1 版《实验室生物安全手册》,许多国家利用该守则所提供的专家指导建议制定了符合本国情况的生物安全操作规范。随着实验室生物安全工作经验的积累,涉及生物安全工作的仪器、设备和材料的不断更新完善,新的生物安全技术不断地推出,使得实验室生物安全防护也逐步更新、规范。1993 年 WHO 根据实际需要对第 1 版《实验室生物安全手册》进行修订补充颁发了第 2 版《实验室生物安全手册》,该手册鼓励各国接受和执行生物安全的基本概念,并鼓励针对本国实验室如何安全处理致病微生物,制定操作规范。

2003 年严重急性呼吸综合征(SARS)疫情后,WHO 针对全球新传染病不断出现的状况和生物技术的发展,2004 年正式发布了《实验室生物安全手册》第 3 版。该手册强调了工作人员个人责任心的重要作用,并在下列几个方面增加了新的内容:危险度评估,重组 DNA 技术的安全利用、感染性物质运输、实验人员的健康监测和急救等内容。第 3 版还介绍了生物安全保障的概念——保护微生物资源免受盗窃、遗失和转移,以免因微生物资源的不适当使用而危及公共卫生的安全,同时还包括了 1997 年 WHO 出版的《卫生保健实验室安全》(*Safety in Health-Care Laboratories*)中有关安全的内容。

WHO《实验室生物安全手册》第 3 版的生物安全要求对各国都是有益的参考和指南,在它的理论基础上帮助世界各国制定并建立微生物学操作规范,确保微生物资源的安全,并确保其在安全的前提下用于科学研究、临床研究和流行病学检测等各项工作。

(二)国际标准化组织

(1)国际标准化组织(International Oraganization for Standardization,ISO)于 2003 年在第 1 版的《医学实验室——质量和能力的专用要求》(ISO 15189)提出了对医学实验室能力和质量的专用要求,是指导医学实验室建立和完善先进质量管理体系的最适宜标准。2012 年发布第 3 版《医学实验室——质量和能力认可准则》其要求更全面更细致,将许多要求分成细的条目,从而更易于实验室相关人员理解和执行,更利于实验室管理的规范。

(2)《医学实验室——安全要求》(ISO 15190)是国际标准化组织制定的有关医学领域所有类型实验室安全方面的标准,主要用于目前已知的医学实验室服务领域,也适合于 3 级和 4 级防护水平的人类病原微生物的医学实验室。

(三)世界动物卫生组织

2014 年世界动物卫生组织(OIE)出版的《陆生动物诊断检测和疫苗标准手册》(*Manual of Diagnostic Tests and Vaccines for Terrestrial Animals*)第 7 版,在具体的疫病章节(包括口蹄疫、牛海绵状脑病和禽流感等)进行了适当地修正,新增了牛和小反刍兽精液、活动物鉴定与溯源通用原则、病原与载体的灭活,以及动物尸体处理的通用指南等,附录还包括动物福利指南、抗生素监测和监控指南。新版《法典》把动物源性人兽共患病提到更重要的位置,更强调传播人的可能及后果,如新增加克里米亚-刚果出血热、西尼罗热、尼帕病毒脑炎等12种,还收录了以前从未列入《法典》的其他疫病如Q热等11种,删除了嗜皮菌病、牛囊尾蚴病、绵羊肺腺瘤病、蜜蜂孢子虫病等11种。OIE疫病名录由原来的79种(包括13种法典中未列的其他疫病)增加到91种。在疫情通报方面,新版《法典》由原A类疫病扩大到所有OIE名录疫病。在地区或区域划分方面,新版法典根据特定的条件,如疫病流行病学、环境因素、生物安全措施等进行"地区划分"和"区域划分"。

三、我国病原微生物实验室生物安全发展的历程

(一)实验室生物安全建设之初

随着我国对病原微生物研究的深入开展和国际学术交流的增多,国内相关专家开始关注到实验室生物安全的重要性和建设高等级生物安全实验室的必要性。为了研究流行性出血热的传播途径,1987年原军事医学科学院建成我国首个生物安全三级实验室,1993年后我国部分研究单位依据国外标准、指南和自己的经验,相继建设了一批防护水平接近三级水平的生物安全实验室,主要用于如艾滋病等此类危险水平的病原微生物研究。在此阶段,实验室生物安全关键防护装备存在许多不足,主要问题是:①缺乏生物防护口罩、生物安全柜、动物负压笼具等基本生物安全防护装备的技术标准。②部分关键生物安全防护装备的研发和生产缺乏生物安全理念,存在严重生物安全隐患,如不具备原位对排风高效空气过滤器检漏和消毒的条件,压力蒸汽灭菌器向室内排放蒸汽,手套箱式动物隔离器达不到气密防护要求等。③生物安全实验室仅以细胞水平实验安全为主,缺乏感染动物隔离饲养、解剖、残体处理及污水处理等关键防护装备。

(二)生物安全法律法规体系的日趋完善

为实现生物安全实验室建设的标准化、规范化和法制化,我国相继颁布了国家标准《实验室生物安全通用要求》(GB 19489—2004)、《生物安全实验室建筑技术规范》(GB 50346—2004)和国务院第424号令《病原微生物实验室生物安全管理条例》、《生物安全柜》(JG 170—2005行业标准)等国家标准、法规和行业标准,使生物安全实验室建设、关键防护装备研发与生产随之进入标准化发展轨道。

为进一步完善生物安全实验室管理法律法规,2002年12月卫生部批准颁布了《微生物和生物医学实验室生物安全通用准则》(WS 233—2002)正式开启了我国生物安全工作的规范化进程。尤其是2003年在新加坡、我国某地发生的"SARS"实验室泄漏,引起我国对实验室生物安全的高度重视,使我国的生物安全工作得以迅猛发展。2003年5月6日,当时的科技部、卫生部、国家食品药品监督管理局和国家环境保护总局联合发布了《传染性非典型肺炎病毒研究实验室暂行管理办法》的通知。2003年8月由国家实验室认证认可委员会(China National Accreditation Board for Laboratories,CNAL)牵头撰写《实验室生物安全通用要求》(GB 19489—2004)于2004年5月由中华人民共和国质量监督检验检疫总局和中华人民共和国标准化管理委员会颁布。2004年9月中华人民共和国

建设部与国家质量监督检验检疫总局又联合发布了《生物安全实验室建设技术规范》（GB 50346—2004）对生物安全实验室建设提出了技术标准。2004 年 11 月 12 日,国务院签发了中华人民共和国国务院令(第 424 号)公布实行《病原微生物实验室生物安全管理条例》,从而使我国的病原微生物实验室的管理工作步入法制化管理轨道,对我国防止生物威胁和处理突发的公共卫生事件的能力建设具有现实的和深远的意义。

为了更好地在全国开展实验室生物安全工作,2005 年卫生部在武汉的东湖宾馆举行了全国生物安全师资培训班,使实验室生物安全知识的普及和生物安全实验室的规范建设在全国得以推进,此后国内各级卫生行政部门、医院、疾病预防控制中心和高校等相关单位成立了生物安全委员会并逐步建立实验室生物安全管理体系,自此在全国开启了实验室生物安全标准化、规范化和科学化的新进程。

2020 年 10 月 17 日十三届全国人大常委会通过《中华人民共和国生物安全法》,至此生物安全被纳入国家安全的战略高度,实验室生物安全为其主要内容之一。生物安全法对于维护国家安全,防范和应对生物安全风险,更好地保障人民健康,保护生物资源和生态环境,促进生物技术健康发展有重要意义,为实现人与自然的和谐共生保驾护航。

(三)生物安全实验室装备的发展

在"SARS"疫情以后,实验室生物安全问题引起我国政府的高度重视,对实验室生物安全建设加大投入力度,将生物安全装备研发列入《国家中长期科学和技术发展规划纲要(2006—2020 年)》和国家《"十二五"生物技术发展规划》。2005 年以来,在国家科技攻关计划、科技支撑计划、"863"计划、传染病防治科技重大专项、国家重点研发计划等重大科技项目的支持下,生物安全实验室关键防护装备采取研究、开发、推广和应用系统合作的产学研用创新模式,培养了一批生物安全专业人才,促进了生物安全防护装备生产企业的技术升级,极大缩短了生物安全防护装备从研究开发到应用的周期,将科研成果及时转化为实用产品和保障能力,取得了显著成效。2006 年,我国自主研发的移动式生物安全三级实验室成功投入使用,填补了国内机动生物安全装备的空白。该装备已纳入国家公共卫生体系建设规划,参加并圆满完成多起国家重大活动的生物安全保障和新发突发公共卫生事件的应急处置技术保障任务。

2009 年以来,我国先后研发成功生物安全型高效空气过滤装置、生物型密闭阀、气密门、气密传递窗、正压防护服、实验室生命支持系统、化学淋浴设备、手套箱式生物隔离器、气体二氧化氯及汽化过氧化氢消毒设备等系列实验室生物安全防护装备,其中大部分装备已实现产业化,并成功应用于全国 80 余家高等级生物安全实验室,基本实现了生物安全三级实验室关键防护装备的自主保障。

2014 年 9 月—2015 年 3 月,我国政府派出我国自主研制的移动式生物安全三级实验室,跟随中国疾病预防控制中心的援助塞拉利昂移动实验室检测队参与埃博拉病毒应急检测任务。该移动实验室连续工作 6 个多月,运行保障 1 200 多小时,检测样本近5 000 份,其中阳性样本近 1 500 份。移动式生物安全三级实验室走出国门执行"援非抗埃"任务,在发挥重要作用的同时,也彰显了我国作为负责任的大国形象和强大的科技力量。

2015 年 1 月中国科学院武汉国家生物安全实验室在湖北武汉竣工,是我国首个生物安全四级实验室。该实验室的建成意味着,今后中国人将能够在自己的实验室里开展烈性病原微生物的实验研究活动。

我国政府在2020年的"新型冠状病毒肺炎"疫情期间快速建立的火神山和雷神山负压病房和移动三级生物安全实验室的投入使用,彰显了我国生物安全建设能力步入国际化发展阶段。

第二节　实验室生物安全必要性和重要性

实验室内的病原微生物及其生物因子的泄漏,不仅对实验室相关工作人员造成危害而且还会对社会带来危害和影响。例如1979年4月苏联斯维尔德洛夫斯克城军事生产基地的炭疽杆菌干燥厂,因工作人员交接失误,使得车间在排风管道没有安装过滤器的情况下运行,导致炭疽杆菌芽孢的粉尘直接排出车间污染周边环境,造成了周边人员感染,据苏联方面报道,该事故共造成96人感染,66人死亡。2019年,我国某生物药厂在兽用布鲁氏菌疫苗的生产过程中使用过期消毒剂,致使生产发酵罐废气排放灭菌不彻底,使含有布鲁氏菌的废气形成的气溶胶排入外环境,导致附近周围污染,引起3 245人感染的事故。

随着对微生物尤其是病原微生物的研究范围日益扩大,涉及病原微生物的实验室数量在增加,而且相关实验室波及的行业范围也越来越广泛,涵盖了卫生、农业、质检、海关、企业和大专院校等多个部门或领域。在这些实验室开展实验活动的过程中,实验人员不同程度地需要与病原微生物或样本接触,如何避免和防止实验室感染的发生、保障实验活动顺利进行是头等大事。因此,加强实验室生物安全管理、熟练掌握实验室生物安全知识、严格遵守实验室生物安全规则是基础和保障。所以,在实验活动中实验室生物安全的重要性不可忽视,生物医学对生物安全的需要主要体现在以下领域。

一、传染性疾病防控的需要

1. 病原微生物基础研究　随着化学、物理学、生物化学、遗传学、细胞生物学、分子生物学的发展,使得人们对微生物的研究技术水平迅速提升,尤其是对病原微生物传染性、致病性、毒性及变异、抗原性及变异、耐药性及变异的研究,对传染病的预防和控制至关重要,是人们认识传染性疾病和采取正确防控措施的依据,因此对微生物的研究既是我们了解微观生物界不可或缺的内容,更是保障人民群众身体健康的需要。

2. 病原微生物检测　病原学证据是确诊临床感染性疾病的金标准,能够尽早检测鉴定出病原微生物,是迅速采取正确的抗感染方案的需要,对于患者的预后具有重大意义。目前临床检测有涂片染色、培养分离、免疫学检测、核酸检测等方法,这些工作均需要在相应防护的生物安全实验室进行。

3. 传染病的监测　传染病监测是预防和控制传染病的主要措施,世界各国根据自己国家的情况确定法定报告传染病的病种,传染病监测过程需要了解病原体型别、毒力、抗药性、人群免疫水平测定、动物宿主和媒介昆虫分布及病原体携带状况等信息,获得这些信息离不开生物安全实验室内的实验工作。

4.检疫 是对传播传染病的人群和地区进行传染病的实验室检查的防控措施,包括接触者检疫、国内交通检疫、国境卫生检疫,是监测和防止传染病由国外输入和国内传出的重要手段。

二、动植物疫情防控的需要

动植物是自然界对人类生存和经济社会发展影响最大的生物领域。动植物的安全性关系到人类生命的健康和安全;关系到国家和国际社会的经济安全、经济发展和社会稳定;关系到自然生态环境的和谐与平衡,尤其是动植物疫病的传染性、突发性和共患性对人类生命和经济社会的危害程度高且影响范围大,如禽流感、口蹄疫、马铃薯甲虫等都对农业经济和生态环境造成严重的危害,开展动植物病虫害的研究和动植物检验检疫工作是保护农业生产安全和人体健康,促进经济贸易和经济发展的需要,因此,加强动物植物实验室生物安全是确保动植物疫情防控的重要环节之一。

三、研究、开发、应用生物技术的需要

生物技术是应用生物学、化学和工程学的基本原理,利用生物体(包括微生物、动物细胞和植物细胞)或其组成部分(细胞器和酶)来生产有用物质,或为人类提供某种服务的技术。如疫苗的研制和生产、生物制剂的开发和生产,这些在我们治疗疾病、传染病防控、动植物防疫过程中起到积极的作用。

随着前沿生物技术的飞速发展,目前以基因编辑、基因驱动、合成生物学为代表的生物技术涉及的行业范围不断扩大,利用转基因技术培育新的生物品种或者品系已经是完全可行的。如转基因植物、转基因动物、转基因疫苗的相继出现,打破了自然界中的生物界限。这些生物体在没有被安全评估之前,可能具有不可预测的不良性状,一旦从实验室逸出有可能带来生物学危害。例如实验室工作中弱毒鼠疫菌部分基因段被修改或删除,如果泄漏到外环境中是否会发生变异或对其他物种产生危害就无法预测。还有些基因技术可以带来重大危害,如某种毒素或药物活性 DNA 片段重组后进行表达。这就要求在实验研究过程中对预测当中可能产生风险的环节加以防范,根据危害程度按照病原体分组方式进行分组。因此世界卫生组织在第 3 版的《实验室生物安全手册》增加了对重组 DNA 技术的生物安全风险控制要求。

生物技术日益成熟、普及化,使不同意识形态的团体对于技术的应用具有不确定性,使生物技术表现出两用型、双刃剑的特点,这就人为地增加了潜在的生物恐怖风险和生物威胁风险。国际社会已经认识到这种新型生物技术威胁的迫切性和严峻性,许多国家都针对这一技术的应用提出了生物安全规范和要求。

第三节 实验室生物安全的发展趋势

病原微生物实验室生物安全是生物技术研究、开发、应用活动平台的安全保障,是生

物技术研发、应用顺利进行的保障。现代生物安全防护技术的迅速发展,使得实验室生物泄漏、人员感染的事故大大减少,对维护人们身体健康、社会安定和国家利益起到了重要作用,但是新发传染病不断出现、生物技术的快速发展,对实验室生物安全的要求越来越高,实验室生物安全的能力开发需要生物学、医学、农学、环境学、工学、管理学、安全学等多学科知识的支持,具体从以下几个方面叙述。

一、病原微生物危害性和危险度评估

在众多的微生物中,虽然只有小部分可以引起人类、动物、植物的病害,但是,经济的发展、全球贸易的增加和人员流动的增加等因素,打破了固有的生物平衡状态、对生态环境产生危害。新发、突发传染病不断出现,抗生素的滥用造成病原微生物耐药性的增加等这些不断更新的生物危害,仍然威胁着人们的身体健康、经济的安全和社会的稳定。人类对病原微生物的研究和探索需求不断增加,生物技术的谬用又增添生物风险的可能,因此防范生物危害强化实验室生物安全是一个长期的要求。在实验活动中正确评估生物风险是做好实验室生物安全的第一步,也是重要一步,世界卫生组织在第3版的《实验室生物安全手册》中增加危害评估内容。我国也颁布了《人间传染的病原微生物名录》,这些多是提供的指导性参考,但各地撰写评估报告的水平参差不齐,内容简繁不一,对病原微生物评估的培训还需要加强,评估体系需要进一步的研究和发展。

二、实验室生物安全防护

(一)生物安全实验室建设

目前我国与世界其他发达国家在生物安全实验室建设及防护要求方面基本一致,自2004年国家出台相关生物安全的标准和法规以来,我国高级别生物安全实验室建设技术突飞猛进。新版的《生物安全实验室建设技术规范》(GB 50346—2011)对生物安全实验室的建设要求更加规范和具体。在生物安全实验室的围护结构、通风空调、供水与供气、污水处理、消毒灭菌、电力供应、照明、自控、监视与报警及实验室通信系统等方面都已熟练掌握相关的技术。

2015年我国建成首个生物安全四级实验室,标志着我国的生物安全实验室建设技术已达到国际先进水平行列。在2020年"新型冠状病毒肺炎"疫情中,我国生物安全实验室建设技术得到了充分的展示。总体看来,我国高等级生物安全实验室硬件建设是好的,但生物安全二级实验室的建设由于数量庞大、范围广泛,且省、市、县的建设水平参差不齐,生物安全隐患仍然存在。生物安全二级实验室是检测病原微生物的基础平台,在"新型冠状病毒肺炎"疫情中,由于生物安全二级实验室的问题,"新型冠状病毒肺炎"核酸检测不能及时全面地展开,严重地阻碍了防控工作的进展,因此强化基层单位实验室生物安全的问题尤为重要。2020年2月中国建设研究院发布了《医学生物安全二级实验室建筑技术标准》,使这种问题解决的可能性得以实现。

(二)实验室生物安全防护装备

2003年"SARS"疫情后,实验室生物安全得到国家高度重视,我国相关生物安全标准相继出台颁布实施,实验室生物安全防护装备也随之进入规范化发展轨道。在国家科技攻关计划、科技支撑计划、863 计划、传染病防治科技重大专项、国家重点研发计划等相关科技计划的支持下,我国生物安全实验室关键防护装备取得显著成效,研发了一批具有自主知识产权的防护装备,掌握了充气密封、机械压紧密封等关键技术,研发成功了充气式气密门、机械压紧式气密门与气密性传递窗,并在我国多家高等级生物安全实验室应用,基本实现生物安全实验室关键防护装备的自主产品化。部分国产化的防护技术、产品质量和标准尚与欧美同类产品仍存在一定的差距。加快防护设备技术标准的建立用标准推动装备质量快速发展,仍需要不断地努力进取。

当前,智能化技术发展迅速,生物安全防护装备与智能化技术相结合将有效提高装备安全性和可靠性,如智能监控系统、无人化隔离操作平台、自动消毒机器人、智能化动物隔离饲养设备等的研制将助力国产装备实现弯道超车。

(三)个人防护用品

生物安全实验室用的个体防护装备主要包括口罩、护目镜、防护手套、防护靴、连体服、正压防护头罩、正压防护服等。其中,正压防护头罩、正压防护服属于高等级个体防护装备,主要用于对接触或可能接触高致病性病原微生物人员的呼吸和头部防护,是用于三级、四级生物安全实验室个人防护的核心装备,可对人员起到最全面的保护作用。国家生物防护装备工程技术研究中心成功研制正压防护头罩和正压防护服,打破了高等级生物安全实验室防用品依赖进口的状况。

虽然我国生物安全防护装备的发展取得了显著成效,但由于发展时间短,其总体技术水平和装备体系化方面依然落后于欧美发达国家,对进口产品的依赖局面依然严峻。有些自主研发的安全防护产品还缺乏完善的标准,因此完善技术标准,实行产品认证制度,提升装备品质,通过政府引导打造民族品牌,培育使用单位对国产产品的民族自信心。同时,加强产学研协同创新,规范行业行为,创建同质化产品的差异化策略,切实提升生物安全防护装备的研发、产业化和应用水平。

三、实验动物与生物安全

实验动物是从事基础研究、生物医学研究、基因工程、产品试验及教学、鉴定等的重要工具,是生命科学研究的基础和支撑,每年世界有近一亿动物被用于动物实验。科学研究的许多重大发现和成就都与实验动物息息相关。实验动物为人类健康和社会进步做出了巨大的贡献。但由于动物实验过程中的动物性气溶胶、人兽共患病和实验室获得性疾病感染的存在,所造成的因动物实验而产生的生物危害事故时有发生,如 2006 年长春市某高校因实验操作过程中被实验动物抓咬伤而引起 76 名学生感染流行性出血热事件,2009 年法国食品卫生安全署的科研人员在对动物病体进行实验研究时,造成 5 名实验人员感染炭疽病菌事件,都为我们敲响了动物实验生物安全的警钟。因此,严格监管与检疫实验动物的进出口,规范动物实验生产,实施标准化动物,加强动物生物安全实验室防护装备研制,规范实验动物设施的建设对于动物实验生物安全具有重大意义。

四、实验室生物安全管理体系

我国的生物安全实验室管理和建设起步较晚,2002 年在参考了美国疾病控制与预防中心(CDC)和美国国立卫生研究院(NIH)的《微生物和生物医学实验室的生物安全手册》第 3 版及 WHO 的《实验室生物安全手册》第 2 版的基础上,并结合国内的多年工作经验,卫生部批准颁布了我国实验室生物安全领域第一个行业标准《微生物和生物医学实验室生物安全通用准则》(WS 233—2002),标志着我国实验室生物安全规范化管理的开始。此后我国生物安全的立法建标工作快速发展,从法律法规、国家标准、职能管理和许可制度等方面颁布一系列的管理措施,2004 年 11 月国务院通过了《病原微生物实验室生物安全管理条例》并于 2018 年进行修订;2005 年 5 月农业部发布了《高致病性动物病原微生物实验室生物安全管理审批办法》;2006 年 5 月国家环保部发布了《病原微生物实验室生物安全环境管理办法》;2006 年 8 月国家卫生主管部门发布了《人间传染的高致病性病原微生物实验室和实验活动生物安全审批管理办法》,并于 2016 年 1 月修订;2008 年 11 月农业部发布了《动物病原微生物菌(毒)种保藏管理办法》;2009 年 7 月国家卫生主管部门发布了《人间传染的病原微生物菌(毒)种保藏管理办法》。现已经建立了初步成熟的法规化管理的体系,2020 年 10 月 21 日,《中华人民共和国生物安全法》在十三届全国人大常委会第二十二次会议审议通过,为实验室生物安全管理提供了有力的法律支撑。

我国的生物安全实验室在国家卫生健康事业及国民经济中发挥越来越重要的作用。因此加强实验室生物安全管理尤为重要,目前在现有标准体系的实施过程中还存在技术规范不明确、实验室人员资质管理考核机制不完善、实验室应急处理能力欠缺,尤其是基层实验室在设计、建造、基础设施配备等方面不合理的问题,这些问题严重制约我国实验室在传染病防控中的作用。因此大力开展生物安全宣传,培养生物安全意识,尤其涉及病原微生物从业人员的生物安全知识培训,提高生物安全防护意识和防护水平,进一步完善实验室生物安全认可制度,加强生物安全实验室监督管理,最大限度地防止实验室生物危害事故的发生是当务之急。

参考文献

[1]陈方,张志强,丁陈君,等.国际生物安全战略态势分析及对我国的建议[J].中国科学院院刊,2020,35(2):204-211.

[2]马诗雯,王国豫.合成生物学的"负责任创新"[J].中国科学院院刊,2020,35(6):751-762.

[3]欧亚昆,雷瑞鹏,冀朋.合成生物学的安全伦理问题及其对策初探[J].生物产业技术,2019,1(1):91-94.

[4]薛杨,俞晗之.前沿生物技术发展的安全威胁:应对与展望[J].国际安全研究,2020,38(4):136-156.

[5]王小理.生物安全时代:新生物科技变革与国家安全治理[J].国际安全研究,2020,38(4):109-135.

[6]李彦,王富军,关国平,等.生物医用纺织品的发展现状及前沿趋势[J].纺织导报,2020,(9):28-37.

[7]李明.国家生物安全应急体系和能力现代化路径研究[J].行政管理改革,2020,(04):22-28.

[8]钱军.实验动物与生物安全[J].中国比较医学杂志,2011,21(10):15-19.

（郗园林）

第二章
实验室的生物危害

实验室是进行科学技术研究活动的基本场所,也是进行实验室生物技术操作的主要场所,其中主要有科研实验室、动物实验室、临床检验实验室、公共卫生实验室、传染病检测实验室等。生物危害(biohazard)是由生物因子形成的伤害。生物因子包括病原微生物、毒素、变应原和具有表达的重组 DNA 等。人们在从事医学研究和生物实验活动中常常有与各种生物因子接触的实验操作,所以实验室的生物危害问题应该引起特别的重视。

第一节 基本概念

病原微生物主要指能够对人类、动物和植物致病的微生物。它们可引起人类的伤寒、痢疾、结核、破伤风、麻疹、脊髓灰质炎、肝炎、艾滋病、出血热、脑炎等疾病,引起动物的鸡霍乱、禽流感、牛炭疽等疾病,以及引起农作物的水稻白叶枯病、小麦赤霉病、大豆病毒病等。有些微生物在正常情况下不致病,只是在特定情况下导致疾病,这类微生物称为机会致病性微生物。例如一般大肠埃希菌在肠道不致病,在泌尿道或腹腔中就可能引起感染。

一、病原微生物的分类

病原微生物按大小、结构、组成等可分为三大类。

(一)原核细胞型微生物

原核细胞型微生物是一类原始核呈环状裸 DNA 团块结构,无核膜和核仁,DNA 和 RNA 同时存在,细胞器很不完善,只有核糖体的微生物。依据 16S rRNA 序列分析,这类微生物可分为古生菌和细菌两大类。细菌的种类繁多,包括细菌、衣原体、立克次体、支原体、螺旋体和放线菌等。

(二)非细胞型微生物

非细胞型微生物是最小的一类微生物。无典型的细胞结构,无产生能量的酶系统,只能在活细胞内生长增殖;核酸类型为 DNA 或 RNA,两者不同时存在。病毒属于该类微生物;病毒(virus)是形态最微小,结构最简单的微生物。因体积微小,必须用电子显微镜放大几万至几十万倍后方可观察;结构简单表现为无细胞结构,仅有一种类型核酸(DNA 或 RNA)作为其遗传物质。为保护其核酸不被核酸酶等破坏,外围有蛋白衣壳,某些病毒在衣壳外还有包膜。病毒因缺少编码能量代谢或蛋白质合成所需元件(线粒体、核糖体)的遗传信息,只有在活细胞内方可显示其生命活性。

(三)真核细胞型微生物

真核细胞型微生物是一类细胞核分化程度高,有核膜和核仁,细胞器完整的微生物。真菌属于该类微生物。真菌细胞核高度分化,有核膜和核仁,胞质内有完整的细胞器。细胞壁由几丁质或纤维素组成,不含叶绿素,不分化根、茎、叶。少数为单细胞,多数为多细胞结构。真菌在自然界中分布广泛、种类繁多,以腐生或寄生方式生存,按有性或无性方式繁殖。

二、病原微生物的致病性

病原微生物的致病性(pathogenicity)是指病原微生物对宿主致病的能力。一般包括细菌、病毒和真菌的致病性。

(一)细菌的致病性

细菌的致病性是指细菌对宿主致病的能力。细菌致病性的强弱程度可用毒力来表示,细菌毒力是建立在一定物质基础上的,与毒力相关的物质很多,通常被称为毒力因子,主要包括侵袭力、毒素、体内诱生抗原、超抗原等。细菌毒素(bacterial toxin)按其来源、性质和作用特点的不同,分为外毒素(exotoxin)和内毒素(endotoxin)两种。外毒素是细菌合成并分泌(或释放)的毒性蛋白质。外毒素主要由革兰氏阳性菌产生,少数革兰氏阴性菌也可产生。大多数外毒素是在细菌细胞内合成后分泌至细胞外的;但也有外毒素存在于菌体内,细菌细胞破坏后才释放出来,如痢疾志贺菌和肠产毒素性大肠埃希菌的外毒素。根据外毒素对宿主细胞的亲嗜性及作用靶点等,可将外毒素分为神经毒素(neurotoxin)、细胞毒素(cytotoxin)和肠毒素(enterotoxin)三大类。神经毒素主要作用于神经组织,引起神经传导功能紊乱,包括肉毒毒素、破伤风痉挛毒素等。神经毒素种类不多,但毒性作用强烈,致死率高。细胞毒素通过抑制蛋白质合成,破坏细胞膜等机制直接损伤宿主细胞,引起相应组织器官炎症和坏死等。肠毒素是一类作用于肠上皮细胞、引起肠道功能紊乱的毒素。霍乱毒素、艰难梭菌毒素、肠产毒性大肠埃希菌 LT、ST 毒素等属此类毒素。内毒素是革兰氏阴性菌细胞壁中的脂多糖(lipopolysaccharide,LPS)组分,只有在细菌死亡裂解后才被释放出来。其分子结构由特异性多糖、非特异核心多糖和脂质 A 3 个部分组成。支原体、立克次体、螺旋体、衣原体亦有类似的 LPS,具有内毒素活性。内毒素引起的主要病理生理反应包括致发热反应、引起白细胞数量变化、内毒素血症与内毒素休克等。

(二)病毒的致病性

病毒感染是从病毒侵入宿主开始,其致病作用主要是通过侵入易感细胞、损伤或改变细胞的功能而引发。病毒感染的结局取决于宿主、病毒和其他影响机体免疫应答的因素。宿主因素包括遗传背景、免疫状态、年龄及个体的一般健康状况。病毒因素包括病毒株、病毒感染量和感染途径等病毒毒力相关因素。因此,不同个体感染同一病毒体,其感染及抗感染结局可各异。病毒主要通过破损的皮肤、黏膜(眼、呼吸道、消化道或泌尿生殖道)传播,但在特定条件下可直接进入血液循环(如输血、机械损伤、昆虫叮咬等)感染机体。反之,皮肤黏膜也是机体最好的防御屏障,泪液、黏液、纤毛上皮、胃酸、胆汁等均具有保护作用。病毒可以经一种途径进入宿主机体,也可经多途径感染机体,例如人类免疫缺陷病毒(HIV)。病毒感染的传播方式有水平传播(horizontal transmission)和垂直传播(vertical infection)两种。水平传播是指病毒在人群不同个体之间的传播,包括人–人和动物–人之间(包括通过媒介)的传播,为大多数病毒的传播方式。垂直传播是指病毒由亲代宿主传给子代的传播方式,人类主要通过胎盘或产道传播,也可见其他方式,例如围产期哺乳和密切接触感染等方式。多种病毒可经垂直传播引起子代病毒感染,如风疹病毒、巨细胞病毒、HIV、乙型肝炎病毒(HBV)及丙型肝炎病毒(HCV)等。

(三)真菌的致病性

真菌或机会致病性真菌侵入人体后,可引起真菌感染、真菌性超敏反应及真菌毒素中毒,某些真菌毒素还与致癌有关。目前发现对人有致病性的真菌和机会致病性真菌已超过百种。其中,由致病性真菌和机会致病性真菌引起感染,并表现临床症状者称为真菌病(mycoses)。同一种疾病可以由不同种真菌引起;一种真菌也可以引起不同类型的疾病。致病性真菌包括球孢子菌、芽生菌、组织胞浆菌及马尔尼菲青霉,可引起原发性感染。但真菌感染多为继发性感染,由机会致病性真菌引起。特别是深部真菌感染多是在各种诱因使机体免疫功能显著下降时发生。某些真菌如白假丝酵母菌、烟曲霉中可产生高分子的强毒素或低分子毒素。这些毒素也在致病中起到一定作用。另外,真菌的黏附能力对免疫系统功能的抑制及胞壁中的酶类也与致病性有一定关系。真菌毒素是真菌在其代谢过程中产生的,可污染农作物、食物或饲料。人类多因食入而引起急、慢性中毒。真菌毒素中毒极易引起肝、肾、神经系统功能障碍及造血功能损伤。另外,某些真菌的毒素与致癌有关。已证明黄曲霉毒素有致癌作用,与肝癌发生有关。除此之外,如棒状曲霉、烟曲霉、黑曲霉、红曲霉、棕曲霉、文氏曲霉及杂色曲霉等,也可产生类似黄曲霉毒素的致癌物质。

三、病原微生物在《病原微生物实验室生物安全管理条例》中的分类

我国在《病原微生物实验室生物安全管理条例》中,按照病原微生物的传染性、感染后对个体或者群体的危害程度,将病原微生物分为4类。第一类病原微生物是指能够引起人类或者动物非常严重疾病的微生物,以及我国尚未发现或者已经宣布消灭的微生物。第二类病原微生物指能够引起人类或者动物严重疾病,比较容易直接或者间接在人与人、动物与人、动物与动物间传播的微生物。第三类病原微生物指能够引起人类或者动物疾病,但一般情况下对人、动物或者环境不构成严重危害,传染风险有限,实验室感染后很少引起严重疾病,并且具备有效治疗和预防措施的微生物。第四类病原微生物指在通常情况下不会引起人类或者动物疾病的微生物。其中第一类、第二类统称为高致病性病原微生物。在病原微生物的分类中,我国《病原微生物实验室生物安全管理条例》与世界卫生组织的《实验室生物安全手册》(2004版)划分方式和类别相似,只是在危害程度的顺序上不同。

四、生物危害

（一）生物因子

生物因子(biological agents)指一切微生物和生物活性物质,其中有一些可以使人或动物致病的生物因子,我们称为可感染性生物因子。人们在从事医学研究和生物实验活动中常常有与各种生物因子接触的实验操作。在操作的过程中,生物因子有可能造成实验人员的感染进而扩散或流行。如 1909 年,美国病理学家霍华德·泰勒·立克次在研究落基山斑疹热时,发现了一种新的病原体,但受到当时微生物学认知水平的限制,在实验过程中,未能采取足够的防护措施,立克次不幸感染斑疹伤寒去世。为了纪念他,后世的微生物学家将他所发现的同时又夺取他生命的这种病原体,叫作立克次体。

（二）生物事件

生物事件是指已经发生或可能发生的,对民众健康、社会稳定、环境生态安全及国家安全等造成或者可能造成严重损害的事件,包括突发的生物恐怖袭击事件、公共卫生事件、实验室生物泄漏事件、外来生物入侵事件及生物武器袭击事件等。历史上曾经出现的生物事件:1967 年在德国马尔堡的一家微生物学实验室,发生了出血热病毒感染事故,当时该县是从非洲国家乌干达进口了一批猴子,计划作为脊髓灰质炎病毒研究的实验动物。在实验过程中,接触过这批实验动物的人,先后出现恶心、呕吐、腹泻、高热和大出血症状,进口过同一批猴子的另外两家实验室,分别位于德国法兰克福和南斯拉夫贝尔格莱德的部分工作人员也出现了类似症状,事后经过统计,共有 37 人患病,其中 7 人死亡。根据从患者体内分离到的病毒株和对此次出血暴发的流行病学调查,德国卫生当局认定,这是一次由实验室感染引发的生物安全事故,造成此次事故的病毒,被命名为马尔堡病毒。1978 年,英国报道了一个洗衣房 6 名员工和 1 名参观者感染 Q 热立克次体的事故。其原因就是实验室工作服在送洗前未严格消毒。

2003 年"SARS"疫情暴发之后,世界各地的实验室都竞相开展了针对冠状病毒的研究,在此过程中,由于某些实验室在管理等方面存在的疏忽,导致了至少 3 起严重的实验室感染事故,这 3 起事故分别发生在中国和新加坡。我国内地的某病毒研究所发生的 SARS 感染案例造成 9 人的感染,其中 1 人死亡,该感染事故起因于某研究人员采用未经严格论证的方法对 SARS 病毒样本进行灭活,而后将灭活后的样本从 BSL-3 实验室带到 BSL-2 实验室进行后续研究,结果导致在 BSL-2 实验室工作的其他人员感染 SARS 病毒。发生在新加坡公共卫生研究院的 SARS 病毒实验室感染事故起因于该实验室的防护设备实际上未能达到 BSL-3 实验室的规范要求,该实验室在不满足相应生物安全要求的情况下,仍盲目开展有关研究,以致发生实验室感染事故。我国台湾发生的 SARS 感染事故是源于该实验室管理制度不严,BSL-3 实验室应采用强制双人准入制度,即实验操作时必须有 2 名或以上人员参与,以便互相监督。某研究人员擅自单独从事 SARS 病毒实验操作,以致发生感染事故。

2007 年 8 月,英国萨里郡农场发生口蹄疫疫情,后经调查发现,病毒来自农场附近的皮尔布赖特微生物实验室。该郡是排水管道出现裂口,病毒漏出并污染周围土壤,进而经过的车辆将受污染的土壤带到农场。该事故造成英国畜牧业的极大经济损失。

2011年,在我国某大学发生了一起布鲁氏菌实验室感染事故,该事件起因为采购了未经检疫的实验动物,并用于活体解剖实验,导致参与实验的27名学生和1名教师,意外感染布鲁氏菌,造成了严重的社会影响。

(三)实验室相关感染

实验室相关感染(laboratory-associated infection)是由于从事实验活动而发生的与操作的生物因子相关的感染。在研究病原微生物过程中,如果在管理和操作上一旦有所疏漏或错误就会发生实验室感染,进而可能造成病原体扩散或传染病的流行,造成威胁。

第二节　实验室感染的因素和途径

实验室是进行科学技术研究活动的基本场所,也是进行实验室生物技术操作的主要场所,其中主要有科研实验室、动物实验室、临床检验实验室、公共卫生实验室、传染病检测实验室等。实验室感染是指在实验活动中工作人员和相关人员发生的实验因子的感染。实验室感染的危害大而深远,是我们必须面对的问题。

病原微生物的感染途径可分为自然感染途径和其他感染途径。其中自然感染途径指病原微生物通过自然途径感染,在自然界中,病原微生物可以通过水、空气、食物、媒介等途径感染。其他感染途径指的是通过实验室活动等造成的感染。

一、吸入性感染

吸入性感染主要由生物气溶胶引起。生物气溶胶(bioaerosol)是指悬浮于气体介质中,粒径一般为 0.001~100.000 μm 的固态或液态微小粒子形成的相对稳定的分散体系。气体介质称连续相,通常是空气;微粒或粒子称分散相,是多种多样的,成分很复杂,也是气溶胶学研究的主要对象。分散相内含有微生物的气溶胶称为生物学气溶胶。实验室中的各种实验活动和意外事故产生的微生物气溶胶也是实验室感染常见的途径和因素。并且实验室操作中产生的气溶胶和由此引起的感染比较难以觉察。Pike 等对 3 921 例实验室相关感染统计分析结果发现,已知原因的实验室感染只占全部感染的18%,不明原因的实验室感染却高达82%。对不明原因的实验室感染的研究表明,大多数可能是病原微生物形成的感染性气溶胶在空气扩散,实验室内工作人员吸入了污染的空气感染发病的。

(一)生物气溶胶的特点

(1)生物气溶胶无色无味、无孔不入,不易发现,实验室人员在自然呼吸中不知不觉吸入而造成感染。若治疗控制不及时会造成严重后果。

(2)有些气溶胶感染只有呼吸道黏膜免疫才有预防作用,非呼吸道免疫途径预防作用效果欠佳。

(3)与其他疾病自然感染相比,有些微生物气溶胶感染的症状不典型,病程复杂、难以及时诊治,影响预后。

(4)气溶胶传播容易发生病原体在人与人、人与动物、动物与动物之间的传播。

(5)呼吸道传播的微生物,特别是高致病性病毒常常发生变异,尤其是其抗原性、致病性都可能发生改变,在空气中存活能力可能增强。

(6)气溶胶传播可以远距离或较远距离传播,这是与其他传播途径的显著区别,也是气溶胶传播难以预防的一个重要原因。

(二)实验室微生物气溶胶

实验室微生物气溶胶包括飞沫核气溶胶和粉尘气溶胶,两类微生物气溶胶对实验室工作人员都具有严重的危害性,其程度取决于微生物本身的毒力、气溶胶的浓度、气溶胶粒子大小及当时实验室内的微小气候条件(图2-1)。研究发现,粒径>100 μm 的飞沫沉降很快,而粒径<50 μm 的飞沫在 0.4 s 内就扩散开了;粒径<5 μm 的飞沫核被人吸入后,可以到达肺深部的肺泡处;粒径>5 μm 的飞沫核能够被呼吸道的黏膜捕获。可产生各种严重程度微生物气溶胶的实验室操作如表2-1 所示。

表2-1　可产生各种严重程度微生物气溶胶的实验室操作

轻度(<10 个颗粒)	中度(11~100 个颗粒)	重度(>100 个颗粒)
火焰上灼热接种环	腹腔接种动物,局部不涂消毒剂	离心时离心管破裂
玻片凝集试验	用乳钵研磨动物组织	打开干燥菌种安瓿
颅内接种	实验动物尸体解剖	打碎干燥菌种安瓿
倾倒毒液	毒液滴落在不同表面上	搅拌后打开搅拌器盖
接种鸡胚或抽取培养液	离心沉淀前后注入、倾倒、混淆毒液	注射器针尖脱落喷出毒液
	接种环接种平皿、三角瓶、锥形瓶等	小白鼠鼻内接种
	用注射器从安瓿中抽取毒液	刷衣服、拍打衣服
	打开培养容器的螺旋瓶盖	
	摔碎带有培养物的平皿	

除了上述实验室操作可以产生微生物气溶胶外,下列因素也可以产生气溶胶:一些在自然环境中可以繁殖的微生物,一旦进入实验室的空调或通风系统,污染了空调的冷却水,则可以形成更广泛的微生物气溶胶污染;患有呼吸道传染病或皮毛上染有病原微生物的实验动物也可以产生微生物气溶胶;微生物气溶胶在一个实验室内产生后,还可以通过气流转移到同一建筑物的其他地方,甚至污染整个建筑物的空气和外环境。

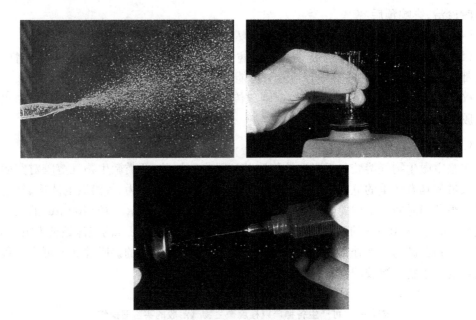

图2-1　常见实验操作引起的气溶胶

（三）病原微生物气溶胶的防护措施

1. 避免或减少操作中气溶胶的产生　避免或减少操作感染性材料时气溶胶的产生是避免实验室呼吸道感染首要的对策,也是避免实验室相关感染的主要措施。

（1）规范工作人员操作过程,避免操作错误　实验室感染事故,大部分是由于疏忽或违反操作规程造成的。例如,在操作过程中不小心将菌毒种管、含有感染性物质离心管或其他容器打碎,就可产生气溶胶污染,有可能造成严重后果。

（2）正确选择和使用仪器、器材和设备　在生物安全实验室活动中,正确选择和使用仪器、器材和设备对于保证实验室生物安全至关重要。生物安全实验室设备、器材和仪器的选用应遵循下列原则:①应适合工作需要,精确选择设备仪器。②产品要符合标准、有产品合格证,并有足够的检测数据。例如,在选择二级生物安全柜时必须是合格产品,出厂前必须经过正压试验,个人、环境、样品交叉保护试验,并提供合格报告。③仪器设备,特别是有关安全设备,必须在安装后、使用(感染性材料操作)之前由有资质的第三方进行性能验证,按规定进行年检。

2. 加强人员培训　实验室工作人员应经过专业培训并获得相应的资质,培训内容应包括仪器的操作原理和方法,强化避免或减少操作中产生气溶胶的意识,操作可能产生气溶胶危害的仪器时应采取防护措施等。

3. 改进操作技术　通过改进操作技术,可以避免气溶胶的产生和实验室伤害的发生,确保生物安全。例如:用冷接种环蘸取菌液产生的气溶胶比用热接种环减少90%;用玻璃棒接种光滑的琼脂平板产生的气溶胶比粗糙平板要减少99%;使菌液依靠重力由吸管中流出产生的气溶胶比用力吹出减少67%;菌液滴落在消毒巾上产生的气溶胶比硬桌面上减少90%;用针头从盖有橡皮塞的瓶中抽液时,用乙醇棉球围住瓶口产生的气溶胶比不用时减少99%。

（四）防止气溶胶扩散的措施

无论是哪一种微生物实验室，只要操作感染性物质气溶胶的产生是不可避免的。因此，除了上述措施外，还要防止气溶胶扩散，这是控制空气传播感染的第二环节。在实验室中有多种措施可以有效防止气溶胶的扩散，例如"围场操作""屏障隔离""定向气流""有效消毒灭菌""有效拦截"等，这些防护措施的综合利用可以获得良好的效果。

1.围场操作　围场操作是把感染性物质局限在一个尽可能小的空间（例如生物安全柜）内进行操作，使之不与人体直接接触，并与开放空气隔离，避免人的暴露。实验室也是围场，是第二道防线，可起到双重保护作用。目前，进行围场操作的设施设备往往组合应用了机械、气幕、负压等多种防护原理。

2.屏障隔离　气溶胶一旦产生并突破围场，要靠各种屏障防止其扩散，因此也可以视为第二层围场。例如，生物安全实验室围护结构及其缓冲室或通道，能防止气溶胶进一步扩散，保护环境和公众健康。

3.定向气流　对生物安全三级以上实验室的要求是保持定向气流。其要求包括：实验室周围的空气应向实验室内流动，以杜绝污染空气向外扩散的可能性，防止危及公众；在实验室内部，清洁区的空气应向操作区流动，保证没有逆流，以减少工作人员暴露的机会；污染轻的空气应向污染严重的区域流动。

4.有效消毒灭菌　实验室生物安全的各个环节都少不了消毒灭菌技术的，实验室的消毒主要包括空气、表面、仪器、废物和废水等的消毒灭菌。在应用中应注意根据生物因子的特性和消毒对象进行有针对性地选择。并应注意环境条件对消毒灭菌效果的影响。

5.有效拦截　是指生物安全实验室的空气在排入大气之前，必须经过高效粒子空气（HEPA）过滤器过滤，将其中感染性颗粒阻拦在滤材上。

尽管采取了上述防治气溶胶扩散的种种措施，但由于气溶胶具有很强的扩散能力，还是无可避免地污染实验室空气。所以实验室人员仍应进行个人防护，尽最大可能防止气溶胶的吸入。

二、经消化道途径的感染

病原微生物还可通过消化道途径进入人体而引起感染。消化道传播常见于一些不良的习惯和操作，如在实验室内吸烟、进餐、将污染的手指或物品放入口腔内、用嘴吸移液管及液体意外洒入口腔等。为避免实验室感染的发生，禁止在实验室工作区域进食、饮水、吸烟和化妆。禁止在实验室工作区域储存食品和饮料。严禁用口吸移液管，严禁将实验材料置于口内，严禁舔标签。在处理完感染性实验材料、动物、其他有害物质后，以及在离开实验室工作区域前，都必须洗手。

三、经皮肤黏膜途径的感染

在实验室，职业暴露和意外暴露是主要的感染途径，这些暴露中割伤、刺伤、接触等都是导致工作人员感染的直接因素。病原微生物可通过皮肤黏膜等进入人体而引起感染。针头和玻璃等锐器误伤、被实验动物或昆虫咬伤等也会成为病原微生物进入人体的途径。

因此实验室工作时,必须穿着合适的工作服或防护服。工作人员在进行可能接触血液、体液、其他具有潜在感染性的材料或感染性动物,以及其他有害物质的操作时,应戴上合适的手套。手套用完后,应先消毒再摘除,随后必须洗手。在处理完感染性实验材料、动物和其他有害物质后,以及在离开实验室工作区域前,都必须洗手。为了防止眼睛或面部受到喷溅物的污染、碰撞或人工紫外线辐射的伤害,必须戴合适的安全眼镜、面罩(面具)或其他防护设备。严禁穿着实验室防护服离开实验室工作区域。不得在实验室内穿露脚趾的鞋。在实验室内用过的防护服不得和日常服装放在同一柜子内。应限制使用注射针头和注射器。除了进行肠道外注射或抽取实验动物体液外,注射针头和注射器不能用于移液或用作其他用途。如果窗户可以打开,则应安装防止节肢动物进入的纱窗。实验室应制定并执行处理溢出物的标准操作程序。出现溢出、事故以及明显或可能暴露于感染性物质时,必须向实验室负责人报告。实验室应如实记录有关暴露和处理的情况,保存相关记录。污染的液体在排放到生活污水管道以前必须清除污染(采用化学或物理学方法)。只有保证在实验室内没有受到污染的文件纸张才能带出实验室。

四、重组 DNA 的生物安全

随着分子生物技术的发展,用于改变生物物种的基因方法从自然选择、杂交、配对和变异,被更新、更有效的技术补充,如重组 DNA 技术;转基因动植物的生产;微生物毒素或其他毒力基因在表达载体中或该基因可得到表达的宿主环境下的克隆;感染性病毒的全克隆生产;包括从重组结构中改造感染性病毒粒子(反向基因工程)等,其中最著名的就是重组 DNA 技术。

重组 DNA 技术又称遗传工程,是基因操作中的一项主要内容。具体指的是在体外重新组合脱氧核糖核酸分子,并使它们在适当的细胞中增殖的遗传操作。其操作可把特定的基因组合到载体上,并使之在受体细胞中增殖和表达。通过组合不同来源的遗传信息,从而创造出自然界以前可能从未存在过的遗传修饰生物体。如转基因和"基因敲除"动物及转基因植物。然而,这些生物体可能具有一些不可预测的不良性状,因此能否进行安全操作及所要求的生物安全水平,使得重组 DNA 技术的安全问题一直备受关注。

由于遗传修饰生物体的致病性和所有潜在危害可能是新型的、不确定的,因此必须先对实验室工作的危险性进行评估。需要评估的项目包括供体生物的特性、将要转移的DNA 序列的性质、受体生物的特性及环境特性等,从而决定安全操作目标所要求的生物安全水平,并确定应使用的生物学和物理防护系统。基因操作中需要考虑的生物安全因素包括以下几个方面。

(一)对用于基因转移的病毒载体的生物安全考虑

常见的病毒载体既有非致病性的腺相关病毒载体,也有可引起艾滋病的人类免疫缺陷病毒等。常见病毒载体的基本特性和常见病毒载体的生物安全分类如表2-2,表2-3所示。

表2-2 常见病毒载体的基本特性

病毒	基因组	包膜	衣壳	病毒粒子直径/nm	传播方式	主要症状及疾病
腺病毒	dsDNA	无	二十面体	70～90	呼吸道、消化道、直接接触	在人类主要引起急性呼吸道感染，还能引起胃肠炎和结膜炎
腺相关病毒	ssDNA	无	二十面体	18～26	—	非致病性
单纯疱疹病毒	dsDNA	有	二十面体	150～200	直接接触	可引起口腔、眼部、生殖器、中枢神经系统等多种部位的感染
逆转录病毒、慢病毒	mRNA（+）	有	二十面体	80～130	直接接触	获得性免疫缺陷综合征
痘苗病毒	dsDNA	有	复合体	170～200 300～450	直接接触	感染后多为局部红肿、脓包，大面积疼痛的结节病灶，伴发热等

表2-3 常见病毒载体的生物安全分类

病毒名称	危害程度分类	实验活动所需生物安全实验室级别（病毒培养）	实验活动所需生物安全实验室级别（动物感染实验）
腺病毒	第3类	BSL-2	ABSL-2
腺病毒伴随病毒	第3类	BSL-2	ABSL-2
慢病毒（HIV除外）	第3类	BSL-2	ABSL-2
人类免疫缺陷病毒（Ⅰ型和Ⅱ型）	第2类	BSL-3	ABSL-3
痘苗病毒	第2类	BSL-2	ABSL-2
单纯疱疹病毒	第3类	BSL-2	ABSL-2
脊髓灰质炎病毒	第2类	BSL-3	ABSL-3
杯状病毒	第3类	BSL-2	ABSL-2
甲病毒	第3类	BSL-2	ABSL-2

　　病毒载体的实验室生物安全主要包含病毒载体母体及载体构建实验或生产过程中使用和诱发的各类基因片段、重组基因片段。由于生命科学和生物技术的特殊性，病毒载体母体及各类基因片段一旦进入环境，就会对人体健康和生态安全造成潜在威胁。为了开发更加高效的载体以及引入有治疗作用的基因，在分子生物学水平对病毒基因及治疗基因进行编辑整合。未转染之前的基因编辑一般在普通实验室下完成，处理不当或不

及时处理,可导致各种基因片段暴露于实验室。暴露的基因片段为重组提供了模板和可能,如果污染了我们已经构建好的具有特定疗效的新型基因治疗产品,那么因为污染有可能造成全部的工作毁于一旦。另外,对环境的染污还有可能造成潜在有风险的新的微生物的出现。

(二)对生物表达系统的生物安全考虑

生物表达系统由载体和宿主细胞组成。必须满足许多标准使其能有效、安全地使用。质粒 pUC18 是这样一种生物表达系统的实例。质粒 pUC18 经常与大肠杆菌 K12 细胞一起使用作为克隆载体,其完整测序已经完成。所有需要在其他细菌表达的基因已经从它的前体质粒 pBR322 中删除。大肠杆菌 K12 是一种非致病性菌株,它不能在健康人和动物的消化道中持久克隆。如果所要插入的外源 DNA 表达产物不要求更高级别的生物安全水平,那么大肠杆菌 K12/pUC18 可以在一级生物安全水平下按常规的遗传工程实验进行。

(三)对表达载体的生物安全考虑

在下列情况下,需要采用较高的生物安全水平措施:①来源于病原生物体的 DNA 序列的表达可能增加遗传修饰生物体的毒性。②插入的 DNA 序列性质不确定,例如在制备病原微生物基因组 DNA 库的过程中。③基因产物具有潜在的药理学活性。④克隆编码毒素类蛋白基因。

(四)对转基因动物和“基因敲除”动物的生物安全考虑

携带外源性遗传信息的动物(转基因动物)应当在适合外源性基因产物特性的防护水平下进行操作。特定基因被有目的地删除的动物(“基因敲除”动物)一般不表现特殊的生物危害。包括那些表达病毒受体的转基因动物一般不会感染它们的种系。如果这些动物从实验室逃离并将转基因传给野生动物群体,那么理论上可以产生储存这些病毒的动物宿主。

(五)对转基因微生物的生物安全考虑

在《人间传染的病原微生物名录》中关于遗传修饰生物体做了如下规定:在卫生部发布有关的管理规定之前,对于人类病毒的重组体(包括对病毒的基因缺失、插入、突变等修饰以及将病毒作为外源基因的表达载体)暂时遵循以下原则。

(1)严禁两个不同病原体之间进行完整基因组的重组。

(2)对于对人类致病的病毒,如存在疫苗株,只允许用疫苗株为外源基因表达载体,如脊髓灰质炎病毒、麻疹病毒、乙型脑炎病毒等。

(3)对于一般情况下即具有复制能力的重组活病毒(复制型重组病毒),其操作时的防护条件应不低于其母本病毒;对于条件复制型或复制缺陷型病毒可降低防护条件,但不得低于 BSL-2 的防护条件,例如来源于 HIV 的慢病毒载体,为双基因缺失载体,可在 BSL-2 实验室操作。

(4)对于病毒作为表达载体,其防护水平总体上应根据其母本病毒的危害等级及防护要求进行操作,但是将高致病性病毒的基因重组入具有复制能力的同科低致病性病毒载体时,原则上应根据高致病性病原体的危害等级和防护条件进行操作,在证明重组体无危害后,可视情况降低防护等级。

（5）对于复制型重组病毒的制作事先要进行危险性评估,并得到所在单位生物安全委员会的批准。对于高致病性病原体重组体或有可能制造出高致病性病原体的操作应经国家病原微生物实验室生物安全专家委员会论证。

美国 NIH 对重组 DNA 分子研究提出相应的要求,出台了相关指南,该指南对重组 DNA 分子和含有重组 DNA 分子的组织和病毒的活动进行详细的描述和界定,从而进一步在生物安全方面规范了技术操作。所谓重组 DNA 分子,指在活细胞外将天然或人工合成的 DNA 片段连接到可以在活细胞中复制的 DNA 分子上面构建的分子及其复制产生的 DNA 分子。对于实验室研究,绝大多数重组 DNA 研究不会带来风险与危害,但是有些基因技术可以带来重大危害如一种毒素或一种药物活性 DNA 片段重组后,进行表达。这就要求在实验研究过程中,预测当中可能产生风险的环节加以防范。

五、细胞系的生物安全

细胞系广泛应用于诊断和微生物实验及制药生产。由于在使用过程中可能本身包含致病的微生物或被病原微生物污染及基因变异和重组,如细菌、真菌、支原体、病毒和朊病毒污染等,所以细胞系也是实验室感染的重要因素之一。

细胞培养过程中存在的生物安全问题如下所示。

1. 细胞培养的特点 对细胞培养过程的风险进行评估时,必须考虑的因素就是细胞培养的本质特征,主要体现在物种来源、细胞或组织类型及培养类型 3 个不同的方面。

2. 经过遗传修饰后获得的特征 在实验室遗传修饰获得的重组细胞与其非重组类似物相比较,通常对生物健康和环境破坏的能力要更强一些。所以在实际评估细胞培养风险时,还必须确定重组细胞获得的遗传修饰特征,将其对评估的影响考虑在内。

3. 致病因子感染获得的特征 对细胞进行培养的过程中存在着病原体感染培养细胞的可能性。所以要确定与被感染细胞培养物潜在的相关危害,就要对传染性病原体本身的特性加以验证。实验室进行细胞培养的过程中,外来污染因子是对生物的主要危害来源。因为存在的外来污染因子会通过某些特殊物种的来源从而对细胞培养产生一定的污染,影响生物健康和环境的安全。其中主要包括以下几个方面的来源。①细菌和真菌:通常检测细胞的培养物都会有细菌或真菌污染物存在,主要因其具有超过细胞培养物的生长能力。此种情况在实际生产中还是相对比较容易加以防治的。②支原体:在细胞培养过程中,支原体污染的情况相对属于比较严重的,无论是影响范围、检测难度还是防治等方面都存在比较难以处理的情况。因为在细胞培养的大多阶段不是非常容易能够检测出支原体感染情况的存在,所以就会造成非常多的不可预测的效应出现,因此细胞培养时不能忽视对于支原体的检测工作。③病毒:细胞培养的过程中还不能忽视病毒污染的情况存在,可能包含着某些具有广泛宿主的病毒侵染动物的情况。④寄生虫:生产中在处理或者制备各原始细胞培养物的时候很可能会遭受外来寄生虫造成的侵袭,又或者是来源于已知和疑似被特异寄生虫感染的供体细胞或组织,试验时也不能忽视。⑤朊病毒:少数培养的细胞系通过继代培养能够显示出促进朊病毒的稳定和持续复制及感染的作用,但是大多数的细胞系对朊病毒感染具有抵抗力。

4. 操作类型　进行细胞培养的时候,除了应该确定生物学风险以外,还有一个比较重要的方面就是操作类型因素的影响。细胞培养操作类型存在的主要问题体现在以下几个方面:可能暴露的环境特征、行为特征、非标准操作3个方面的内容。

细胞培养时必须考虑相关的生物学风险,并且进行相应的监测手段,此外操作类型也是需要考虑的事项,将以上因素都确定之后采取适当的防护等级,以保护生物安全以及环境的健康。另外动物细胞培养技术在生物技术和生物医药的相关研究领域中的应用也非常广泛,随着动物细胞培养在各个领域应用的内涵逐渐深入,随之也产生了相应的生物安全问题,也就是生产中常说的生物健康和环境因素之间的风险性问题。所以在实际实验操作中如果想将风险在最大程度上加以控制,就需要采取比较全面的风险评估再进行确定,还要考虑细胞培养操作的类型及细胞培养潜在的生物危害等情况。

六、基因治疗实验的生物安全

基因治疗(gene therapy)是指向有功能缺陷的细胞补充相应功能基因,以纠正或补偿其基因缺陷,或采用特定方式关闭、抑制异常表达基因从而达到治疗的目的。基因治疗通过将外源性正常基因转移或整合至靶细胞内,来纠正、删除或修饰缺失基因和异常基因,来达到预防及治疗目的。基因治疗依靠DNA重组技术的不断更新寻求突破,并随着临床试验的开展,证明了更多的基因治疗药物治愈疑难疾病的有效性及相对安全性,为各种先天性遗传性疾病及获得性难治性疾病患者带来希望。主要内容包括以下几个方面。

1. 基因标记　外源基因能否安全转移到患者体内,从患者体内取出的细胞能否检测到转移基因的存在,便于跟踪标记细胞。

2. 基因置换(gene replacement)　又称基因替换。用正常的基因原位替换病变细胞内的致病基因,使细胞内的DNA完全恢复正常状态。这种治疗方法最为理想,但目前由于技术原因尚难达到。

3. 基因修正　是指将致病基因的突变碱基序列纠正,而正常部分予以保留。这种基因治疗方式最后也能使致病基因得到完全恢复,操作上要求高,实践中有一定难度。

4. 基因修饰(gene augmentation)　基因补充,又称基因增补,将目的基因导入病变细胞或其他细胞,目的基因的表达产物能修饰缺陷细胞的功能或使原有的某些功能得以加强。在这种治疗方法中,缺陷基因仍然存在于细胞内,目前基因治疗多采用这种方式。如将组织型纤溶酶原激活剂(t-PA)的基因导入血管内皮细胞并得以表达后,防止经皮冠状动脉成形术诱发的血栓形成。

5. 基因失活(gene inactivation)　利用反义技术、核酶技术或基因敲除技术(knock-out)封闭有害基因,能特异地封闭基因表达特性,抑制一些有害基因的表达,以达到治疗疾病的目的。如利用反义RNA、核酶或肽核酸等抑制一些癌基因的表达,抑制肿瘤细胞的增殖,诱导肿瘤细胞的分化。用此技术还可封闭肿瘤细胞的耐药基因的表达,增加化疗效果。

6. 免疫调节(immune adjustment)　将抗体、抗原或细胞因子的基因导入患者体内,改变患者免疫状态,达到预防和治疗疾病的目的。如将白细胞介素-2(IL-2)导入肿瘤患者体内,提高患者白细胞介素-2 的水平,激活体内免疫系统的抗肿瘤活性,达到防治肿瘤复发的目的。

纵观基因治疗的发展历程,基因治疗在疑难疾病治疗方面确实已取得重大疗效,但关于基因治疗的伦理争论也从未停止。基因治疗伦理争议焦点主要集中在以下几个方面。

1.安全有效性问题　对于病理性的体细胞与生殖细胞基因治疗,基因导入系统不完全成熟且不可逆转,载体结构不稳定,治疗基因能够到达靶细胞的准确性受限;受多基因突变与环境影响的复杂性疾病,较难获得预期疗效;经驯化的逆转录病毒用作正常基因载体整合进宿主体细胞可能激活自身引起感染,或干扰靶细胞内邻近正常基因表达,产生有害突变,激活其他致病基因;基因治疗只能修复缺陷基因,不可能去除缺陷基因达到纯化人类基因库的目的;持续的基因治疗可能导致盲目的基因增强,不良基因持续积聚,违反遗传的客观规律甚至可能造成人类的混乱与退化。

2.社会公平性问题　基因治疗作为一项高端生物医学技术,研发成本较高,占用较多宝贵的卫生资源,使医疗资源分配不均,且治疗经费昂贵,很难惠及一般收入家庭的普通民众;使得基因治疗的受益人群主要为高端收入者,因此造成生存机会的不均等,将可能导致贫富差距更大化,激发社会矛盾。

3.权利问题　伦理学最基本的原则是人人享有自决权,不同社会地位的患者或受试者在基因治疗的享用上持不同态度,可以自主选择是否接受基因治疗。根据世界卫生组织和国际医学委员会发表的《伦理学与人体研究国际指南》和《人体研究国际伦理学指南》的规定,基因治疗必须遵循"最后选择原则"。医生或研究者应遵循对患者有利无害的基本原则,尽量选择有效、低成本、小风险的治疗方案。基因治疗还要求对患者不隐瞒、不欺骗、信息透明,尊重患者或受试者的知情同意权与要求保密的权利,医生或研究者有义务保护患者个人信息不被泄漏,正确评估治疗风险并提前告知解释。

4.利益导向问题　基因治疗研究投资大,促使实验室与商业机构合作以获得资金支持,但前提是能带来可观的经济效益,于是一部分研究者为追求当前经济利益最大化,对基因治疗技术滥用与不正当利用,使基因治疗商业化,危及长远的社会效益。

总之基因治疗的发展应遵循有利、公平、尊重和未来性原则,遵循严格的伦理规范和技术规范,不以眼前利益为重,关注其长远的社会利益,正视可能对未来的深远影响,以使其最终造福于人类社会。

参考文献

[1]周乙华,庄辉.实验室感染与生物安全[J].中华预防医学杂志,2005,39(3):215-217.

[2]汪梅青.微生物学实验室生物安全问题探讨[J].智慧健康,2020,6(6):33-36.

[3]张忠献,王鹏举,王尧河.肿瘤基因治疗病毒载体相关研究生物安全问题浅析[J].肿瘤基础与临床,2016,29(5):456-458.

[4]胡燕玲,高习文.细胞培养时存在的生物安全问题简析[J].现代畜牧科技,2018,7(43):8.

[5]成红,陈一勇.实验室感染及生物安全[J].山西医药杂志,2008,37(2):170-172.

[6]苏莉,曾小美,王珍.生命科学实验室安全与操作规范[M].武汉:华中科技大学出版社,2018.

[7]李勇.实验室生物安全[M].北京:军事医学科学出版社,2009.

[8]司琪,蔡奥捷,程晓寒,等.基因治疗的发展及其伦理反思[J].中国医学伦理,2017,30(12):1496-1499.

[9]刘学礼.基因治疗的发展及其伦理分析[J].科技进步与对策,2003,20(2):39-41.

[10]SPINK J,GEDDES D. Gene therapy progress and prospects:bringing gene therapy into medical practice:the evolution of international ethics and the regulatory environment[J]. Gene Therapy,2004,11(22):1611.

[11]张伟,向良成,王海平,等.基因治疗伦理审查的若干问题探讨[J].中国医学伦理学,2015,28(2):184-186.

[12]祁国明.病原微生物实验室生物安全[M].2版,北京:人民卫生出版社,2006.

（臧文巧　王　涛）

第三章
病原微生物危险度评估

为了减少生物危害的发生,我们在进行实验(试验)操作前,要对实验活动过程中可能产生的危害建立一个预见性的了解,为采取适当的防范提供参考。规范的危害评估制度可以为生物安全实验室的建设、布局提供依据,帮助操作者正确选择生物安全水平(设备和操作),采取相应的安全防护措施,减少危害的发生。危害评估的内容包括危害程度分级、病原微生物背景资料、拟从事实验活动的危险分析、工作人员专业素质、评估结论。

为了控制实验室生物风险,减少实验室生物危害,科学家探索建立了生物危害的相关规范技术和措施,WHO和各国政府也都据此对病原微生物的管理和操作制定、颁布或出版了比较完整的、具有针对性的法规、标准或手册。我国生物安全实验室建设起步较晚。20世纪80年代后期,我国建成了首座初步具有生物安全三级防护水平的实验室;20世纪90年代后期,我们开始酝酿制定实验室生物安全准则或规范;2002年卫生部批准颁布了我国实验室生物安全领域第一个行业标准《微生物和生物医学实验室生物安全通用准则》(WS 233—2002),标志着我国生物安全实验室规范化管理的开始。

实验室生物安全研究的重点核心问题是危害评估,高等级生物安全实验室危害评估研究的主要依据是《病原微生物实验室生物安全管理条例》《病原微生物实验室生物安全环境管理办法》《人间传染病分类名录》和《动物传染病分类名录》等国家和部门已经颁布的法律法规。

第一节　病原微生物危害度评估的概念

病原微生物是指可以侵犯人体,引起感染甚至传染病的微生物,或称病原体。它们的共同特点是个体微小、结构简单、繁殖迅速、分布广泛。包括细菌、放线菌、真菌、螺旋体、支原体、立克次体、衣原体和病毒。病原体侵入人体后,人体就是病原体生存的场所,医学上称为病原体的宿主。病原体在宿主中进行生长繁殖、释放毒性物质等引起机体不同程度的病理变化。

病原微生物的危害评估是指对某种病原微生物及对其操作程序或实验动物的潜在危害进行评估,应该建立在对该病原的生物学特性、传播的宿主范围、致病性等已经了解的基础上。病原微生物的危害评估是生物安全管理的核心工作,对于未知病原微生物,我们可以在对已知病原体特性的了解基础上,根据有限的临床资料、流行病学资料及实验室数据等做出可能性的判断,根据可能性采取进一步的评价。可以借助多种方法进行危害评估,其中重要的是专业评估,应由专业评估小组,包括生物安全机构、实验室或项目负责人、临床医生及各种软硬件专业人员共同合作进行。

病原微生物的危害评估是生物安全实验室开展实验活动的重要前提与基础,是病原微生物实验室不可缺少的一项管理活动,是实验室生物安全的重要保证,可以保证生物安全实验室的生物安全以及实验活动的顺利开展。

风险(risk)是某一事故发生的可能性及其事故后果的总和,是随时存在的。风险评估(risk assessment)是指通过识别和分析风险发生的概率和可能的后果,确定风险级别、风险控制内容及如何控制的过程,是风险管理的重要环节和依据。风险控制(risk control)是指为降低风险而采取的综合措施。

完善的病原微生物危害度风险评估制度对于保证生物安全具有非常重要的意义。病原微生物危害评估可帮助生物安全实验室设计者与使用者确定实验室的规模、设施与合理布局,帮助操作者正确选择生物安全水平,评估职业性疾病风险、制定相应的操作程序与管理规程,采取相应安全防护措施、减少危险性事件发生。

病原微生物的分类主要依据该病原微生物在人体导致疾病的严重程度和对社会传播的危害程度及应对措施进行划分,包括微生物的致病性、传播途径和人群的易感性、预防和治疗措施情况。

第二节　危险度评估的原则和内容

一、危害评估的原则、内容

病原微生物的危害评估,通常应根据危害程度分类,对特定的病原微生物采取相应级别的生物安全防护水平。但是应注意到同一病原微生物在不同的实验活动中其潜在的危险性不同,因此在评估时还应考虑病原微生物的背景资料、实验室的性质、即将进行实验活动的信息。

病原微生物危害评估的基本内容包括以下几个方面。

(一)病原微生物已知

当病原微生物是已知时,可根据对该病原微生物实验室研究、疾病监测和流行病学研究的资料进行危害评估,在评估中着重考虑收集以下资料。

1.病原微生物背景资料的评估　病原微生物背景资料的评估是首先进行的,主要包括病原微生物或毒素的毒力、致病性、生物稳定性、病原微生物的传染性、传播途径、病原微生物的地方流行性,有效的疫苗和治疗方法的有用性等方面的评估。

(1)病原微生物的致病性和感染数量的评估　病原微生物的致病性和感染数量是评估该微生物引起人类感染轻重程度的重要参考依据之一。不同病原微生物的致病力强弱不同,即使同类病原微生物不同菌、毒株也可以有不同强度的致病力。各种病原微生物的致病力取决于许多因素,包括宿主类型,病原微生物不同的种、型、株;可导致机体产生病变的数量、入侵部位、繁殖速度,是否产生特异性毒素和在体内的定位等。导致发病率高、后果严重的病原微生物为高致病性病原微生物。通常认为,高致病性病原微生物低感染剂量就可导致发病,同一微生物感染数量越大,其暴露的潜在后果也越严重。同时,微生物对感染个体的致病性与被感染者的体质、免疫状态及对该病原微生物的易感性等有关。

(2)病原微生物自然传播途径的评估 病原微生物可通过空气、水、食物、接触、血液、母婴、媒介生物等途径传播。同种传染病在各具体病例中的传播途径可能不同,同一种病原微生物可以形成一种以上的传播途径。其中,经过呼吸道传播的病原微生物,较其他感染途径的病原微生物更容易引起感染性疾病的传播。因此,气溶胶是引起实验室感染的最重要因素。

(3)病原微生物暴露后可能产生的潜在后果的评估 机体暴露于不同种类的病原微生物后可能产生多种后果。不同属、种、亚种、型的病原微生物,甚至不同株的病原微生物,其致病力各异。而不同的宿主个体被病原微生物感染后,可产生各种不同的结局。主要取决于病原微生物的致病力和机体的免疫力,以及所感染病原微生物的数量、毒力等因素。

(4)病原微生物感染宿主的评估 收集与分析该病原微生物对实验室常用实验动物感染性的相关资料,评估并确定拟进行实验操作的病原微生物的感染宿主等。

(5)病原微生物在环境中稳定性的评估 病原微生物的稳定性是指其抵抗外界环境的存活能力。病原微生物为了维持其种系的生存,可凭借其自身的结构特点以应对外界不利的环境。不同微生物的稳定性不同,所致疾病的种类与程度亦明显不同,治疗效果也有区别。

(6)病原微生物相关信息的评估 在某些病原微生物或待检样品危害程度相关背景信息量不足时,应该根据来源于动物研究和实验室感染报告或临床报告的信息,以及从患者临床资料、流行病学资料及样品来源地等收集到的信息,并利用动物致病性、传染性和传播途径的研究数据等对危害评估有用的信息,进行综合分析与评估。

(7)当地进行有效预防或治疗能力的评估 为减少病原微生物的传播与环境污染,应考虑在当地进行针对病原微生物的有效预防或治疗。需要评估和确定当地是否有有效的抗生素、抗病毒药物、化学药物和抗血清等治疗药物和其他对该疾病有效的治疗措施,是否有针对该传染病的疫苗等。

2. 拟从事实验活动的危害评估 对于同一病原微生物而言,在从事不同的实验活动过程中,操作者接触微生物的数量、浓度及可能的感染途径与方式是不同的。一旦发生病原微生物的暴露,可能产生不同的严重后果。所以对于不同的实验活动均应进行危害评估,以指导操作者采取合适的生物安全防护,并将该项评估的内容作为制定实验活动标准操作程序的重要依据。

对拟从事的实验活动进行危害评估时,主要包括拟进行病原微生物实验的具体项目,病原微生物的特点,该项目哪些实验步骤可能导致气溶胶产生或对操作者造成危害,以及采用何种预防措施可规避危险等内容。

(1)病原微生物操作所致的非自然途径感染的评估 因实验操作而造成非自然途径感染的机会很多,需要评估并采取防护措施。例如对感染性材料的清除污染和处理可能导致手污染,微生物操作中释放的较大粒子和液滴(直径大于 5 pm)会迅速沉降到工作台面和操作者的手上,由于手被污染而导致感染性物质的食入或皮肤和眼睛的污染;破损玻璃器皿的刺伤,使用注射器操作不当可能扎伤而引起经血液感染;血清样本采集时可能喷溅和气溶胶可导致呼吸道感染或误入眼睛而发生黏膜感染;进行动物实验时被动物咬伤、抓伤可导致感染。

(2)操作病原微生物浓度的评估 所操作病原微生物的浓度和其可能产生的危害程度密切相关。对病原微生物的操作的危害性评估,通常涉及操作的病原微生物的生长状况及病原微生物的数量和浓度,以及样本的类型和实验操作等因素。与进行微生物培养物样本的操作相比,临床待检样本的操作等对工作人员造成的相对危险性小。但是,如果实验操作涉及体积较大的样本或浓度较高的病原微生物制备品,或实验操作中可能产生较大量的气溶胶,或实验操作本身的危险性较大,则必须采取额外的预防措施,并提高实验室与个人的防护水平。

(3)病原微生物的种类与来源的评估 由于不同属、种、亚种、型的病原微生物,甚至不同株的病原微生物的致病性各不相同,因此进行病原微生物危害评估时应考虑到该病原微生物的种类与来源等相关因素。另外,还要考虑是否为重组毒株等。

(4)病原微生物实验操作的评估 应预先评估和确定拟进行的实验项目,以及实验操作中可能产生气溶胶的实验步骤,在处理病原微生物的感染性材料时是否使用可能产生病原微生物气溶胶的搅拌机、离心机、匀浆机、振荡机、超声波粉碎仪和混合仪等设备。

(5)涉及动物的病原微生物实验的评估 对涉及动物的病原微生物实验操作进行评估时,必须考虑病原微生物的自然传播途径,使用病原微生物的容量和浓度,病原微生物的接种途径,以及能否和以何种途径被排出等。同时,需要进一步对动物实验室中使用动物的自然特性(如动物的攻击性和抓咬倾向性),自然存在的动物体内外寄生虫,动物的易感疾病,播散变应原的可能性等进行评估。另外,对使用野外捕捉的野生动物还应考虑潜伏感染的可能性。

(6)实验室工作人员素质的评估 应对所有涉及病原微生物操作的工作人员的知识背景、工作经验、工作能力、个人心理素质及健康状态进行评估,对实验室管理者还应进行管理能力与处理紧急事故能力的测评。

3. 病原微生物实验活动危害的再评估 鉴于病原微生物信息不断更新和生物安全实验室活动的变更等因素,病原微生物的危害评估需要在一种动态发展的过程中进行。规范的病原微生物危害评估工作应始于生物安全实验室设计建造之前,实时的病原微生物评估应进行于生物安全实验室的实验活动之中,定期阶段性的病原微生物再评估应于生物安全实验室使用之后。因此在下列情况下,应对病原微生物实验活动的危害进行再评估。

(1)生物安全实验室正式使用前的再评估 由于在生物安全实验室建造之前的危害评估主要用于帮助生物安全实验室设计者与使用者确定实验室的规模、设施和合理布局,所以其评估结果可能不够详细,与实际使用有一定差距。因此,在生物安全实验室正式启用前,应根据实际工作的需要进行再评估。

(2)病原微生物实验操作安全性的再评估 当收集到资料表明所从事病原微生物的致病性、毒力或传染方式发生变化时,应对其背景资料及时变更,并对其实验操作的安全性进行再评估。

（3）增加新研究项目时的再评估　在生物安全实验室开展病原微生物的实验活动中，如增加新的研究项目，应对该项目的实验活动进行再评估。

（4）涉及新的高致病性病原微生物时的再评估　在病原微生物的实验活动中，如果分离到原评估报告中未涉及的高致病性病原微生物，应进行生物危害的再评估。

（5）发现生物安全隐患时的再评估　生物安全实验室操作人员在进行实验活动中，如果发现其实验过程中存在原评估报告中未发现的隐患，或者在检查与监督过程中发现存在生物安全问题，应进行生物危害的再评估。

（6）发生意外情况时的再评估　在病原微生物实验活动中，如果发生病原微生物的逃逸、实验室泄漏或操作人员感染等意外情况时，应立即进行生物安全的再评估。

（二）病原微生物未知

当待检样品所提供的病原微生物信息不足，对可能含有未知病原微生物的物质进行评估时，应结合现有的流行病学资料及患者的临床医学资料，并重点考虑可疑样本中是否含未知的病原微生物，以及其可疑的传播途径是什么。通过对以上信息分析，确定这些样本的危害程度，同时应谨慎地采取更为安全的标本处理方法，采取必要的生物安全措施。

1. 来自患者的可疑标本　处理此类标本时最低需要二级生物安全防护水平的实验室基础防护条件。均应当遵循生物安全实验室的标准防护方法，采用隔离防护措施（如手套、防护服、眼睛保护等），在专用的安全装置中进行样本处理及合适的消毒与灭菌处理。

2. 可疑标本的运送　应当遵循国家和（或）国际的规章和规定，在暴发病因不明的疾病时，应根据国家主管部门和（或）WHO制定的专门指南，进行标本的运输并按规定的生物安全等级进行相关操作。

3. 可能含有未知病原微生物的物质　在日常工作中，对于临床检验或疾病监测实验室无法判明可能分离到何种病原微生物时，应根据回顾性资料，对既往分离的病原微生物资料以及当地流行病学资料进行分析，推测可能分离的病原微生物并进行危害评估。在没有病原微生物存在与否的确切信息时，应采用常规的预防措施。

（三）对遗传修饰微生物的危害评估

采用遗传修饰技术可以人为设计出更多带有新型遗传物质的生物，包括遗传修饰微生物等，具有广泛的应用前景。但是，由于涉及有生命活性的载体自身对实验室人员的生物安全，及其大量投放于环境后的生物污染等影响深远而不易觉察的问题，所以在构建或使用遗传修饰生物时，对实验室工作的危害度评估可能比从事遗传学正常生物（未修饰）工作的危害度评估更为重要，应对遗传修饰载体、生物表达系统、对遗传修饰微生物等进行综合危害评估。不能仅凭经验或未经验证的文献来评估此类生物的潜在危害。

二、危害评估的结论

在综合分析病原微生物背景资料和拟从事实验活动危险性分析的基础上，得出危害

评估结论。

(1)根据实验的内容与对各实验环节的分析,明确危害来源和危害因素。

(2)进行固有风险评估,即未采取任何控制措施之前,如果事故发生可能面临的风险,确定危害产生的后果(表3-1)和产生后果的可能性(表3-2)。在此基础上,采取数字分级方式填写固有风险(IR)表(表3-3)。在评估中后果的严重程度是重要指标,对可能产生灾难性后果的,无论发生频率高低,均视为高度风险。危害发生可能性的高低也应予以重视,一些并不严重但发生概率大的危害,也属于高度风险。对高度风险的需要立即采取行动,对中度风险的也必须明确后续处理时的职责,对低风险的采用常规程序处理。

表3-1 不采取有效的控制措施可能产生危害的严重程度

等级	危害程度	后果描述
1	不重要	不引起伤害,经济损失轻
2	轻度	急救处理,危险因子的逃逸能在现场立即得到限制
3	中度	需要医疗救护,危险因子的逃逸能在外部协助下得到控制,经济损失大
4	高度	危害范围大。丧失生产能力,危险因子逃逸扩散但不具有害后果,经济损失严重
5	灾难性	死亡,危险因子逃逸扩散且具有有害后果,经济损失非常严重

表3-2 不采取有效的控制措施可能产生危害的可能性

等级	发生的可能性	发生的可能性描述
1	少发生	仅在异常情况下可能发生
2	不太可能	有时可能发生
3	可能	有时很可能发生
4	很可能	大多数情况下可能会发生
5	确定发生	大多数情况下会发生

表3-3 固有风险

发生的可能性	后果的严重性				
	1 不重要	2 低度	3 中度	4 高度	5 灾难性
5 几乎确定发生	中度	中度	高度	高度	高度
4 很可能	中度	中度	中度	高度	高度
3 可能	低度	中度	中度	高度	高度
2 不太可能	低度	低度	中度	中度	高度
1 少发生	低度	低度	中度	中度	高度

（3）残余风险评估：即采用旨在降低风险的控制措施后仍然存在的风险因素,列出表格中针对每项危险因素的现有控制措施,进行评估和监督检查,以确定现有控制措施的可靠性(表3-4)。

表3-4　控制措施有效性的评级标准

评级	控制措施
很好	控制措施符合最佳操作规范,采取明确的标准,时刻得到遵循,高度强调:对风险清除,采用替代方式或工程控制手段
合理	有控制措施,但未能时刻得到遵循,可能有不符合最佳操作规范之处,高度强调:管理,防护性设备
不足	有部分或没有控制措施,未明确采用相应标准。控制措施中没有强调分等级控制的原则

（4）确定残余风险：利用评估表格对固有风险和现有风险控制措施进行联合分析。在采取有效风险控制措施后,如效果很好可使固有高风险降低为中等风险,如果固有风险控制措施不足,则固有低风险潜在危险将增大,残余风险是高度的立即给予关注并解决,残余风险是中度的应改进措施短期内给予解决,残余风险是轻度的要长期给予关注(表3-5)。

表3-5　残余风险评估表

控制措施	固有风险		
	高度	中度	低度
很好	中残留风险	低残留风险	低残留风险
合理	高残留风险	中残留风险	低残留风险
不足	高残留风险	高残留风险	中残留风险

三、《人间传染的病原微生物名录》

《人间传染的病原微生物名录》(以下简称《名录》)是根据国务院第242号令《病原微生物实验室生物安全管理条例》第四条"国家对病原微生物实行分类管理,对实验室实行分级管理"和第八条"人间传染的病原微生物名录由国务院卫生主管部门商国务院有关部门后制定、调整并予以公布;动物间传染的病原微生物名录由国务院兽医主管部门商国务院有关部门后制定、调整并予以公布"的规定由卫生部组织制定于2006年1月11日下发。

《人间传染的病原微生物名录》采用列表编制方式,明确了380类病原微生物的生物安全防护要求,分为病毒、细菌类、真菌和朊病毒4类。该名录详细列出了每种病原微生物的中英文名、分类学地位、危害程度分类、不同实验活动所需生物安全防护级别、运输包装分类等。在《病毒分类名录》中对所列举有关病毒培养、动物感染实验、未经培养的感染材料的操作、灭活材料的操作、无感染性材料的实验活动内容及样本运输要求进行了具体的解释。

1.病毒培养　指病毒的分离、培养、滴定、中和试验、活病毒及其蛋白纯化、病毒冻干以及产生活病毒的重组试验等操作。利用活病毒或其感染细胞（或细胞提取物），不经灭活进行的生化分析、血清学检测、免疫学检测等操作视同病毒培养。使用病毒培养物提取核酸,裂解剂或灭活剂的加入必须在与病毒培养等同级别的实验室和防护条件下进行,裂解剂或灭活剂加入后可比照未经培养的感染性材料的防护等级进行操作。

2.动物感染实验　指以活病毒感染动物的实验。

3.未经培养的感染性材料的操作　指未经培养的感染性材料在采用可靠的方法灭活前进行的病毒抗原检测、血清学检测、核酸检测、生化分析等操作。未经可靠灭活或固定的人和动物组织标本因含病毒量较高,其操作的防护级别应比照病毒培养。

4.灭活材料的操作　指感染性材料或活病毒在采用可靠的方法灭活后进行的病毒抗原检测、血清学检测、核酸检测、生化分析、分子生物学实验等不含致病性活病毒的操作。

5.无感染性材料的操作　指针对确认无感染性的材料的各种操作,包括但不限于无感染性的病毒 DNA 或 cDNA 操作。

6.运输包装分类　按国际民航组织文件 Doc9284《危险品航空安全运输技术细则》的分类包装要求,将相关病原和标本分为 A、B 两类,对应的联合国编号分别为 UN2814（动物病毒为 UN2900）和 UN3373。对于 A 类感染性物质,若表中未注明"仅限于病毒培养物",则包括涉及该病毒的所有材料;对于注明"仅限于病毒培养物"的 A 类感染性物质,则病毒培养物按 UN2814 包装,其他标本按 UN3373 要求进行包装。凡标明 B 类的病毒和相关样本均按 UN3373 的要求包装和空运。通过其他交通工具运输的可参照以上标准进行包装。

7.蜱传脑炎病毒　这里特指亚欧地区传播的蜱传脑炎、俄罗斯春夏脑炎和中欧型蜱传脑炎。

8.脊髓灰质炎病毒　这里只是列出一般指导性原则。目前对于脊髓灰质炎病毒野毒株的操作应遵从卫生部有关规定。对于疫苗株按 3 类病原微生物的防护要求进行操作,病毒培养的防护条件为 BSL-2,动物感染为 ABSL-2,未经培养的感染性材料的操作为 BSL-2,灭活和无感染性材料的操作均为 BSL-1。疫苗衍生毒株（VDPV）病毒培养的防护条件为 BSL-2,动物感染为 ABSL-3,未经培养的感染性材料的操作为 BSL-2,灭活和无感染性材料的操作均为 BSL-1。上述指导原则会随着全球消灭脊髓灰质炎病毒的进展状况而有所改变,新的指导原则按新规定执行。

（一）《病毒分类名录》涉及病毒实验活动的说明

（1）在保证安全的前提下,对临床和现场的未知样本检测操作可在生物安全二级或以上防护级别的实验室进行,涉及病毒分离培养的操作,应加强个体防护和环境保护。要密切注意流行病学动态和临床表现,判断是否存在高致病性病原体,若判定为疑似高致病性病原体,应在相应生物安全级别的实验室开展工作。

（2）本表未列出之病毒和实验活动，由各单位的生物安全委员会负责危害程度评估，确定相应的生物安全防护级别。如涉及高致病性病毒及其相关实验的应经国家病原微生物实验室生物安全专家委员会论证。

（3）Prion 为特殊病原体，其危害程度分类及相应实验活动的生物安全防护水平单独列出。

（4）关于使用人类病毒的重组体：在卫生部发布有关的管理规定之前，对于人类病毒的重组体（包括对病毒的基因缺失、插入、突变等修饰以及将病毒作为外源基因的表达载体）暂时遵循以下原则。

1）严禁两个不同病原体之间进行完整基因组的重组。

2）对于对人类致病的病毒，如存在疫苗株，只允许用疫苗株为外源基因表达载体，如脊髓灰质炎病毒、麻疹病毒、乙型脑炎病毒等。

3）对于一般情况下即具有复制能力的重组活病毒（复制型重组病毒），其操作时的防护条件应不低于其母本病毒；对于条件复制型或复制缺陷型病毒可降低防护条件，但不得低于 BSL-2 的防护条件，例如来源于 HIV 的慢病毒载体，为双基因缺失载体，可在 BSL-2 实验室操作。

4）对于病毒作为表达载体，其防护水平总体上应根据其母本病毒的危害等级及防护要求进行操作，但是将高致病性病毒的基因重组入具有复制能力的同科低致病性病毒载体时，原则上应根据高致病性病原体的危害等级和防护条件进行操作，在证明重组体无危害后，可视情况降低防护等级。

5）对于复制型重组病毒的制作事先要进行危险性评估，并得到所在单位生物安全委员会的批准。对于高致病性病原体重组体或有可能制造出高致病性病原体的操作应经国家病原微生物实验室生物安全专家委员会论证。

（5）国家正式批准的生物制品疫苗生产用减毒、弱毒毒种的分类地位另行规定。

（二）《细菌、放线菌、衣原体、支原体、立克次体、螺旋体分类名录》

其中所列举的大量活菌操作、动物感染实验、样本检测、非感染性材料的实验活动内容及样本运输要求进行了具体的解释。

（1）大量活菌操作：实验操作涉及"大量"病原菌的制备，或易产生气溶胶的实验操作（如病原菌离心、冻干等）。

（2）动物感染实验：特指以活菌感染的动物实验。

（3）样本检测：包括样本的病原菌分离纯化、药物敏感试验、生化鉴定、免疫学实验、PCR 核酸提取、涂片、显微观察等初步检测活动。

（4）非感染性材料的实验：如不含致病性活菌材料的分子生物学、免疫学等实验。

（5）运输包装分类：按国际民航组织文件 Doc9284《危险品航空安全运输技术细则》的分类包装要求，将相关病原和标本分为 A、B 两类，对应的联合国编号分别为 UN2814 和 UN3373；A 类中传染性物质特指菌株或活菌培养物，应按 UN2814 的要求包装和空运，其他相关样本和 B 类的病原和相关样本均按 UN3373 的要求包装和空运；通过其他交通工具运输的可参照以上标准包装。

（6）因属甲类传染病，流行株按第二类管理，涉及大量活菌培养等工作可在 BSL-2

实验室进行;非流行株归第三类。

(三)《细菌、放线菌、衣原体、支原体、立克次体、螺旋体分类名录》的其他实验活动的说明

(1)在保证安全的前提下,对临床和现场的未知样本的检测可在生物安全二级或以上防护级别的实验室进行。涉及病原菌分离培养的操作,应加强个体防护和环境保护。但此项工作仅限于对样本中病原菌的初步分离鉴定。一旦病原菌初步明确,应按病原微生物的危害类别将其转移至相应生物安全级别的实验室开展工作。

(2)"大量"的病原菌制备,是指病原菌的体积或浓度,大大超过了常规检测所需要的量。比如在大规模发酵、抗原和疫苗生产,病原菌进一步鉴定以及科研活动中,病原菌增殖和浓缩所需要处理的剂量。

(3)本表未列之病原微生物和实验活动,由单位生物安全委员会负责危害程度评估,确定相应的生物安全防护级别。如涉及高致病性病原微生物及其相关实验的,应经国家病原微生物实验室生物安全专家委员会论证。

(4)国家正式批准的生物制品疫苗生产用减毒、弱毒菌种的分类地位另行规定。

四、对病原微生物实验活动进行危害评估的目的

1.确定生物安全防护水平　根据评估的结果,确保实验室的空间、设施与设备能满足所从事工作的需要。

2.依据病原微生物危害评估结果制定相关规程　实验操作、仪器设备使用规程与管理规程;菌毒种及样本的保藏、运输、灭活、销毁程序;潜在危害分析与生物溢出污染事故处理程序;人员实验活动安全培训、个人防护及健康保障与监督程序。

3.相关工作人员了解相关微生物的背景信息　使参与实验活动的人员对所进行的实验的目标病原微生物的知识全面熟悉和掌握。

4.病原微生物实验室安全状况的依据　通过危害评估可以制定出满足本实验活动要求的生物安全条件,并核对目前实验室生物安全条件的符合性,从而决定在实验操作与管理上的控制措施,分析采取控制措施情况下是否还存在残余风险,建立监测控制及管理措施。

第三节　病原微生物危险度评估的用途与程序

一、病原微生物危害评估的用途

1.评估病原微生物实验室的生物安全状况　病原微生物实验室的生物安全评价是保证实验室生物安全的重要环节之一,该评价是在对拟进行的病原微生物危害评估审核的基础上,评估所制定的操作程序与管理制度及实验室设备设施是否能满足生物安全要求。同时可以通过评估实验操作过程中无控制措施情况下可能产生的危害,决定在实验

操作与管理上的控制措施,分析采取控制措施情况下仍存在的残余风险,并建立相应的检测与控制措施。

2.确定所需的生物安全防护水平　依据危害评估结果,可以确定开展实验活动所需要的生物安全的防护水平,包括实验室的设施、空间与设备等能够满足生物安全的需要,确保所开展实验活动的安全进行。

3.制定所从事实验活动的操作规程　依据病原微生物危害评估结果,制定所从事实验活动的操作规程。包括微生物操作流程、仪器设备使用的操作程序与管理规程,微生物保藏、运输、灭活、销毁程序,潜在危害分析与意外事故处理程序,人员培训,个人防护及健康保障与监督程序等。

4.提供相关病原微生物的背景信息　在进行病原微生物危害评估过程中,需要提供全面的涉及相关病原微生物的背景信息,作为生物安全实验室人员培训的重要内容之一,确保所有工作人员学习与掌握相关知识,保证开展安全的实验活动。

二、病原微生物危害评估的程序

开展病原微生物研究的所有实验室均可根据所掌握的最新信息,确定所研究对象的危害程度,以最大可能采取相应措施保护自己,保护环境。可以借助许多方法来对某一个特定的操作程序或实验进行危险度评估,其中最重要的是专业判断。

1.病原微生物危害评估小组的组成　我国《实验室生物安全通用要求》(GB 19489—2008)规定,生物危害程度评估应由有经验的专业人员进行,通常可由单位生物安全委员会组织本领域经验丰富的专家来开展病原微生物的危害评估。所有人员应当对所涉及的微生物特性、设备和规程、动物模型及防护设备和设施最为熟悉,主要包括实验室专家、设备专家、设施专家、临床医生及生物安全专家等。实验室主任或项目负责人应当负责,并确保进行充分和及时的危险度评估,同时也有责任与所在机构的生物安全委员会和生物安全工作人员密切合作,以确保有适当的设备和设施来进行相关的研究。

2.病原微生物危害评估的方法　不同病原微生物实验室危害评估的方法有所不同,根据病原微生物实验室拟开展的工作内容和性质,可以分成检测诊断和鉴定实验室、应用基础研究实验室、动物实验研究实验室3类。

(1)应用基础研究实验室危害评估的方法　①拟开展病原微生物的种类及危险等级是什么?②对拟研究的病原微生物要进行危害评估。③所有实验过程产生的感染性废弃物处理的可靠性和可行性。④评价实验室拟开展的病原微生物研究的危险环节都有哪些,有没有高浓度或大容量的病原微生物的培养?⑤实验室是否配备Ⅱ级生物安全柜(Ⅱ级BSC)?实验室产生的感染性废弃物是否经过高压蒸汽灭菌器的处理?可能产生微生物气溶胶的操作是否都在Ⅱ级BSC中操作?实验人员采取何种物理防护?以上安全设备和个人防护准备是否有物理和生物的可靠性验证?⑥实验室设施布局和结构是否符合国家标准的要求?⑦对ABSL-3和ABSL-4实验室HEPA可能发生泄漏的小概率事件,进行环境污染的风险模型的评估及其相应的对策。⑧对从事高致病性病原微生物研究的ABSL-3和ABSL-4实验室,建筑物的排风系统的HEPA可靠性的物理和生物检测验证。

（2）检测诊断和鉴定实验室危害评估的方法 ①送检样本中可能含有的病原微生物是不是已知的？如果是已知的病原微生物，它的危害等级是什么？根据实验内容，确定应在哪一级生物安全实验室中开展相应的工作；如果是未知的病原微生物，根据临床发病情况和疫区的流行病学数据，初步判断其危害等级，确定应在什么级别生物安全实验室中开展相应的工作。②从送检的可疑样本中分离培养病原微生物的浓度或体积。③在检测诊断过程中，判断可能产生病原微生物气溶胶的环节和可能造成的实验室感染的危害性；应该采取哪些防护措施？④所有检测诊断过程产生的感染性废弃物处理的方式及可行性和可靠性。⑤实验室是否配备以下安全设备：是否配备Ⅱ级BSC？可能产生微生物气溶胶的操作是否都在Ⅱ级BSC中操作？实验室产生的感染性废弃物是否经过高压蒸汽灭菌器的处理？人员采取何种物理防护？以上安全设备和个人防护准备是否有物理和生物的可靠性验证？BSL-3实验室建筑物的排风系统的HEPA可靠性的物理和生物检测验证。⑥实验室设施结构和布局是否符合国家的标准和要求？

（3）动物研究实验室危害评估的方法 ①拟开展动物实验内容，使用动物数量是多少？②分析实验室拟开展的动物实验的危险环节有哪些，是否进行呼吸道气溶胶感染实验？③对拟研究的病原微生物进行危害评估。④所有实验过程产生的感染性废弃物处理的可靠性和可行性。⑤实验室是否配备以下安全设备：是否配备Ⅱ级BSC？可能产生微生物气溶胶的操作是否都在Ⅱ级BSC中操作？实验室产生的感染性废弃物是否经过高压蒸汽灭菌器的处理？感染动物饲养设备的性能和安全性评估，饲养设备包括负压隔离器、Ⅲ级生物安全柜等。人员采取何种物理防护？以上安全设备和个人防护准备是否有物理和生物的可靠性验证？⑥动物实验实验室设施结构和布局是否符合国家标准的要求？⑦对从事高致病性病原微生物研究的ABSL-3和ABSL-4实验室，建筑物的排风系统的HEPA可靠性的物理和生物检测验证。⑧对ABSL-3和ABSL-4实验室的HEPA可能发生泄漏的小概率事件，进行环境污染的风险模型的评估及其相应的对策。

（4）病原微生物实验室生物安全评估 除上述各种实验室的环境影响风险评估外，还应充分考虑另一种生物安全，这些生物安全项目包括人员可靠性筛选、设备物理安全、信息技术安全、材料控制和责任、材料运输安全、生物安全项目管理。

3.病原微生物危害评估的步骤 危害评估流程按照国际通行的原则，一般分4个步骤，分别为危险度鉴定、暴露评估、剂量-效应评估、危害综合评估。

（1）危险度鉴定 对于病原微生物实验室来说，危险度鉴定是确认所从事实验研究的病原微生物的致病性、传播途径。危险度鉴定的数据可以从科技文献及政府机构和相关国际组织的数据库中获得。在进行危险性评价时仅仅参考风险组的分类是远远不够的。其他的一些因素也应当考虑在内，包括：①微生物的致病性和感染剂量，引起疾病的严重性、是否有预防措施和有效的治疗方法。②自然感染途径。③实验室操作所造成的其他感染途径（非消化道途径、空气传播、进食）。④微生物在环境中的稳定性。⑤操作的微生物浓度和浓缩样品的体积。⑥与宿主（人或动物）的关系，应考虑以下问题：宿主的易感性，宿主的免疫及免疫系统的状态，暴露后的后果严重性。⑦动物研究和实验室获得性感染报告或临床报告的信息。⑧拟进行的实验室操作（如浓缩、超声降解、气溶胶化、离心等）。⑨当地是否可以进行有效的预防或治疗干预。

（2）暴露评估　暴露评估是实验室内人员或外环境中人群和生态系统(动物等)直接暴露于病原微生物的方式、强度、频率及时间的评估,以及可能引起后果的分析评估。对病原微生物实验室而言,可能存在的暴露途径有能够产生微生物气溶胶的操作、实验室设施和安全防护设备的泄漏、经实验室废弃物携带外泄等;暴露强度会受到实验室所处的外部环境特征因素、有效的预防措施的影响;暴露的频率及时间与实验活动内容和操作程序有密切关系。

（3）剂量-效应评估　剂量-效应评估是指对暴露与暴露所导致的健康或生态系影响的因果关系,在特定情形下,即使是少量的某些病原微生物也可能造成严重的经济和社会后果。

（4）确定适当的生物安全防护水平　根据风险评估制定防范措施适当的生物安全防护水平和额外的防范措施。要求综合考虑操作技术、安全设备和安全设施。在有些情况下,实际使用的感染因子要求更高的防范措施,如果实验过程中经常暴露于感染性气溶胶中,就必须增加额外的防范措施。

（5）评价员工安全操作方面的熟练性和安全设备的完整性　对实验室相关人员及公众的安全保护取决于实验室技术人员本身的防患意识和技能。在风险评估时,实验室负责人应确保实验室技术人员能熟练地掌握病原微生物学实验技术,使用处理感染因子的安全设备,并养成良好的操作习惯。

（6）危害综合评估　危害综合评估是对病原微生物实验室病原微生物发生危害事件的概率及所得概率的可靠程度给予的估算与分析,即危害事件的后果是概率和影响的结果:风险(公众健康危害)=概率(病原微生物的释放)×影响。

第四节　危险度评估的实例

一、霍乱的危险度评估

1.背景资料　霍乱弧菌(V. cholerae)是引起霍乱的病原体。霍乱发病急,传播迅速,为我国法定的甲类传染病。自1817年以来,已发生过7次世界性霍乱大流行。1883年,Koch从患者粪便中分离出古典生物型霍乱弧菌,该型引发6次霍乱大流行。1905年,从埃及西奈半岛 E1 Tor 检疫站分离出 E1 Tor 生物型霍乱弧菌,该型引发第7次霍乱大流行。1992年,一个新的流行株 O139 群在印度和孟加拉一些城市出现,波及亚洲的多个国家和地区,这是首次由非 O1 群霍乱弧菌引起的流行。

（1）病原微生物与致病性　霍乱弧菌大小为(0.5~0.8) μm×(1.5~3.0) μm。从患者体内新分离出的细菌形态典型,呈弧形或逗点状,但经人工培养后常呈杆状。革兰氏染色阴性,粪便直接涂片染色镜检,可见其排列如"鱼群"状。菌体一端有单鞭毛,运动活泼,取患者"米泔水"样粪便或培养物作悬滴观察,细菌呈快速飞镖样或流星样运动。有菌毛,无芽孢,有些菌株(O139 群)有荚膜。兼性厌氧,在氧气充分的条件下生长更好,营养要求不高。在自然条件下,人是霍乱弧菌的唯一易感者,传播途径主要是通过污染的水源或未煮熟的食物;感染霍乱弧菌后,机体可获得牢固免疫力,再感染少见。

(2)疾病诊断 病原学诊断主要是采患者的粪便、肛拭子,流行病学调查还包括水样等标本进行分离培养或直接镜检。

2.实验室实验活动可能造成不良后果的因素举例与预防措施

(1)实验样品的接收与开启 实验样品的接收与开启由临床或科研机构获取的细菌培养物或冻菌种在运输过程中可能会因试管塞子脱落或破碎;冻干菌种多为真空封口,当打开装有冻干物的安瓿时,因为其内部可能处于负压,瞬间进入的空气可能使一些菌体产生气溶胶扩散从而进入空气造成污染。

拟采取防护措施:要求接收和打开样品的人员应当了解样品对身体健康的潜在危害,接受如何采用常规预防措施的培训,样品要在生物安全柜内打开,缓慢向安瓿中加入液体来重悬冻干物,避免出现泡沫。准备好消毒剂。样品接收与开启操作严格按《实验样品的接收与开启操作细则》进行。

(2)实验样品涂片 用于显微观察的培养物、血液和粪便等样品在固定和染色时,可能产生气溶胶,样品的热固定不能杀灭所有涂片标本中的霍乱弧菌。

拟采取防护措施:涂片操作过程应避免产生气溶胶,制成涂片后立即染色可减少危险。涂片应当用镊子拿取恰当储存,并经清除污染或高压灭菌后再丢弃。

(3)霍乱弧菌接种培养 在霍乱弧菌传代、耐药检测、生化分型实验等环节均要求进行细菌接种培养,在此活动中试管开封、样品转移、吸管吹吸、混合等步骤可产生气溶胶,在菌体转移过程中培养物制剂的溅出、泼洒和容器的破碎等也可造成严重污染。拟采取防护措施如下。

1)在工作台面应当放置一块浸有消毒液的布或吸有消毒液的纸,使用后将其高压灭菌或按感染性废物处理。避免感染性物质的扩散。

2)为了避免转移物质洒落,微生物接种环的直径应为2~3 mm并完全封闭手柄的长度应小于6 cm以减小振动,或者采用一次性灭菌棉签。

3)用封闭式微型电加热器消毒接种环能够避免在明火上加热所引起的感染性物质爆溅。最好使用无须再进行消毒的一次性接种环。

4)样品容器尽可能使用塑料制品。样品容器应当坚固,正确地用盖子或塞子盖好后应无泄漏。在容器外部不能有残留物。

5)样品接种后将其固定在架子上,尽可能使容器保持直立。

(4)霍乱弧菌攻击 在制备样品时,样品的稀释混匀可能产生气溶胶;也可因装有活菌的玻璃器皿破损、注射器的误伤而造成血液传播。使用注射器时针头突然脱落或拔出针头时产生的气溶胶逸出,注射时污染动物皮毛也可能造成污染;在进行动物实验时偶被感染动物抓伤、咬伤也可能导致感染。

拟采取防护措施:样品稀释在生物安全柜内进行,防止产生气溶胶。尽可能采用塑料器皿,不建议使用带有针头的注射器,防止用力注射时针头突然脱落;从带有橡皮瓶塞的瓶中抽取微生物悬液时,应该用消毒棉球将瓶口与针头围住,以防气溶胶逸出;抽吸微生物悬液时,尽量减少泡沫的产生,推出气体时必须用棉球包住针头,以防不慎推动管芯将悬液喷出。在注射前后都应用消毒液涂抹动物注射部位消毒,防止微生物污染。

3.防治原则 改善社区环境,加强食品和水源管理及粪便处理;培养良好个人卫生习惯,不生食贝壳类海产品等是预防霍乱弧菌感染和流行的重要措施。

目前研制和使用的霍乱疫苗主要为口服菌苗,包括减毒活疫苗 CVD 103HgR,对旅游者的保护作用肯定。重组霍乱毒素 B 亚单位-全菌(O1 群 E1 Tor 和古典生物型)疫苗和灭活霍乱弧菌全菌疫苗(O1 群 E1 Tor 和古典生物型 O139 群)已被 WHO 批准,可用于流行地区人群的霍乱预防。隔离治疗患者,严格消毒其排泄物;及时补充水和电解质,预防低血容量性休克和酸中毒是治疗霍乱的关键;使用抗菌药物可减少外毒素的产生,加速细菌的清除,可选用多西环素、红霉素、环丙沙星等。

4.危害程度分类 根据《中华人民共和国传染病防治法》,霍乱属于甲类传染病。根据 2006 年卫生部制定的《人间传染的病原微生物名录》,霍乱弧菌属于危害程度第二类的病原微生物。根据《名录》的要求,在实验室操作涉及霍乱弧菌的样品检测、动物感染实验和大量活菌操作,应在 BSL-2 或 ABSL-2 实验室进行;在对非感染性材料进行操作时,可在 BSL-1 实验室中进行。

5.评估结论 霍乱弧菌为兼性厌氧,在氧气充足的条件下生长更好,营养要求不高,霍乱毒素为最主要致病物质,是目前已知的致泻毒素中最为强烈的毒素,是肠毒素的典型代表;患者和无症状带菌者是重要传染源;传播途径主要是通过污染的水源或食物经口感染;机体感染霍乱弧菌后可获得牢固免疫力;霍乱属甲类传染病,霍乱弧菌流行株按第二类病原微生物管理,因该病原不经过气溶胶传播,涉及大量活菌培养等工作可在 BSL-2 实验室进行,非流行株仍归为第三类病原微生物;对首例患者的病原学诊断应快速、准确,并及时报告疫情。

二、乙型肝炎的危险度评估

1.背景资料 我国是乙型肝炎的高流行区,整体人群 HBV 携带率约 7.18%。HBV 感染后临床表现呈多样性,可表现为重症肝炎、急性肝炎、慢性肝炎或无症状携带者,其中部分慢性肝炎可发展成肝硬化或肝细胞癌。

2.病原微生物与致病性 HBV 感染者的血清在电镜下可见 3 种不同形态的病毒颗粒,即大球形颗粒、小球形颗粒和管形颗粒。大球形颗粒又称为 Dane 颗粒,是具有感染性的完整的 HBV 颗粒,电镜下呈球形,具有双层结构,直径约 42 nm,外层相当于病毒的包膜,由脂质双层和病毒编码的包膜蛋白组成。HBV 对外界环境的抵抗力较强,对低温、干燥、紫外线均有耐受性。不被 70% 乙醇灭活,因此乙醇消毒这一常用的方法对 HBV 的消毒并不适用。HBV 的主要传染源为乙型肝炎患者或无症状 HBV 携带者。在感染者的血液、尿液、唾液、乳汁、阴道分泌物、精液等多种体液中均检测到 HBV,不论在潜伏期、急性期或慢性活动期,患者的血液和体液都有传染性。HBV 携带者因无症状,不易被发现,因此是 HBV 的重要传染源。传播途径包括:①血液、血制品及医源性传播。②母婴传播。③性传播及密切接触传播。

3.疾病诊断 乙肝的诊断需要结合流行病学史、临床表现及实验室、影像学的检查进行综合性的诊断。HBV 感染的实验室诊断方法主要是血清标志物检测,包括抗原抗体检测和病毒核酸检测等。用 ELISA 检测患者血清中 HBV 抗原和抗体是目前临床上诊断乙型肝炎最常用的检测方法。主要检测乙型肝炎表面抗原(HBsAg)、乙型肝炎表面抗体(HBsAb)、乙型肝炎 e 抗原(HBeAg)、乙型肝炎 e 抗体(HBeAb)及乙型肝炎核心抗体 HBcAb(俗称"两对半"),必要时也可检测 PreS1 抗原和 PreS2 抗原。目前一般采用 PCR 或 qPCR 法检测 HBV DNA。感染者血清 HBV DNA 出现早,在慢性感染者中 HBV DNA 可持续阳性,检出 HBV DNA 是病毒复制和传染性的最可靠的指标,因此已被广泛应用于临床诊断和药物效果评价。

4. 实验室实验活动可能造成不良后果的因素举例与预防措施

(1)乙肝病毒的复苏 可能的危害:在振荡破碎及离心过程中易形成气溶胶的溢出、液体溅出和离心管的破裂。

预防及处置措施:振荡过程中一定要把离心管口封严,同时要在生物安全柜内进行操作。离心后一定要在生物安全柜内打开离心管吸取上清液。若离心管发生破裂,按《BSL-2 实验室安全手册》中"意外事故处理办法"章节处理。打开离心管时,若液体溅出到安全柜台面应及时消毒处理。若溅到操作者身体上,其处理参见《BSL-2 实验室安全手册》中意外事故处理办法章节的相关内容。若手套污染必须经高压处理后才允许运出实验室进行集中处理。

(2)病毒的培养和灭活 可能的危害:吸取病毒液时有可能发生液体溅出、滴洒到实验台面上等,装有病毒液的容器盖子上可能有病毒液,开盖时可能会溅出,吸液时可能会污染移液壁;稀释混匀过程可能会形成气溶胶。

预防及处置措施:加液过程中台面上铺上浸有消毒剂的纱布或一次性吸水纸,一旦发生意外,马上将污染的纱布或纸弃入含 10% 有效氯的次氯酸钠消毒缸内并立即消毒台面并更换新的纱布或吸水纸。换液过程中动作要轻,弃液时应将吸管插入消毒液面下,方法参见《BSL-3 实验室安全手册》中"意外事故处理办法"相关章节内容。装有病毒液的管子开盖前先离心;稀释混匀过程不要用吸头吹打,而是盖瓶盖后在振荡器上混匀。

(3)病毒冻干保存 可能危害:分装操作中可能有气溶胶的产生;在毒种管封口、储存中可能发生破裂;破裂的毒种管可能划伤实验人员。

预防及处置措施:操作轻柔,病毒液要贴壁缓缓流下,封口时要力度合适如发生毒种管破裂或划伤情况,请参见《BSL-2 实验室安全手册》中"意外事故处理办法"章节相关内容处理。

(4)防治策略 HBV 感染的一般性预防包括加强对供血员的筛选,以降低输血后乙型肝炎的发生率;患者的血液、分泌物和排泄物,用过的食具、药杯、衣物、注射器和针头等均须严格消毒;注意个人卫生,避免共用牙刷、剃刀、指甲钳和其他可能污染血液的个人用品等。接种疫苗是预防 HBV 感染的最有效方法,我国已将乙型肝炎疫苗接种纳入计划免疫,从而大大降低了我国 HBV 的携带率;含高效价 HBsAb 的人血清免疫球蛋白(HBIG)可用于紧急预防。意外暴露者在 7 日内注射 HBIG 0.08 mg/kg,1 个月后重复注射 1 次,可获得免疫保护。HBsAg 阳性母亲的新生儿,应在出生后 24 h 内注射 HBIG 1 mL,然后再全程接种 HBV 疫苗,可有效预防新生儿感染。

(5)危害程度分类 根据《中华人民共和国传染病防治法》,乙型肝炎属于乙类传染病。根据 2006 年卫生部制定的《人间传染的病原微生物名录》,乙肝病毒属于危害程度第三类的病原微生物,在实验室操作涉及乙肝病毒的病毒培养、动物感染实验和未经培养的感染性材料,应在 BSL-2 或 ABSL-2 实验室进行;对灭活、无感染性材料进行操作时,可在 BSL-1 实验室进行。根据《名录》的要求,乙肝病毒属于危害程度第三类的病原微生物,在实验室操作涉及病毒培养和动物感染实验,应在 BSL-2 或 ABSL-2 实验室进行;涉及未经培养的感染性材料,务必在 BSL-2 实验室内进行;在对灭活、无感染性材料进行操作时,确认乙肝病毒灭活措施有效后,方可进入 BSL-1 实验室进行实验检测过程。

(6)评估结论　乙肝病毒电镜下呈球形,具有双层结构,直径约 42 nm,外层相当于病毒的包膜,由脂质双层和病毒编码的包膜蛋白组成。HBV 对外界环境的抵抗力较强,对低温、干燥、紫外线均有耐受性。乙肝病毒具有严格的种属特异性,宿主范围狭窄,自然状态下只能感染人和少数灵长类动物;HBV 的体外培养困难,目前主要采用人原代肝细胞或病毒 DNA 转染的肝癌细胞系培养 HBV。HBV 的主要传染源为乙型肝炎患者或无症状 HBV 携带者。传播途径包括:①血液、血制品及医源性传播;②母婴传播;③性传播及密切接触传播。乙型肝炎属于乙类传染病。乙肝病毒属于危害程度第三类的病原微生物,在实验室操作涉及乙肝病毒的病毒培养、动物感染实验和未经培养的感染性材料,应在 BSL-2 或 ABSL-2 实验室进行;对灭活、无感染性材料进行操作时,可在 BSL-1 实验室进行。

三、流行性感冒的危险度评估

1.背景资料　人流感病毒是人流行性感冒(流感)的病原体,分为甲(A)、乙(B)、丙(C)3 型;其中甲型流感病毒抗原性易发生变异,多次引起世界性大流行。流感发病快、传染性强、发病率高,主要通过空气飞沫传播。

(1)病原微生物与致病性　流感病毒的结构由内向外分为核衣壳、包膜和刺突,一般为球形,根据核衣壳中的核蛋白(NP)和包膜中的基质蛋白(MP)的不同,流感病毒分为甲、乙、丙 3 种类型。甲型流感病毒根据刺突上的血凝素(HA)和神经氨酸酶(NA)抗原性的不同又分为若干亚型。流感病毒易发生抗原性变异等方面的变异,从而引起流感大流行;流感病毒抵抗力较弱,不耐热;传染源主要为患者和隐性感染者,主要传播途径是带有流感病毒的飞沫,经呼吸道进入体内,人群普遍易感。

(2)疾病诊断　根据典型的临床表现以及流感流行病学史可以临床诊断。但确诊需要实验室诊断。包括对患者标本进行流感病毒的鸡胚培养与分离、红细胞凝集抑制法(HI)进行鉴定;同时检查患者急性期和恢复期血清中抗体滴度,有 4 倍或以上增高即可确诊。此外,可以用酶联免疫吸附测定(ELISA)法、间接免疫荧光测定法和逆转录聚合酶链反应(RT-PCR)法进行快速诊断,用急性期和恢复期双份血清抗体检测分析红细胞抑制抗体与补体结合抗体的增加情况辅助诊断群体感染情况。

(3)防治策略　疫苗包括灭活疫苗、减毒活疫苗和亚单位疫苗等,但流感病毒不断发生变异给特异性预防疫苗的研制带来困难;目前尚无有效的治疗方法,主要是对症治疗和预防继发性细菌感染。

2.危害程度分类　根据《中华人民共和国传染病防治法》,流行性感冒属于丙类传染病。根据 2006 年卫生部制定的《人间传染的病原微生物名录》,流感病毒(非 H_2N_2 亚型)属于危害程度第三类的病原微生物,在实验室操作涉及流感病毒(非 H_2N_2 亚型)的病毒培养、动物感染实验和未经培养的感染性材料,应在 BSL-2 或 ABSL-2 实验室进行;对灭活、无感染性材料进行操作时,可在 BSL-1 实验室进行。根据《名录》的要求,甲型流感病毒(H_2N_2 亚型)属于危害程度第三类的病原微生物,在实验室操作涉及甲型流感病毒(H_2N_2 亚型)的病毒培养和动物感染实验,应在 BSL-3 或 ABSL-3 实验室进行;涉及未经培养的感染性材料,务必在 BSL-2 实验室内进行;在对灭活、无感染性材料进行操作时,确认甲型流感病毒(H_2N_2 亚型)灭活措施有效后,方可进入 BSL-1 实验室进行实验检测过程。根据《名录》的要求,高致病性禽流感病毒属于危害程度第二类的病原微生物,在实验室操作涉及高致病性禽流感病毒的病毒培养和动物感染实验,应在 BSL-3 或 ABSL-3 实验室进行;涉及未经培养的感染性材料,务必在 BSL-2 实验室内进行;在对灭活、无感染性材料进行操作时,确认高致病性禽流感病毒灭活措施有效后,方可进入 BSL-1 实验室进行实验检测过程。

3.评估结论　流感病毒易发生抗原性变异等方面的变异,抵抗力较弱,主要经呼吸道传播,人群普遍易感,目前尚无有效的治疗方法和特异性预防疫苗。应严格按照《名录》的要求规范流感病毒的实验室操作。根据 WHO 最新建议,H_2N_2 亚型病毒应提高防护等级。

参考文献

[1]李勇.实验室生物安全[M].北京:军事医学科学出版社,2009.

[2]李凡,徐志凯.医学微生物学[M].9 版.北京:人民卫生出版社,2018.

[3]魏强,武桂珍,侯培森.实验室生物安全风险评估的现状与发展[J].中华预防医学杂志,2007,41(6):447-448.

[4]刘艳,王珑.动物实验活动中病原微生物危害风险评估体系的建立[J].实验动物科学,2015,12(1):37-40.

[5]郑涛.生物安全学[M].3 版.北京:科学出版社,2017.

[6]李劲松.病原微生物实验室危害评估[J].中国家禽,2007,29(17):30-33.

（臧文巧　唐　悦）

第四章
生物安全实验室

在病原微生物研究过程中,实验室感染的频繁出现,使人们开始思考实验室生物安全问题。1979 年美国职业安全与健康局(Occupational Safety and Health Administration, OSHA)首次提出了将病原微生物和实验室活动分为 4 级的概念,1983 年美国《微生物和生物医学实验室生物安全指南》第 1 版出版,1988 年世界卫生组织出版了《实验室生物安全手册》第 1 版。这些指南和手册详细规定了生物安全实验室的分级及建设规范,促进了生物安全实验室建设和防护装备的发展。

我国的生物安全实验室建设最早可以追溯到 20 世纪 80 年代。为了研究流行性出血热的传播机制,1987 年在军事医学科学院修建了我国第一个国产生物安全三级实验室(BSL-3)。1990 年起,中国疾病预防控制中心等单位根据需要从国外进口了少部分三级生物安全实验室。之后,我国在参考欧美生物安全实验室建设和规范要求的基础上开始生物安全实验室建设工作。美国"炭疽粉末"事件;"SARS"疫情后在新加坡、我国台湾及内地出现相关的"SARS"病毒实验室感染事件;国际生物恐怖主义的涌现,为我们敲响了生物安全的警钟,引起了我国政府对实验室生物安全建设的高度重视,卫生部、科技部和农业部把实验室生物安全建设纳入快车道,在 2003 年"SARS"期间,由科技部牵头组织专家对我国高级别生物安全实验室建设及运行现状进行了摸底,检查了 20 多个 BSL-3 生物安全实验室,并从中选择部分实验室应急开展 SARS 防控的相关研究工作。2004 年《实验室生物安全通用要求》(GB 19489—2004)、《生物安全实验室建设技术规范》(GB 50346—2004)及国务院《病原微生物实验室生物安全管理条例》等标准和法规的相继实施,国家对实验室生物安全管理不断加强,支持力度不断加大,促使我国的生物安全实验室建设进入了蓬勃发展的新时期。

第一节　生物安全实验室防护原理

目前,实验室生物安全防护主要由一级防护屏障和二级防护屏障组成。

一级防护屏障:是指操作者和被操作对象之间的隔离,也称一级隔离,由生物安全柜、气密容器和个人防护装备等构成。

二级防护屏障:是指生物安全实验室与外部环境的隔离,也称二级隔离,主要包括实验室的建筑结构、隔断材料、通风净化、给水排水、消毒灭菌等。

一级防护屏障和二级防护屏障的组合构成了不同等级生物安全防护水平(biosafety level),根据世界卫生组织的《实验室生物安全守则》,将生物安全实验室分为 4 个防护级别,即一级生物安全防护水平(BSL-1)、二级生物安全防护水平(BSL-2)、三级生物安全防护水平(BSL-3)、四级生物安全防护水平(BSL-4)。这四种生物防护级别对应了4种生物安全实验室,即一级生物安全实验室、二级生物安全实验室、三级生物安全实验室、四级生物安全实验室。

引起实验室感染的主要途径是吸入性感染、食入性感染、切割性感染、与感染动物接触性感染。其中,由于吸入感染性物质引起的感染比例高,吸入性感染是由在实验活动中产生的气溶胶传播导致。为了有效预防实验室感染的发生,根据国务院《病原微生物实验室生物安全管理条例》规定所有涉及感染性物质的操作应在相应防护等级的实验室内即生物安全实验室内进行。

一、生物安全实验室

生物安全实验室(biosafety laboratory)指通过防护屏障和管理措施,达到生物安全要求的病原微生物实验室。包括主实验室及其辅助用房。主实验室(main room)是生物安全实验室中污染风险最高的房间,包括实验操作间、动物饲养间、动物解剖间等,主实验室也称核心工作间。实验室辅助工作区(non-contamination zone)指生物风险相对较小的区域,也指生物安全实验室中防护区以外的区域。根据实验室所处理对象的生物危害程度和采取的防护措施,生物安全实验室分为4级。其中一级生物安全实验室防护水平为最低,四级生物安全实验室为最高。BSL-1和BSL-2的实验室被称为基础实验室,BSL-3的实验室被称为生物安全防护实验室,BSL-4的实验室被称为高度生物安全防护实验室,见表4-1。

表4-1 不同级别生物安全实验室所对应生物危害操作

实验室分级	生物危害程度	操作对象
一级	低个体危害,低群体危害	对人体、动物或环境危害较低,不具有对健康成人、动植物致病的致病因子
二级	中等个体危害,有限群体危害	对人体、动物或环境具有中等危害或具有潜在危险的致病因子,对健康成人、动物和环境不会造成严重危害,具有有效的预防和治疗措施
三级	高个体危害,低群体危害	对人体、动植物或环境具有高度危害,通过直接接触或气溶胶使人传染上严重的甚至是致命疾病,或对动植物和环境具有高度危害的致病因子,通常有预防和治疗措施
四级	高个体危害,高群体危害	对人体、动植物或环境具有高度危害性,通过气溶胶途径传播或传播途径不明或未知的高度危险的致病因子,没有预防和治疗措施

二、生物安全实验室建筑设施原理

生物安全实验室主要利用物理隔离分区或物理隔离与负压通风过滤技术相结合将实验区与外环境隔离开,包括实验室的平面布局、围挡结构、入口控制、负压环境和为减少感染性气溶胶从实验室释放而设置的特殊通风系统等。不同级别的实验室建筑设施要求不同,防护级别越高建筑设施要求越高。

(一)生物安全实验室相关概念

1. **实验室防护区**(laboratory containment area) 是指生物风险相对较大的区域,对围护结构的严密性、气流流向等有要求的区域。

2. **实验室辅助工作区** 指生物风险相对较小的区域,也指生物安全实验室中防护区以外的区域。

3. **缓冲间**(buffer room) 指设置在被污染概率不同的实验室区域间的密闭室。需要时,可设置机械通风系统,其门具有互锁功能,不能同时处于开启状态。

4. **气密门**(airtight door) 为密闭门的一种,气密门通常具有一体化的门扇和门框,采用机械压紧装置或充气密封圈等方法密闭缝隙。

5. **活毒废水**(waste water of biohazard) 指被有害生物因子污染了的有害废水。

6. **静态**(at-rest) 指实验室内的设施已经建成,工艺设备已经安装,通风空调系统和设备正常运行,但无工作人员操作且实验对象尚未进入时的状态。

7. **综合性能评定**(comprehensive performance judgment) 指对已竣工验收的生物安全实验室的工程技术指标进行综合检测和评定。

8. **洁净室空气洁净度7、8级** 洁净度7、8级的要求见表4-2。

表4-2 洁净室空气洁净度7、8级的要求

尘粒直径/μm	洁净度7级/(粒/m³)	洁净度8级/(粒/m³)
≥0.5	35 200 ~ 352 000	352 000 ~ 3 520 000
≥1	8 320 ~ 83 200	83 200 ~ 832 000
≥5	293 ~ 2 930	2 930 ~ 29 300

(二)生物安全实验室布局及要求

1. **物理隔离分区** 用物理隔断(包括墙体)和密封门把实验室与外环境隔离开,如BSL-2实验室用自动关闭的门把实验室与公共走廊隔离开,BSL-3实验室由外向内可以划分为清洁区(更衣、淋浴)、缓冲区、半污染区(准备间)、污染区。

2. **负压通风过滤系统** 通过控制气流速度和方向,可以使实验室内的空气只能通过HEPA滤器排放。负压通风过滤系统要求各区室内的气压保持一定的压力梯度,使空气由清洁区流向核心区呈单向流动。一般要求各区域的压差为20 Pa,如与大气压相比清洁区的压差为零,半污染区为-20 Pa,污染区为-40 Pa,这样就保证气流是向污染区流

动,在半污染区和污染区的空气一律要经过 HEPA 滤器过滤后才能排出外环境。

3. 实验室设计原则　根据《病原微生物实验室生物安全通用准则》（WS233—2017）的具体要求如下。

（1）实验室选址、设计和建造应符合国家和地方建设规划、生物安全、环境保护和建筑技术规范等的规定和要求。

（2）实验室的设计应保证对生物、化学、辐射和物理等危险源的防护水平控制在经评估的可接受的程度,防止危害环境。

（3）实验室的建筑结构应符合国家有关规定。

（4）在充分考虑生物安全实验室地面、墙面、顶板、管道、橱柜等在消毒、清洁、防滑、防渗漏、防积尘等方面特殊要求的基础上,从节能、环保、安全和经济性等多方面综合考虑,选用适当的符合国家标准要求的建筑材料。

（5）实验室的设计应充分考虑工作方便、流程合理和人员舒适等问题。

（6）实验室内温度、湿度、照度、噪声和洁净度等室内环境参数应符合工作要求,以及人员的舒适性、卫生学等要求。

（7）实验室的设计在满足工作要求、安全要求的同时,应充分考虑节能和冗余。

（8）实验室的走廊和通道应不妨碍人员和物品通过。

（9）应设计紧急撤离路线,紧急出口处应有明显的标识。

（10）房间的门根据需要安装门锁,门锁应便于内部快速打开。

（11）实验室应根据房间或实验间在使用、停用、消毒、维护等不同状态时的需要,采取适当的警示和进入限制措施,如警示牌、警示灯、警示线、门禁等。

（12）实验室的安全保卫应符合国家相关部门对该级别实验室的安全管理规定和要求。

（13）应根据生物材料、样本、药品、化学品和机密资料等被误用、被盗和被不正当使用的风险评估,采取相应的物理防范措施。

（14）应有专门设计以确保存储、转运、收集、处理和处置危险物料的安全。

第二节　一级生物安全实验室

一级生物安全实验室的安全设备和设施应适合操作具有明确生物学特征的已知在健康成人中不能引起疾病的、活的微生物菌（毒）株的研究。这些微生物中一些在特定情况下可以具有致病性,可以在儿童、老年人、免疫缺陷或免疫抑制的个体中引起感染。适用于我国危害程度第四类的病原微生物,适用于教学用实验室。除需要洗手池外,一级生物安全防护水平不需要特殊的一级和二级屏障,通过执行标准的微生物操作即可获得基本的防护（图4-1）。

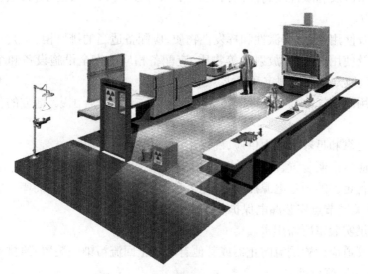

图 4-1 一级生物安全实验室结构示意

一、实验室防护设计要求

在实验室设计和设施方面应满足以下要求。

（1）应为实验室仪器设备的安装、清洁和维护、安全运行提供足够的空间。

（2）实验室应有足够的空间适合实验台、实验柜等实验室设备和物品的摆放。

（3）在实验室的工作区外应当有存放外衣和私人物品的设施，应将个人服装与实验室工作服分开放置。

（4）在实验室的工作区外应当有进食、饮水和休息的场所。

（5）实验室墙壁、顶板和地板应当光滑、易清洁、防渗漏并耐化学品和消毒剂的腐蚀。地板应当防滑，不得在实验室内铺设地毯。

（6）实验室台（桌）柜和座椅等应当坚固、耐用，边角应圆滑。实验室台面应防水，并能耐受中等程度的热、有机溶剂、酸碱、消毒剂及其他化学剂。

（7）应根据工作性质和流程合理摆放实验室设备、实验台（柜）和物品等，避免相互干扰、交叉污染，并应不妨碍逃生和急救。台（桌）柜和设备之间应有足够的间距，以便于清洁。

（8）实验室应有洗手池，水龙头开关宜为非手动式，并安装在靠近出口处。

（9）实验室的门应有可视窗并可闭锁，并达到适当的防火等级，门锁及门的开启方向应不妨碍室内人员逃生。

（10）实验室可以利用自然通风，开启窗户应安装防蚊虫的纱窗。如果采用机械通风，应避免气流流向导致的污染和避免污染气流在实验室之间或与其他区域之间串通而造成交叉污染。

（11）应保证实验室内有足够的照明，避免不必要的反光和闪光。

（12）实验室涉及刺激性或腐蚀性物质的操作，应在 30 m 内设洗眼器，风险较大时应设紧急喷淋装置。

（13）若涉及使用有毒、刺激性和挥发性物质，应配备适当的排风柜（罩）。

（14）若涉及使用高毒性、放射性等物质，应配备相应的安全设施设备和个体防护装备，应符合国家、地方的相关规定和要求。

（15）若使用高压气体和可燃性气体，应有安全措施，应符合国家、地方的相关规定和要求。

（16）应有可靠和足够的电力供应，确保用电安全。

（17）应有应急照明装置，同时考虑合适的安装位置，以保证人员安全离开实验室。

（18）应配备足够的固定电源插座，避免多台设备使用共同的电源插座。应有可靠的接地系统，应在关键节点安装漏电保护装置或监测报警装置。

（19）应满足实验室所需用水。

（20）给水管道应设置倒流防止器或其他有效防止回流污染的装置；给排水系统应不渗漏，下水应有防回流设计。

（21）应配备适用的应急器材，如消防器材、意外事故处理器材、急救器材等。

（22）应配备适用的通信设备。

（23）必要时，可配备适当的消毒、灭菌设备。

二、个人防护要求

实验人员进入实验室应穿工作服，实验操作时应戴手套，必要时佩戴防护眼镜。离开实验室时，工作服必须脱下并留在实验区内。不得穿着工作服进入办公区等清洁区域，用过的工作服应定期消毒。

第三节　二级生物安全实验室

二级生物安全实验室适合用于我国危害程度第三类（少量二类）的病原微生物。目前国内主要分为：普通型 BSL-2 实验室和增强型 BSL-2 实验室。实验人员在这类实验室中可能暴露于感染性物质的途径包括呼吸道或黏膜暴露于感染性气溶胶或飞溅物、污染的针头或利器的伤害等。普通型 BSL-2 实验室是在 BSL-1 实验室的基础上增加生物安全柜、高压灭菌器、洗眼装置和面罩等安全设备。增强型 BSL-2 实验室是在普通型 BSL-2 实验室设计的基础上安装独立的送排风系统，控制实验室气流方向和压力梯度，并加装高效过滤器和传递窗（图 4-2）。

一、设施要求

1. 普通型 BSL-2 实验室　其设计和设施方面应在满足 BSL-1 实验室设施的基础上，增加以下内容。

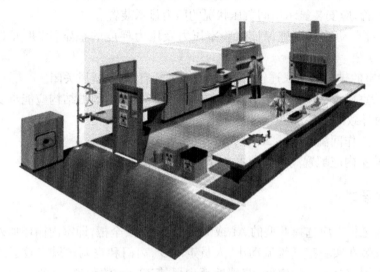

图4-2　二级生物安全实验室结构示意

（1）实验室主入口的门、放置生物安全柜实验间的门应能够自动关闭，实验室主入口的门应有进入控制措施。

（2）实验室工作区域外应有存放备用物品的条件。

（3）应在实验室或其所在的建筑内配备压力蒸汽灭菌器或其他的消毒、灭菌设备，所需配备的消毒、灭菌设备应以风险评估为依据。

（4）应在实验室工作区配备洗眼装置，必要时应在每个工作间配备洗眼装置。

（5）应在操作病原微生物及样本的实验区内配备二级生物安全柜。

（6）应按产品的设计、使用说明书的要求安装和使用生物安全柜。

（7）如果使用管道排风的生物安全柜，应通过独立于建筑内其他公共通风系统的管道排出。

（8）实验室入口应有生物危害标识，出口应有逃生发光指示标识。

2.加强型 BSL-2 实验室　是在普通型 BSL-2 实验室平面布局的基础上建成具有负压高效过滤装置的实验室。

（1）加强型 BSL-2 实验室应包含缓冲区和核心区。

（2）缓冲间可兼作防护服更换间。必要时，可设置准备间和洗消间等。

（3）缓冲间的门宜能互锁。如果使用互锁门，应在互锁门的附近设置紧急手动互锁解除开关。

（4）实验室应设洗手池；水龙头开关应为非手动式，宜设置在靠近出口处。

（5）采用机械通风系统，送风口和排风口应采用防雨、防风、防杂物、防昆虫及其他动物的措施，送风口应远离污染源和排风口。排风系统应使用高效过滤器。

（6）核心工作间内送风口和排风口的布置应符合定向气流的原则，利于减少房间内涡流和气流死角。

（7）核心工作间气压相对于相邻区域应为负压，压差宜不低于 10 Pa。在核心工作间入口的显著位置，应安装显示房间负压状况的压力显示装置。

（8）应通过自动控制措施保证实验室压力及压力梯度的稳定性，并可对异常情况报警。

（9）实验室的排风与送风连锁，排风先于送风开启，后于送风关闭。

（10）实验室应有措施防止产生对人员有害的异常压力，围护结构应能承受送风机或排风机异常时导致的空气压力载荷。

（11）核心工作间温度 18～26 ℃，噪声应低于 68 dB。

（12）实验室内应配置高压灭菌器及其他适用的消毒设备。

二、设备要求

1. 生物安全柜　应选择Ⅱ型的 A1 或 B1 类型生物安全柜，即室内循环加外排型。生物安全柜应安装在实验室气流流动小，人员走动少，离门和空调送风口较远的地方。生物安全柜的周围应有一定的空间，与墙壁至少保持 30 cm 的距离，以便清洁。以下实验操作应在生物安全柜内进行。

（1）处理感染性物质：使用带有密封的安全离心罩的离心机在实验室开放区域离心感染性物质，须在生物安全柜内装样、取样。

（2）经空气传播感染的危险性增强的实验操作。

（3）进行极有可能产生气溶胶的操作时（包括离心、研磨、混匀、剧烈摇动、超声破碎、打开盛放感染性材料的容器内部压力和外环境存在压力差）。

2. 高压灭菌器　应安放实验室建筑内，并按期检查和验证，每次高压灭菌均要放置指示剂，保证高压灭菌器的工作正常和消毒效果。

3. 洗眼器　应安装在 BSL-2 实验室内靠近出口的地方。必要时还应有应急喷淋装置。

4. 离心机安全罩　如果有气溶胶产生，应在加用离心机安全罩离心机内离心。

5. 接种环　使用一次性接种环或接种棒，也可在生物安全柜内使用电加热接种环。

三、个人防护

除符合 BSL-1 的要求外，还应该符合下列要求。

实验人员在进入实验室时，应在工作服外加罩衫或穿防护服，戴帽子、口罩、一次性手套。当微生物的操作不可能在生物安全柜内进行，而必须采取外部操作时，为防止感染性材料溅出或雾化危害，应使用保护装置（如护目镜、面罩、个体呼吸保护用品或其他防溅出的保护设备）。

第四节 BSL-1 和 BSL-2 实验室的工作规范

一、进入实验室的要求

（1）实验室负责人应限制人员进入实验室。未经批准，任何人不得进入实验室工作区域，儿童不得进入实验室工作区域，不允许可能增加获得性感染的危险性和感染后可能引起严重后果的人员进入实验室。

（2）BSL-2 实验室门上应有国际通用的生物危害警告标志，包括通用的生物危险性标志，标明传染因子。实验室负责人或其他人姓名、电话，以及进入实验室的特殊要求。

（3）实验室的门应保持关闭。

（4）与实验室无关的动物不得带入实验室。

二、实验室规则

（1）在实验室工作时必须穿合适的工作服或防护服。

（2）工作人员在进行可能接触到血液、体液及其他具有潜在感染性的材料，应戴上合适的手套，手套用完后应先消毒再摘除，随后洗手。

（3）在处理完感染性实验材料、其他有害物质后及在离开实验室工作区域前都必须洗手。

（4）为了防止眼睛和面部受到喷溅物质的污染和紫外线、辐射的伤害，必须戴合适的安全眼镜、面罩（面具）或其他防护设备。

（5）严禁穿着实验室防护服，离开实验室工作区域。

（6）不得在实验室内穿露脚趾的鞋。

（7）禁止在实验室工作区域内进食、饮水、吸烟、化妆和处理角膜接触镜。

（8）禁止在实验室工作区域储存食品和饮料。

（9）在实验室内用过的防护服，应及时消毒，不得和日常服装放在同一柜子内。

三、实验操作的原则

（1）严禁将实验器材和材料置于口内。

（2）所有的实验操作要尽量按照减少气溶胶和微小液滴形成的方式进行。

（3）应限制使用注射针头和注射器。不能用注射针头和注射器做移液使用或其他用途。

（4）应制定并执行处理溢出物的标准操作程序，出现溢出、事故及明显或可能暴露于感染性物质时，必须向实验室负责人报告，实验室应如实记录有关暴露和处理的情况，保存相关记录。

（5）污染的液体在排放入生活污水管道前必须清除污染（采用化学或物理方法），根据所处理的感染性因子的危险度评估结果,准备专门的污水处理系统。

(6)只有保证在实验室里没有受到污染的文件纸张才能带出实验室。

四、实验室工作区的管理原则

(1)实验室应保持清洁整齐,严禁摆放和实验无关的物品。

(2)每天工作结束后应清除工作台面的污染,若发生具有潜在性的危害材料溢出,应立即清除污染。

(3)所有受到污染的材料、标本和培养物,在废弃或清洁再利用之前,必须先清除污染。

(4)实验室区域内应定期消毒、清洁。

(5)实验废弃物应按照国务院《医疗废物垃圾管理条例》处理,不得与生活垃圾混装。

第五节　三级生物安全实验室

三级生物安全实验室是适用于操作我国危害程度第二类(部分第一类)的病原微生物。实验人员在这类实验室中可能暴露于感染性物质的途径包括皮肤或黏膜破损、污染的针头或利器的伤害、呼吸道或黏膜暴露于感染性气溶胶或飞溅物。

由于在三级生物安全实验室进行实验操作的感染性材料的危害性高、风险大,因此,三级生物安全实验室设施比一级和二级生物安全实验室有更为严格的标准要求。

一、BSL-3 设施要求

BSL-3 除 BSL-2 实验室设施要求的基础外,根据《实验室生物安全通用要求》(GB 19489—2008)在实验室的建筑、房间布局设计、门窗和送排风系统等方面都有特殊的要求(图 4-3)。

1. BSL-3 实验室的平面布局

(1)实验室应在建筑物中自成隔离区或为独立建筑物,并有出入控制系统。

(2)实验室应明确区分辅助工作区和防护区。防护区中直接从事高风险操作的工作间为核心工作间,人员应通过缓冲区进入核心工作间。

(3)对操作通常认为非经空气传播致病性生物因子的实验室,实验室辅助工作区应至少包括监控室和清洁衣物更换间;防护区应至少包括缓冲间及核心工作区。

(4)对于可有效利用安全隔离装置(如生物安全柜)操作常规量可经空气传播致病性生物因子的实验室,实验室辅助工作区应至少包括监控室、清洁衣物更换间和淋浴间;防护区应至少包括防护服更换间、缓冲间及核心工作间。实验室核心工作间不宜直接与其他公共区域相邻。

(5)可根据需要安装传递窗。如果安装传递窗,其结构承压能力及密闭性应符合所在区的要求,以保证围护结构的完整性,并具备对传递窗内物品表面进行消毒的条件。

（6）应充分考虑生物安全柜，双扉压力蒸汽灭菌器等大型设备进出实验室的需要，实验室应设有尺寸足够的设备门。

2. 围护结构

（1）实验室建筑结构应按照《生物安全实验室建筑技术规范》（GB 50346—2011）、《建筑结构可靠度设计统一标准》（GB 50068—2018）相关标准要求执行。抗震设计应符合国家标准《建筑抗震设防分类标准》（GB 5022—2008）的规定。

（2）实验室防护区内围护结构的内表面应光滑、耐腐蚀、不开裂、防水，所有缝隙和贯穿处的接缝都应可靠密封，应易清洁和消毒。

（3）实验室防护区内的地面应防渗漏、完整、光洁、防滑、耐腐蚀、不起尘。

（4）实验室内所有的门应可自动关闭，需要时，应设观察窗；门的开启方向应不妨碍逃生。

（5）实验室内所有窗户应为密闭窗，玻璃应耐撞击、防破碎。

（6）实验室及设备间的高度应满足设备的安装要求，应有维修和清洁空间。

（7）实验室防护区的顶棚不得设置检修口等。

（8）在通风系统正常运行状态下，采用烟雾测试法检查实验室防护区内围护结构的严密性时，所有缝隙应无泄漏。

3. 通风空调系统

（1）应安装独立的实验室送排风系统，确保在实验室运行时气流由低风险区向高风险区流动，同时确保实验室空气通过 HEPA 过滤后排出室外。

（2）实验室空调系统的设计应充分考虑生物安全柜、离心机、二氧化碳培养箱、冰箱、压力蒸汽灭菌器、紧急喷淋装置等设备的冷、热、湿负荷。

（3）实验室防护区房间送风口和排风口的布置应符合定向气流的原则，利于减少房间内的涡流和气流死角；送排风应不影响其他设备的正常功能，在生物安全柜操作面或其他有气溶胶发生地点的上方不得设置送风口。

（4）不得循环使用实验室防护区排出的空气，不得在实验室防护区内安装分体空调等在室内循环处理空气的设备。

（5）应按产品的设计要求和使用说明安装生物安全柜和排风管道系统。

（6）实验室的送风应经过初效、中效和高效过滤器过滤。

（7）实验室防护区室外排风口应设置在主导风的下风向，与新风口的直线距离应大于 12 m，并应高于所在建筑的屋面 2 m 以上，应有防风、防雨、防鼠、防虫设计，但不应影响气体向上空排放。

（8）HEPA 过滤器的安装位置应尽可能靠近送风管道（在实验室内的送风口端）和排风管道（在实验室内的排风口端）。

（9）应可以在原位对排风 HEPA 过滤器进行消毒和检漏。

（10）如在实验室防护区外使用高效过滤器单元，其结构应牢固，应能承受 2 500 Pa 的压力；高效过滤器单元的整体密封性应达到在关闭所有通路并维持腔室内温度稳定的条件下，若使空气压力维持在 1 000 Pa 时，腔室内每分钟泄漏的空气量应不超过腔室净容积的 0.1％。

（11）应在实验室防护区送风和排风管道的关键节点安装生物型密闭阀,必要时,可完全关闭。

（12）实验室的排风管道应采取耐腐蚀、耐老化、不吸水的材料制作,宜使用不锈钢管道。密闭阀与实验室防护区相连的送风管道和排风管道应牢固、气密、易消毒灭菌,管道的密闭性应达到在关闭所有通路并维持管道内的温度在设计范围上限的条件下,若使空气压力维持在 500 Pa 时,管道每分钟泄漏的空气量应不超过管道内净容积的 0.2%。

（13）排风机应一用一备。应尽可能减少排风机后排风管道正压段的长度,该段管道不应穿过其他房间。

4. 供水与供气系统

（1）应在实验室防护区靠近实验间出口处设置非手动洗手设施;如果实验室不具备供水条件,应设非手动手消毒灭菌装置。

（2）应在实验室的给水与市政给水系统之间设防回流装置或其他有效地防止倒流污染的装置,且这些装置应设置在防护区外,宜设置在防护区围护结构的边界处。

（3）进出实验室的液体和气体管道系统应牢固、不渗漏、防锈、耐压、耐温（冷或热）、耐腐蚀。应有足够的空间清洁、维护和维修实验室内暴露的管道,应在关键节点安装截止阀、防回流装置或 HEPA 过滤器。

（4）如果有供气（液）罐等,应放在实验室防护区外易更换和维护的位置,安装牢固,不应将不相容的气体或液体放在一起。

（5）如果有真空装置,应有防止真空装置的内部被污染的措施;不应将真空装置安装在实验场所之外。

5. 污物处理及消毒系统

（1）应在实验室防护区内设置符合生物安全要求的压力蒸汽灭菌器。宜安装生物安全型的双扉压力蒸汽灭菌器,其主体应安装在易维护的位置,与围护结构的连接之处应可靠密封。

（2）对实验室防护区内不能使用压力蒸汽灭菌的物品应有其他消毒、灭菌措施。

（3）压力蒸汽灭菌器的安装位置不应影响生物安全柜等安全隔离装置的气流。

（4）可根据需要设置传递物品的渡槽。如果设置传递物品的渡槽,应使用强度符合要求的耐腐蚀性材料,并方便更换消毒液;渡槽与围护结构的连接之处应可靠密封。

（5）淋浴间或缓冲间的地面液体收集系统应有防液体回流的装置。

（6）实验室防护区内如果有下水系统,应与建筑物的下水系统完全隔离;下水应直接通向本实验室专用的污水处理系统。

（7）所有下水管道应有足够的倾斜度和排量,确保管道内不存水;管道的关键节点应按需要安装防回流装置、存水弯（深度应适用于空气压差的变化）或密闭阀门等;下水系统应符合相应的耐压、耐热、耐化学腐蚀的要求,安装牢固,便于维护、清洁和检查。

（8）应使用可靠的方式处理污水（包括污物）,并应对消毒灭菌效果进行监测,以确保达到排放要求。

（9）应在风险评估的基础上,适当处理实验室辅助区的污水,并应监测,以确保排放到市政管网之前达到排放要求。

（10）可以在实验室内安装紫外线消毒灯或其他适用的消毒灭菌装置。

（11）应具备对实验室防护区、设施设备、安全隔离装置及与其直接相通的管道进行消毒的条件。

（12）应在实验室防护区可能发生生物污染的区域（如生物安全柜、离心机附近等）配备便携的消毒装置，同时应备有足够的适用消毒剂。发生意外时，及时进行消毒处理。

6. 电力供应系统

（1）电力供应应按照一级负荷供电，满足实验室的用电要求，并有冗余。

（2）生物安全柜、送风机和排风机、照明、自控系统、监视和报警系统等应配备不间断备用电源，电力供应至少维持 30 min。

（3）应在实验室辅助工作区安全的位置设置专用配电箱，其放置位置应考虑人员误操作的风险、恶意破坏的风险及受潮湿、水灾侵害风险等。

7. 照明系统

（1）实验室核心工作间的照度应不低于 350 lx，其他区域的照度应不低于 200 lx，宜采取吸顶式密闭防水洁净照明灯。

（2）应避免过强的光线和光反射。

（3）应设不少于 30 min 的应急照明系统及紧急发光疏散指示标识。

8. 自控、监视与报警系统

（1）实验室自动化控制系统应由计算机中央控制系统、通信控制系统和现场执行控制器等组成。应具备自动控制和手动控制功能，应急手动应有优先控制权，且具备硬件连锁功能。

（2）实验室自动化控制系统应保证实验室防护区内定向气流的正确及压力差的稳定。

（3）实验室通风系统连锁控制程序应先启动排风，后启动送风，关闭时，应先关闭生物安全柜等安全隔离装置和排风支管密闭阀，再关实验室送风机密闭阀，最后关排风机密闭阀。

（4）通风系统应与 Ⅱ 级 B 型生物安全柜、排风柜（罩）等局部设备连锁控制，确保实验室的排送风之间压力关系稳定运行，并在实验室通风系统开启和关闭过程中保持有序的压力梯度。

（5）当排风系统出现故障时，应先将送风机关闭，待备用排风机启动后，再启动送风机，避免实验室出现正压和影响定向气流。

（6）当送风系统出现故障时，应有有效机制控制实验室负压在可接受范围内，避免影响实验室人员安全、生物安全柜等安全隔离装置的正常运行和围护结构的完整性。

（7）应能够连续监测送排风系统 HEPA 过滤器的阻力，需要时，可及时更换 HEPA 过滤器。

（8）应在有压力控制要求的房间入口的显著位置，安装显示房间压力的装置。

（9）中央控制系统应可以实时监控、记录和存储实验室防护区内压力、压力梯度、温度、湿度等有控制要求的参数，以及排风机、送风机等关键设施设备的运行状态，电力供应的当前状态等。应设置历史记录档案系统，以便随时查看历史记录，历史记录数据宜以趋势曲线结合文本记录的方式表达。

(10)中央控制系统的信号采集间隔时间应不超过 1 min,各参数应易于区别和识别。

(11)实验室自控系统报警应分一般报警和紧急报警。一般报警为过滤器阻力的增大、温湿度偏离正常值等,暂时不影响安全,实验活动可持续进行的报警;紧急报警指实验室出现正压、压力梯度持续丧失、风机切换失败、停电、火灾等,对安全有影响,应终止实验活动的报警。一般报警应为显示报警,紧急报警应为声光报警和显示报警,可以向实验室内外人员同时显示紧急警报,应在核心工作间内设置紧急报警按钮。

(12)核心工作间的缓冲区入口处应有指示核心工作间工作状态的装置,必要时,设置限制进入核心工作间的连锁机制。

(13)实验室应设监视器,在关键部位设置摄像机,可实时监视并录制实验室活动情况和实验室周围情况。监视设备应有足够的分辨率和影像存储容量。

9.实验室通信系统

(1)实验室防护区内应设置向外部传输资料和数据的传真机或其他电子设备。

(2)监控室和实验室内应安装语音通信系统。如果安装对讲系统,宜采取向内通话受控、向外通话非受控的选择性通话。

(3)通信系统的复杂性应与实验室的规模和复杂程度相适应。

10.实验室门禁管理系统

(1)实验室应有门禁管理系统,应保证只有授权的人员才能进入实验室,并能够记录人员出入。

(2)实验室设门互锁系统,应在互锁的附近设置紧急手动解除互锁开关,需要时,可立即解除门的互锁。

(3)当出现紧急情况时,所有设置互锁功能的门应能处于开启状态。

11.参数要求

(1)实验室的围护结构应能承受送风机或排风机异常时导致的空气压力载荷。

(2)操作通常认为非经空气传播致病性生物因子的实验室,其核心工作间的气压(负压)与室外大气压的压差值应不小于 30 Pa,与相邻区域的压差(负压)应不小于 10 Pa;对于可有效利用安全隔离装置操作常规量经空气传播致病性生物因子的实验室,其核心工作间的气压(负压)与室外大气压的压差值不小于 40 Pa,与相邻区域的压差(负压)应不小于 15 Pa。

(3)实验室防护区各房间的最小换气次数不小于 12 次/h。

(4)实验室的温度宜控制在 18 ~ 26 ℃范围内。

(5)正常情况下,实验室的相对湿度宜控制在 30% ~ 70% 范围内;消毒状态下,实验室的相对湿度应能满足消毒技术要求。

(6)在安全柜开启情况下,核心工作间的噪声应不大于 68 dB。

(7)实验室防护区的静态洁净度应不低于 8 级水平。

二、设备要求

1.生物安全柜　BSL-3 实验室必须安装和使用生物安全柜,根据病原微生物实验室活动内容可选择Ⅱ级 A2、Ⅱ级 B1 和Ⅲ级 3 种不同类型的生物安全柜,即 30% 空气外排、70% 空气外排和全封闭式的隔离器。而Ⅱ级 B2 生物安全柜因换气量太大,对实验室负压和气流的影响比较大,一般不使用。

　　Ⅱ级生物安全柜应安装在 BSL-3 实验室内气流流动小,人员走动少,距门和中央空调送风口较远的地方。生物安全柜的周围应有一定的空间,与墙壁至少保持 30 cm 的距离以便清理。另外,BSL-3 实验室内安装使用Ⅱ级生物安全柜时,要充分考虑实验室和生物安全柜的气流平衡和回流问题,生物安全柜排风口与排风管道之间可以通过硬连接,也可以通过套管结构连接。无论是哪一种连接方式,排风管道中都应有止回阀,排风管道中还要有一道 HEPA 过滤器。

　　2. 高压灭菌器　BSL-3 实验室内所有废弃物在传出之前,必须经过高压灭菌。《实验室生物安全通用要求》(GB 19489—2008)的要求,在 BSL-3 实验室的核心区内应设置不外排蒸汽的高压蒸汽灭菌器或其他消毒装置。对于新建实验室半污染区和清洁区之间,安装双扉生物安全型高压灭菌器,即高压灭菌器应跨墙安装,且双门互锁结构,并对高压产生的蒸汽,具有回收再高压的性能。高压灭菌器的安装,必须确保高压灭菌器与墙体之间的密封。

　　3. 离心机安全罩　如果使用传统型的离心机,应安装离心机安全罩,如果是新式的生物安全型离心机,即负压离心机,则不需要离心机安全罩。有些离心机或其他设备,需要在局部安装带有高效过滤器的排风系统,以达到有效的防护效果。

　　4. 洗手装置　应在核心区和半污染区出口处设洗手装置,洗手装置的开关应为非手动开关。供水管应安装防回流装置,下水道应与建筑物的下水管线完全隔离,且有明显标识,下水应直接通往独立的液体消毒系统集中收集,经有效消毒后处置。

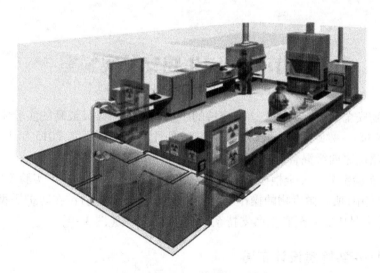

图 4-3　三级生物安全实验室结构示意

三、个人防护要求

除符合 BSL-2 的个人防护要求外,还应符合下列要求。

(1)工作人员在进入实验室时,必须使用个人防护装备,包括两层防护服,两层手套,生物安全专业防护口罩(不应使用医用外科口罩),必要时配备眼罩,呼吸支持装置等。工作完毕必须脱下工作服,不得穿工作服离开实验室,可再次使用的工作服,必须先消毒后清洗。

(2)在实验室中必须配备有效的消毒剂、眼部清洗剂或生理盐水,且易于取用,实验区内应配置应急药品。

四、实验室运行的基本规范

在 BSL-2 运行规范的基础上还需要遵循以下原则。

(1)BSL-3 实验室的设立和使用,必须符合《病原微生物实验室生物安全管理条例》的有关规定。

(2)实验室入口门上,应粘贴国际生物危害警告标识,并注明生物安全级别、实验的活动内容以及实验室负责人姓名、电话,并说明进入该区域的所有特殊条件,如免疫接种状况等。

(3)进入实验室应穿戴与实验活动相适应的防护服装。

(4)实行双人工作制,严禁任何人单独在实验室里工作。

(5)实验记录未经可靠消毒,不得带出实验室。

(6)工作人员应开展健康监测,在开始工作之前应收集并妥善保存工作人员的基线血清。

第六节 四级生物安全实验室

四级生物安全实验室是人类迄今建造的生物安全防护等级最高的实验室,按照国际惯例,只有在 BSL-4 实验室才能对如埃博拉等烈性病毒进行研究,2015 年 1 月 31 号,中国科学院武汉国家四级混合型生物安全实验室,在湖北武汉竣工。

BSL-4 实验室分为安全柜型 BSL-4 实验室和防护服型 BSL-4 实验室。安全柜型 BSL-4 实验室中,所有微生物的操作均在Ⅲ级生物安全柜内进行;在防护服型 BSL-4 实验室中,工作人员应穿着配有生命支持系统的正压防护服(图4-4)。

一、BSL-4 实验室设计布局

在符合 BSL-3 实验室设计要求的基础上,还应符合以下要求。

1. 平面布局

(1)实验室应建造在独立建筑物内或建筑物中独立的隔离区域。应有严格限制进入实验室的门禁措施,应记录进入人员的个人资料、进出时间、授权活动区域等信息;对与实验室运行相关的关键区域也应有严格和可靠的安保措施,避免非授权进入。

(2)实验室的辅助工作区应至少包括监控室和清洁衣物更换间。操作常规量经空气传播致病性生物因子的实验室防护区应至少包括防护走廊、内防护服更换间、淋浴间、外防护服更换间和核心工作间,外防护服更换间应为气锁。

(3)使用生命支持系统的正压防护服操作常规量经空气传播致病性生物因子的实验室防护区应包括防护走廊、内防护服更换间、淋浴间、外防护服更换间、化学淋浴间和核心工作间。化学淋浴间应为气锁,具备对专用防护服或传递物品的表面进行清洁和消毒灭菌的条件,具备使用生命支持供气系统的条件。

2. 围护结构

(1)实验室防护区的围护结构应尽量远离建筑外墙。

(2)实验室的核心工作间应尽可能设置在防护区的中部。

(3)实验室防护区围护结构的气密性应达到在关闭受测房间所有通路并保持房间内温度在设计范围上限的条件下,当房间内的空气压力上升到 500 Pa 后,20 min 内自然衰减的气压小于 250 Pa。

(4)如果安装传递窗,其结构承压能力及密闭性应符合所在区域的要求;需要时,应配备符合气锁要求并具备消毒灭菌条件的传递窗。

3. 通风空调系统

(1)实验室的排风应经过两级 HEPA 过滤器处理后排放。

(2)应可以在原位对送、排风 HEPA 过滤器进行消毒和检漏。

4. 生命支持系统

(1)使用生命支持系统的正压防护服操作常规量经空气传播致病性生物因子的实验室应同时配备紧急支援气罐,紧急支援气罐的供气时间不少于 60 min/人。

(2)生命支持系统应有不间断备用电源,连续供电时间应不少于 60 min。

(3)供呼吸使用的气体压力、流量、含氧量、温度、湿度、有害物质的含量等应符合职业安全的要求。

(4)生命支持系统应具备必要的报警装置。

(5)根据工作情况,进入实验室的工作人员配备满足工作需要的合体的正压防护服,实验室应配备正压防护服检漏器具和维修工具。

5. 污物处理及消毒系统

(1)应在实验室的核心工作区内配备生物安全型压力蒸汽灭菌器;如果配备双扉压力蒸汽灭菌器,其主体所在房间的室内气压应为负压,并应设在实验室防护区内易更换和维护的位置。

(2)化学淋浴消毒装置应在无电力供应的情况下仍可以使用,消毒液储存器的容量应满足所有情况下对消毒使用量的需求。

(3)实验室防护区内所有需要运出实验室的物品或其包装的表面应经过可靠灭菌,符合安全要求。

6. 参数要求

（1）实验室防护区内所有区域的室内气压应为负压，实验室核心工作间的气压（负压）与室外大气压的压差值不小于 60 Pa，与相邻区域的压差（负压）应不小于 25 Pa。

（2）安全柜型实验室应在Ⅲ级生物安全柜或相当的安全隔离装置内操作致病性生物因子；同时应具备与安全隔离装置配套的物品传递设备和生物安全型压力蒸汽灭菌器。

二、个人防护

BSL-4 实验室的个人防护除符合 BSL-3 的要求外，还应符合下列要求。

（1）所有工作人员进入实验室时，要更换全套服装，工作后脱下所有防护服，淋浴后再离去。

（2）在防护服型 BSL-4 实验室中工作人员须穿着整体的有生命维持系统空气的正压工作服。

（3）当不能安全有效地将气溶胶限制在一定范围内时，应使用呼吸保护装置。

（4）不同类型的 BSL-4 实验室的个人防护装备有所不同。

1）在安全柜型的 BSL-4 实验室中，个人防护装备同 BSL-3。

2）在防护服型 BSL-4 实验室，个人防护装备配备正压空气（经过高效过滤）的连体防护服。

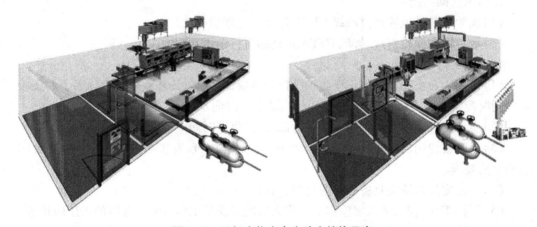

图4-4 四级生物安全实验室结构示意

三、实验室运行的基本规范

BSL-4 实验室运行规范除满足 BSL-3 规范的要求外，还有满足以下要求。

（1）进入实验室之前及离开实验室时，要求更换全部衣服和鞋。

（2）工作人员要接受受伤或疾病状态下紧急撤离程序的培训。

（3）在 BSL-4 的最高防护实验室中的工作人员与实验室外面的支持人员，必须建立常规情况和紧急情况下的联系方式。

第七节　移动式生物安全实验室

由于不同地区经济发展不平衡性,所处的地理环境和卫生资源差距较大和传染病的暴发与流行往往在短时间内使患者集中式增多,这样就不同程度地造成了医疗资源绝对或相对的缺乏,尤其是偏远、落后地区医疗资源短缺的问题更加严重。移动式医疗装备的发展在很大程度上使医疗资源得到灵活调配、及时补充,可以大大缓解传染病暴发与流行时防控与医疗需求的短缺,使传染性疾病的控制效率得到提高。

移动式医疗装备是指将需要的医疗设备集成在各类移动技术平台执行各种传染病现场应急防控任务的装备。根据移动技术平台的不同,可有多种移动载体,如车载实验室、帐篷式防控系统、空中机载系统、海上防控平台等。近年来,国内外特别注重移动式疾病控制装备的发展,尤其是传染病机动防控平台发展迅速。我们国家科研人员依据国内传染病现场防控特点,研发了卫生防疫车、生物检验车等传染病现场防控装备。

目前,我国已研制出自己的移动式生物安全一级、二级、三级实验室。移动式实验室是指可变换地点使用的实验室。移动模式分为自行式和运载式实验室,自行式实验室应具有机动行驶功能;运载式实验室应可借助运载工具实现移动功能。移动式实验室在设计和要求上符合《实验室生物安全通用要求》(GB 19489—2008)的实验室生物安全防护水平的分级原则。移动式实验室由于其具有机动性的特点,需要适应不同的气候、环境和道路等状况,因此,根据我国《移动式实验室生物安全要求》(GB 27421—2015)对移动式实验室设施设备自身符合移动的技术和材料进行了特殊要求和规范。

一、基本要求

(1)符合移动性的技术和材料要求,具备实验室的基本功能。

(2)需运载部分应具有适宜的装卸、搬运和固定装置,宜设升降装置和支撑轮。

(3)实验室应按模块化、集成化和标准化的原则进行设计和选型,以保证通用性和易维护性。

(4)实验室设施设备的布局、作业空间、设备操作方式等应合理,以保证工作流程顺畅并符合人机工效学的原则和要求。

(5)应保证所有维护工作的可实施性,作业工位空间应适合人体量度、姿势及使用工具等的需求。

(6)宜考虑实验室的扩展性,易于和其他独立的设施组合连接,提高应用性。

(7)水、电、气、暖、行驶等各系统应满足实验室运行的要求和相关的安全性要求,同时考虑移动式实验室的特殊要求。水、电、气等也可以由外部来源输入。

(8)应有保证实验室内设施设备可靠固定的设计和措施。

(9)应保证所用设备进出顺利。如果有安全门(窗),适用时,可兼作设备门。

(10)应保证消防、防电击、防雷击、抗振动与冲击、电磁兼容等的设计符合国家标准的要求。

(11)实验室布局应方便人员紧急出入,出入路径复杂的实验间应设置独立的安全门(窗)。

(12)实验室的可靠性应适应移动需求和环境变化。

(13)应根据实验室拟工作地区,设定其对道路和自然条件等适应性的要求且不低于国家相关标准的规定,如道路和地面、温度、湿度、气压、风力、日晒、雷电、冰雪、雨雹、沙尘、烟雾和有害生物(如真菌、节肢动物、啮齿动物等)等。

(14)应配备满足现场使用、维护及维修需要的原理图、操作说明、维修手册和安全手册等文件。自行式实验室应配备机动行驶部分的相关文件。

(15)应配备移动式实验室操作规范、现场应急处置预案等。

二、设施设备要求

1. 生物安全一级实验室

(1)实验室可由单个实验间组成。一级防护屏障可以是开放式。

(2)实验室固定设备、台柜、壁柜应坚固并与舱体可靠连接,连接处应圆滑,便于清洁。

(3)在实验室移动时,应有可靠机制和措施固定仪器设备、实验器材和座椅等物品。

(4)实验室的高度应满足设备安装要求,应有维护和清洁空间。

(5)实验室应通风。

(6)如果采用机械通风,可采用带循环风的空调系统。应根据实验室使用地域及气候条件,合理设计实验室空调系统。

(7)实验室宜预留市政供水接口,可设置下水收集装置。

(8)若操作刺激或腐蚀性物质,应在实验室内设置洗眼装置或配备洗眼瓶。若大量使用刺激性或腐蚀性物质,应设紧急喷淋装置。

(9)实验室内应安装紫外线消毒灯,并配备便携式消毒灭菌装置(如消毒喷雾器等)。

(10)需要时,应配备高压蒸汽灭菌器或其他适当消毒灭菌设备。

(11)实验室工作区的平均照度应不低于 300 lx。

(12)应有机制保持通信和联络畅通。

2. 生物安全二级实验室　除满足生物安全一级实验室的要求外还应满足以下要求。

(1)核心实验间入口宜设置缓冲间,缓冲间可兼作防护服更换间。

(2)缓冲间的门宜互锁。如果使用互锁门,应在互锁门的附近设置紧急手动解除互锁开关,需要时,应可以解除实验室门的互锁。

(3)实验期间,核心实验间入口处的显著位置应有国际通用的生物危害警告标识和相关信息。

(4)实验室可采用自然通风或负压通风。如果采用负压通风式空调系统,应符合定向气流的原则。

(5)采用负压通风式系统的新风口和排风口应有防风、防雨、防鼠和防虫设计,应根据风险评估的结果确定空气过滤器的规格。新风口应高于室外地面 2.5 m(可采用可拆卸结构),新风口设置尽量远离排风口。

（6）核心实验间内应配备生物安全柜或其他生物安全隔离装置。

（7）如果生物安全柜或其他生物安全隔离装置的排风在室内循环，实验室应具备通风换气条件。

（8）实验室应配备适宜的消毒灭菌装置，需要时，应配备高压蒸汽灭菌器。

（9）在负压通风式实验室核心实验间入口的显著位置，应安装显示房间负压状况的压力显示装置。

（10）负压通风式实验室应有机制保持压力及压力梯度的稳定性，并可对异常情况报警。

（11）负压通风式实验室的排风应与送风连锁，排风先于送风开启，后于送风关闭。

（12）负压通风式实验室应有机制防止产生对人员有害的异常压力，围护结构应能承受送风机或排风机异常时导致的空气压力载荷。

3. 生物安全三级实验室

（1）实验室应明确区分辅助工作区和防护区。

（2）实验室主入口应有出入控制。实验室主入口处的生物危害警告标识和相关信息可采用可移动标牌，如磁性贴牌等。

（3）辅助工作区应具备监控、技术保障（水、电、气、通风等）、清洁衣物更换、淋浴等功能，空间可共用。

（4）缓冲间可不设置机械送排风系统。

（5）实验室防护区内所有的门应可自动关闭，门应设密闭式观察窗，玻璃应耐撞击、防破碎。

（6）有负压控制的区域相邻门应互锁，应在互锁门的附近设置紧急手动解除互锁开关，中控系统应具有解除所有门或指定门的互锁功能。

（7）淋浴间应有淋浴水收集装置，设防回流的装置，所收集污水应在风险评估的基础上有效处理。

（8）应在实验室核心工作间内靠近出口处设置非手动洗手装置或自动手消毒装置。

（9）实验室核心工作间宜设置活毒废水收集与灭活装置。

（10）二级生物安全柜式实验室核心工作间的排风高效空气过滤器（HEPA 过滤器）应具有在原位进行消毒和检漏的条件。

（11）空调系统的设计应考虑使用地域自然环境条件的适应性和各种设备的湿热负荷，送风和排风系统的设计应考虑所用生物安全柜、生物隔离器等通风设备的送排风量。

（12）风口、门、设备应合理布局。以避免干扰和减少房间内的涡流和气流死角。

（13）实验室的送风应经过 HEPA 过滤器过滤，应同时安装初效和中效过滤器。

（14）实验室应设置市政供水接口和储水箱，实验室给水与储水箱之间应设防回流装置。

（15）如果有供气瓶或储水罐等，应放在实验室防护区外易更换和维护的位置，安装牢固。

（16）如果实验操作需要真空装置，真空装置应安装在核心工作区内，真空装置排气应安装高效过滤装置。

（17）应具备对实验室防护区及与其直接相通的管道、实验室设备和安全隔离装置（包括与其直接相通的管道）进行消毒灭菌的条件。

（18）实验室应配备发电机自主供电，保证可靠、足够的电力的供应，功率和燃料容量设计应有冗余，并设有外接电源输入接口。

（19）应在辅助工作区设置专用配电箱和接地保护，实验室内应设置足够数量的固定电源插座。重要电源插座回路应单独回路配电，且应设置漏电检测报警装置。

（20）灯具、开关、插座等所有在壁板、顶板需要安装的电气元件，其结构及安装应符合所有区域的密闭性要求，电气设备和接线应安装牢固。

（21）应在实验室的关键部位（含室外）设置视频信号采集器，需要时，应实时监视并录制实验室活动情况和实验室周围情况。视频信号采集器应有足够的分辨率，影像存储介质应有足够的数据存储容量。

（22）生物安全柜或其他生物安全隔离装置、送风机和排风机、照明、自控系统、监视和报警系统等应配备不间断备用电源，电力供应至少维持 15 min。

（23）二级生物安全柜式实验室的核心工作间气压（负压）与室外大气压的压差值应不小于 45 Pa，与相邻区域的压差（负压）应不小于 15 Pa。

（24）三级生物安全柜式实验室的核心工作间气压（负压）与室外大气压的压差值应不小于 30 Pa，与相邻区域的压差（负压）应不小于 15 Pa。

（25）实验室防护区核心工作间的最小换气次数应不小于 12 次/h。

三、管理要求

除 GB 19489—2008 要求外还应增加以下管理要求。

（1）如果将移动实验室作为固定实验室使用，应符合国家相关法规和标准对该类固定设施的要求。

（2）每次移动实验室时，应有计划。需要时，应向有关部门备案或申请批准。应详细记录行车路线、驻留地点及时间，并建立工作日志。

（3）应指定现场工作负责人、安全负责人、技术负责人和工作团队，团队的规模和能力满足任务要求，应至少包括一名维修工程师。所有人员应经过相应级别实验室使用、维护和管理的相关培训，个人素质和能力可胜任现场工作要求。

（4）现场工作负责人应负责制订并向实验室或更高管理层提交活动计划、风险评估报告、安全及应急措施、人员培训及健康、监督计划、技术支援方案、安全保障及资源要求、移动申请等。

（5）应制定并维护包括移动过程的现场工作规程、安全手册和安保规定。

（6）需要时，应在移动式实验室工作现场设立隔离带。

（7）现场工作负责人应负责完成每次移动任务的总结报告，提交实验室或更高管理层，并归档保存。

（8）实验室入口处的标识可以采用非固定的方式设置，如挂牌等。

（9）应在移动实验室前、开始工作前进行安全检查。

（10）在执行重大任务前，宜对关键环节实施内部审核。

（11）在现场执行任务周期超过 180 d 时,宜在工作期间对关键要素和关键环节实施内部审核。

（12）现场工作总结报告应提交管理部门评审。

（13）应制定应急措施的政策和程序,包括生物性、化学性、物理性、放射性等紧急情况和火灾、水灾、风灾、冰冻、地震、人为破坏、倾覆等任何意外紧急情况,还应包括使留下的空实验室和辅助设施等处于尽可能安全状态的措施,应征询相关主管部门的意见和建议。

（14）三级生物安全实验室应对高致病性病原微生物污染的废水、废物消毒灭菌后移动。

（15）如果实验室移动时需要携带可传染性物质(如样本等)、毒性物质等危险材料,应符合国家运输危险材料的相关规定。

（16）在移动和工作期间发生的任何事件和事故应按国家规定及时上报。

（17）应保证执行完任务的移动式实验室的内外部等所有部分符合卫生和生物安全要求,无不可接受的风险。

移动式实验室具有较强的机动性、越野性和通过性,可以充分发挥其灵活性和野外作业特点,适合于军队对生物战和生物恐怖的快速反应;适合于广大广阔牧区突发疫情及时监测和控制;在防治传染病的过程中、突发公共卫生事件的处理中快速抵达现场,支援传染病现场检测的需要;对于出入境检验检疫口岸,在面临随时可能受到突发病原体侵害时有较好的安全保障。当然移动实验室由于空间和运动限制对于检测仪器的要求很高,不同环境条件对于检测精度会产生影响。

参考文献

[1]袁胜鸿,肖晶.P3 生物安全实验室安全防护技术设计分析[J].城市建筑,2019,16(27):126-129.

[2]中华人民共和国国家质量监督检验检疫总局,中国国家标准化管理委员会.实验室生物安全通用要求:GB 19489—2008[S].北京:中国标准出版社,2008.

[3]中华人民共和国住房和城乡建设部.生物安全实验室建设技术规范:GB 50346—2011[S].北京:中国建筑工业出版社,2011.

[4]Public Health Agency of Canada. Canadian biosafety standard(CBS)[S/OL].2nd ed.(2018 – 09 – 05). https://www. canada. ca/en/public – health/services/c anadian – biosafety–standards–guidelines/second–edition. html.

[5]高树田,伍瑞昌,王运斗.国内外生物安全实验室发展现状与思考[J].医疗卫生装备,2005,26(11):33-34.

[6]陆兵,李京京,程洪亮,等.我国生物安全实验室建设和管理现状[J].实验室研究与探索,2012,31(1):192-196.

[7]杨震,杨坤,高磊,等.移动 P3 实验室适应性试验及性能改进的研究[J].医疗卫

生装备,2016,37(7):39-41,44.

[8]中华人民共和国国家质量监督检验检疫总局,中国国家标准化管理委员会.移动式实验室生物安全要求:GB 27421—2015 [S/OL]. (2015-09). http://www.jianbiaoku.com.

[9]中华人民共和国国家环境保护总局.病原微生物实验室生物安全环境管理办法[S/OL].(2011-2-28).http//www.sepa.gov.cn/info/gw/juling/200603.htm.

[10]刘静,孙燕荣.我国实验室生物安全防护装备发展现状及展望[J].中国公共卫生,2018,34(12):1700-1704.

（郗园林　陈帅印）

第五章

生物安全实验室设备及使用

生物安全实验室的设备指在实验活动中为减少感染性材料、有毒危险品及放射性核素对工作人员的损害和环境的污染,而研制的防护设备。正确地了解掌握这些设备的原理、工作机制、操作和检测是保证实验活动顺利进行、操作人员安全和环境安全的前提,本章节就生物安全实验室相关的安全设备进行介绍。

第一节　生物安全柜

生物安全柜(biological safety cabinet,BSC)是防止操作过程中含有危险性生物气溶胶散逸的负压空气净化排风柜。其可以将感染性材料产生的污染局限在柜体内,主要目的是用来保护操作人员、实验室环境。1943 年,美国人 Hubert Kaempf Jr 设计了世界上第一台三级生物安全柜,被用于美国马里兰州迪特里克堡的美国陆军生物武器实验室,开启了实验室生物安全设施设备的研制工作。1951 年美国 Baker 公司生产出世界上第一台二级生物安全柜,随后美国又于 1976 年研究制定了《Ⅱ级生物安全柜—NSF 国际标准/美国国际标准》。

在进行感染性物质的操作中,如细菌的接种、涡旋振荡、离心等操作,可能会使感染性材料产生气溶胶和溅出液,如果这些气溶胶和溅出液外泄,很容易被操作人员吸入、污染台面及实验室环境从而引发实验人员的感染,造成实验室感染事故的发生,严重的可能会流入社会进而引起人群的感染。

一、生物安全柜的防护原理

生物安全柜呈箱形,外界空气在风机的带动下经过高效过滤器(HEPA)过滤形成洁净的气体送入箱体内,从安全柜排出的气体经过 HEPA 过滤器过滤释放到外环境或从新进入箱体内,箱体内的负压和气幕可以防止箱体内的气溶胶外泄。

二、分类

生物安全柜根据气流和隔离屏障设计结构的不同,分为 Ⅰ、Ⅱ、Ⅲ个等级。其中Ⅱ级生物安全柜又分为 A1 型、A2 型、B1 型、B2 型,见表 5-1。

表5-1　Ⅰ级、Ⅱ级、Ⅲ级生物安全柜的差异

生物安全柜	工作窗口进风平均风速/(m/s)	气流分配/%		连接方式
		重新循环	排出	
Ⅰ级	≥0.40	0	100	硬管
Ⅱ级 A1	≥0.40	70	30	排到房间或套管连接处
Ⅱ级 A2	≥0.50	70	30	排到房间或套管连接处
Ⅱ级 B1	≥0.50	30	70	硬管
Ⅱ级 B2	≥0.50	0	100	硬管
Ⅲ级	无工作窗进风口,当一只手套筒取下时,手套口风速≥0.7	0	100	硬管

（一）Ⅰ级生物安全柜

用于对人员及环境进行保护,对受试样本无保护作用且能满足操作生物危害等级为一、二、三级致病因子要求的生物安全柜。

1. 原理　空气从前面的开口处以0.38 m/s的低速率进入安全柜,空气经过工作台表面并经排风管排出安全柜。定向气流的空气可以将工作台面上可能形成的气溶胶迅速带离箱体经过HEPA排出。操作者的双臂可以从前面的开口伸到安全柜内的工作台面上,通过玻璃窗观察到箱体内部,安全柜的玻璃窗可以完全抬起,以便清洁或消毒工作台面。因此Ⅰ级生物安全柜能够为操作者和环境提供保护,而进入箱体的空气未被净化,对于被操作对象不能提供保护。另外,Ⅰ级生物安全柜也可用于操作放射性核素和挥发性危化品(图5-1)。

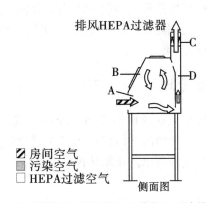

排风HEPA过滤器

房间空气
污染空气
HEPA过滤空气

侧面图

A:前开口;B:可视窗;C:排风 HEPA 过滤器;D:压力排风系统。

图5-1　Ⅰ级生物安全柜原理

2. Ⅰ级生物安全柜主要特点

(1)工作空间前开口处有定向的向工作空间内流动的气流。

（2）在负压状态下工作。

（3）进风速度为 0.3~0.5 m/s。

（4）出风口经过 HEPA 过滤器过滤。

（5）适合生物污染 1、2、3 级防护。

（二）Ⅱ级生物安全柜

在利用细胞和组织培养物进行病毒繁殖或其他培养时，如果使用Ⅰ级生物安全柜，未经灭菌的空气通过工作台面时容易造成实验对象的污染，达不到实验要求。Ⅱ级生物安全柜在设计上将空气先经过 HEPA 过滤后进入工作台面，从而保护了工作台面的物品不受空气的污染。

Ⅱ级生物安全柜的一个独有特征就是气体经由垂直层状薄片的（无定向的）HEPA过滤后，在安全柜内部形成向下流动的气流，也称下沉气流。气流不断地冲击可产生空气传播感染的安全柜内部，从而避免存放在柜体内的样品受到感染。不同型号的Ⅱ级生物安全柜的主要区别在于气体排放的比例及气体经过空气过滤再循环的比例不同。另外，具有不同的排气方式：有的生物安全柜将空气过滤后直接排到室内，有的是通过连接到专用通风管道上的套管或通过建筑物的排风系统排到建筑物外面。Ⅱ级生物安全柜能够保护操作人员和实验室环境免受危害。另外，也能够保护产品样本在病原微生物操作过程中免受污染。Ⅱ级生物安全柜可以在一、二、三级生物安全水平的生物因子操作中使用。

1. Ⅱ级 A1 型、Ⅱ级 A2 型生物安全柜 利用内置风机将房间空气经前面的开口引入安全柜内并进入前面的进风格栅。然后，供气先通过 HEPA 供风，再向下流动通过工作台面。空气在向下流动到距工作台面 6~18 cm 处分开，其中的一半会通过前面的排风格栅，而另一半则通过后面的排风格栅排出（图 5-2）。所有在工作台面形成的气溶胶可立刻被这些向下的气流带走，并经两组排风格栅排出，从而为实验对象提供保护。气流接着通过后面的负压通风系统到达位于安全柜顶部在供风和排风过滤器之间的空间，大约70% 的空气将经过供风 HEPA 过滤器重新返回到生物安全柜内的操作区域，而剩余的30% 则经过排风 HEPA 过滤器进入外环境。

Ⅱ级 A1 型生物安全柜排出的空气可以重新排入房间里，也可以通过连接到专用通风管道上的套管或通过建筑物的排风系统排到建筑物外面。二者相比，前者可减少能耗。Ⅱ级 A2 型生物安全柜只是在正面气流速度上（0.51 m/s）高于Ⅱ级 A1 型生物安全柜。

2. Ⅱ级 B1 型、Ⅱ级 B2 型生物安全柜 是在Ⅱ级 A1 型生物安全柜基础上改进而来，其下降气流大部分由未污染的流入气流循环提供，经过高效过滤器过滤后送至工作区，大部分被污染的下降气流经过高效过滤器后通过专用的排风管道排入外环境中，安全柜内所有污染部位均处于负压状态或者被负压通道和负压通风系统包围，如果有挥发性危化品或放射性核素则随空气循环不影响实验操作或实验在安全柜的直接排气区域进行。Ⅱ级 B1 型安全柜可以用于以微量挥发性危险性化学品和痕量放射性核素为辅助剂的微生物实验。Ⅱ级 B2 型生物安全柜与Ⅱ级 B1 型安全柜主要区别是将流入气体和下降气流经过高效过滤器后通过排气管道排到外环境中，故又称全排放型安全柜，可以操作大量挥发性有毒化学品或放射性物质。见图5-3。

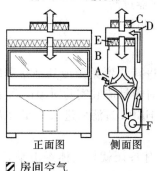

排风HEPA过滤器

正面图　　侧面图

■ 房间空气
■ 污染空气
□ HEPA过滤空气

A:前开口;B:窗口;C:排风 HEPA 过滤器;D:后面的压力排风系
统;E:送风 HEPA 过滤器;F:风机。

图5-2　Ⅱ级 A1 型生物安全柜(不带排风管路)

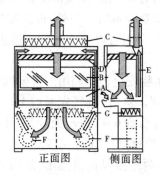

正面图　　侧面图

■ 房间空气
■ 潜在污染空气
□ HEPA过滤空气

A:前开口;B:窗口;C:排风 HEPA 过滤器;D:供
风 HEPA 过滤器;E:负压压力排风系统;F:风机;
G:送风过滤器安全柜需要有与建筑物排风系统相连
接的排风接口。

图5-3　Ⅱ级 B1 型生物安全柜

　　B 型安全柜必须安装外接风机,气体通过导管与设施排风系统直接相连并排到室外。否则安全柜的内部风机会将工作区内的污染气溶胶吹向操作者的面部,从而导致极为危险的状况。安全柜的工作还依赖外接风机所产生的进气流。对于所有 B 型生物安全柜,可以考虑在风机的排气出口端和建筑物排气端口之间安装空气净化系统,用以中和稀释排出气体中的化学毒雾,从而加强安全柜的环保性能。

　　3.Ⅱ级生物安全柜的主要特点

　　(1)工作空间前开口处有定向的向工作空间内流动的气流。

（2）经 HEPA 过滤器过滤后的向下层流洁净气体保护工作空间的样品。

（3）向下层流气体速度为 0.25~0.50 m/s。

（4）在负压状态下工作。

（5）进风速度为≥0.50 m/s。

（6）出风口经过 HEPA 过滤器过滤。

（7）适合生物污染一、二、三级防护。

（三）Ⅲ级生物安全柜

主要用于四级生物安全实验室。Ⅲ级生物安全柜的所有接口都是密封的,其送风经过高效过滤器过滤,排风则经过两个高效过滤器。Ⅲ级生物安全柜由一个外置的专门的排风系统来控制气流,使安全柜内部始终处于负压状态(不低于-120 Pa)。只有通过连接在安全柜上的橡胶手套,手才能伸到工作台面。Ⅲ级生物安全柜侧面配备一个可以灭菌的、装有高效过滤器装置的传递仓,并能与双开门的高压灭菌器对接。此类生物安全柜适合于严禁与操作者相接触的样品的操作。Ⅲ级生物安全柜具有以下特点:①全密封;②气密型结构;③操作者必须通过手套进行操作;④至少在 0.5 mmH$_2$O 的负压下工作;⑤对操作者、样品及环境提供保护;⑥出风口排风需经过双 HEPA 过滤器;⑦适合于生物污染一、二、三、四级防护。如图 5-4。

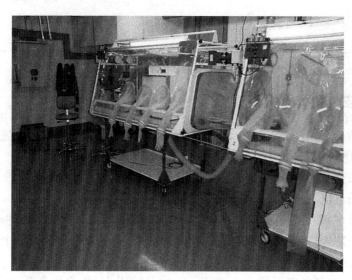

图5-4　Ⅲ级生物安全柜

三、生物安全柜的通风连接

A1 型和外排风式 A2 型Ⅱ级生物安全柜使用"套管"(thimble)或"伞形罩"(canopy hood)连接。它们安装在安全柜的排风管上,将安全柜中需要排除的空气引入建筑物的排风管内。同时,还要和安全柜排风管之间保留一个直径为 2.5 cm 的小开口,以便房间内的空气也可以吸入建筑物的排风系统。这就要求建筑物排风系统的排风能力能满足房间排风和安全柜排风的需要。另外,套管(或伞形罩)必须可以拆卸,或者设计成可以对安全柜进行操作测试的类型。

Ⅱ级 B1 型和 B2 型生物安全柜通过硬管不需要开口牢固地连接到建筑物的排风系统或者最好是连接到专门的排风系统。建筑物排风系统的排风量和静压必须与生物安全柜生产商所指定的要求一致,对硬管连接的生物安全柜进行验证时,要比将空气再循环送回房间或采用套管连接的生物安全柜更费时。生物安全柜与排风系统的连接方式见表5-2。

表5-2　生物安全柜与排风系统的连接方式

生物安全柜级别		工作口平均进风速度/(m/s)	循环风比例/%	排风比例/%	连接方式
Ⅰ级		0.38	0	100	密闭连接
Ⅱ级	A1	0.38~0.50	70	30	可排到房间或局部排风罩
	A2	0.50	70	30	可设置局部排风罩或密闭连接
	B1	0.50	30	70	密闭连接
	B2	0.50	0	100	密闭连接
Ⅲ级		–	0	100	密闭连接

四、生物安全柜安全操作要点

(1)使用前后均须消毒、清洁、清空,使用前运行 5~10 min 稳定气流,使用后运行 15~20 min 净化空间。

(2)柜内只摆放必需物品,避免阻挡进风和回风口。

(3)柜内清洁区、操作区、污染分区摆放物品。

(4)操作区域铺一层吸附材料,吸附沉降气溶胶或溢撒、迸溅的感染性材料。

(5)台面上距四边 15 cm 的区域是气流不稳定区域,不能提供有效防护,尤其是污染区一侧,不能摆放物品,不能进行任何操作。

(6)手臂伸入安全柜后静止至少 1 min 后开始操作,并避免在开口样品上方剧烈扰动。

(7)在距前窗 2/3 的安全操作区域操作。

(8)由辅助操作人员在清洁侧传递物品,减少主操作人员手臂进出 BSC 频次,操作宜轻慢,不使用明火,避免扰乱气流和前窗气幕屏障。

(9)手臂或物品移出 BSC 前应更换手套或用可靠消毒剂消毒并保证足够的消毒时间。

五、生物安全柜的选择

根据所要保护的类型来选择相应的生物安全柜。主要包括 4 个方面:实验对象保护;操作微生物危险度的级别所要求的相应防护;暴露于放射性核素和挥发性有毒化学品时的防护。如表 5-3。

表 5-3　不同防护类型生物安全柜的选择

保护类型	生物安全柜的类型
个体防护,针对危险度 1~3 级微生物	Ⅰ级、Ⅱ级、Ⅲ级生物安全柜
个体防护,针对危险度 4 级微生物,手套箱型实验室	Ⅲ级生物安全柜
个体防护,针对危险度 4 级微生物,防护服型实验室	Ⅰ级、Ⅱ级生物安全柜
实验对象保护	Ⅱ级、Ⅲ级生物安全柜
少量挥发性放射性核素/有毒化学品的防护	Ⅱ级 A2、Ⅱ级 B1 型生物安全柜
挥发性放射性核素/有毒化学品的防护	Ⅰ级、Ⅱ级 B2、Ⅲ级生物安全柜

操作挥发性或有毒化学品时,不应使用将空气重新循环排入房间的生物安全柜。Ⅱ级 A2(外接管道)、Ⅱ级 B1 型生物安全柜可用于操作少量挥发性化学品和放射性核素。Ⅱ级 B2 型生物安全柜适用于操作大量放射性核素和大量挥发性有毒化学品。在提取核酸时,为避免交叉污染宜选择此类全排放型安全柜。在三级生物安全实验室中一般选择Ⅱ级 A2 或 B2 型生物安全柜,在四级生物安全实验室则必须安装 B2 型生物安全柜或Ⅲ级生物安全柜。

六、生物安全柜的安放位置

要求空气通过前面开口进入生物安全柜的速度大约为 0.45 m/s。这样速度的定向气流是极易受到干扰的,包括人员在安全柜附近的走动、打开窗户、送风系统调整及开关门等都可能造成影响。因此,最为理想的是生物安全柜应位于远离人员活动、物品流动以及可能会干扰气流的地方。

在安全柜的后面以及每一个侧面尽可能留有 30 cm 的空间,以利于对安全柜的维护。在安全柜的上方应有 30~35 cm 的空间,以便准确测量空气通过过滤器的速度,并便于排风过滤器的更换和维护。

第二节　压力蒸汽灭菌器

压力蒸汽灭菌器的应用历史十分悠久,已有 100 多年的历史,是公认的可靠的灭菌设备之一,常应用于食品加工企业、各级医院、疾病预防控制中心、研究机构及检验检疫机构等企事业单位,应用十分广泛。

一、原理

压力蒸汽灭菌器是一种利用高温蒸汽使物品达到无菌的设备。其基本工作原理就是通过高温高压状态下所产生的蒸汽与有菌的物品进行充分接触的时候,通过凝结成水进而释放出大量的潜热使温度能够迅速得到提升,菌体蛋白质凝固或变性、酶失去活性、代谢发生障碍致细菌死亡,最终能够达到灭菌和使灭菌效果加快的目的。可以对医疗器械、敷料、玻璃器皿、溶液和培养基等进行消毒灭菌,是全世界公认的灭菌效果可靠性较好的灭菌技术之一。

压力蒸汽灭菌器中所存在的一些混合气体,主要与实际的温度和压力的关系比较密切。相关的实验研究结果充分证明,只有当灭菌器中所存在混合气体的实际温度和压力同时达到一个最佳值的时候,其灭菌的实际效果才能达到最佳水平。以小型压力蒸汽灭菌器灭菌为例见表5-4。

表5-4　压力蒸汽灭菌器灭菌效果参数表

灭菌设定温度/℃	最短灭菌时间/min	相对压力/kPa
115	25	68.6
121	15	103.6
126	10	137.3
134	3	202.8

二、压力蒸汽灭菌器的选择

目前最常见的为下排气式灭菌器、预真空式灭菌器。生物安全实验室对压力蒸汽灭菌器的要求是在保证灭菌效果的基础上,对于灭菌室内空气的排放要求做到可回收或经过高效过滤器后排放。一般在BSL-2实验室选择立式或台式灭菌器均可,灭菌室的容量根据实验工作量而定,容积不超过60 L的压力蒸汽灭菌器为小型压力蒸汽灭菌器。在BSL-3实验室宜安装双扉生物安全型压力蒸汽灭菌器,即灭菌器跨墙安装,双门互锁,且对高压产生的蒸汽具有回收性能,安装时确保压力灭菌器与墙体之间的密封要严,不能有泄漏。

(一)下排气式压力蒸汽灭菌器

也称重力置换式压力蒸汽灭菌器,是利用重力置换的原理,使蒸汽在灭菌器中从上而下将冷空气通过灭菌器的排气阀(生物安全实验室要求装有HEPA过滤器或气体可回收装置)排出,排出的冷空气由饱和蒸汽取代,利用蒸汽释放的潜热使物品达到灭菌。适合用于耐高温、高湿物品的灭菌,主要用于微生物培养基、液体、药品、实验室废物和无孔物品等的灭菌,不能用于油类和粉剂的灭菌。目前主要有手提式压力蒸汽灭菌器、立式压力蒸汽灭菌器等。

1. 手提式压力蒸汽灭菌器的操作

(1)将待灭菌物品放入灭菌室内,关闭柜门并扣紧。

(2)打开进气阀,将蒸汽通入夹层预热。

(3)夹层压力达到102.9 kPa(1.05 kg/cm^2)时,调整控制阀到灭菌位置,蒸汽通入灭菌室内,柜内冷空气和冷凝水经灭菌室排气阀自动排出。

(4)柜内压力达102.9 kPa(1.05 kg/cm^2),温度达到121 ℃,维持20~30 min。

(5)需要干燥的物品,灭菌后调整控制阀至"干燥"位置,蒸汽被抽出,柜室内呈负压,维持一定时间物品即达干燥要求。

(6)对液体类物品,应自然冷却到60 ℃以下,再开门取物,不得使用快速排出蒸汽方法,以防突然减压,液体剧烈沸腾或容器爆炸。

2. 立式压力蒸汽灭菌器的操作　是从其顶部装载物品,通过燃气、电力(目前实验室常用)或其他燃料来加热。通过加热容器底部的水产生蒸汽,由下而上置换空气并经排气孔排出。当所有的空气排出后,关闭排气孔的阀门,缓慢加热使压力和温度上升到安全阀预置的水平。此时记为灭菌开始时间。灭菌结束后停止加热,让温度下降到60 ℃以下,再打开盖子。下面介绍电加热灭菌器的使用方法。

(1)准备:首先将内层灭菌桶取出,再向外层锅内加入适量的水,使水面与三角搁架相平为宜。一般来说,每次灭菌前都应加水。

(2)放回灭菌内桶,并装入待灭菌物品:将准备灭菌的培养基及空玻璃器皿用牛皮纸包好,装入锅内套层中。

(3)加盖前:先检查锅盖上的密封圈是否良好,并去除污物,再将锅盖上的排气软管插入内层灭菌桶的排气槽内,然后盖严锅盖,采用对角式均匀拧紧锅盖上的螺栓,使螺栓松紧一致,勿使漏气。也有些不是用螺栓,而是像家庭使用的高压锅一样,只要将锅盖与锅的槽口对准,顺时针转动,卡到位即可。

(4)用电炉丝加热,并同时打开排气阀,以便锅内水沸腾后排出锅内的冷空气。这里要特别注意,灭菌锅内冷空气的排除是否完全极为重要,现在的产品多是通过程序控制。因为空气的膨胀压力大于水蒸气的膨胀压力,所以当水蒸气中含有空气时,在同样压力下,含有空气蒸汽的温度低于饱和蒸汽的温度。通常要等锅内水烧开后排气3~5 min,待冷空气完全排尽后,关上排气阀,让锅内的温度随蒸汽压力增加而逐渐上升。另一种排除冷空气的方法是:按上述方法盖紧锅盖,加热使锅内产生蒸汽。当压力表指针达到33.78 kPa时,打开排气阀,将冷空气排出,此时压力表指针下降。当指针下降至零时,冷空气排尽,关上排气阀。当锅内压力上升到所需压力时,控制热源,维持压力至所需时间。

(5)达到灭菌所需时间后,切断电源,让灭菌锅内温度自然下降,当压力表的压力下降到0时,打开排气阀,旋松螺栓,打开锅盖,10 min后取出灭菌物品。千万要注意,如果压力未降到0就打开排气阀,会因锅内压力突然下降,使容器内的液体由于内外压力不平衡而冲出烧瓶口或试管口,造成棉塞沾染培养基而发生污染。

(二)预真空式压力蒸汽灭菌器

预真空式压力蒸汽灭菌器是利用机械真空泵抽取灭菌室内冷空气的方法,使灭菌室内形成负压,再充入热蒸汽,使蒸汽得以迅速穿透物品内部,利用蒸汽释放的潜热达到物品灭菌。根据抽取真空一次和多次的不同分为预真空式和脉动真空两种。适用管腔物品、多孔物品和纺织品等耐高温、高湿物品的灭菌,不能用于液体、油类和粉剂的灭菌。这种灭菌器可以在134 ℃下进行,因此灭菌周期可以缩短至 3 min。操作方法(以脉动真空高压灭菌器为例)如下。

(1)将待灭菌的物品放入灭菌柜内,关好柜门。

(2)将蒸汽通入夹层,使压力达 107.8 kPa(1.1 kg/cm^2),预热 4 min。

(3)启动真空泵,抽除柜内空气使压力达 8.0 kPa。

(4)停止抽气,向柜内输入饱和蒸汽,使柜内压力达 49 kPa(0.5 kg/cm^2),温度达 106 ~ 112 ℃,关闭蒸汽阀。

(5)抽气,再次输入蒸汽,再次抽气,如此反复 3 ~ 5 次。

(6)最后一次输入蒸汽,使压力达 205.8 kPa(2.1 kg/cm^2),温度达 132 ℃,维持灭菌时间 3 min。

(7)停止输入蒸汽,抽气,当压力降到 8.0 kPa,打开气阀,使空气经高效过滤器进入柜室内,使内外压平衡。

(8)重复上述抽气进气操作 2 ~ 3 次。

(9)待灭菌柜内外压力平衡(恢复到零位),温度降至 60 ℃以下,即可开门取出物品。

三、压力蒸汽灭菌器的注意事项

压力蒸汽灭菌器的容器中存在着一定的压力和温度,属于特种设备,如果使用操作不当,容易造成人身伤害事故,所以使用时应注意以下几点。

(1)经常检查灭菌器电源线的接地是否良好,以保证人身安全。

(2)灭菌器应置于通风干燥、无易燃易爆物品的室内使用。

(3)安全阀、排气阀出厂时已校定位置,阀门上的铅封及螺丝不得任意拆启。

(4)堆放物品不得超过总容积的 4/5 位置。

(5)密封圈切勿附油,以免损坏胶质而造成漏气。

(6)严禁对与蒸汽介质接触或突然升压引起爆炸的化学物品灭菌。

(7)放置需灭菌器物品时,防止堵塞安全阀和排气阀的出气孔,预留出相应空间保证畅通。

(8)灭菌液体时,应将液体灌装在耐热玻璃瓶中,以不超过 3/4 体积为好,瓶口应选用棉塞,勿使用打孔的橡胶或软木塞;在灭菌结束后,应等待压力表指针回零后方可排放灭菌室内余气。

(9)对不同类型、不同灭菌要求的物品(如敷料和液体等),切勿放在一起灭菌,以免液体灭菌时喷溅造成敷料受损。

(10)当压力表指示不正确或不能回复零位,应及时予以更换。

（11）安全阀应定期检查可靠性,如压力表指针已超过设定压力值时安全阀不跳起,则必须立即停止使用并更换合格的安全阀。

（12）灭菌器使用时应有专人操作,大型灭菌器的操作人员应有压力容器操作资质。

（13）插座必须装有连接地线,应确保电源插头插入牢固。电线的负荷承载应符合灭菌器的要求。

（14）安全阀和压力表使用期限满1年应送法定计量检测部门鉴定。

（15）灭菌器内物品之间留有间隙,要有序地堆放在灭菌器内的筛板上,以利于蒸汽的穿透使灭菌室内各部位压力和温度均衡一致,保证灭菌效果。

（16）加热时注意把电源线插头插紧,使插头接地铜片与护罩紧密接触,保证使用安全。加热开始时打开排气阀,灭菌器内冷空气会随着加热阀孔溢出。当阀孔有急的蒸汽冲出时,将排气阀关闭。灭菌器压力达到所需范围时,适当调整或通断热源,使之维持恒压,并开始计算消毒时间,按不同的物品和包装保持所需消毒的时间。

（17）敷料、器械和器皿等消毒后需要干燥时,可在消毒终了时将消毒器内的蒸汽由排气阀排出,当压力表指针回复到零位后稍待1~2 min 将盖打开,并继续加热几分钟,这样能使物品达到干燥目的。

（18）溶液培养基等若在消毒后立即放气,会因压力突然下降引起瓶子爆破或消毒器内装溶液溢出等严重事故。所以在消毒终止后不应立即放气,而应停止加热使其自然冷却到内在压力下降至零位(压力表指针回到零位)后数分钟,将排气阀打开,再取出消毒物品。

四、日常护理

（1）灭菌器如停用1个月以上需重新使用时,检查灭菌器电源线的接地是否可靠。

（2）经常检查密封圈密封性,并及时更换。

（3）每天终止使用后清除容器内的水,清理容器及电热管上的水垢,能延长电热管的寿命与节能。

灭菌器常见故障处理见表5-5。

表5-5 灭菌器常见故障处理

序号	故障现象	原因分析	排除方法
1	不通电,指示灯不亮	1.电源线断线 2.保险丝烧断	1.用万用表检查 2.进行更换
2	工作状态,外壳带电	1.电热管损坏 2.电源无接地线	1.进行更换 2.安装接地线
3	压力表内有水蒸气	接头漏气	用工具拧紧

五、压力蒸汽灭菌效果的监测

由于设备质量、蒸汽质量、冷空气残留量、物品包装或摆放不当都会影响到压力蒸汽灭菌的效果,为了保证灭菌的成功,加强对灭菌效果进行监测是确保灭菌质量的重要手段,因此,根据《消毒技术规范》2020要求,压力蒸汽灭菌要进行实时监测。压力蒸汽灭菌效果的监测包括物理监测法、化学监测法、生物检测法和B-D(Bowie-Dick)测试法。

1. 物理监测法　每次灭菌应连续监测并记录灭菌时的温度、压力和时间等灭菌参数。温度波动范围在±3 ℃以内,时间满足最低灭菌时间的要求,同时应记录所有临界点的时间、温度与压力值,结果应符合灭菌要求。

2. 化学监测法　应进行包外、包内化学指示物监测,具体要求为灭菌包包外应有化学指示物,高度危险性物品包内应放置包内化学指示物,置于最难灭菌的部位。如果透过包装材料可直接观察包内化学指示物的颜色变化,则不必放置包外化学指示物。通过观察化学指示物颜色的变化,判定是否达到灭菌合格要求。采用快速压力蒸汽灭菌程序灭菌时,应直接将一片化学指示物置于待灭菌物品旁边进行化学监测。

3. 生物监测法　按照《消毒技术规范》的规定,将嗜热脂肪杆菌芽孢菌片制成标准生物测试包或生物挑战包(process challenge device,PCD)或使用一次性标准生物测试包,对灭菌器的灭菌质量进行生物监测。标准生物监测包置于灭菌器排气口的上方或生产厂家建议的灭菌器内最难灭菌的部位,并设阳性和阴性对照。如果一天内进行多次生物监测,且生物指示剂为同一批号,则只设一次阳性对照即可。标准生物测试包制作方法如下。

(1)标准指示菌株:嗜热脂肪杆菌芽孢,菌片含菌及抗力符合国家有关标准。

(2)标准测试包的制作:由16条41 cm×66 cm的全棉手术巾制成,将每条手术巾的长边先折成3层,短边折成2层,然后叠放,制成23 cm×23 cm×15 cm大小的测试包。

(3)标准生物测试包或生物PCD的制作:将至少一个标准指示菌片装入灭菌小纸袋内或至少一个自含式生物指示剂,置于标准实验包的中心部位即完成标准生物测试包或生物PCD的制作。

(4)培养方法:经一个灭菌周期后,在无菌条件下取出标准实验包的指示菌片,投入溴甲酚紫葡萄糖蛋白胨水培养基中,经56 ℃±1 ℃培养7 d(自含式生物指示物按产品说明书执行),观察培养结果。

(5)结果判断:阳性对照组培养阳性,阴性对照组培养阴性,实验组阴性,判定为灭菌合格。阳性对照组培养阳性,阴性对照组培养阴性,实验组阳性,则灭菌不合格;同时应进一步鉴定实验组阳性的细菌是否为指示菌或是污染所致,自含式生物指示剂不需要做阴性对照。

(6)小型压力蒸汽灭菌器因一般无标准生物监测包,应选择灭菌器常用的有代表性的灭菌包制作生物测试包或生物PCD,置于灭菌器最难灭菌的部位,且灭菌器应处于满载状态,生物测试包或生物PCD应侧放,体积大时可平放。

(7)采用快速压力蒸汽灭菌程序灭菌时,应直接将一支生物指示物,置于空载的灭菌器内,经一个灭菌周期后取出,规定条件下培养,观察结果。

4. B-D测试法

(1)B-D测试包的制作方法　由100%脱脂纯棉或100%全面手术巾折叠成长30 cm±2 cm、宽25 cm±2 cm、高25~28 cm大小的布包;将专用B-D测试纸,放入上述布包的中间;制成的 B-D 测试包的重量要求为 4 kg±0.2 kg。或采用一次性使用或重复使用的 B-D 测试包。

（2）B-D 测试方法　测试前先预热灭菌器,将 B-D 测试包水平放于灭菌柜内的前底层,靠近柜门与排气口底前方;柜内除测试包外无任何物品;在 134 ℃、3.5 min 左右,取出测试包,观察 B-D 测试纸颜色变化。

（3）结果判断　B-D 测试纸均匀一致变色,说明 B-D 实验通过,灭菌器可以使用;变色不匀说明 B-D 试验失败,需要检查失败原因和灭菌器问题,直至 B-D 测试合格后才能使用灭菌器。

第三节　高效空气过滤器

高效空气过滤器(high efficiency particulate air filter,HEPA)用于进行空气过滤且使用钠焰法(《高效空气过滤器性能试验方法效率和阻力》GB/T 6165—2008 标准所规定)进行试验,指额定风量下未经消静电处理时的过滤效率及经消静电处理后的过滤效率均不低于 99.95% 的过滤器。HEPA 以滤除直径大于等于 0.3 μm 微粒为目的,主要使用在有洁净要求的增强型 BSL-2 实验室、BSL-3 实验室、BSL-4 实验室。HEPA 可以有效地过滤实验活动中产生的危害性气溶胶,防止感染性物质对室内外环境污染。

1.高效空气过滤器的滤料　包括玻璃纤维滤材、化纤类滤材、聚丙烯滤材和聚丙烯加仑复合滤材等。

2.高效空气过滤器的结构　HEPA 按滤芯结构又分为无隔板和有隔板过滤器,见图 5-5。

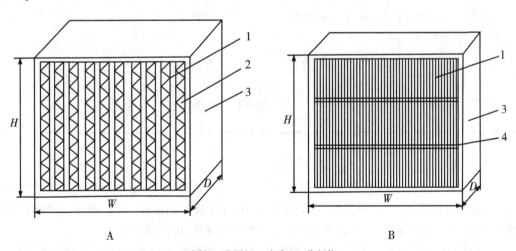

1:滤料;2:分隔板;3:框架;4:分割物。

图 5-5　高效空气过滤器结构

A:有隔板过滤器;B:无隔板过滤器。

（1）无隔板过滤器是按所需要深度将滤料往返折叠支撑滤芯,被折叠的滤料之间以线状黏结剂或其他分隔物支撑,形成空气通道的过滤器。目前主要采用热溶胶作为滤芯的分隔物,便于机械化生产。加之其具有体积小、重量轻、便于安装、效率稳定、风速均匀的优点。目前,洁净厂房所需的大批量的过滤器多采用无隔板结构。

（2）有隔板过滤器是按所需要深度将滤料往返折叠支撑滤芯,被折叠的滤料之间以波纹状分隔板支撑,形成空气通道的过滤器。多采用铝箔、纸做成折叠状作为滤芯分隔物,主要目的是为了防止分隔板受冷、热、干、湿的影响发生收缩,从而散发微粒。

（3）无隔板过滤器与有隔板过滤器的区别在温度、湿度发生变化时,这种有隔板纸高效过滤器可能会有较大颗粒散发,从而造成洁净厂房洁净度测试不合格。所以,对于洁净度要求较高的场所,应推荐客户使用无隔板高效空气过滤器。此外,与有隔板高效过滤器的矩形通道相比,无隔板过滤器的 V 形通道进一步改善了容尘的均匀性,延长了使用寿命。通风用无隔板过滤器可避免使用金属部件,易于废弃处理,符合日益严格的环保要求。除了某些耐高温和高安全性要求的特殊场合,无隔板高效过滤器均可取代有隔板高效过滤器。

各类高效空气过滤器的过滤效率见表5-6。

表5-6 各类高效空气过滤器的过滤效率

性能分类	额定风量下的过滤效率/%	20% 额定风量下的过滤效率/%	额定风量下的初阻力/Pa	备注
A 类	粒径≥0.5 μm,≥99.9	—	≤190	A、B、C 3 类效率为钠焰法效率;D 类效率为计数效率
B 类	粒径≥0.5 μm,≥99.99	≥99.99	≤220	
C 类	粒径≥0.5 μm,≥99.999	≥99.99	≤250	
D 类	粒径≥0.1 μm,≥99.999	粒径≥0.1 μm,≥99.999	≤280	

3.影响过滤器使用效果和寿命的因素

（1）过滤风速 风速提高,对于空气中大颗粒物的惯性增大,撞击障碍物的可能性增加,过滤效率提高;对于小颗粒物,在过滤介质中的滞留时间缩短,颗粒物撞击障碍物的概率减小,过滤效率降低。若滤料带静电,过滤风速越低,过滤效率越高。

（2）湿度 空气湿度增加,过滤介质容易结露,大颗粒物不再容易反弹,过滤效率提高。而对于植物纤维的过滤纸则可能因抗水性差,使纸张变软、纤维压缩,导致过滤器被堵死。

（3）过滤级别配置 按照进风口应从外向里设置低效、中效和高效过滤器,排风口应从里向外设置低效、中效和高效过滤器,以延长 HEPA 使用寿命。

（4）空气中的花絮 花絮很容易阻塞进风口的过滤器,应增加进风口处低效、高效过滤器的更换次数。

（5）细雨和水雾　在雨雾天气过滤器很容易堵塞,应及时检查更换。

第四节　生物安全实验室洗眼器和冲淋设备

紧急洗眼器和冲淋设备是在生物危害和危化品泄漏环境下使用的必备应急救援设施。当现场作业者的眼睛或者皮肤接触病原微生物或危化品的时候,可用来对眼睛和皮肤进行紧急冲洗或者冲淋,避免有害物质对人体造成进一步伤害,但是使用这些设备只是对眼睛和身体进行初步的处理。

一、洗眼装置

根据《实验室生物安全通用要求》(GB 19489—2004)的规定,实验室内(BSL-2 和 BSL-3)应配置紧急洗眼装置或淋浴设施。洗眼装置应安装在室内明显和易取得地方,并定期检查,保持洗眼装置的畅通,以利于随时使用。实验人员应掌握其操作方法。当在实验过程中出现危化品或生物危害因子溅入眼睛时,应立即在就近的洗眼装置用缓流清水冲洗受伤眼睛 15~30 min(图5-6、图5-7)。

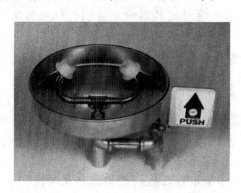

图5-6　固定式洗眼装置

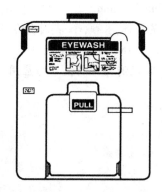

图5-7　便携式洗眼装置

二、淋浴和应急消毒喷淋装置

《实验室生物安全通用要求》(GB 19489—2004)要求 BSL-2 实验室在必要的情况下应有应急喷淋装置;BSL-3 和 BSL-4 实验室应在清洁区设置淋浴装置,必要时在半污染区设置应急消毒喷淋装置。这些装置应经常检验,以保证其畅通无误。对进入实验室工作的人员应进行紧急喷淋培训,熟练掌握操作方法。在使用中可用大量冷水淋洗污染的部位,至少 20 min。如果为危险化学品需要大量喷淋冲洗以降低危险化学品的浓度,减轻或消除危害。

除以上设备外,还应有实验室的操作中使用的一次性接种环、微型接种环加热器、用于收集并运送感染性物质进行灭菌的防漏容器、盛放锐器的一次性容器、实验室和单位之间运送物品的容器等设备。

参考文献

[1]中华人民共和国建设部.生物安全柜:JG 170—2005[S/OL].http://www.jianbiaoku.com.

[2]郑福相.高效过滤器对隔离器灭菌时间的影响分析[J].机电信息,2019,(24):112-113.

[3]李韬,吕品一,李林璘.实验室生物安全柜的选择及操作注意事项[J].化学计量与分析技术,2016,4:81-83.

[4]王秋娣.生物安全柜原理及其应用[J].中国医学装备,2005,2(12):22-26.

[5]中华人民共和国国家质量监督检验检疫总局,中国国家标准化管理委员会.测量、控制和实验室用电气设备的安全要求第7部分:实验室用离心机的特殊要求:GB 4793.7—2008[S/OL].http://www.JIANBIAOKU.COM.

[6]周末,姚璐,高建,等.医学实验室中离心机的应用与技术保障[J].中国医学装备,2015,12(5):20-23

[7]中华人民共和国卫生部.医疗机构消毒技术规范:WS/T 367—2012[S/OL].http://www.jianbiaoku.com.

[8]张宗兴,吴金辉,衣颖,等.我国生物安全实验室关键防护技术与装备发展概况[J].中国卫生工程学,2019,18(5):641-646.

[9]张文福.现代消毒学新技术与应用[M].北京:军事医学科学出版社,2013.

(郗园林)

第六章

个人防护用品

个人防护用品是用来减少操作人员暴露于气溶胶、喷溅物及意外接种等危险时的防护屏障,防护用品的选择可根据工作性质和危害评估分析来确定。防护装备所涉及的防护部位主要包括眼睛、头面部、躯体、手、足、耳(听力)和呼吸道。其装备包括安全眼镜、护目镜、口罩、面罩、防毒面具、帽子、防护服、手套、鞋套及听力保护器等。个人防护用品需要遵循的国家和国际标准包括:GB 19083—2010《医用防护口罩技术要求》(强制性标准,1级-3级);GB 2626—2019《呼吸防护用品 自吸过滤式防颗粒呼吸器》(强制性标准);YY 0469—2011《医用外科口罩》(强制性标准);GB 19082—2009《医用一次性防护服技术要求》(强制性标准);YY/T 0969—2003《一次性使用医用口罩》(推荐性标准);ASTMF 2100—2019《医用口罩用材料性能的标准规范》(美国);EN 14683—2014《医用口罩要求和试验方法》(欧洲)。

第一节 防护眼镜和医用防护面罩

如果实验过程中易产生眼睛的损伤,必须佩戴眼睛防护装置,眼睛的防护装置主要有安全眼镜、护目镜和面罩。

一、防护眼镜

主要由屈光眼镜和平光眼镜配以专门镜框,将镜片从镜框前面装上,镜框用可弯曲的或侧面有护罩的防碎材料制成。在所有易发生潜在眼睛损伤(如紫外线、化学溶液或生物污染物溅射等)的生物安全实验室中工作时,必须采取眼睛防护措施。选择用的眼睛防护装备的类型取决于外界危害因子对眼睛危害程度。眼睛防护装备主要包括安全眼镜和护目镜。

1.安全眼镜 常用柔韧的塑料和橡胶制成,框宽大,足以覆盖使用者的眼睛。如防化学溶液的眼镜,主要用于防御有刺激或腐蚀性的溶液对眼睛的化学损伤,可选用普通平光镜片,镜框应有遮盖,以防止溶液溅入。工作人员如果不需要使用经矫正的透镜,可以直接佩戴塑料安全眼镜,需要使用经矫正的透镜,则应根据配镜处方选择合适的安全镜架(图6-1)。

2.护目镜 应该戴在常规视力矫正眼镜或角膜接触镜的外面,可以防止飞溅和撞击的液体。当进行可能发生化学和生物污染物质溅出的实验时,应佩戴护目镜(图6-2)。当进行有潜在爆炸的反应和使用或混合强腐蚀性溶液时,应佩戴面罩或同时佩戴面罩和护目镜或安全眼镜,以保护整个面部和喉部。从高压消毒锅内拿出热的玻璃瓶或从液氮中取出安瓿瓶时,应戴手套、安全眼镜和面罩来防护眼睛和手。

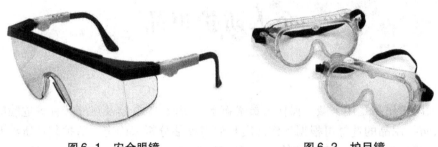

图6-1　安全眼镜　　　　　　　　　图6-2　护目镜

　　3. 佩戴角膜接触镜时的要求　　实验人员在生物安全实验室工作时不建议佩戴角膜接触镜,因为:①如果腐蚀性液体溅到眼睛,本能反射会使上下眼睑夹紧而使取出角膜接触镜比较困难,因此,如果可能的话,在眼睛受到损害前卸下角膜接触镜。②实验室中某些水蒸气能透过角膜接触镜,进而渗入镜片的背面并引起广泛的刺激。③镜片能阻碍眼泪洗去刺激物。如果国家有关部门对佩戴角膜接触镜没有强制规定,也必须要使用特殊设计的护目镜加以保护。

　　如果在佩戴角膜接触镜时由化学水汽接触了眼睛,应该遵循以下几个处理步骤:①立即卸除角膜接触镜镜片;②持续冲洗眼睛,至少15~30 min;③及时去医院就诊。

　　在大多数情况下,安全眼镜能够保护工作人员避免受到大部分实验室操作所带来的损害,但是对某些特殊的操作如腐蚀性液体喷溅或细小颗粒飞溅时,佩戴安全眼镜显然是不够安全的。又如在用铬酸类溶液洗涤玻璃器皿、研磨物品或在使用玻璃器皿进行极具爆破或破损危害(例如在压力或温度突然增加或降低的情况下)的实验室操作时,在这些情况下,有必要保护整个面部和喉部,应该佩戴防护面罩。不得佩戴眼镜防护装备(安全目镜或面罩)离开实验室区域。

二、医用防护面罩和防护帽

　　医用防护面罩是由防碎、透明、防起雾材料制成,用来保护整个面部免受飞来的金属碎屑、有害气体、液体喷溅、金属和高温溶剂飞溅伤害的用具。其形状应与脸型相配,通过头带或帽子佩戴,有一次性和耐用性两种。

　　若需要对整个脸部进行防护则必须使用一种标准的防护面罩或防护帽罩住整个脸部,在进行有可能产生样本喷溅或产生气溶胶危险的实验时,在佩戴安全眼镜和护目镜情况下,则还需要佩戴标准防护面罩。实验完毕后必须先摘下手套,然后用手卸下防护面罩(图6-3、图6-4)。

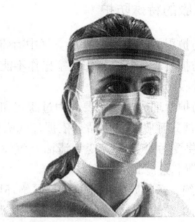

图 6-3 防护面罩

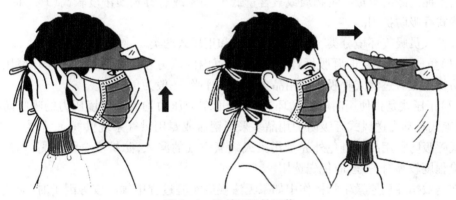

图 6-4 防护面罩的佩戴

防护帽也可以防止头发散落下滑,以免影响实验操作或因头发散落而引发事故(图 6-5)。

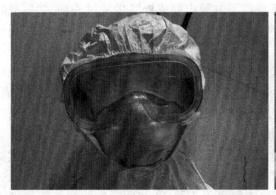

图 6-5 防护帽

三、呼吸的特殊防护

呼吸防护用品是防止缺氧及空气中有毒有害物质被吸入呼吸器官时对人体造成伤害的个人防护装备,因此,当实验室操作不能安全有效地将气溶胶限定在一定的范围内,要求使用呼吸防护装备。

1. **按防护原理分类**　主要分为过滤式和隔绝式两大类。

(1)过滤式呼吸防护用品是依据过滤吸收的原理,利用过滤材料滤除空气中的有毒有害物质,将受污染空气转变为清洁空气供人员呼吸的一类呼吸防护用品。如防尘口罩、防毒口罩和过滤式防毒面具。

(2)隔绝式呼吸防护用品是依据隔绝环境空气的原理,使人员呼吸器官、眼睛和面部与外界受污染空气隔绝,依靠自身携带的气源或依靠导气管引入受污染环境以外的洁净空气为气源供气,保障实验人员正常呼吸的呼吸防护用品,也称为隔绝式防毒面具。如贮氧式防毒面具、贮气式防毒面具、生氧式防毒面具、长管呼吸器等。当环境中存在着过滤材料不能滤除的有毒有害物质或氧含量低于18%或有毒物质浓度较高(1%)时,应使用隔绝式呼吸防护用品。

2. **按人员吸气环境分类**　可分为负压式和正压式两类。

(1)负压式指使用时呼吸循环过程中,面罩内的压力在吸气阶段均小于环境压力的呼吸防护用品。过滤式呼吸防护用品多靠自主呼吸,一般为负压式。

(2)正压式是指使用时呼吸循环过程中,面罩内压力均大于环境压力的呼吸防护用品;隔绝式和动力送风式呼吸防护用品多采用钢瓶或专用供气系统供气,一般为正压式;正压式呼吸防护用品可避免外界受污染或缺氧空气的漏入,防护安全性更高,当外界环境危险程度较高时,一般应优先选用。

在高致病性病原微生物操作中如果无法规避实验过程中气溶胶等因子时,应使用正压式呼吸防护器。主要包括个人呼吸器、正压面罩等。

1)个人呼吸器的使用要点。佩戴要点:①佩戴时选择合适和合格的个人呼吸器,遮住鼻、口和下颚;②用橡皮筋或松紧带固定在头部;③调整在合适的面部位置并加以检验;④呼气时个人呼吸器应该有塌陷;⑤呼气时在呼吸器周围不应该漏气。

卸下口罩的要点:首先提起呼吸器下方橡皮筋或松紧带越过头部,然后提起呼吸器上方橡皮筋或松紧带使呼吸器脱离面部,值得注意的是一次性个人呼吸器使用完毕后先消毒再丢弃。

2)正压面罩:在进行高度危险性操作时为避免操作的气体、蒸汽、颗粒和致病微生物以及气溶胶的损害可以使用正压面罩来进行保护。根据危险的类型选择正压面罩,正压面罩使用完毕后未经消毒禁止带出实验室区域。同时应进行工作场所监控、医学评估和对呼吸器使用者的监督,以保证其正确使用和操作。其使用要点:①由头盔(安全帽头盔、安全帽头盔加配肩罩)、呼吸管、高压空气调节装置、高压空气和压缩空气过滤及调节控制板组合使用;②气流是瀑布式气流,空气从呼吸管进入头罩前部,经头罩底部流出。肩罩内颈箍及正压式气流防止污染空气进入头罩;③装配时应注意各部位之间的气密性。进行气密性检测;④有可供选择的升降温系统,提供适宜温度、流量的呼吸空气;

⑤佩戴前需要进行一定的专门训练;⑥可同时供3~5人使用。

第二节 医用口罩

医用口罩是指具有隔绝液体、细菌、病毒和防尘效果的一种医疗防护用品。随着非织造技术的发展及新型材料的应用,目前医用口罩主要使用的是非织造布口罩,非织造布的主要原材料有聚丙烯(PP)、聚乙烯(PE)、聚乳酸(PLA)、聚四氟乙烯(PTFE)等,尤以聚丙烯纤维为多。聚丙烯熔喷非织造布性能稳定,纤维直径较细(直径为0.5~4.0 μm),孔隙率高,透气性能与过滤阻力好,且环保无毒,以其制备的医用口罩过滤性能远优于其他材料。医用口罩一般分为内、中、外3层,内层为亲肤材质(普通纱布或无纺布),中层为隔离过滤层(超细聚丙烯纤维熔喷材料),外层为特殊材料抑菌层(无纺布或超薄聚丙烯熔喷材料)。

国内医用口罩按照类型主要分为医用普通口罩、医用外科口罩、医用防护口罩。按照规格外形主要分为长方形、拱形、蝶形(折叠式)、鱼形等有内部支撑结构的异型口罩(图6-6)。

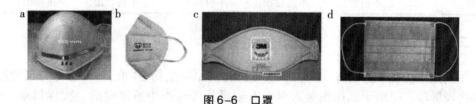

图6-6 口罩
a:拱形口罩;b:蝶形(折叠式)口罩;c:鱼形口罩;d:长方形口罩。

2003年以来,我国先后制定和修订了国家标准《医用防护口罩技术要求》、行业标准《医用外科口罩》和《一次性使用医用口罩》。

一、医用普通口罩

《一次性使用医用口罩》(YY/T 0969—2013)适用于普通医用口罩生产标准。普通医用口罩用于普通环境下的一次性卫生护理,防护等级最低,没有对非油性颗粒过滤效率的技术要求,适用于一般医疗环境下的使用,是阻隔口腔和鼻腔呼出或喷出污染物的一次性使用口罩。但不能用于临床有创操作,也不能对颗粒、细菌及病毒起防护作用。

1.技术要求

(1)口罩外观应整洁、形态完好,表面不得有破损、污渍。

(2)口罩佩戴好后,应能罩住佩戴者的口鼻至下颌,应符合设计的尺寸,最大偏差应不超过±5%。

(3)口罩上应有鼻夹,鼻夹由可塑性材料制成。

(4)鼻夹长度应不小于8.0 cm。

（5）口罩带应戴取方便，每根口罩带与口罩体连接点处的断裂强力应不小于 10 N。

（6）细菌过滤效率：是指在规定流量下，口罩材料对含菌悬浮粒子滤除的百分数。口罩的细菌过滤效率应不小于 95%。

（7）通气阻力：指口罩在规定面积和规定流量下的阻力，用压差表示。单位为 Pa。口罩两侧面进行气体交换的通气阻力应不大于 49 Pa/cm^2。

（8）微生物指标：非灭菌口罩应符合表 6-1，灭菌口罩应无菌。

（9）经过环氧乙烷灭菌或消毒，其环氧乙烷残留量应不超过 10 μg/g。

（10）生物学评价：参照《医疗器械生物学评价》（GB/T 16886—2017）的评价。

2. 生物学要求

（1）口罩材料的细胞毒性应不大于 2 级。

（2）口罩材料的原发刺激记分应不大于 0.4。

（3）口罩材料的迟发型超敏反应应不大于 1 级。

表 6-1　非灭菌普通医用口罩微生物指标

细菌菌落总数/(CFU/g)	大肠菌群	铜绿假单胞菌	金黄色葡萄球菌	溶血性链球菌	真菌菌落总数/(CFU/g)
≤100	不得检出	不得检出	不得检出	不得检出	不得检出

二、医用外科口罩

用于覆盖住使用者的口、鼻及下颌，可防止病原微生物、体液、颗粒物等的直接透过提供物理屏障。适用于临床医务人员在有创操作等过程中所佩戴的一次性口罩，非无菌。因此医用外科口罩可以阻隔大部分细菌和部分病毒，能防止医务人员被感染，又应能防止医务人员向外界传播病原菌，所以适用于临床医务人员的基本防护。

1. 技术要求　根据《医用外科口罩》（YY 0469—2011）对医用外科口罩的技术要求如下。

（1）口罩外观应整洁、形状完好，表面不得有破损、污渍。

（2）口罩佩戴好后，应能罩住佩戴者的鼻、口至下颌。应符合标准的设计尺寸及允差。

（3）口罩上应配有鼻夹，鼻夹由可塑性材料制成。鼻夹长度应不小于 8.0 cm。

（4）口罩带应戴取方便，每根口罩带与口罩体连接点处的断裂强力应不小于 10 N。

（5）合成血液进行穿透性试验。即用 2 mL 合成血液以 16.0 kPa（120 mmHg）压力喷向口罩外侧面后，口罩内侧面不应出现渗透。

（6）过滤效率：医用外科口罩的过滤效率评价指标包括细菌过滤效率和颗粒过滤效率，其中细菌过滤效率应不小于 95%。颗粒过滤效率指在气体流量为 85 L/min 情况下，口罩对非油性颗粒过滤效率应不小于 30%。

（7）压力差：口罩两侧面进行气体交换的压力差应不大于 49 Pa。

（8）阻燃性能：口罩材料应采用不易燃材料；口罩离开火焰后燃烧不大于 5 s。

（9）微生物指标：包装上标志有"灭菌"或"无菌"字样或图示的口罩应无菌，非无菌口罩应符合表 6-2 要求。

表6-2　非无菌医用外科口罩微生物指标

细菌菌落总数/(CFU/g)	大肠菌群	铜绿假单胞菌	金黄色葡萄球菌	溶血性链球菌
≤100	不得检出	不得检出	不得检出	不得检出

（10）经环氧乙烷灭菌的口罩，其环氧乙烷残留量应不超过 10 μg/g。

2. 生物学评价　参照《医疗器械生物学评价》(GB/T 16886—2017)的评价方法，要求如下：①口罩材料的细胞毒性应不大于 2 级；②口罩材料的原发刺激记分应不大于 0.4；③口罩材料应无致敏反应。

三、医用防护口罩

阻止大部分细菌、病毒等病原体；适用于医疗工作环境下过滤空气中的颗粒物，阻隔飞沫、血液、体液、分泌物等的自吸式过滤式医用防护口罩。近距离接触飞沫传播的呼吸道传染病患者时，应佩戴医用防护口罩。

根据《医用防护口罩技术要求》(GB 19083—2010)对医用防护口罩的基本要求如下：

（1）应覆盖佩戴者的口鼻部，应有良好的面部密合性，表面不得有破洞、污渍，不应有呼吸阀。

（2）鼻夹：口罩上应配有鼻夹，且鼻夹应有可调节性。

（3）口罩带：口罩带应调节方便，具有足够强度固定口罩位置。每根口罩带与口罩体连接点的断裂强力应不小于 10 N。

（4）过滤效率：在气体流量为 85 L/min 情况下，口罩对非油性颗粒过滤效率应符合表6-3 要求。

表6-3　非油性颗粒过滤效率

等级	过滤效率/%
1 级	≥95.00
2 级	≥99.00
3 级	≥99.97

（5）气流阻力：在气体流量为 85 L/min 情况下，口罩的吸气阻力不得超过 343.2 Pa（35 mmH$_2$O）。

（6）合成血液穿透性试验：用 2 mL 合成血液以 10.7 kPa(80 mmHg)压力喷向口罩，口罩内侧不应出现渗透。

（7）表面抗湿性：口罩外表面沾水等级应不低于 3 级，即受淋表面仅有不连接的小面积润湿。

（8）微生物指标：包装标志上有"灭菌"或"无菌"字样的口罩应无菌，否则口罩应符合微生物卫生指标要求。

(9)环氧乙烷残留量:经环氧乙烷灭菌口罩,其环氧乙烷残留量应不超过 10 μg/g。

(10)阻燃性能:所有材料不应具有易燃性。续燃时间应不超过 5 s。

(11)皮肤的刺激性:口罩材料原发性刺激记分应不超过 1。

(12)密合性:口罩设计应提供良好的密合性,口罩总适合因数(通过计算口罩外部颗粒的平均浓度和口罩内部平均浓度的比值计算每个动作的适合因数)应不低于 100。

四、N95 系列口罩

也属于呼吸防护装备,为一次性防毒面具。N95 是美国疾病预防控制中心下属的职业安全与健康研究所(National Institute for Occupational Safety and Health,NIOSH)制定的标准,不是特定的产品名称。只要符合 N95 标准,并且通过 NIOSH 审查的产品就可以称为"N95 口罩"。(GB 19083—2010)中重要技术指标:非油性颗粒过滤效率和气流阻力,对直径 0.24 μm±0.06 μm NaCl 气溶胶颗粒过滤效率不低于 95%,吸气阻力不超过 343.2 Pa。

1. 特点　可以预防由患者体液或血液飞溅引起的飞沫传染。大部分 N95 口罩外形像只杯子。这有以下几个方面的好处:①由于系带的压力作用在口罩的四周,所以在确保密合度方面更容易些;②口罩内面与口部保持一定间隔,可以减少口罩外面附着的病原体等进入口腔的危险;③减轻不适感,便于讲话;④提高了口罩的有效面积,减轻呼吸时阻力,减少空气从四周泄漏。

2. 正确佩戴 N95 口罩的步骤　首先拿住口罩主体部分,将 2 根带子按上下顺序绕到脑后,用手指从鼻的两侧装上护鼻,根据鼻子形状弯曲口罩使之保持严密。然后用手按住口罩使劲出气,确认戴得是否有间隙。用手指从鼻的两侧装上铝制护鼻,根据鼻子形状弯曲使之保持严密。正确佩戴口罩使之保持严密,降低被感染的概率。

五、口罩的正确佩戴和脱卸方法

1. 医用外科口罩(以系带式为例)

(1)戴口罩前进行手卫生。

(2)口罩有颜色的一面(防水面)朝外,有金属的一面向上。

(3)口罩上系带系于头顶中部,下系带系于颈后。

(4)用两手指尖将口罩上的金属条沿鼻梁两侧向内按压,从中间位置逐步向两侧移动,根据鼻梁形状塑造鼻夹。

(5)口罩紧贴面部,完全覆盖口鼻和下颌。

(6)脱卸时应先解开下面的系带,再解开上面的系带。

2. 医用防护口罩

(1)戴口罩前进行手卫生。

(2)选择通过适合性测试的口罩。用一只手托住防护口罩罩住鼻、口和下颌,鼻夹部位向上紧贴面部。

(3)用另一只手将下方系带拉过头顶,放在颈后双耳下,再将上方系带拉至头顶中部。

（4）将双手指尖放在金属鼻夹上，从中间位置开始用手指向内按压鼻夹并分别向两侧移动和按压，根据鼻梁的形状塑造鼻夹。

（5）气密性检查：将双手完全盖住防护口罩，快速地呼气，若鼻夹附近有漏气，应调整鼻夹；若口罩四周漏气，应调整至不漏气。

（6）脱卸时，先用一只手捏起颈部系带向后拉，绕过头顶松开系带，再用同样的手法松开上面的系带。

3. 注意事项

（1）应根据鼻梁形状塑造鼻夹，调整系带的松紧度，使口罩与面部紧密贴合。

（2）医用外科口罩和医用防护口罩只能一次性使用，不可悬挂颈前或放于口袋内再使用。

（3）绝对不能用手去压口罩，用手挤压口罩，会使病原体向口罩内层渗透，人为增加了感染病原体的机会。

（4）脱口罩时不要接触口罩前面，用手捏住口罩的系带扔进医疗废物容器内。

（5）医用防护口罩的效能持续 6~8 h，遇到污染或潮湿，应及时更换。

第三节　手套

手套是实验室工作时手部防护的主要手段，合适的手套佩戴可以有效地保护手部避免有害生物因子（如实验过程中病原微生物、血液、体液、分泌物、渗出物等）危害、危化品损害、辐射污染、冷热损伤、刺伤、擦伤和动物抓、咬伤等。在不同的实验活动中要佩戴相应的材质符合舒适、灵活、握牢、耐磨、耐扎和耐撕的手套，应对实验室工作人员进行手套选择、佩戴及摘除等培训。

一、手套的种类

手套常见的材质有天然乳胶、聚腈类、聚乙烯、聚氯乙烯（PVC）；表面形式分为麻面、光面、有粉表面、无粉表面；根据功能分为灭菌手套和非灭菌手套（清洁手套）（图6-7）。

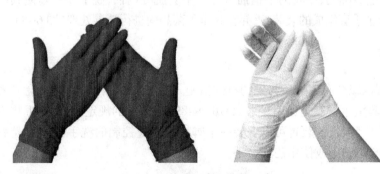

图6-7　乳胶手套和聚酯手套

二、WHO 发布的手套使用及摘除指征

使用指征:①无菌操作前;②不管是否处于无菌条件,预计要接触血液和其他体液前,接触黏膜和非完整的皮肤前;③接触采取隔离措施的患者及其接触的环境时。摘除手套指征:①手套破损或怀疑手套不完整时;②当接触血液、其他体液、黏膜和非完整的皮肤后;③接触患者及其周围环境后;④接触某一患者身体污染的部位后;⑤当出现手卫生指征时(注:体液包括血液、尿液、粪便、呕吐物、恶露、唾液、眼泪、精液、乳汁、黏液性分泌物、胎儿皮脂、淋巴液、胸腔积液、脑脊液、腹腔积液、关节液、脓液和组织、器官、骨髓、胎盘等有机样本)。特别需要重视的是,外周静脉留置针穿刺和真空试管采血时要戴手套。

三、手套的选择

大多数实验室工作中使用乳胶手套,接触高温时应佩戴耐热材料(皮制品)的手套,禁止使用橡胶手套或塑料手套接触高温物体。接触低温(如超低温冰箱、液氮等)时应佩戴特殊的绝缘手套,接触尖锐器械时,应佩戴不锈钢网孔式手套以防止切割伤,但不能防止针刺损伤。

四、手套的使用

首先用前应该检查手套是否褪色、穿孔(漏损)或有裂缝。可以通过充气试验,将其浸入水中观察是否有气泡来检查手套有无质量问题。

一般情况下,佩戴一副手套即可(BSL-2 和 BSL-1 实验室),若在生物安全柜中操作高致病性感染物质时(BSL-3 实验室)应该佩戴两副手套。在操作过程中,外层手套被污染,立即用消毒剂喷洒手套,并脱下后丢弃在生物安全柜中的高压灭菌袋内,并立即戴上新手套继续实验。戴好手套后应完全遮住手及腕部,如必要可覆盖实验服袖。在实验过程中要避免触摸鼻子和面部、避免触摸或调整其他人防护装备及避免触摸不必要的物体表面如灯开关、门或把手等,如果手套出现破损应立即更换新手套并清洗手部,在脱手套时用手捏起另一只手腕部的手套外沿,将手套从手上脱下并将手套外表面翻转入内,用戴手套的手拿住该手套,用脱去手套的手指插入另一手套腕处内面,脱下该手套使其内面向外并形成一个由两个手套组成的袋装,丢弃在高压灭菌袋内进行消毒处理(图6-8)。

五、洗手

洗手是可以减少有害物质污染的有效措施,在脱去手套后和离开实验室之前必须洗手。根据《实验室生物安全通用要求》(GB 19489—2004)的规定,在每个生物安全实验室中应该安装洗手装置,该装置可以安装一个脚控或感应控制的洗手池或配置一个乙醇擦手器,洗手一般用肥皂或使用乙醇擦手。

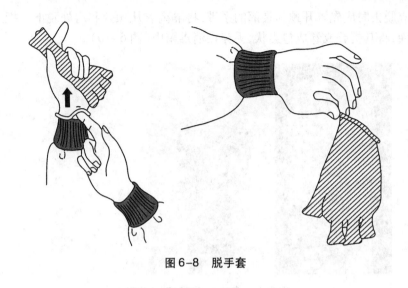

图6-8 脱手套

第四节 躯体防护装备

防护服是保护躯干和四肢不被污染的重要手段,不同级别的实验操作要求穿着相应要求的防护服。防护服包括实验服、隔离衣、连体衣(图6-9)、围裙及正压防护服等。进入实验室要求穿着相应的防护服,清洁的防护服应放置在专门的存放处,并有明显的标志标识,污染的防护服应放置在有危害标志的防漏消毒袋中。

一、防护装备种类

1. 实验服 为前开口达到膝关节附近的长袖工作衣,穿着实验服应完全扣住,包括袖口也要扣住,便于穿戴手套。实验服的布料有化纤和棉质材料,配制有腐蚀性的化学试剂(如强酸、强碱)时应穿棉质的实验服。实验服主要用于病原微生物分类中的四级和部分三级生物危害的实验操作及实验室仪器设备的维修保养(不包括生物安全柜过滤器的更换),化学试剂的处理和配制,静脉和动脉采血等,一般在 BSL-1 实验室中使用。实验服应保持清洁,每隔一段时间应消毒清洗,当实验服在实验过程中受到污染时,应立即更换并进行消毒处理。

2. 隔离衣 包括外科式隔离衣和连体防护服。隔离衣为长袖背开式,穿着时应该保证颈部和腕部扎紧。当隔离衣太小时,或需要穿两件隔离衣时,里面一件可以采用前系带穿法,外面一件隔离衣采用后系带穿法。也可以使用一种颈领口免带(配松紧带)的隔离衣以方便穿衣。当隔离衣袖口太短时,可以加戴一次性袖套,以便使乳胶手套完全遮盖住袖口保护腕部体表。隔离衣适用于接触大量血液、病原微生物操作或其他潜在感染性材料时,如病原微生物的检测和研究等。一般隔离衣在 BSL-2 和 BSL-3 实验室中使用。

隔离衣脱去时应先解开颈和腰部的系带,将隔离衣从颈处和肩处脱下。把外面污染面卷向里面,将其折叠或卷成包裹状,丢弃在消毒箱内(图6-10)。

图6-9　实验服、隔离衣、连体衣

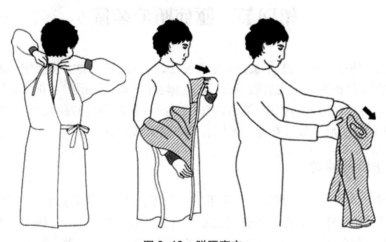

图6-10　脱隔离衣

3. 医用防护服　材料主要为聚丙烯纺粘无纺布、多微孔聚乙烯薄膜、聚四氟乙烯复合膜等。为长袖背开式的防护服,穿着时应该保证颈部和腕部松紧适度,连体衣包括头部、躯干、四肢都覆盖。更适应于病原微生物实验室和生物安全柜中的操作。接触病原微生物分类中三级或二级生物危害的实验操作应穿戴隔离衣或连体衣,如病原微生物的检测和培养,一般在 BSL-2 或 BSL-3 实验室中使用。

4. 正压防护服　是将人体全部封闭起来,使实验人员与实验环境有效隔离,防止有害生物因子对人体的危害,其正常工作状态下内部压力不低于环境压力的服装。正压防护服是最高生物防护等级的个体防护装备之一,主要应用于生物安全四级实验室和重大传染病疫情救援人员的个体防护。可以有效阻止生物气溶胶的吸入、感染性物质的沾染和渗透。

正压防护服分压缩气源式和电动送风过滤式两种,压缩气源式防护服采用向防护服内接入压缩空气的供气方式,一般在实验室等固定场所使用。电动送风式防护服是靠自身携带风机、电池和过滤单元进行防护服内送风,可广泛用于医疗救护、野外采样和复杂环境的作业。

5.围裙　是能够防腐蚀、耐酸碱的塑料或橡胶制品,穿戴在实验服或隔离衣外面,为防止溢出物质提供进一步的保护,适用于实验室中配制腐蚀性强的化学试剂,实验时操作血液或培养物等。

6.足部防护　当实验室中存在物理、化学和生物危害的情况下,穿适合鞋、鞋套或靴套,对防止实验人员足部受损伤,特别是有潜在感染性物质溢出及化学品腐蚀有重要的防护作用。在生物安全实验室禁止穿凉鞋、拖鞋等裸露脚趾和机织物鞋面的鞋,在BSL-2和BSL-3实验室要穿鞋套或靴套。在BSL-3和BSL-4实验室要求使用专用鞋。建议使用皮制或合成材料的不渗液体的鞋类,以及防水、防滑的一次性或橡胶靴子等。

7.听力防护装备　当实验室中噪声达到75 dB时或在8 h内噪声大于平均值水平时,比如常用超声粉碎器处理细胞等产生高分贝噪声,实验人员应该佩戴听力保护器以保护听力。常用的听力保护器为御寒式防噪声耳罩和一次性泡沫材料防噪声耳塞。

二、个人防护使用要求

个人防护装备使用要求要根据微生物危险度的评估、实验活动、实验室防护的条件来确定,见表6-4。

表6-4　常见的个人防护要求

个人防护装备		生物安全实验室等级		
		(A)BSL-1	(A)BSL-2	(A)BSL-3
头面部防护	口罩	O(医用外科口罩)	Y(医用外科口罩)/(医用防护口罩)	Y(医用防护口罩)
	防护眼镜	O	O	O
	防护面罩	O	O	O
	防护帽	O	O	N
躯体防护	实验服	Y	Y	N
	内层防护服	N	N	Y
	连体衣	N	O	Y
	隔离衣	N	O	Y
手的防护	单层手套	O	Y	N
	双层手套	N	O	Y
脚的防护	工作鞋	N(不露脚趾)	O	N
	胶靴	N	N	Y

注:表中Y代表必备,N代表无须,O代表可选。

三、安全脱卸个人防护装备的程序

实验人员应该掌握个人防护装备"污染"和"清洁"的部位概念,一般前侧和外部污染相对严重,后侧和内部相对清洁。脱去个人防护装备的地方可在实验室内门口处或实验室前厅(BSL-1、BSL-2实验室)或离开主实验室在半污染区或缓冲间内脱卸个人防护装备。

1. 穿戴个人防护装备的顺序　①戴口罩,一只手托着口罩,扣于面部适当的部位,另一只手将口罩带戴在合适的部位,压紧鼻夹,紧贴于鼻梁处,在此过程中,双手不接触面部任何部位。②戴帽子时注意双手不接触面部。③穿防护服。④戴上防护眼镜,注意双手不接触面部。⑤穿上鞋套或胶鞋。⑥戴上手套,将手套套在防护服袖口外面。

2. 卸下个人防护装备的顺序　①摘下防护镜,放入消毒液中。②脱掉防护服,将反面朝外,放入塑料袋中。③摘掉手套,一次性手套应将反面朝外,放入塑料袋中,橡胶手套放入消毒液中。④将手指反掏进帽子,将帽子轻轻摘下,反面朝外,放入塑料袋中。⑤脱下鞋套或胶鞋,将鞋套反面朝外,放入塑料袋中,将胶鞋放入消毒液中。⑥摘口罩时一只手按住口罩,另一只手将口罩带摘下,放入塑料袋中,注意双手不接触面部。如果在卸下个人防护装备时发现个人防护装备受到潜在的污染或已经受到明显的污染时,必须先戴一副干净的手套后再卸去其余的装备。

3. 穿脱防护服的注意事项　脱的顺序比穿的顺序更关键,基于实验活动过程的风险评估科学制定脱的顺序。应遵循的原则为:最外层脱到相对负压最大的区域(比如正压头套可以脱到核心工作间);尽量减少分开脱的步骤,能一下连体式全脱为宜;后背为相对污染小的区域,不建议用消毒剂喷洒。

参考文献

[1]左双燕,陈玉华,曾翠,等.各国口罩应用范围及相关标准介绍[J].中国感染控制杂志,2020,19(2):109-116.

[2]中华人民共和国国家食品药品监督管理局.医用外科口罩:YY 0469—2011[S/OL].http://www.jianbiaoku.com.

[3]中华人民共和国国家质量监督检验检疫总局,中国国家标准化管理委员会.应用防护口罩技术要求:GB 19083—2010[S/OL].http://www.jianbiaoku.com.

[4]中华人民共和国国家质量监督检验检疫总局,中国国家标准化管理委员会.口罩纸:GB/T 22927—2008[S/OL].http://www.jianbiaoku.com.

[5]闵小豹,潘志娟.国内外医用防护服结构与功能的比较与分析[J].纺织学报,2020,41(8):172-178.

[6]刘博羽,沈国锋,陶澍.基于呼吸实境模拟的口罩防护效果影响因素研究[J].生态环境学报,2019,28(4):786-794.

[7]罗胜利,左芳芳,汪福坤,等.口罩国内外标准比较及质量问题分析[J].北京服装

学院学报(自然科学版),2020,40(2):15-23.

[8]国家市场监督管理总局,国家标准化管理委员会.呼吸防护自吸过滤式防颗粒物呼吸器:GB 2626—2019[S/OL].http://www.jianbiaoku.com.

[9]中华人民共和国国家质量监督检验检疫总局.呼吸防护用品的选择、使用与维护:GB/T 18664—2002[S/OL].http://www.jianbiaoku.com.

(郗园林)

第七章
病原微生物样本的采集、运输及保藏

病原微生物样本大多来源于人体和环境中,是进行传染病防治及一些生物科学科研和教研工作的基础。由于病原微生物样本是具有生物活性的感染性物质,对实验室生物安全的要求更高,对实验人员的安全操作要求也更高。为确保生物医学实验操作安全,需要实验人员充分掌握实验样本采集、包装、运输及病原微生物菌(毒)株的保藏等技术规范,针对可能存在的危险因素还应配备相应的应急方案和防范措施。

2013 年国家对《中华人民共和国传染病防治法》进行了修改,规定了病原微生物菌(毒)种的管理,对传染病菌种、毒种和对传染病检测样本的采集、保藏、携带、运输和使用实行分类管理,建立健全严格的管理制度。2018 年修订《病原微生物实验室生物安全管理条例》,对病原微生物的分类、采集和高致病性病原微生物菌(毒)种或样本运输、菌(毒)种和样本的集中储藏,做出了进一步的规定。

第一节　病原微生物样本采集的安全操作

根据《病原微生物实验室生物安全管理条例》规定,病原微生物样本采集应当具备下列条件:具有病原微生物样本采集所需的生物安全防护水平相适应的设备;具有掌握相关专业知识和操作技能的工作人员;具有有效防止病原微生物扩散和感染的措施;具有保证病原微生物样本质量的技术方法和手段。尤其是采集高致病性病原微生物样本的工作人员,应当根据风险评估采取相应的防护措施,在采集过程中防止病原微生物扩散和感染,并对样本的来源、采集过程和方法等做详细记录。

一、采集的样本类型及方法

病原微生物样本主要包括血液、体液、分泌物、排泄物及组织等。这些样本中通常有病原微生物存在。因此,在样本采集之前,应严格地按照《人间传染的病原微生物分类名录》,对可能产生的生物危害风险进行评估,根据评估结果制定生物安全操作规范,确定相应的生物安全防护级别后进行样本的采集。在保证安全的前提下,对未知样本的检测可在生物安全二级或以上防护级别的实验室进行。

1. 血液采集方法　按照采集部位的不同,血液样本可分为静脉血、动脉血和毛细血管血。最常用的样本是静脉血,目前常见的静脉血采集方法是真空负压采血法。毛细血管采血主要用于各种微量检测或大规模普查。

采集环境要提前消毒以防血液样本受到污染,同时要有采集人员和采集对象的双重防护措施。采血前要核对采集对象的姓名、年龄、性别、编号及检验项目等,按采集要求准备好相应的容器,如空白试管、抗凝管或促凝管等。血液样本在采集后,除立即检测的样本外,血液和血液成分应分别存储在专用的血液存储设备中,均需要保存在特定条件下。

2. **体液及分泌物样本的采集方法** 生物医学实验室检测的体液及分泌物主要包括唾液、痰液、鼻腔分泌物、生殖道分泌物、皮肤分泌物、组织液、淋巴液、脑脊液等。唾液、痰液及各种分泌物可用专用收集器采集,也可用无菌棉拭子采集。组织液、淋巴液、脑脊液的采集实验室较为少用,常用于临床病理诊断,通过穿刺或者手术进行采集。骨髓穿刺可得骨髓,腰椎穿刺可得脑脊液。如果有腹水或胸腔积液的话,腹腔穿刺、胸膜腔穿刺也可以采集组织液。心包积液、关节腔积液也都可以通过穿刺引流出来。但是,感染的风险、穿刺失败的风险、打麻药的麻醉风险等因素的影响较大,一般不作为常规实验使用。

采集人员需带医用口罩、手套、护目镜、防护服等防护用具,如液体外溅,须及时对所溅之处进行消毒处理,污染的口罩、手套及时更换并洗手消毒。

3. **排泄物样本的采集方法** 采集的排泄物样本主要是指尿液和粪便。尿液的主要成分是水、尿素及盐类等,采集后需要立即冷藏或防腐处理,否则细菌会很快繁殖而引起尿素分解,产生氨气。一般可放置于 4 ℃冰箱内。在室温下保存则应在收集尿样后立即加入防腐剂。常用的防腐剂有甲苯、氯仿,或者改变尿液的酸碱性以抑制细菌的繁殖。根据实验需要或者检测要求,选择采集时间和采集量。通常粪便样本采用自然排出的粪便,在收集粪便样本前将尿液排尽,尽量避免混有尿液,不可混有消毒剂及污水等,以免破坏有形成分,采集用无菌粪便收集盒或其他无菌收集器。做细菌学检测的粪便标本应采集于灭菌有盖的容器内并在采集后立即送检。无粪便排出又必须检查时,可用采便管拭取样本。

4. **组织样本的采集方法** 组织样本采集分为活体穿刺和尸体解剖两种。用组织穿刺、内镜取材、手术等技术可以直接进行活体取材,获得感染相关组织、器官的样本,能够满足实验研究的需要。组织活检的样本主要用于临床的组织病理学诊断。组织穿刺的样本选择:手术摘除的器官、组织,如阑尾、甲状腺、胆囊、淋巴结等;穿刺抽取组织,如肝、肾、淋巴结的穿刺组织;自病变部位切取的小块组织,包括用纤维胃镜、纤维支气管镜等内镜钳取的病变组织。进行手术解剖尸体可以直接准确地选择和采集感染相关的组织样本,用于病原微生物的检测、组织病理学分析等相关实验研究。

二、样本采集过程中的危险因素

样品采集有必须遵守的规范化操作流程,在操作过程中存在的危险因素对采集人员和采集对象都有极大的危害。采集人员在操作过程中意外被含有感染性病原体的血液、体液等污染了皮肤或黏膜,或被含有感染性病原体的血液、体液污染了的针头及其他锐器刺破皮肤,或分泌物及排泄物喷溅到采集人员皮肤或者黏膜时,都有可能导致感染,引发严重后果。血源性病原体可通过针刺伤引起血液性传播,如人类免疫缺陷病毒(HIV)、乙型肝炎病毒、丙型肝炎病毒等。采集环境消毒不彻底也可能会导致采集人员和采集对象的感染或交叉感染。

1. 针刺损伤　针刺损伤主要指在采血过程中被针头刺伤和针头处理过程中被刺伤。针尖刺伤极易导致感染经血液传播的疾病,是血液采集过程中的主要危险因素。发生针刺损伤的主要原因如下。

(1)采集过程中未严格遵守规范化的操作流程,如采血后锐器放置位置或方式不当,锐器使用后未及时收集到锐器收集盒内,穿刺技术不熟练也容易造成针刺损伤。

(2)采血后处理使用过的注射器时,分离注射器针头或回套针帽时操作失误造成刺伤。

(3)采血时未按操作规程戴乳胶手套,采血针或者注射器针头划伤或刺伤。

(4)采集人员重复性采血工作时精神紧张、疲劳、压力感,也容易造成针刺伤。

(5)采集后拔针时采集对象晃动意外被划伤皮肤。

(6)采血环境空间狭窄、光线太暗等因素导致采血失误也是引起针刺伤的原因之一。

2. 血液外溢　血液采集过程中,发生血液外溢主要原因如下。

(1)止血钳松夹过快导致血液外溢,沾染到采集人员皮肤或衣物上。

(2)留样时操作不当造成血液外溢,污染操作台或者溢撒到采集人员身上造成污染。

(3)采集管质量问题或损坏时,导致采集后的管壁有裂缝渗漏造成血液污染。

(4)拔出针头的瞬间,采集对象采血侧上肢快速屈肘,碰撞到采血人员的针管、针头上血液溅到采血人员身上。

(5)采血人员用注射器采血后将血液注入采血管内,在拔出注射器时,由于采血管内负压尚存在,存留在注射器内少量的血液会随针头拔出溅到采集人员身上。

(6)在采血过程中处理采集对象晕针、休克等反应时针眼血液外溢。

3. 采集样本喷溅　在体液、分泌物及排泄物样本采集过程中,发生喷溅的主要原因如下。

(1)采集人员未按规定佩戴手套、口罩等防护物品,在采集过程中被分泌物、体液或排泄物喷溅到皮肤或黏膜上造成感染。

(2)口腔或咽喉分泌物采集时无菌棉拭子伸入口腔太过靠后,导致采集对象呕吐造成喷溅。

(3)鼻腔分泌物采集时采集对象突然打喷嚏等,采集人员躲避不及时,皮肤或黏膜上受到喷溅污染。

(4)采集对象为婴幼儿,因不能有效沟通或安抚导致采集对象挣扎或者不配合采集时,易被喷溅导致感染。

(5)关闭采集管盖或者剪断咽拭子时,操作不当导致采集管或咽拭子掉落、沾染操作台等意外情况,采集人员未进行消毒处理导致沾染或被喷溅。

4. 病原微生物感染　采集人员直接接触带有不同种类病原微生物的样本,都有可能造成自身感染或交叉感染,并可能导致采集对象间的医源性感染。血源性感染在实验室人员中占绝大多数。《人间传染的病原微生物名录》中规定的第三类病原微生物一般情况下对人、动物或者环境不构成严重危害,传播风险有限,实验室感染后很少引起严重疾病,并且具备有效治疗和预防措施。而第四类病原微生物在通常情况下不会引起人类或者动物疾病。因此,做好个人防护,保证实验室具备有效治疗和预防措施,即可保证采集人员和环境安全。

高致病性病原微生物在血液样本采集中最常见危害比较大的主要有人类免疫缺陷病毒、乙型肝炎病毒、丙型肝炎病毒三种病毒。人类免疫缺陷病毒又称为艾滋病病毒。采集人员在工作过程上意外被含有艾滋病病毒的血液、体液污染了皮肤或者黏膜,或者被含有艾滋病病毒的血液、体液污染了的针头及其他锐器刺破皮肤,有可能导致被艾滋病病毒感染的情况。乙型肝炎病毒和丙型肝炎病毒与原发性肝癌关系密切,实验室人员感染率较高。乙型肝炎病毒是实验室人员面临传播范围最广的血源性疾病。

5.消毒不彻底

(1)采集环境未达到要求,消毒不彻底或者存在感染隐患等,可能会造成采集人员和采集对象的感染。

(2)采集人员未按要求使用消毒液,或消毒液浓度配制错误、消毒有效时间掌握不准确等都可能导致采集感染的发生。

(3)采集人员在采集时使用不合格的采集管或棉拭子等物品,可能导致采集感染的发生。

(4)样本采集后未及时保存样本,如采集管未盖盖子、咽拭子长时间暴露在空气中等,采集后的样本外溢或喷溅到操作环境中,液体溅撒、气溶胶产生等可能污染采集环境的操作,导致再次采集过程污染或采集人员感染。

(5)采集管或棉拭子重复使用等操作失误导致交叉感染。

(6)采集人员在采集后未及时洗手,更换防护用具等,接触其他物品或者黏膜接触如揉眼睛等行为导致自身感染。

三、样品采集的防护措施

所有的采集样本均应看作具有潜在感染性的样本,即认为采集的血液、体液、分泌物、排泄物均具有传染性,不论是否有接触明显的血液或者非完整的皮肤与黏膜,必须采取防护措施。采集样本前要做好双向防护,即采集人员和采集对象进行双重防护。

1.个人防护 采集人员应按照标准防护和加强防护(接触隔离、飞沫隔离、空气隔离)原则做好个人防护,正确佩戴所有防护用品。采集人员的工作服、脸部、眼睛、口腔及黏膜有可能被血液、体液、分泌物等物质喷溅到时,应当戴医用外科口罩或 N95 口罩、护目镜、乳胶手套、面罩等,穿防护服或围裙。在采血过程中可能有血液的喷溅而导致采集人员衣服污染,为了减少皮肤暴露,采集人员应穿长袖工作服及长裤。采血人员戴医用乳胶手套在很大程度上可以减少皮肤与血液的接触,是较为有效的防护措施。采集人员有皮肤损伤时,应用防水绷带包扎后戴双层手套操作。

接触血液、体液、分泌物、排泄物等物质及被其污染的物品时所戴的手套脱去后应立即洗手。一旦接触了血液、体液、分泌物、排泄物等物质以及被其污染的物品后应当立即洗手。正确洗手是预防感染传播最经济、有效的措施。采血人员在接触每位被抽血者后都应用快速干手消毒剂或用消毒小毛巾彻底擦手,这是一种既保护采血人员又保护采集对象,防止交叉感染的有效措施。手套发生撕裂、刺破等破损时应及时更换,脱去手套后立即洗手,必要时进行手消毒。应严格执行《医院消毒技术规范》对洗手方法的规定。

2.采集过程的防护措施　临床采集血液样本时需要注意安全,尽量减少发生飞溅、喷洒或滴落的可能性,防止气溶胶的产生,并做好采集人员的防护。在采集血液或者与可能具有传染性物质接触的工作场所,禁止饮水、进食等;采集人员须穿工作服,戴医用手套、口罩、护目镜等防护用品,以防污染皮肤和衣物,离开实验室不得将使用过的防护用品带出;接触的采集工具最好一次性使用,断绝样本交叉、疾病传染的可能。为防止血液采集时出现意外情况,实验室应具备应急措施和药物。实验室常备生理盐水等冲洗液、70%乙醇、0.2%次氯酸钠、0.2%～0.5%过氧乙酸、0.5%碘附等消毒液,以及纱布、绷带、乙醇棉球等物品。

若工作服被污染时,应尽快更换衣服及手套;若个人衣物被污染,应立即将污染物浸入消毒剂或抛弃已污染的衣物。如皮肤意外接触血液或体液,应立即用肥皂水和清水反复冲洗,再用碘消毒。如果血液或体液溅入眼睛,应立即用大量的清水或生理盐水连续冲洗眼睛10 min,避免揉搓眼睛。

处理所有的锐器时应当特别注意,防止被刺伤。如果是未污染的针头刺伤,立即进行消毒处理。如果不慎被污染的针头刺伤,立即扎紧近心端伤口上方,尽可能挤出受伤部位的血液,同时在流动水下连续冲洗伤口5 min,然后使用75%乙醇或0.5%碘附消毒伤口并包扎伤口,及时就医检查并治疗。

建立意外伤害的应急、登记、监测、保密和报告制度。发生针刺伤或黏膜接触血液等情况后,应按正确方法处理伤口,并登记上报医院感染控制科,必要时接受医学观察及可能的预防性治疗。

3.高致病性血液样本采集的防护措施　在进行高致病性血液样本采集时,实验室的门应保持关闭状态;每个实验室在工作区域应具备洗手槽、洗眼器等防护设施,并且应该能够用手肘、脚踩或自动操作,位置在实验室出口处。实验室人员应定期体检并建立个人健康档案以掌握身体状况。对一些经免疫注射可降低传染的疾病,应推行预防接种。若判定为疑似高致病性病原微生物样本,防护条件不得低于BSL-2的要求。

第二节　病原微生物样本包装与运输的安全操作

病原微生物样本可能存在感染性物质,具有感染性或潜在感染性,在包装和运输过程中要严格遵守国家和国际规定。在感染性物质的运输中,运输人员通常并不直接接触菌(毒)种及样本,在正常的运输过程中感染病原微生物的风险比实验操作人员低,即使出现感染性物质的溢出和渗漏,也不容易出现气溶胶和空气传播,因此对感染性物质的运输时主要强调包装和标识。2006年起施行的《可感染人类的高致病性病原微生物菌(毒)种或样本运输管理规定》,对可感染人类的高致病性病原微生物菌(毒)种或样本运输的管理做出了相应的规定。

一、感染性物质的包装

感染性及潜在感染性物质的包装采用三层包装系统,由内到外分别是内层容器、中层包装及外层包装。内层容器包装用无菌、防水、防漏的材料,并贴上指示内容物的标签,标明样本的类别、编号、名称、样本量等信息,然后装入中层包装;内层容器和中层包装间应放置足量的吸水性材料,以便内层容器打破或泄漏时,能吸收溢出的所有液体;然后将中层包装固定在硬质外层包装中以免中层包装在运输过程中受到物理性损坏(图7-1)。

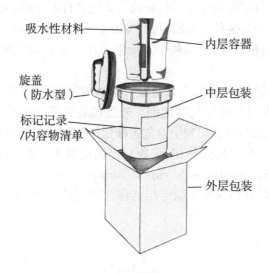

吸水性材料 —— 内层容器

旋盖
(防水型)—— 中层包装

标记记录
/内容物清单

外层包装

图7-1　三层包装示意

(一)感染性物质的包装要求和标识

国际上对被运输的感染性物质只分为 A 类和 B 类两大类。A 类比 B 类危害性大。A 和 B 两大类感染性物质包装和标识不同。

A 类感染性物质:是指以某种形式运输的感染性物质,在与之发生接触时,可造成健康的人和动物的永久性失残,生命危险和致命疾病的感染性物质属于 A 类,其中可感染人的联合国编码为 UN2814,运输的专有名称"感染性物质,可感染人(infectious substances,affecting humans)";仅感染动物的联合国编码为 UN2900,运输的专用名称"感染性物质,只感染动物(infectious substances,affecting animals)"。B 类感染性物质:将不符合 A 类标准的感染性物质属于 B 类,联合国编码 UN3373,其运输专有名称为"生物物质,B 类(biological substance,category B)"。

1. A 类感染性物质的包装要求　A 类感染性物质包装系统由防水的内层容器、防水的中层包装和具有足够强度的硬质外层包装 3 个部分组成。内层容器是直接分装样品的基础容器,以玻璃和一次性塑料制品常见,内层容器与中层包装之间,应放入足够的吸附材料(固态感染性物质除外)如棉花,可以吸附因意外而泄漏的主容器内的全部内容物。对于多个易碎主容器装入同一个辅助包装,则各内层容器间必须分别包裹或隔离,以防止彼此接触。内层容器与中层包装均须密封,防泄漏,同时内层容器与第二层包装必须能够承受不低于95 kPa的内部压差,以及-40~55 ℃的温度范围而无渗漏。然后将第二层包装固定在外层包装中。另外,完整包装还需要通过不低于9 m的跌落测试。且包装材料要有批准文号、合格证(复印件)或高致病性病原微生物菌(毒)种或样本运输容器或包装材料承诺书。

冷藏或冷冻运输的感染性物质:包装材料须能够在可能的低温(如液氮)下仍保持完好,同时能够承受失去制冷作用后所产生温度和压力的影响;在使用冰或干冰等冷冻剂时,必须将其置于辅助包装外面或外层包装或合成包装件的中间,必须使用内部支架,在干冰消融后,辅助包装与包装件,仍能保持原位不动,且包装材料必须防泄漏。对于使用干冰作为冷冻剂的运输包装件,包装件必须能够排出二氧化碳气体,以防产生压力导致包装破裂。

标识、标签:在内层容器和中层包装上贴有指示内容物明细、时间、单位名称的标签,内容物详细清单放在中层和外层包装之间。外层包装的最小尺寸为100 mm,外层包装必须张贴UN2814或UN2900标记和生物危害标记(采用GB 190规定),并注明其生物危害程度。两面有"向上"和"易碎"标记,生物危害标记以45°设置的正方形或菱形,标签底部可加字样"infectious substances in case of damage or leakage immediately notify public health authority"。同时,还应标明运输专用名称、接收和运输者人姓名、地址和联系电话等(图7-2)。

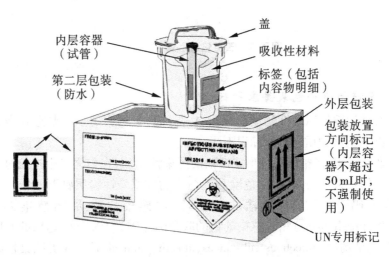

图7-2　A类感染性物质的包装与标签

2. B类感染性物质的包装要求　B类感染性物质对包装材料的要求基本与A类相同,包装也由3个部分组成。包装材料必须能承受运输过程中的震动与负载,容器结构和密封状态能防止在运输过程中由于震动、温度、湿度或压力变化而造成的内容物泄漏。多个易碎的内层容器装入同一个中层包装时,必须分别包裹或隔离,防止内层容器彼此接触。外包装必须张贴有 UN3373 标记。标题背景颜色差异明显,确保清晰可见,属于易于识别,标记以 45°设置,正方形和菱形,其每条边的边长至少为 50 mm,每条边的宽度至少为 2 mm,字母和数字高度至少为 6 号外包装上,引进菱形标记的部位,必须标明运输的专用名字,包括诊断标本、临床标本或生物物质 B 类,同时还有标明联系人的电话地址、姓名,字母字体高度不应小于 6 mm。外包装至少一面的尺寸必须大于 100 mm×100 mm。完整的包装必须能够通过《危险品航空安全运输技术细则》,规定跌落实验,跌落高度的要求为 1.2 m。

包装液体物质的内层容器和中层包装必须密封,防泄漏,内层容器的内装量不超过1 L。必须在内层容器和辅助包装之间填充足量的吸附材料,确保意外泄漏时能吸收空气中的所有内容物,并保持衬垫材料和外包装的完好性。内层容器和辅助包装,必须能承受 95 kPa 的内部压力而无渗漏。每一个外包装的装量不得超过 4 L,装样不包括冰、干冰、液氮等低温保存材料。

包装固态物质的内层容器和中层包装必须防泄漏,包装量不得超过外包装的质量限制。除装有肢体器官和其他气体的包装外,每个外包装的内装量不得超过 4 kg,装量包括冰、干冰、液氮等低温保持材料。如果有对运输过程中主容器内残留液体的任何怀疑,都必须使用适于运输液体的包装和包装吸附材料(图 7-3)。

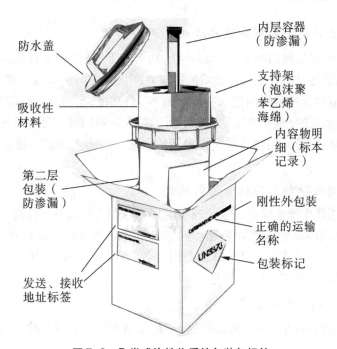

图 7-3　B 类感染性物质的包装与标签

(二)感染性物质的包装步骤

(1)将样品放入内层容器内,并封口。

(2)将内层容器放入中层包装内。

(3)在两层容器间填充吸水材料。

(4)将以上两层放入外层包装内。

(5)将内容物详细清单放在中层和外层包装之间。

(6)将"感染性物品"标记(采用 GB 190 规定的标记)贴在外层包装上,并在"感染性物品"标记上标明其生物危害程度。外层容器两面有"向上"和"易碎"的标记(采用 GB 191 规定的标记)。

(7)外包装的标签上还应包括接收者姓名、电话和地址;运输者姓名、电话和地址。

(三)感染性物质的保存温度要求

(1)为保持菌(毒)种活力,运输中应尽量使菌(毒)种处于适宜温度内。保持温度的方法有干冰降温法、湿冰降温法和液氮法。干冰或湿冰置于中层和外层包装之间。

(2)冻干菌(毒)种用干冰或湿冰即可满足温度要求,当采取湿冰时,要首先对内层容器进行防水检验,运输时间应在 72 h 内。

(3)未冻干菌(毒)种最好用液氮运输;也可以用干冰、湿冰,包装要求同上,运输时间要尽可能地缩短。

二、感染性物质的运输

(一)国际上对运输的感染性物质的规定

在世界卫生组织出版的第 3 版《实验室生物安全手册》增添了有关感染性物质的运输章节。要求感染性及潜在感染性物质的运输要严格遵守国家和国际规定,这些规定根据联合国《关于危险货物运输的建议书规章范本》为基础,参照国际民用航空组织,针对危险性货物运输制定的《危险性货物安全空运的技术说明》和《国际危险性货物陆运欧洲协议》,描述了如何正确使用包装材料以及运输要求。将需要运输的感染性物质划分为 A 和 B 两类。

(二)国内对运输的感染性物质的规定

在我国《病原微生物实验室安全管理条例》的基础上,我国卫生行政主管部门制定了《可感染人类的高致病性病原微生物菌(毒)种或样本运输管理规定》,在规定中列出《人间传染的病原微生物名录》,名录中详细列出了各种病原微生物及其相关样本所对应的运输包装分类,即"A/B"类与 UN 编号。

(三)运输方式及人员要求

感染性物质的运输方式分为陆路运输、水路运输和航空运输 3 种。运输中对人员有以下要求。

(1)应当由不少于两人的专人护送,护送人员应具备相应微生物的专业知识和生物安全知识,熟悉所携带微生物的特性,并采取相应的防护措施,如防护装备、消毒设施等。

(2)携带便捷的联络工具,有突发情况时,能够迅速与有关部门取得联系。

(3)准备必需的文件,包括微生物购买许可文件和微生物携带、运输许可文件等。

(4)运输路线最短,时间最快,避免周末或公共假日。

（5）禁止通过公共电（汽）车和城市铁路运输病原微生物菌（毒）种或样本。

（6）承运单位与护送人员应有防止被盗、被抢、丢失、泄漏的措施。

（四）出现被盗、被抢、丢失、泄漏的处置

出现被盗、被抢、丢失、泄漏，承运单位、护送人、保藏机构应当在 2 h 向承运单位的主管部门和保藏机构的主管部门报告，同时向所在地的县级人民政府卫生主管部门报告；发生被盗、被抢、丢失还应当向公安机关报告；接到报告的卫生主管部门应当在 2 h 内向本级政府报告；县级人民政府接报告后 2 h 内向设区的市级人民政府报告；设区的市级人民政府接到报告后 2 h 向省、自治区、直辖市报告；省、自治区、直辖市接到报告后 1 h 内向国务院卫生主管部门报告。

三、高致病性病原微生物菌（毒）种或样本的运输

高致病性病原微生物菌（毒）种或样本指《人间传染的病原微生物名录》中规定的第一类、第二类病原微生物菌（毒）种或样本。《人间传染的病原微生物名录》中第三类规定病原微生物运输包装分类为 A 类的病原微生物菌（毒）种或样本，及疑似高致病性病原微生物菌（毒）种或样本，也按照以上规定运输管理。

根据《病原微生物实验室生物安全管理条例》中对感染性物质运输的规定：运输高致病性病原微生物菌（毒）种或者样本，应当通过陆路运输；没有陆路通道，必须经水路运输的，可以通过水路运输；紧急情况下或者需要将高致病性病原微生物菌（毒）种或者样本运往国外的，可以通过航空运输。对于运输高致病性病原微生物菌（毒）种或者样本，还应具备相应的条件。通过民航运输菌（毒）种或样本，统一按国际标准进行包装、标识。

（一）高致病性病原微生物菌（毒）种或样本运输的审批

国家卫计委负责全国高致病性病原微生物或者疑似高致病性病原微生物菌（毒）种或样本运输的审批工作。省卫计委负责全省高致病性病原微生物或者疑似高致病性病原微生物菌（毒）种或样本运输的审批工作。省辖市卫生行政部门负责本辖区内高致病性病原微生物菌（毒）种或样本的运输管理及初审。

1.运输高致病性微生物的审批程序

（1）运输高致病性病原微生物菌（毒）种或样本，必须经省级以上卫生主管部门批准。

（2）固定单位间多次运输相同品种高致病性病原微生物菌（毒）种或样本的可申请多次运输，有效期 6 个月。

（3）本省行政区域内运输高致病性病原微生物菌（毒）种或样本，属省直、高校单位的由省卫计委生物安全领导小组办公室审批。省辖市、县及有关单位，由所在地卫生行政部门进行初审，报省卫计委审批。

（4）跨省运输高致病性病原微生物菌（毒）种或样本的单位，由省卫计委生物安全领导小组办公室初审，并报国家卫计委审批。

（5）运输结束后，申请单位要将运输情况向原批准部门书面报告。

（6）对于为控制传染病暴发、流行或者突发公共卫生事件应急处理的高致病性病原微生物菌（毒）种或样本的运输申请，各省辖市卫生行政部门可以通过传真的方式向省卫

生厅报批,需要提交的有关材料原件在事后 5 d 内补齐。

根据疾病控制工作的需要,向国家(或省)疾病预防控制中心运送高致病性病原微生物菌(毒)种或样本的,可以向国家(或省)疾病预防控制中心直接提出申请,由国家(或省)疾病预防控制中心审批;符合法定条件的颁发《可感染人类的高致病性病原微生物菌(毒)种或样本准运证书》;不符合法定条件的应当出具不予批准的决定并说明理由。国家(或省)疾病预防控制中心应当将审批情况 3 d 内报国家卫计委(或省卫计委)备案。

2. 运输高致病性微生物的申请材料

(1)可感染人类的高致病性病原微生菌(毒)种或样本运输申请表。

(2)运送和接收单位法人资格证明材料。

(3)接收高致病性病原微生物菌(毒)种或样本的单位同意接收的证明文件。

(4)容器或包装材料的批准文号、合格证书、高致病性病原微生物菌(毒)种或样本运输容器或包装材料承诺书。

(5)其他有关资料。

3. 运输高致病性微生物的原则要求

(1)运输目的、用途和接收单位符合国务院卫生主管部门的规定。

(2)容器应当密封、防水、防破损、防泄漏、耐高(低)温、耐高压。

(3)容器或包装材料要有批准文号、合格证书(复印件)或者高致病性本源微生物菌(毒)种或样本运输容器或包装材料承诺书。

(4)容器或包装材料上应按相关规定粘贴生物危害标识、警告语、提示语等。

(二)高致病性病原微生物菌(毒)种或样本接收

1. 高致病性病原微生物菌(毒)种或样本接收单位的资格

(1)具有法人资格。

(2)具有从事高致病性病原微生物实验活动资格的实验室。

(3)取得有关政府主管部门核发的从事高致病性病原微生物实验活动、菌(毒)种或样本保藏、生物制品生产的批准文件。

2. 高致病性病原微生物菌(毒)种或样本包装的开启

(1)检查外包装完整性。

(2)登记菌(毒)种的相关信息。

(3)移入生物安全实验室内,根据病原微生物的等级穿戴好相应的防护装备,戴上手套。

(4)在生物安全柜内观察包装外观有无渗漏、破损等异常现象。

(5)无异常现象将外包装去除,观察第二层包装,有无渗漏、破损。

(6)如无异常现象,打开第二层包装观察有无渗漏、破损。

(7)如无异常,取出内层包装,并登记记录。

(三)高致病性病原微生物菌(毒)种或样本渗漏破损的处理

(1)如外层包装和第二层包装同时有渗漏、破损的异常现象,并且内层装微生物容器已经破损,要立刻通知有关部门和菌(毒)种发放单位采取措施,并对包装运输工具等微生物可能污染的区域进行消毒。

（2）如外层包装有渗漏等异常现象，但内层包装无破损或者内层包装容器破损，但外包装无破损、渗漏情况，则无须追溯破损地点，可按照生物安全操作原则，对微生物污染物进行消毒。

（四）民用航空运输感染性物质特殊的要求

为了安全、及时、有效地运输菌（毒）种及样本，国内和国际上制定了一系列的管理规范。总体原则是通过民航运输菌（毒）种及样本统一按国际标准进行包装、标识，应遵循以联合国《关于危险性货物运输的建议书规章范本》为基础制定的《感染性物质运输指南》。通过民用航空运输的，应当符合《中国民用航空危险品运输管理规定》（CCAR—276）和国际民航组织文件《危险物品航空安全运输技术细则》。

（1）菌（毒）种及样本（感染性物质）必须作为货物进行航空运输，禁止随身携带或作为托运行李或邮件进行运输。

（2）感染性物质的托运人或其代理人必须接受符合《中国民用航空危险品运输管理规定》（CCAR—276）和《危险物品航空安全运输技术细则》要求的危险品航空运输训练，并持有有效证书。

（3）菌（毒）种和样本的托运手续必须符合国务院《病原微生物实验室生物安全管理条例》（国务院第424号令）、农业部《高致病性动物病原微生物实验室生物安全管理审批办法》（农业部第52号令）及《动物病原微生物分类名录》（农业部第53号令）的规定。

（4）感染性物质样本必须由已获得危险品航空运输许可的航空公司进行运输。

（5）感染性物质的包装须符合国际民航组织《危险物品航空安全运输技术细则》及农业部《高致病性病原微生物菌（毒）种或者样本运输包装规范》（农业部公告第503号）的要求，同时必须符合国家质量监督检验检疫部门的要求或附有进口包装材料符合国际标准的有关证明文件。

（6）民航各单位应制定航空运输感染性物质的应急处置程序。

第三节　病原微生物菌（毒）种及样本保藏的安全操作

病原微生物菌（毒）种及样本是进行病原微生物研究的基础。菌（毒）种或样本的保藏是指保藏机构依法以适当的方式收集、检定、编目、储存菌（毒）种或样本，维持其活性和生物学特性，并向合法从事病原微生物相关实验活动的单位提供菌（毒）种或样本的活动。目前，国内外对菌（毒）种资源的保障工作都非常重视，我国和欧美等发达国家都有政府资助建立大型的菌（毒）种库。2009年起实施的《人间传染的病原微生物菌（毒）种保藏机构管理办法》对我国病原微生物菌（毒）种保藏机构的组成和任务，菌种的收集分类、供应、使用、领取，邮寄和国际交流都做出了规定。

一、保藏机构

保藏机构是指由卫生部指定的，按照规定接收、检定、集中储存与管理菌（毒）种或样本,并能向合法从事病原微生物实验活动的单位提供菌(毒)种或样本的非营利性机构。《病原微生物实验室生物安全管理条例》规定,国务院卫生主管部门和兽医主管部门指定的菌(毒)种保藏中心或者专业实验室,承担集中储存病原微生物菌(毒)种和样本的任务。2009 年起施行《人间传染的病原微生物菌(毒)种保藏机构管理办法》规定,加强人间传染的病原微生物菌(毒)种保藏机构的管理,保护和合理利用我国菌(毒)种或样本资源,防止菌(毒)种或样本在保藏和使用过程中发生实验室感染或者引起传染病传播。《传染病防治法实施办法》规定,一、二类菌(毒)种的供应由国务院卫生主管部门指定的保存管理单位供应,三类菌(毒)种由设有专业实验室的单位或国务院卫生行政部门指定的保藏管理单位供应。

(一)菌(毒)种和样本安全保管制度和操作程序

为了保证菌(毒)种管理体系能规范化、制度化正常运行,相关单位应根据本单位所存在的菌(毒)种和样本的种类和实验活动制定出符合本单位实际管理和监督的标准细则。主要包括为菌(毒)种管理与监督而制定的标准操作程序(SOP)的指导思想,各种SOP 形成与批准程序,主要内容提要,以及各 SOP 目录实施与监督部门。

(二)菌(毒)种管理标准操作细则的内容

菌(毒)种接收(分离)SOP,菌(毒)种使用保藏、分发 SOP,菌(毒)种销毁 SOP,菌(毒)种事故应急处理 SOP,菌(毒)种管理监督 SOP 等,在各细则中,根据其实际内容或实验制定更详细的各实验独立的操作细则,并制作对应的规范化、表格化的原始记录。

1. 菌(毒)种接收 SOP 内容　接收(外购、赠送)审批与接收程序;对菌(毒)种来源、背景资料的要求,接收样品的检验。要求配套原始记录,菌(毒)种外购(接受、赠送)申请表;菌(毒)种来源、背景资料登记记录;菌(毒)种入库登记表和外来菌(毒)种传代与检验记录。

2. 菌(毒)种分离 SOP 内容　取样程序;对菌(毒)种来源、背景资料的要求;样品的分离操作,如分离过程比较复杂可分写各自独立的 SOP;要求配套原始记录、样品来源、背景资料登记记录、菌种分离记录、外来菌(毒)种传代与检验记录和菌(毒)种入库和处理登记表。

3. 菌(毒)种质控 SOP　根据菌(毒)种不同特性,制定相关的形态学、血清学、生化特性、免疫原性纯菌或外来因子检查核酸序列分析等鉴定方法与结果判定的详细程序,各过程应有相对应的实验原始记录。各项鉴定项目,应有鉴定结果汇总表。

菌(毒)种使用、分发,菌(毒)种保存方法、验证方法,菌(毒)种备份制度、菌(毒)种定期稳定性检查制度。还须配套原始记录,菌(毒)种出入库登记表、菌(毒)种使用申请表、菌(毒)种保藏方法验证记录和菌(毒)种定期稳定性检查记录。

菌(毒)种销毁申报审批程序、销毁菌(毒)种复合核程序、销毁菌(毒)种灭活验证方案、菌(毒)种销毁申报表,菌(毒)种灭活与销毁记录和销毁菌(毒)种灭活验证实验记录。

菌(毒)种丢失、破损或生物事故应急处理方法、菌(毒)种备份制度和事故申报表及相关处理记录。

各单位的生物安全部门定期了解本单位的菌(毒)种保管、鉴定及使用情况的相关规定,现场抽查人员进行考核,抽查记录和人员考核记录。

(三)国内外菌种保藏机构

我国的标准菌种统一由中国菌种保藏管理委员会(China Committee for Culture Collection of Microorganism,CCCCM)管理,涉及药品微生物检验的菌种由中国医学细菌保藏管理中心(National Center for Meclical Culture Collection,CMCC)提供。国外菌种保藏机构见表7-1。

表7-1 国外菌种保藏机构

序号	简称	英文全称	中文名称
1	ATCC	American Type Culture Collection	美国典型菌种保藏中心
2	NBRC	NITE Biological Resource Center	日本技术评价研究所生物资源中心
3	NRRL	Agricultural Research Service Culture Collection	美国农业研究菌种保藏中心
4	CBS	Centraal Bureauvoor Schimmelcultures	荷兰微生物菌种保藏中心
5	KCTC	Korean Collection for Type Cultures	韩国典型菌种保藏中心
6	DSMZ	Deutsche Sammlung von Mikroorganismen und Zellkulture	德国微生物菌种保藏中心
7	UKNCC	The United Kingdom National Culture Collection	英国国家菌种保藏中心
8	NCIMB	National Collections of Industrial, Food and Marine Bacterial	英国食品工业与海洋细菌菌种保藏中心

二、菌(毒)种的保藏管理

1. 菌毒种的保藏管理要求

(1)做好病原微生物菌(毒)种或样本进出和存储的记录。

(2)建立相关档案制度,指定专人负责。

(3)对高致病性病原微生物菌(毒)种或样本应当设立专库或专柜单独储存。

(4)实行双人双锁专人管理保藏库。

2. 菌(毒)种的保藏原则

(1)应统一进行菌毒种编号。

(2)保管菌毒种应有严格的登记制度,建立详细的总账及分类账。

(3)选择适当的方法保存。

(4)菌毒种应经严格鉴定合格后方可入库。

(5)菌毒种销毁写明原因、时间、方法、品种、数量。

3. 菌(毒)种保藏的登记　保藏菌(毒)种和样本应有严格的登记制度,须建立详细的总账及分类账,收到菌(毒)种后,应立即进行编号登记,详细记录菌(毒)种的学名、株名、历史、来源、特性、用途、批号、传代冻干日期、数量。在保管过程中,凡传代、冻干及分发,均应及时登记,并定期核对库存数量。各实验室可参照本章所附登记表对所保存和使用的菌(毒)种及样本进行登记(图7-4)。

菌(毒)种登记表

拉丁学名:

中文名称:

保藏日期:

菌(毒)种转移历史:(原始株编号):

采集地点:

分离源:　　　　采集日期:

分离人:　　　　鉴定人:　　　　鉴定日期:

复核结果:　　　　复核人:　　　　复核日期:

生物安全级别:□BSL-1　　□BSL-2　　□BSL-3

□BSL-4　　□不清楚

致病对象:　□动物病原菌　致病种类:

　　　　　　□植物病原菌　致病种类:

寄主拉丁/中文名称:

用途(产物、分析检测、教学、质粒等):

分类学性状:□显微图像　　□培养图像　　□理化特性

数据

血清型

培养基:　　　　培养条件:　　　　培养温度:

保藏状况:□已冻结保藏　□已冻干保藏　□其他

备注:

登记人:　　　　复核人:

登记日期:　　　　复核日期:

图7-4　菌(毒)种登记表

4. 菌(毒)种的保存条件　我国目前一些大的菌(毒)种保藏机构均设有菌(毒)种保存专库,专人(双人双锁)管理。菌(毒)种保藏库通常配备有红外报警、摄像监控系统等安保设施。主要保存手段包括真空冷冻干燥、低温冷冻保存和液氮超低温保存。真空冷冻干燥的菌(毒)种保存时间较长,存活可达数10年,储存温度要求相对不苛刻,储藏成本相对较低,是菌(毒)种资源保藏中最常用的一种保藏手段。而液氮超低温是保存细胞(病毒)株最常采用的方法,专业菌(毒)种保藏机构除了具备符合安全要求的菌(毒)种储藏库外,还具备符合相应生物安全要求的、可进行相应菌(毒)种操作的实验室,为了避免交叉污染,专业菌(毒)种保藏机构的不同类的菌(毒)种,尤其是一些带有芽孢的细菌、支原体和真菌,通常在不同实验室操作。

利用微生物的孢子、芽孢、菌体或病毒进行保藏,使它们的代谢处于不活泼、生长繁殖受到抑制状态,尽可能地减低其变异率,需要创造微生物休眠环境,这种环境主要是低温、干燥和缺氧3个条件。一般冻干的细菌在2~8 ℃保存,有些细菌的菌种如钩端螺旋体部分血清型菌种,真空冷冻干燥不能存活,仍需在相应斜面或半固体中保存。病毒的毒种,一般可以冻存于-80~-40 ℃,低温冰箱内保存,有些毒种则需要放置于-130 ℃以下的液氮中保存。

5.菌(毒)种的保障体系　菌(毒)种应该经过严格鉴定合格后方可入库。必须指定专人保管定期进行全面检查,以防止在传代过程中搞错或污染外源因子。

菌(毒)种保存要求至少制备双份,分别储存在两个符合储存条件的专用地方,以防止因低温冰箱停电或液氮罐内液氮干涸造成菌(毒)种的变异和死亡。

应指派专人对保存菌(毒)种的容器贴上或固定上该菌(毒)种的明确标签或标牌,要求能耐受水汽浸泡或低温冷冻。

应指派两人负责保管,其中任何一人无法单独取出菌(毒)种,未经主管领导特别批准,非指定的其他人员一律不得进入该库重地。

应指派保管菌(毒)种库的专门人员对进出库的菌(毒)种库的支数(或容器)与实际数量进行登记清点。

三、菌(毒)种的制备

菌(毒)种经鉴定后,应根据其特性选用适当方法及时保存。最好冻干,低温保存,用于高致病性病原微生物真空冷冻干燥保存的玻璃冻存管材质,厚度应符合抗压要求,不易摔碎、爆裂,菌(毒)液分装至冻存管后,应以无菌小镊子夹脱脂棉松塞冻存管口内约15 mm。

不能冻干保存的进度菌(毒)种,应保存2份或保存于2种培养基上,1份供定期移种或传代,1份供经常移种或传代用。用培养基保存的菌种管应用石蜡密封或熔封。保存的菌(毒)种传代或冻干均应填写专用记录。菌(毒)种管上应有牢固的标签,标明菌(毒)种编号、代次、批号、日期。

四、菌(毒)种的销毁

销毁无保存价值的菌(毒)种,须经单位领导批准,销毁一、二类菌(毒)种须经部门领导批准,并在账上注销,写明销毁原因和方式。保存的菌(毒)种传代、移种后,销毁原菌(毒)种之前,应仔细检查新旧菌(毒)种的标签是否正确。菌(毒)种的销毁时,应放置灭菌指示标志,已确认灭菌效果,必要时进行灭菌效果验证。

炭疽杆菌、肉毒梭菌和破伤风梭菌等在一定条件下,能形成芽孢,细菌的芽孢对外界环境抵抗力极强,用一般常规清洁消毒方法不能将其杀灭。炭疽杆菌、肉毒梭菌及破伤风梭菌操作必须在专用操作间,使用专门设备进行操作,必须对所用专用设备和器材进行彻底高压蒸汽消毒灭菌,必要时应对芽孢进行间歇消毒灭菌,即第1次消毒灭菌处理后,将消毒物品放置37 ℃,孵育一定时间,使芽孢体繁育成繁殖体,再进行第2次高压蒸汽灭菌消毒,才能将全部芽孢体杀死。

五、菌(毒)种的供应和使用

根据《病原微生物实验室管理条例》规定,保藏机构应当凭实验室依照本条例的规定取得的从事高致病性病原微生物相关实验活动的批准文件,向实验室提供高致病性病原微生物菌(毒)种和样本,并予以登记。实验室在相关实验活动结束后,应当依照国务院卫生主管部门的规定,及时将病原微生物菌(毒)种和样本就地销毁,或者送交保藏机构保管,保藏机构接受实验室送交的病原微生物菌(毒)种和样本,应当予以登记,并开具接收证明。

使用菌(毒)种的单位,需有一定从事微生物工作的条件和设备,菌(毒)种应有专人负责管理,建立必要的制度。使用单位要有严格的专用隔离实验室和专用下水、消毒、排气过滤及严格的防鼠、防虫设施。

进行高致病性病原微生物菌(毒)种试验时,应设单独隔离区,经相关生物安全主管部门检查符合要求备案后,由经过专门训练有经验的技术人员操作,工作时应有严格防护措施。工作人员应进行免疫接种,未经免疫接种人员不得进入隔离区及进行菌(毒)种操作。任务完成后应在本单位领导监督下,将相关的菌(毒)种销毁。

使用菌(毒)种工作时,如发生严重污染环境或实验室人感染事故时,应及时处理,并向当地卫生主管部门报告,同时报告卫生部和有关菌(毒)种保藏管理机构。

六、菌(毒)种和样本的国际交流

菌(毒)种或样本的国际交流应当符合《人间传染的病原微生物菌(毒)种保藏机构管理办法》第十九条的规定,并参照《中华人民共和国生物两用品及相关设备和技术出口管制条例》《出口管制清单》《卫生部和国家质检总局关于加强医用特殊物品出入境管理卫生检疫的通知》等规定办理出入境手续。

高致病性病原微生物菌(毒)种及一、二类新发现还未向国外供应过的菌(毒)种向国外交流供应时,应经卫生部批准。从国外引进我国尚未发现或者致病性强的病原微生物和三、四类新发现还未向国外供应过的菌(毒)种向国外交流供应时,应经国务院卫生主管部门批准,其他菌(毒)种须经省、自治区、直辖市卫生主管部门批准。

参考文献

[1]李勇.实验室生物安全[M].北京:军事医学科学出版社,2009.

[2]余新炳.实验室生物安全[M].北京:高等教育出版社,2015.

[3]顾光美,余新炳.实验室生物安全[M].北京:高等教育出版社,2008.

[4]刘晓莺.实用医学检验学[M].天津:天津科学技术出版社,2013.

[5]郑涛.生物安全学[M].北京:科学出版社,2014.

[6]苏莉,曾小美,王珍.生命科学实验室安全与操作规范[M].武汉:华中科技大学出版社,2018.

[7]祁国明.病原微生物实验室生物安全[M].2版.北京:人民卫生出版社,2006.

[8]世界卫生组织.实验室生物安全手册[M].3版.北京:中国疾病预防控制中心,2004.

（胡　军　蔺　萌）

第八章

生物医学实验操作安全

生物医学实验活动中涉及生物危害风险时,规范的操作是保证实验活动顺利进行和生物安全的基础之一。2017 年颁布的国家卫生行业标准《病原微生物实验室生物安全通用准则》(WS 233—2017)明确规定了适用于疾病预防控制机构、医疗保健机构、科研机构各级微生物和生物实验室的基本要求。2018 年修订版的《病原微生物实验室生物安全管理条例》对病原微生物实验室生物安全管理做出具体规定。根据使用微生物及其毒素的危害程度,生物安全实验室分为 4 级(详细介绍见第四章)。为保证生物医学实验操作安全,本章主要介绍实验室常规设备安全使用,实验室的消毒与灭菌,以及废弃物处理的安全操作。

第一节　实验室常规设备的安全操作

生物医学实验室进行教育教学、科学研究等活动时常常需要使用各种仪器设备,包含常规仪器设备和特殊仪器设备。常规仪器设备一般为公共使用,操作简单,维修维护较为方便;特殊仪器设备操作复杂而且维护维修不易,一般由专人负责操作使用,以保证仪器的正常运行。各种仪器设备在使用时应严格遵守使用规范和操作流程,一旦操作不当,可能会造成仪器故障、人身伤害、环境污染等危害。因此严格按照操作规范使用仪器设备是保障设备性能、人员安全和实验室环境安全的基础。本节就实验室中一些常见仪器设备的使用注意事项及安全处理进行阐述。

一、移液器和移液辅助器的安全操作

移液是实验室工作中一个常见的操作。移液器常用于实验室少量或微量液体的移取,有不同规格,不同规格的移液枪配套使用不同大小的枪头,不同生产厂家生产的形状也略有不同,但工作原理及操作方法基本一致。移液器属于精密仪器,使用及存放时均要小心谨慎,防止损坏,避免影响其量程。

(1)移液器应配套使用塞紧(防气溶胶)的吸头。在吸取操作时应正确使用移液器吸液、排液,以达高精准度。当移液器枪头里有液体时,切勿将移液器水平放置或倒置。

(2)平时检查是否漏液,吸液后在液体中停 1~3 s 观察吸头内液面是否下降。如果液面下降首先检查吸头是否有问题,如有问题更换吸头,更换吸头后液面仍下降说明活塞组件有问题,应找专业维修人员修理。

(3)当液体从吸管掉落到工作台面上,或交替地吸或吹培养物,以及从吸管中将最后

一滴液体吹出来的时候,都能够产生气溶胶。应在生物安全柜中进行操作,可以防止吸入在吸液时不可避免产生的气溶胶。

(4)不能向含有感染性物质的溶液中吹入气体,也不能反复吹吸混合,为避免损害发生,应当在生物安全柜内操作。

(5)为了避免感染性物质从移液管中滴出而扩散,可以在工作台面应当放置一块浸有消毒液的布或吸有消毒液的纸,使用后将其按感染性废弃物处理。

(6)受污染的移液管放在适宜的消毒剂中浸泡和高压消毒锅中消毒灭菌,再用自来水冲洗及去离子水冲净。

(7)移液器使用完毕,可以将其竖直挂在移液枪架上,定期检查移液器的精确度,有误差须及时请专人进行调整,长期不用时应置于专用盒内。

二、组织研磨器的安全操作

在某些实验中,需要对生物组织样本进行研磨才能进行成分、基因、蛋白质的结构与功能的研究。实验室中常用研磨的样本如肌肉组织、结缔组织、骨组织、毛发组织、细胞等。目前常用的组织研磨器有组织研磨管和高通量组织研磨仪。操作和打开研磨器应当在生物安全柜内进行。

(1)组织研磨管适用于蛋白提取、可提取性核抗原(ENA)提取、基因组 DNA 提取时的组织裂解。组织研磨管需提前放置研磨珠和研磨液(Trizol 或 RIPA 裂解液)。采集的组织样本用生理盐水或者磷酸盐缓冲液(PBS)漂洗干净,将组织尽量剪碎才能放入研磨管中,可以加入蛋白酶抑制剂(如 PMSF)。使用手持式组织研磨器进行研磨时,须戴上手套防护,小心研磨,可用吸收性材料包住研磨管防止样品洒出。

(2)高通量组织研磨仪是实验室样品制备常用工具,它通过碳化钨小球或不锈钢小珠在样品管内来回振荡实现样本的粉碎、混合、匀化及细胞破碎等,可以对硬性、软性、弹性等样品进行快速的粉碎和均相化处理,符合理化分析实验室的要求,配置不同体积、不同材料的研磨罐,可以进行干磨、湿磨及冷冻研磨,也可以进行细胞破碎和 DNA/RNA 提取,在农业、生物医药、食品、质检、高校等各行各业都有广泛的应用。

首先将处理好的样本、研磨球依次加入离心管中,然后再将装好样品的离心管放入适配器中,将带有样品的适配器放入液氮中冷冻数分钟;将冷冻后的样品和适配器放在夹具中间,调整好位置,将夹具放在样品台上,定位槽定位,旋紧垂直定位旋钮,安全锁归位,盖上仪器的安全门,设置振动频率、振动时间;启动仪器,执行破碎过程,等待仪器完全停止振动后关机,打开安全门,取出样品。

三、盛有感染性物质器物的开启

感染性物质是指已知或潜在含有病原体的物质。装有冻干感染性物质的安瓿必须在生物安全柜内打开,必须戴手套、口罩和护目镜,必要时在防护衣外面再穿上塑料围裙。小心打开装有冻干物的安瓿,因为其内部可能处于负压,突然冲入的空气可能使一些物质扩散进入空气造成污染,应用纸或纱布抓住塞子以防止喷溅。

（1）首先清除安瓿外表面的污染，以防交叉污染。

（2）如果管内有棉花或纤维塞，可以在管上靠近棉花或纤维塞的中部划出锉痕。

（3）用一团乙醇浸泡的棉花将安瓿包起来以保护双手，然后手持安瓿从标记的锉痕处打开。

（4）将顶部小心移去并按污染材料处理。

（5）打开标本管时，应用纸或纱布抓住塞子以防止喷溅，塞子用消毒镊子除去。

（6）缓慢向安瓿中加入液体重悬，避免出现泡沫。

（7）装有感染性物质的安瓿不能浸入液氮中，因为这样会造成有裂痕或密封不严的安瓿在取出时破碎或爆炸（如果需要低温保存，安瓿应当储存在液氮上面的气相中）。

（8）当感染性物质取出后，废弃的安瓿瓶和接触过的实验材料必须按照污染材料处理。

四、匀浆器、摇床、搅拌器和超声处理器的安全操作

实验室中匀浆器、摇床、搅拌器和超声处理器在使用时容器内部会产生压力，盖子和容器间隙可能会有气溶胶逸出，这些气溶胶有可能含有感染性物质，因此这些设备必须选择实验室专用型号，避免泄漏和释放气溶胶。

由于玻璃在振荡时容易破碎，可能造成感染性物质释放和操作人员损害，因此常用塑料制品容器，如聚四氟乙烯（polytet-rafluoroethylene，PTFE）材料的容量。

为防止气溶胶损害操作人员健康和实验环境安全，匀浆器、摇床和超声处理器在使用时，应在生物安全柜或者通风橱内打开。

超声处理器的使用可能损伤操作人员听力健康，因此应提供听力防护措施。

五、离心机的安全操作

离心机根据最大转速不同可分为低速离心机（<4 000 r/min）、高速离心机（4 000 ~ 30 000 r/min）和超速离心机（>30 000 r/min），根据冷冻温控系统的有无可分为常温离心机和冷冻离心机（最低-20 ℃）。

（1）离心机的选择需要根据实验目的正确选择。常温离心机在室温条件下运行，低速冷冻离心机常用来分离提取生物大分子等，高速冷冻离心机常用于富集细胞、微生物等，超速冷冻离心机用于分离细胞器或者蛋白质、核酸等。

（2）要根据离心机的性能要求、转速，分离样品的性质和体积选择合适的转子和离心管规格。在使用前要检查转子和离心管有无破损，如有裂痕或破损则严禁使用，须立即更换。

（3）离心管内的液体量要小于使用说明规定的最大加样量，超出容易在离心时溅出，损坏仪器。

（4）离心机使用时转子转速高，因此离心管必须经过天平严格配平，配平的重量差不得超过使用说明书规定的范围。单独离心的样品，需在对称管中加入等量水配平后才可离心。如有液体渗漏或溅出，则应立即停止操作，去除污渍后再操作。

（5）配平后的两个离心管在放置时必须对称放入转子孔中，严禁随意放置。

（6）冷冻离心机在运行前，需要将转子预冷，离心机预冷时必须关闭离心机盖，保证预冷效果。

（7）离心机运行时的实际转速必须低于使用说明书规定的最大转速，以防离心机转速过大造成离心机、转子和离心管的损坏，若离心机转速过大，则应立即停止离心，重新设置参数。

（8）离心机运行过程中，如有异常声响或异常震动，必须立即停止离心，等待转子停稳后，打开离心机门盖，检查问题并排除故障后，才能再次使用。如果无法解决问题，则应记录故障问题，请专业人员检查维修，不可擅自拆卸仪器。

（9）离心机操作完成后，必须清理离心机和转子内腔，冷冻离心机还须开盖等待仪器恢复常温后，除去内腔冷凝水。

（10）离心机的使用记录需要如实填写，以便及时维修保证设备和操作人员的安全。

六、通风橱的安全操作

通风橱是保障操作人员免受有毒气体危害、维持实验环境安全的屏障。根据通风方式分为无管通风和全通风两种。无管通风式通风橱不需要连接管道，也不污染外部环境，必须定期更换过滤材料保证过滤效果；全通风式通风橱则是将空气抽出，经处理后由专用的排风管道排到大气环境中。

（1）通风橱使用前需要提前开启风机，通风稳定后进行操作。

（2）通风橱内应尽量避免放置与实验无关的物品，严禁放置易燃易爆物品。

（3）使用有挥发性有害气体、强酸或强碱时，必须将通风橱的玻璃视窗下拉才可进行操作。操作过程严禁完全打开玻璃视窗，避免操作人员吸入有害气体，如果操作失误，则应立即用大量清水洗涤并及时就医治疗。

（4）实验操作过程中，操作人员应对个人进行防护，戴医用口罩、手套，穿防护服等，以防有气溶胶产生或液体溅出。

（5）操作结束后，继续通风 10 min，确保通风橱内有毒有害气体或残留气体全部排出，保障操作人员和实验环境的安全。

（6）定期检查风机使用情况，以便及时维修保证设备和操作人员的安全。

七、液氮罐的安全操作

液氮罐用来储存低温液氮，常用于保存菌种、细胞、疫苗、组织器官等生物样本。液氮罐分为液氮储存罐和液氮运输罐，实验室常用储存罐静置储存实验样本。液氮罐操作时须戴防护手套和护目镜，缓慢打开液氮罐盖子，缓慢取出样品储存盒，待液氮没有流下时，盖好盖子以免流失液氮。

（1）液氮温度低容易造成操作人员冻伤，取出保存样品时必须佩戴防护手套和护目镜，如有冻伤，应立即就医治疗。

（2）液氮罐存取时都要轻拿轻放，避免与其他物体碰撞，如过液氮罐倾斜有液氮撒漏应立即开窗开门通风,避免氮气含量过高损害操作人员健康。

(3)液氮罐应该配备专人负责管理、使用和维护维修,定期检查液氮罐的密封情况,检查液氮余量,余量只能维持一周时应及时补充。

(4)补充液氮应在通风良好的地方进行,液氮倒入速度要缓慢,倾倒量要小且不能超过最大容量。

八、烘箱的安全操作

烘箱在实验室中常用于干燥、灭菌等,温度可达 300 ℃。

(1)烘箱使用功率大,实验室中需要使用专用插座,确认供电电源符合设备要求,以免功率过大引发事故。

(2)烘箱工作时温度较高,放置位置应选择远离火源、通风良好的地方,严禁在其周围放置易燃、易爆物品,避免发生事故。

(3)烘箱的使用温度不能超过最高限定温度,当烘箱温度超过 100 ℃时,箱门、观察窗和箱体温度都会升高,为避免烫伤,严禁接触或者触摸。

(4)烘箱用于对一般物品进行干燥,严禁烘烤易燃、易爆、易挥发的物品。

(5)烘箱内物品放置不宜过多,必须余留部分空间,进风口、出风口处不得放置物品,以防阻挡空气循环。

(6)烘箱的箱门在工作时不得开启,非工作时间也不得频繁打开,可通过观察窗观察内部情况。

(7)有鼓风机的烘箱在加热和干燥过程中需要将鼓风机打开,避免烘箱内部温度不均损坏加热元件。

(8)定期检查烘箱使用情况,以便及时维修保证设备和操作人员的安全。

九、凝胶电泳系统的安全操作

在琼脂糖凝胶电泳试验中,电泳槽在加入缓冲液或者电泳样品时,会有气溶胶产生,实验室中应选择固定区域,如靠近窗户或直接在通风橱中操作,保证通风,操作时应戴医用口罩防止气溶胶的吸入。用来染胶的溴化乙锭(EB)是一种强诱变剂,具有致癌性。EB 可以通过皮肤吸收,对皮肤、黏膜和上呼吸道系统有刺激性作用,可在人体中长期积累,直接接触有中等毒性。在实验操作时需佩戴医用口罩、医用手套、防护镜并确认有可使用的洗眼及淋浴设施。在紫外线照射时,戴上紫外线防护镜或用紫外屏蔽玻璃以屏蔽。

(1)如果 EB 不慎落入眼睛,立即用大量流水冲洗 15 min 以上并用洗眼药水进行擦洗,如果情况严重则需及时就医。

(2)如果皮肤不慎接触到 EB,立即脱去被污染的衣物,用肥皂清洗接触的皮肤后,用大量流水长时间冲洗。

(3)如果不慎误服或吸入 EB,立即移至通风处,并及时送医救治。

(4)实验人员在配制和使用时如果不慎把 EB 洒到桌面或地面上,或者将沾染了 EB

的容器等物品随意清洗或丢弃,将会造成二次污染,从而造成不可挽回的人身伤害。如果 EB 洒落,应立即疏散人员并清理被污染的区域,全程穿着防护服,用紫外灯照射确定污染的位置。如果洒落的 EB 是粉末状,用湿纸巾擦拭后并按程序清理。如果洒落的是液体,用干纸巾吸干后再用紫外灯照射检查残余的 EB,然后按程序清理。

(5)凡是沾染了 EB 的容器或物品必须经专门处理后才能清洗或丢弃到存放污染性垃圾的容器再统一处理。

第二节　实验室消毒与灭菌的安全操作

实验室消毒与灭菌是保护操作人员和环境不被病原微生物感染和污染的重要环节。在生物医学实验室进行病原微生物相关操作时,对含有病原微生物的废弃物,必须经过灭菌才能作为普通废弃物处理;对操作中可能产生的迸溅、泄漏,必须通过消毒处理杀灭病原微生物,以达到对操作人员和实验环境的保护。消毒和灭菌的基本常识对于实验室生物安全是至关重要的。本节介绍了消毒和灭菌的基本原则及病原微生物实验室常用的消毒灭菌方法,这些原则和方法适用于所有已知不同类别的病原微生物。

一、常用的消毒灭菌方法

(一)化学消毒灭菌法

化学消毒灭菌法是利用化学药物杀灭病原微生物的方法,有些化学药物能影响细菌和病毒的化学组成、物理结构和生理活动,从而发挥消毒甚至灭菌的作用。用于消毒和灭菌的化学药物被称作化学消毒剂。化学消毒剂杀菌效果不稳定,具有一定腐蚀性、刺激性和毒性,可造成环境污染,但消毒剂种类多、适用性广泛、使用方便,在日常消毒与灭菌中经常使用。

不同微生物的化学组成及结构不同,对各类化学消毒剂的抵抗力也不同。微生物对化学因子的抵抗力分为 7 级,由高到低依次为朊病毒、细菌芽孢、分枝杆菌、无脂病毒或小型病毒、真菌、细菌繁殖体、含脂病毒或中型病毒。按杀灭微生物的能力,消毒剂分为三级:第一高效消毒剂可杀灭所有种类微生物(包括芽孢),如戊二醛、过氧乙酸等;第二中效消毒剂可杀灭细菌繁殖体、大多数种类的病毒与真菌,但不包括细菌芽孢,如乙醇、氯代二甲苯酚等;第三低效消毒剂可杀灭大多数细菌与一些种类的病毒和真菌,但不包括结核分枝杆菌和细菌芽孢,如氯已定、苯扎溴铵等。

消毒剂按其化学成分与特性可分为含氯类、含碘类、过氧化物类、醛类、醇类,酚类、季氨盐类和其他类的消毒剂。其杀灭微生物的机制,主要有以下 4 个方面:第一,使微生物体内蛋白质变性或凝固,大多数重金属盐类、氧化剂、醇类,酚类醛类、酸、碱等均有此作用。第二,干扰微生物的酶系统和代谢,如某些氧化剂、重金属盐类(低浓度)与细菌的-SH 型结合使有关酶失去活性。第三,改变微生物细胞膜的通透性如阳离子表面活性剂(苯扎溴氨)、脂溶剂、酚类(低浓度)等,能降低细菌细胞的表面张力使其通透性增加,胞质内物质溢出,胞外液体内渗,致使细菌破裂。第四,破坏微生物的核酸,有些消毒剂进入微生物体内后,可以直接作用于核酸物质,使核酸结构受到破坏,一种消毒剂对微生物的杀灭可能会通过上述多种作用,如氧化剂类消毒剂既可以使微生物蛋白质变性凝固,也能干扰酶系统的作用,也能改变细胞膜的通透性,从而最终使微生物死亡。同一种消毒剂在不同浓度下,对微生物的杀灭机制也会有所不同,如高浓度氯已定能凝聚胞质成分,但低浓度时主要是抑制脱氢酶活性。在消毒剂使用中,只有按消毒剂规定的使用剂量、作用浓度和作用时间,才能达到预期杀菌效果。常用化学消毒灭菌试剂如下。

1. 甲醛　属于高效消毒剂,具有广谱高效杀菌作用,常用浓度为 37% ~40% 的水溶液,亦称福尔马林。4% ~8% 的甲醛水溶液对细菌繁殖体、病毒、细菌芽孢、真菌均有杀灭作用,但对芽孢需要较长时间才能有效。对精密仪器环境、物体表面等的消毒与灭菌主要是熏蒸处理。熏蒸时,应将房间密闭,相对湿度维持在 70% ~90%,温度在 18 ℃ 以上,被消毒物品间应留有充分的空间。加热熏蒸:福尔马林 25 mL/m³ 加热熏蒸 12 h;化学熏蒸法:福尔马林 40 mL/m³ 与高锰酸钾 30 g/m³ 混合,熏蒸 12 h。消毒后应通风,使甲醛气体散尽。

注意事项:甲醛对人体有毒性,有强烈的刺激性气味,特别对眼睛和鼻黏膜有极强的刺激,应做好操作人员的防护。熏蒸时应严格控制温度和相对湿度,以保证消毒效果。熏蒸结束应尽快开窗通风,有通风橱的实验室打开通风橱调至最大风速,促使甲醛气体加快散尽。

2. 戊二醛　一种广谱高效消毒剂,可有效杀灭细菌芽孢,能用于灭菌处理,具有广谱高效杀菌作用、对金属腐蚀性小、受有机物影响小等特点。戊二醛用于灭菌处理的常用浓度为 2%,作用 10 h,消毒处理一般采用 2% 戊二醛或 1% 增效戊二醛 10 ~20 min,国外也有使用浓度为 2.5% 和 3.4%。戊二醛适用于不耐热的医疗器械和精密仪器等消毒与灭菌,特别是各种内镜的消毒与灭菌。使用时常用浸泡法,即将清洗、晾干待灭菌处理的物品,浸没于装有 2% 戊二醛(碱性,加有碳酸氢钠溶液)的容器中,加盖灭菌处理,浸泡 10 h;消毒处理 20 ~45 min;用无菌水冲洗干净,擦干后使用。

注意事项:戊二醛有较强的刺激性与毒性,在配置与使用时应采取保护措施,避免直接接触药液,可使用防护罩将空气中的浓度减小至安全浓度以下,否则应戴呼吸道防护装备。戊二醛对手术刀片等碳钢制品有腐蚀性,使用前应先加入 0.5% 的亚硝酸钠防锈。必须遵守危化品使用安全的国家规定,盛装戊二醛消毒液的容器应加盖,并在通风橱或通风良好的环境下使用,不易采用喷雾或溶液擦拭环境表面的方法。戊二醛的浓度可用浓度测试条测试活性戊二醛含量,当浓度达不到产品要求的使用浓度或戊二醛溶液变浑浊则应废弃。

3. 过氧乙酸　可杀灭细菌繁殖体、真菌、病毒、分枝杆菌和细菌芽孢,且作用时间短,属于高效消毒剂。其分解后生成无毒成分,无残留毒性。消毒过程中受有机物影响大,常用浓度为 16% ~20%。过氧乙酸适用于耐腐蚀性物品灭菌、环境及空气等的消毒。冰乙酸镍和硫酸的混合液和过氧化氢混合后产生过氧乙酸,在室温放置 24 ~48 h 后使用。

使用方法有:①喷雾法。用气溶胶喷雾器以浓度为 0.1% ~0.5%(1 000 ~5 000 mg/L)的过氧乙酸以 20 mL/m³ 的用量,对室内空气和物体表面进行喷雾消毒作用 1 h。②浸泡法。将清洗、沥干的待消毒物品浸没于装有 0.2% ~0.5% 过氧乙酸的容器中,加盖浸泡 30 min。③擦拭法。大件物品或其他不能用浸泡法消毒的物品用 0.2% ~0.5% 过氧乙酸擦拭,作用 30 min。④喷洒法。对一般污染表面的消毒用 0.2% ~0.5% 过氧乙酸喷洒,作用 30 ~60 min。

注意事项:过氧乙酸不稳定,应储存于通风阴凉处,用前应测定有效含量,原液浓度低于 12% 时禁止使用。稀释液临用前配制,配制溶液时忌与碱或有机物相混合。过氧乙酸对金属有腐蚀性,对织物有漂白作用,金属制品与织物经浸泡消毒后,及时用清水冲洗干净。使用浓溶液时,谨防溅入眼内或皮肤黏膜上,一旦发生及时用清水冲洗。消毒被血液,脓液等污染的物品时,需适当延长作用时间。

4. 二氧化氯 一种常用的高效消毒剂,能杀灭各种类型的微生物。二氧化氯在常温下为黄绿色气体,有强烈刺激性,不稳定,对温度、压力和光照敏感,溶于水得到黄绿色溶液。对金属有腐蚀性,对织物有漂白作用,消毒效果受有机物影响大。二氧化氯适用于环境、物体表面和饮用水等消毒。亚氯酸钠和活化剂(一般为柠檬酸)混合生成二氧化氯溶液,稀释至所需要的浓度使用。

使用方法:①浸泡消毒。将清洗、晾干的待消毒或灭菌物品,浸没于装有二氧化氯溶液的容器中加盖。对细菌繁殖体污染物品消毒时,二氧化氯溶液浓度 100 ~250 mg/L,浸泡 30 min;对肝炎病毒和结核分枝杆菌污染物品消毒时,二氧化氯溶液浓度 500 mg/L,浸泡 30 min;对细菌芽孢污染物品消毒时,二氧化氯溶液浓度 1 000 mg/L,浸泡 30 min。②擦拭消毒。对大件物品和其他不易用浸泡法消毒的物品,可用擦拭法消毒。消毒所用浓度和作用时间与浸泡法相同。③喷洒消毒。对一般污染的物体表面消毒时,用 500 mg/L 二氧化氯溶液均匀喷洒,作用 30 min;对肝炎病毒和结核分枝杆菌污染的表面消毒时,用 1 000 mg/L 二氧化氯溶液均匀喷洒,作用 60 min。④饮用水消毒。在饮用水中加入二氧化氯使终浓度为 5 mg/L,作用 5 min 可达饮用水卫生标准。

注意事项:A 和 B 液混合后产生的二氧化氯溶液不稳定,应现配现用;配置容溶液时,忌与碱或有机物混合;二氧化氯对金属有腐蚀作用,金属制品经二氧化氯消毒后,应迅速用清水冲洗干净并沥干。

5. 含氯消毒剂 指溶于水中产生次氯酸,以次氯酸为主要杀菌因子的消毒剂,含氯消毒剂包括无机氯化物(如次氯酸钠、次氯酸钙、氯化磷酸三钠)和有机氯化物(如二氯异氰尿酸钠、三氯异氰尿酸、氯胺 T)。含氯消毒剂对各种类型的微生物均有杀灭作用,消毒机制主要是次氯酸的氧化作用,属于高效消毒剂,其杀菌作用主要取决于次氯酸的浓度。含氯消毒剂的稳定性较差(尤其是配制成消毒剂溶液后),易受有机物影响,有刺激性,对物品有漂白作用,能与水中的一些有机物反应形成具有致癌作用的化合物。含氯消毒剂适用于玻璃器皿、物体表面、环境地面、墙面、污水、排泄物,分泌物等消毒。

使用方法:①浸泡法。500 ~2 000 mg/L 有效氯浸泡 15 ~30 min 能杀灭细菌繁殖体和病毒;2 000 mg/L 有效氯浸泡 30 ~60 min 可杀灭结核分枝杆菌;5 000 mg/L 有效氯浸泡 60 min 可杀灭物品上的细菌芽孢。②擦拭法:对于大件物品可参照浸泡所用的消毒液浓度和作用时间进行擦拭消毒。③喷洒法:对环境地面和墙面采用 1 000 ~2 000 mg/L 有效氯均匀喷洒,作用 30 ~60 min。④干粉消毒法:对于排泄物可直接加入含氯消毒剂干粉,加入量为排泄物的1/5,搅拌混匀作用2~6 h。对于污水消毒,其加入量使有效氯浓度达到50 mg/L,作用2 h以上,然后测定余氯量大于6.5 mg/L,即可排放。

注意事项:粉剂应置于阴凉处避光、防潮、密封保存,水剂应置于阴凉处避光、密闭保存,所需溶液应现配现用。配制漂白粉等粉剂溶液时,应戴口罩、橡胶手套。未加防锈剂的含氯消毒剂,对金属有腐蚀性,不应用于金属物品的消毒,加防锈剂的含氯消毒剂对金属物品消毒后,应净水冲洗干净,擦干后使用。对织物有腐蚀和漂白作用,不应做有色织物的消毒。消毒时若存在大量的有机物时,应提高使用浓度或延长作用时间。用于污水消毒时,应根据污水中还原性物质含量,适当增加浓度。

6. 碘附　属于中效消毒剂,具有广谱杀菌作用、刺激性小、不易着色、无腐蚀性和性质稳定便于储存等优点。碘附适用于手、皮肤、黏膜等的消毒。

使用方法:①浸泡法。对皮肤的浸泡消毒,卫生洗手消毒,用含有效碘500 mg/L的消毒液浸泡2 min。②擦拭法。对手、皮肤和黏膜用擦拭法消毒,消毒时,用浸有有效碘含量为2 500~5 000 mg/L碘附消毒液的无菌棉签擦拭待消毒部位,消毒液局部擦拭2遍,共作用2 min。③冲洗法。对伤口、创面、黏膜的消毒,用有效碘含量为250 mg/L的消毒液冲洗,作用3~5 min。

注意事项:碘附应于阴凉处避光、防潮、密封保存。碘附对二价金属制品有腐蚀性,不用作相应金属制品的消毒。消毒时,若存在有机物,应增加消毒剂浓度或延长消毒时间。避免与拮抗药物同用。

7. 乙醇　属中效消毒剂,能使微生物蛋白质变性,酶变性失活,从而干扰微生物代谢。能迅速杀灭各种细菌繁殖体、结核分枝杆菌、亲脂病毒,对亲水病毒和真菌孢子效果较差,不能杀灭芽孢。乙醇浓度在60%~90%杀菌作用最强,乙醇适用于皮肤、环境表面及医疗器械的消毒。

使用方法:由于乙醇使蛋白质变性过程中需要水,高浓度的乙醇能在迅速凝固蛋白质的同时,形成固化层,使乙醇溶液不能进一步与微生物有效接触,从而保护了微生物,由于这个原因,醇类消毒剂不用于血,粪便及污物等蛋白质含量高的物品消毒处理。常用的乙醇消毒剂为70%~75%的乙醇溶液。浸泡法:将待消毒的物品,放入75%乙醇溶液的容器中,加盖,浸泡10 min以上。擦拭法:用75%乙醇溶液对皮肤、物体表面进行消毒。

注意事项:乙醇易燃,忌明火,需放置阴凉及通风处保存。必须使用医用乙醇,严禁使用工业乙醇配制消毒剂。用于手和皮肤的消毒时,对乙醇过敏者慎用。乙醇能破坏用胶镶嵌的仪器镜头;可使橡胶及某些塑料管变硬膨胀,故用乙醇消毒仪器时,应加以注意。

8. 氯已定　对细菌繁殖体具有杀灭作用,能迅速吸附于细菌表面,破坏细胞膜,使胞质成分外漏;抑制细菌脱氢酶活性;高浓度时能凝聚胞质成分,但对分枝杆菌和细菌芽孢只具有抑制能力。氯已定适用于手、皮肤消毒和黏膜消毒。

使用方法:①涂擦法。用5 000 mg/L醋酸氯已定-乙醇(70%)溶液擦拭手和皮肤2遍,作用1 min;用5 000 mg/L醋酸氯已定水溶液对伤口创面涂擦2~3遍,作用2 min。②冲洗法:500~1 000 mg/L醋酸氯已定水溶液可冲洗黏膜、创面至冲洗液变清为止。

注意事项:阴离子表面活性剂、肥皂、洗衣粉可与氯己定反应,使其丧失杀菌能力,不能混用或前后使用。冲洗消毒时,若创面脓液过多,应延长冲洗时间。

9.环氧乙烷　环氧乙烷气体杀菌力强、杀菌谱广,细菌繁殖体和芽孢之间对环氧乙烷的敏感性差异小。对玻璃纸、聚乙烯、聚氯乙烯薄膜有穿透力且对物品损坏小。不适宜一般方法灭菌的物品(如电子仪器、光学仪器、医疗器械、纸张、塑料、毛皮等)均可用环氧乙烷消毒和灭菌。环氧乙烷灭菌器分为大(5 m³以上)、中(1 ~ 5 m³)、小(≤1 m³)3种类型。用药 0.8 ~ 1.2 kg/m³,温度 55 ~ 60 ℃,相对湿度 60% ~ 80%,作用 6 h。

注意事项:环氧乙烷钢瓶应存放在无火源、无日晒、通风好、温度低于 40 ℃ 的地方。环氧乙烷对人体有一定毒性。在吸取或分装液态环氧乙烷时,必须先将容器用冰水冷却,操作人员应戴防毒口罩,若不慎将液体落于皮肤黏膜上,必须立即用水冲洗 30 s。投放药物及开钢瓶时,不能用力过猛,以免药液喷出。应定期检查环氧乙烷泄漏情况。可用含 10% 酚酞的饱和硫代硫酸钠溶液浸湿滤纸贴于凝漏气处,如滤纸变红,即证明有环氧乙烷泄漏,应立即进行处理。热水加热环氧乙烷容器时必须先打开阀门,移出热水后,才能关闭阀门。灭菌后的物品,放入解析器内清除残留环氧乙烷。环氧乙烷遇水后形成有毒的乙二醇,不可用于食品的消毒灭菌。

(二)物理消毒灭菌方法

物理消毒与灭菌是利用各种物理因子对传播媒介进行处理,达到清除或杀灭传播媒介上微生物的目的。物理消毒与灭菌有效果可靠、不残留有害物质等优点,是消毒工作中的首选方法。常用于消毒灭菌处理的物理因子有热力、紫外线、电离辐射、微波、过滤等。目前,一些新型的技术也逐渐被用于消毒与灭菌处理,如脉冲强光、高压、等离子技术等。

1.煮沸消毒　具有简便、经济、实用的特点,在一些紧急情况也可以用于紧急医疗救助室的消毒,使用煮沸消毒时,将需要消毒的物品置于容器内加水淹没,然后加热煮沸,从水沸腾开始计时,持续作用 5 ~ 15 min。

2.干热灭菌　干热对物品的穿透力与杀菌作用不及湿热,所需温度高(≥160 ℃),时间长(1 ~ 3 h),干热可使菌体蛋白质氧化变性、浓缩引起细胞中毒及对核酸的破坏,常用的干热法有烘烤、红外线照射、烧灼、焚烧,以焚烧和干烤为主。焚烧适于可能具有传染性的可燃性废弃物的处理,如纸张、医疗废物等的无害化处理;干烤适用于耐高温的实验用品,如金属、玻璃等制品的消毒灭菌。

3.压力蒸汽灭菌　适用于耐高温、高湿的医用器械和实验室器材物品的灭菌。真空和脉动真空压力蒸汽灭菌器适用于多孔性物品的灭菌,但不适用于液体的灭菌。

注意事项:应由经培训合格的人员负责高压灭菌器的操作和日常维护。预防性的维护程序应包括:由有资质人员定期检查灭菌器柜腔、门的密封性,以及所有的仪表和控制器。应使用饱和蒸汽,并且其中不含腐蚀性,抑制性或其他化学品,这些物品可能污染正在灭菌的物品。所有要高压灭菌的物品都应放在空气能够排出并具有良好热渗透性的容器中,灭菌器柜腔装载要松散,以便蒸汽可以均匀作用于装载物。当灭菌器内部加压时,互锁安全装置可以防止门被打开,而没有互锁装置的高压灭菌器,应当关闭主蒸汽阀并待温度下降至 80 ℃ 以下时再打开门,操作者打开门时应当戴适当的手套和面罩来进行保护。当高压灭菌液体时,由于取出液体时可能因过热而沸腾,故应采用慢排式设置。在进行高压灭菌时,应将化学指示卡或热电偶计置于高压灭菌物品的中心,以确定高压灭菌的效果。预真空和脉动真空压力蒸汽灭菌器,应定期进行 B-D(Bowie-Dick)测试,检测其排除空气效果。灭菌器的排水过滤器,应当每天拆下清洗。应当注意保证高压灭菌器的安全阀没有被高压灭菌物品堵塞。

4. 紫外线消毒　紫外线是一种波长在 100 ~ 400 nm 之间的电磁波。可分为 UVA 波段,长波黑斑效应紫外线;UVB 波段,中波红斑效应紫外线;UVC 波段,短波灭菌紫外线;UVD 波段,真空紫外线。其中 UVC 波段杀菌效果最好,可使细菌中的 DNA、RNA 和核蛋白的吸收紫外线的最强峰在 254 ~ 257 nm,细菌吸收紫外线后,引起 DNA 链断裂,造成核酸和蛋白的交联破裂,从而破坏核酸的生物活性,致细菌死亡。可以杀灭细菌繁殖体、芽孢、分枝杆菌、病毒、立克次体和支原体等。被微生物污染的物体表面或空气均可采用紫外线消毒。

消毒方法:①紫外线灯管。适用于室内空气和物体表面的消毒,常用的室内悬吊式紫外灯,对室内空气消毒时安装的数量按平均 1.5 W/m³ 计算,照射时间不得少于 30 min。②循环风紫外线空气消毒器。由高强度紫外线灯和过滤系统组成,可以有效滤除空气中的尘埃,并可杀灭进入消毒器的空气中的微生物。高臭氧紫外线消毒柜:装有高臭氧紫外线灯管,灯管功率 30 W 以上,适用于不耐热物品的消毒,例如,塑料、土木类制品,可杀灭细菌芽孢。高臭氧紫外线消毒完毕后还应烘干,以便使柜内残留的臭氧完全分解。

注意事项:①用于物体表面的消毒照射剂量。杀灭一般细菌繁殖体时,照射剂量不得低于 10 000 $\mu W \cdot s/cm^2$;杀灭细菌芽孢的照射剂量不得低于 100 000 $\mu W \cdot s/cm^2$;杀灭真菌孢子的照射剂量不得低于 600 000 $\mu W \cdot s/cm^2$。②辐照剂量的计算方法:辐照剂量为紫外线在被照射物品表面处的辐照强度和照射时间的乘积。用于消毒物体表面时,应便于紫外线直接照射被消毒物体表面,消毒纸张、织物等粗糙表面时,适当延长照射时间,且两面均应受到照射。不得使紫外线光源直接照射到人体,以免引起损伤。使用高臭氧紫外线消毒柜和臭氧消毒柜,应安放在通风良好的环境中,以防止臭氧泄漏,造成人员吸入臭氧中毒。使用过程中,如发现有电源线损坏、漏电或臭氧泄漏等现象,应马上停止使用,请专业人员修理。

二、实验室清洁与消毒

病原微生物实验室的消毒包括实验前、实验中、实验后的消毒。应针对实验期间和实验后,可能引起病原微生物的扩散和感染性疾病传播的各种物品和操作环节采取消毒措施。在生物安全操作、个人防护和生物性废弃物的处理等方面,都要进行消毒,各微生物实验室消毒,需要针对各具体实验活动中微生物的生物学特性制定具体的消毒方法和程序,以保证消毒效果。消毒效果与实验室基础设施和实验微生物的特性密切相关,操作人员水平也是影响消毒效果的因素,应该对相关人员进行消毒知识培训后才能进行相关操作。

(一)随时消毒

实验过程中,如果发现微生物污染的实验环境,应立即停止实验,进行消毒处理,如实验室被空气和气溶胶传播的微生物污染,应立即关闭实验室进行消毒处理。

对需要带出实验室外的物品,在带出前应进行彻底的灭菌,对于菌(毒)株和相关样品样本不能灭菌和消毒的应对样本的载体和包装容器的表面进行严格的消毒处理后,才能带出实验室。取出样本时也应对载体和包装容器进行灭菌或消毒处理。盛装污染微生物实验耗材的容器,应使用足量的消毒剂,用过的实验耗材应立即浸泡在消毒液中。

实验结束后应立即对实验环境进行消毒处理,擦洗、消毒工作台面、地面,开启紫外线灯照射 1 h 以上,对于 BSL-3 和 BSL-4 实验室实验结束后还应继续开启空气循环系统30 min 以上。实验废弃物应及时进行灭菌或消毒等无害化处理。实验人员在实验结束后,应立即清洗消毒双手,必要时进行洗澡更换衣物。

(二)彻底消毒

对需要消毒的物品应采取彻底的消毒措施。用消毒剂浸泡消毒时要保证被消毒物品完全浸没在消毒剂中,用消毒剂擦拭消毒时,要保证所有需要消毒表面都被均匀地擦拭到。要根据实际情况全面考虑消毒对象,包括实验器材、实验样本、实验环境(包括台面、地面、墙壁、空气),人员(人体及防护用品)等。

要根据相应对象和微生物的种类选择合适的消毒和灭菌方法。对受到细菌芽孢、真菌孢子、分枝杆菌污染的物品,选用高效消毒剂或灭菌法;对受到真菌、亲水病毒、螺旋体、支原体、衣原体和病微生物污染的物品,选用中效消毒剂;对受到一般细菌和亲脂病毒等污染的物品,可选用中效消毒剂或低效消毒剂;对存在较多有机物的物品消毒时,应加大消毒剂的使用浓度和(或)延长消毒作用时间;被消毒物品上微生物污染特别严重时,应加大消毒剂的使用浓度和(或)延长消毒作用时间;物体表面消毒方法,应考虑物体表面状况,在光滑的表面,可选择紫外灯和紫外线消毒器近距离照射,也可使用化学消毒剂擦拭,多孔材料表面可采用化学消毒剂喷雾消毒。

(三)注意事项

(1)采用的消毒器械和消毒剂应有卫生许可批件,消毒产品在有效期内使用。应按照说明书标识的作用浓度或强度、作用时间、作用方法进行消毒操作,使用中的消毒剂按要求及时更换。

(2)消毒、灭菌设备应定期检测消毒或灭菌效果。大型消毒、灭菌设备在正式使用前和维修后,应通过有资质的检验机构的检测,证明可以安全有效使用。

(3)消毒灭菌前应进行预清洁。尘土、污物及有机物是微生物的栖身之所。这些物质的存在可以降低消毒剂的消毒效果,清洁是通过刷、吸、干擦、洗涤或用浸泡肥皂水或清洁剂的湿墩布拖擦的方法去除污垢、有机物和污渍,以确保消毒和灭菌的效果,预清洁时,必须用与随后使用的消毒剂相容的清洁液,是否进行预清洁,应根据工作性质和需要来决定。对需要反复使用的实验物品,在处理病原微生物污染时应先消毒、灭菌后再进行清洁。

(4)避免二次污染。消毒灭菌后的物品要通过严格的生物安全操作确保不被二次污染,否则应重新进行消毒处理。

(5)减少对人体的伤害、对物品的破坏、对环境的污染。

1)耐高温、耐湿的物品和器材应首选压力蒸汽灭菌。耐高温的玻璃器材、油脂类和干粉类等可选用干热灭菌。

2)不耐热、不耐湿的物品及贵重物品,可选择环氧乙烷或辐照灭菌,贵重仪器的表面如果没有受到芽孢的污染,可用75%乙醇或60%异丙醇擦拭消毒。

3)器械的浸泡灭菌,应选择对金属基本无腐蚀性的消毒剂。

4)用于人体消毒的消毒剂应选择对人体皮肤黏膜刺激性较小的消毒剂。

5)实施消毒处理过程时操作者应做好个人防护,包括微生物污染的防护和化学消毒剂对呼吸道黏膜、眼黏膜和皮肤损伤的防护。

三、各类物品和环境消毒方法

(一)实验室内空气的消毒

一级、二级实验室通过开窗自然通风换气,条件许可采用人工排风扇和人工机械通风,做到换气10~15次/h。紫外线灯管适用于室内空气物体表面的消毒,常用室内悬吊式紫外线灯,对室内空气消毒时,安装的数量为照射强度平均 $1.5~W/m^3$,照射时间不少于30 min。

(二)实验室物体表面消毒

1.地面消毒 实验室地面应用湿拖,禁止干拖、干扫。可用0.1%过氧乙酸拖地或0.2%~0.5%的过氧乙酸喷洒或用有效氯为1 000~2 000 mg/L的含氯消毒剂喷洒或拖地。消毒剂的用量不得少于100 mL/m²。拖把应专用,污染区和清洁区不得混用。使用后用上述消毒液浸泡30 min,再用水清洗干净,悬挂晾干,最好放在阳光下,暴晒后备用。

2.物体表面消毒 实验台面、桌子、椅子、柜子、门把手、实验记录等可用0.2%~0.5%的过氧乙酸喷洒或用有效氯为1 000~2 000 mg/L的含氯消毒剂喷洒、擦拭,消毒作用10~15 min。

若实验台面等明显被感染性物质污染,应立即用0.2%~0.5%的过氧乙酸喷洒或用有效氯为1 000~2 000 mg/L的含氯消毒剂喷洒污染表面,使消毒剂覆盖浸没污染物,保持30~60 min。

(三)常用实验器材的消毒

凡是直接或间接接触感性材料或实验微生物的器材,均应视为被污染,应消毒处理。

1.金属器材 可用压力蒸汽和干热灭菌的方法。压力蒸汽灭菌:使用下排气压力蒸汽灭菌器,121 ℃,15 min。使用预真空压力蒸汽灭菌器和脉动真空压力蒸汽灭菌器,134 ℃,4 min。干热灭菌:使用干热灭菌器,150 ℃ 2.5 h或160 ℃ 2 h,或170 ℃ 1 h或180 ℃ 30 min。

2.玻璃器材 使用过的玻璃吸管、试管、离心管、玻片、玻璃棒、三角瓶和平皿等应立即浸入0.5%过氧乙酸或用有效氯为2 000 mg/L的含氯消毒剂中,作用至少1 h。消毒后用超声波清洗的方法洗净、沥干,使用前再进行高压灭菌处理。

3. 塑料、橡胶、无纺布制品

（1）一次性帽子、口罩、手套等使用后应放入污物袋内,高压灭菌后集中焚烧。

（2）耐热的塑料器材可以用 0.5% 过氧乙酸或用有效氯为 2 000 mg/L 的含氯消毒剂浸泡,作用 1 h 以上,然后清水洗涤沥干后,121 ℃ 15 min 高压灭菌处理。

（3）不耐热的塑料器材,可在 0.5% 过氧乙酸或用有效氯为 2 000 mg/L 的含氯消毒剂中浸泡、喷洒作用 1 h,然后用清水洗涤沥干,再在环氧乙烷消毒柜,温度为 54 ℃,相对湿度为 80%,环氧乙烷气体浓度为 800 mg/L 的条件下,作用 4 ~ 6 h。

（4）一般血清学反应使用过的塑料版,可直接浸入 1% 盐酸溶液中,作用 2 h 以上。

（5）橡胶制品:橡胶手套、吸液球等受污染后可在 0.5% 过氧乙酸或用有效氯为 2 000 mg/L 的含氯消毒剂中浸泡 1 h 以上。然后清水洗涤沥干,121 ℃ 15 min,高压灭菌处理。

（6）织物:棉质工作服、帽、口罩等,一般放在专用的污物袋,用 70 ℃ 以上的热水加洗涤剂洗涤。有明显污染时,应喷洒消毒剂消毒或放入专用污物袋,121 ℃ 15 min 压力蒸汽灭菌处理。

（7）纸张类:实验记录纸、化验单等可用紫外线灯照射 30 min 或环氧乙烷熏蒸的方法。有条件的也可以用电离辐射灭菌的方法。无应用价值的应焚烧处理。

4. 废弃的样本　组织器官、动物尸体等样本及其容器应尽量焚烧处理。液体废弃样本,可用 121 ℃ 30 min 高压灭菌处理。

5. 精密仪器　如显微镜、分光光度计、离心机、酶标仪、PCR 扩增仪、气相色谱、培养箱等不易加热又不能用消毒剂浸泡的仪器,局部轻度污染时,可用 75% 乙醇重复擦拭 2 次。污染严重时,亦可将所需消毒仪器集中在一间房内,然后将房间密闭,以 25 mL/m³ 计算福尔马林的用量,应用电磁炉加热熏蒸 12 h。

离心时离心管未封闭、试管破裂、感染性液体外溢,离心机内部应用 75% 乙醇重复擦拭 2 次,或将整机放入环氧乙烷消毒柜,在温度为 54 ℃,相对湿度为 80%,环氧乙烷气体浓度为 800 mg/L 的条件下,作用 4 ~ 6 h。

6. HEPA 的消毒与更换　HEPA 的消毒:福尔马林熏蒸;用过氧乙酸对 HEPA 滤器的滤膜、外周和滤器后方检测孔喷雾消毒,30 min。

HEPA 的更换:对要卸载的 HEPA 滤器及周围进行预防性消毒;工作人员应根据从事实验活动的病原微生物分类进行相应的防护;卸载下的 HEPA 装入医用废物垃圾袋进行焚烧处理;对工作人员进行喷洒消毒,脱卸防护用品投入医疗废物垃圾袋内;工作人员消毒洗手;由第三方人员进行检测。

第三节　废弃物处理的安全操作

病原微生物操作废弃物的处理,应遵循《传染病防治法》（2020 年修订）、《固体废物污染环境防治法》（2020 年修订）和《医疗废物管理条例》（2011 年修订）,制定规章制度和应急方案,及时检查督促落实废弃物的管理工作,对从事废弃物收集、运输、存储、处置等工作的人员和管理人员进行相关法律和专业技术、安全防护及紧急处理等知识的培训,并配备必要的防护用品,定期进行健康检查,免疫接种。

一、废弃物处理的原则

废弃物处理的首要原则是所有感染性材料必须在实验室内清除污染、高压灭菌或焚烧。在实验室采取规定程序进行有效消毒或灭菌处理;以规定的方式包裹,以便运送到其他地方进行集中处理;要避免处理过程中人员受到伤害或环境被破坏。高压蒸汽灭菌是废弃物处理的首选方法。高压消毒和焚烧是最终处理废弃物的理想方法,所有的传染性废弃物在处理前需经高压消毒。待消毒物品应放置在安全的容器内,至少在121 ℃的条件下高压消毒 30 min,然后进行焚烧处理。若无法进行高压消毒和焚烧则必须经卫生部门的管理和批准采用其他合适的方法,如用漂白剂或 10% 次氯酸钠溶液进行消毒。

所有使用过的利器放入贴有感染性废弃物标识的利器盒中,所有塑料管类废弃物均放入有感染性废弃物标识的黄色塑料袋中,除利器及塑料管以外所有医疗废物均放入贴有感染性废弃物标识的黄色塑料袋中,生活垃圾均放入黑色塑料袋中。

某些实验室废弃物不具有传染性,如产品包装材料和废纸,可与传染性废弃物区分开来而作为普通废弃物处理。这样做可降低需特殊处理的废弃物的量,特别是在处理传染性废弃物的设备数量有限的情况下十分有用。

对废弃物的来源、种类、数量、重量、交接时间、处置方法、最终去向及经办人签名等项目进行登记,登记资料至少保持 3 年。禁止转让、买卖医疗废物,禁止在非储存地点堆放医疗废物或混入其他废物和生活垃圾。禁止在饮用水源保护区的上游,铁路、航空运输或与旅客同在运输工具上运载医疗废物。发生医疗废物流失、泄漏、扩散时,医疗卫生机构和医疗废物集中处置单位应当立即采取紧急处理措施减少危害,对感染人员提供医疗救护和现场救援。同时,向所在地的县级人民政府卫生行政主管部门、环境保护行政主管部门报告,向可能受到危害的单位和居民通报说明。

二、废弃物的分类

实验室生物废弃物包括含有生物成分的废弃物,按照危险性,分为危险生物废弃物和非危险生物废弃物,按照性质分为固体生物废弃物(如固体培养基、剩余组织样本等)和液体生物废弃物(如液体培养基、血液、剩余液体样本等)。排泄物也应严格消毒后方可排入污水处理系统。使用后的一次性医疗器具和容易致人损伤的医疗废物,应当消毒并毁形处理,能够焚烧的应当及时焚烧,不能焚烧的消毒后集中填埋。

实验室中不含生物成分的废弃物可以分成以下几类:可以重复使用的非污染性物品;污染性锐器(如注射针头、手术刀片及碎玻璃等);重复使用的污染材料;高压灭菌后丢弃的污染材料;直接焚烧的污染材料。污染性锐器需要收集在带盖的不易刺破的容器内,并按感染性物质处理。重复使用的污染材料必须通过高压灭菌和清洗来清除污染后再使用。

病原体的培养基、标本、菌种、毒种保存液属于医疗废物管理条例中的高危险废弃物,处理方式参照第七章第三节病原微生物菌(毒)株的销毁。

三、废弃物的处理方法

生物医学实验产生的废液、废物、废气都需要进行处理。废水配有废酸缸、废碱缸、中性废液缸;废物(注射器、加样头等固体废物)统一无害处理;废气经由风扇、通风柜排出室外,备有个人防毒面罩、胶手套、护目镜等防护用品,防止气溶胶的伤害。应在每个工作台上放置盛放废弃物的容器、盘子或广口瓶,最好是不易破碎的容器(如塑料制品)。当使用消毒剂时,应使废弃物充分接触消毒剂(即不能有气泡阻隔),并根据所使用消毒剂的不同保持适当接触时间。盛放废弃物的容器在重新使用前应高压灭菌并清洗。

(一)液体废弃标本的处理方法

液体废弃物如尿液、胸水、腹水、脑脊液、涎液、胃液、肠液、关节腔液等每100 mL加漂白粉5 g或二氯异氰尿酸钠2 g,搅拌后作用2~4 h消毒处理或用121 ℃ 30 min高压灭菌处理。

液体废弃物如痰、脓、血、粪便及其他液体标本,高压灭菌后焚烧或加25~50 g/L有效氯的漂白粉或二氯异氰尿酸钠溶液,拌匀后作用2~4 h;若为肝炎或结核患者的样本废弃物则作用时间应延长为6 h。

对废酸、废碱等废液采用中和法、稀释法后,pH为中性时直接排入下水道。

(二)固体废弃标本的处理方法

注射针头、手术刀片等锐器使用过后,不可再重复使用,应放在盛放锐器的一次性容器内焚烧,如需要可先高压灭菌。盛放锐器的容器不能装得过满,当达到容量的3/4时,应将其放入"感染性废物"的容器内进行焚烧,可先进行高压灭菌处理。

除锐器外的其他废弃的污染材料可能有潜在感染性,在丢弃前应放置在防渗漏的容器(如有颜色标记的可高压灭菌塑料袋)中高压灭菌。高压灭菌后,可放在运输容器中运送至焚烧炉。如果实验室中配有焚烧炉,则可免去高压灭菌,污染材料应放在指定的容器(如有颜色标记的袋子)内直接运送到焚烧炉中。可重复使用的运输容器,应是防渗漏的、有密闭的盖子,这些容器在送回实验室再次使用前,应进行消毒清洁。

可反复利用的已被污染的材料则应先消毒再高压灭菌或直接高压灭菌。灭菌后的材料经洗涤、干燥、包扎、再灭菌后使用。

参考文献

[1]李勇.实验室生物安全[M].北京:军事医学科学出版社,2009.

[2]余新炳.实验室生物安全[M].北京:高等教育出版社,2015.

[3]颜光美,余新炳.实验室生物安全[M].北京:高等教育出版社,2008.

[4]刘晓莺.实用医学检验学[M].天津:天津科学技术出版社,2013.

[5]郑涛.生物安全学[M].北京:科学出版社,2014.

[6]苏莉,曾小美,王珍.生命科学实验室安全与操作规范[M].武汉:华中科技大学出版社,2018.

[7]祁国明.病原微生物实验室生物安全[M].2版.北京:人民卫生出版社,2006.

[8]世界卫生组织.实验室生物安全手册[M].3版.北京:中国疾病预防控制中心,2004.

[9]于敏,皮之军,李建海.实验室生物安全隐患及事故预防[J].实验技术与管理,2012,29(10):207-209.

（胡 军 蔺 萌）

第九章
实验动物环境设施

实验动物环境设施是实现实验动物标准化的必备条件之一。实验动物的标准化与环境条件关系密切,环境条件可影响甚至改变实验动物的表现型和演出型。为了保证稳定的实验动物质量和在不同地点、时间,不同的人员,按规范操作进行动物实验时,均能获得具有重复性与可靠性的动物实验结果,以及保障从事实验动物工作人员的身体健康,很有必要对实验动物环境设施做一些了解。

第一节　概述

一、实验动物环境

实验动物环境指将动物饲养在人为控制的有限空间,并按照人们的意志进行生长、繁殖、实验的一个人工的特定场所。

按照空气净化的控制程度,实验动物环境分为普通环境、屏障环境、隔离环境3类。

1.普通环境　符合实验动物居住的基本要求,控制人员、物品和动物出入,但不能完全控制传染因子,适用于普通级实验动物饲育及实验。

2.屏障环境　符合实验动物居住的要求,严格控制人员、物品、动物和空气的进出,适用于清洁级或无特定病原体(SPF)级实验动物的饲育及实验。

3.隔离环境　采用无菌隔离装置以保持无菌状态或无外源污染物。隔离装置内空气、饲料、水、垫料和设备应无菌,动物和物料的动态传递舱或经特殊的传递装置,该系统既能保证与环境的绝对隔离,又能满足转运动物时保持与内环境一致。适用于无特定病原体级、悉生及无菌级实验动物的饲育及实验。

屏障环境、隔离环境空气净化均采用粗、中、高效三级过滤,空气洁净度分别达到7级和5级。

二、实验动物设施

实验动物设施包括实验动物生产设施和实验动物实验设施。实验动物生产设施:用于实验动物生产的建筑物和设备的总和。实验动物实验设施:以研究、试验、教学、生物制品和药品及相关产品生产、检定等为目的而进行实验动物实验的建筑物和设备的总和。实验动物的生产设施和实验动物实验设施的环境指标要求基本一致,能尽量避免实验动物的生理与心理不受环境因素的干扰从而影响实验结果。

除了常规实验设施外,还有一些实验动物特殊实验设施:包括感染动物实验室即动物生物安全实验室(ABSL)和涉及电离辐射的放射性或有害化学物质等进行动物实验的设施。动物生物安全实验室应符合 GB 19489 和 GB 50346 的要求。电离辐射的放射性动物实验室应符合 GB 18871 的要求。

三、动物实验室的建筑技术要求及布局

动物实验室的建设,包括立项、设计、施工、验收,试运转等一系列内容,整个实施过程必须执行国家现行标准、规范,符合标准、实用、安全、经济、节能、环保的要求。

(一)选址

新建动物实验室的选址,应注意下列事项:①应避开自然疫源地。②宜选在环境空气质量及自然环境条件较好的区域。③宜远离铁路、码头、飞机场、交通要道,以及散发大量粉尘和有害气体的工厂、仓库、堆场等有严重空气污染、振动或噪声干扰的区域。④动物生物安全实验室与居民生活区距离应符合 GB 19489 和 GB 50346 的要求。

(二)建筑技术要求

1. 建筑卫生要求

(1)动物实验室内部维护结构材料均应无毒、无放射性。

(2)室内墙面、天花板应采用不易脱落、耐腐蚀、无反光、耐冲击的材料,要求光滑平整,阴阳角应为圆弧形,易于清洗、消毒。目前,动物实验室内部墙面、天花板最常采用的材料是岩棉、玻镁等 A 级防火净化彩钢板。

(3)地面应防滑、耐磨、无渗漏。应耐水、耐腐蚀。地面常采用环氧树脂自流平。

2. 建筑设施一般要求

(1)建筑物门、窗应坚固、气密性好、耐腐蚀、易清洗,门宽应满足动物笼架和实验设备的进出,一般不小于 0.8 m,动物饲养间门上应设观察窗。与外界相隔的窗户一般用双层玻璃密封,向阳的窗户要注意遮光,避免阳光直射。

(2)走廊净宽度一般不应小于 1.5 m。

(3)实验室、动物饲养间应合理组织气流和布置送、排风口的位置,避免气流出现死角、断流、短路现象。

(4)各类环境控制设备应定期进行维修保养。

(5)电力负荷等级应根据工艺要求按 GB 50052 要求确定。屏障环境和隔离环境应采用不低于二级电力负荷供电。

(6)室内应选择不易积尘的配电设备,由非洁净区进入洁净区及洁净区内的各类管线管口,应采取可靠的密封措施。

此外,还要考虑供水、供电、人员通道、物品及动物供求、消防通道便利,以及排污、动物尸体处理,特殊污染物的处理,尽量避免对外界环境造成不良影响。

(三)面积的分配和总体布局原则

应将实验动物生产繁育饲养区和动物实验区严格分开,自成独立系统;在规模较大

的实验动物楼,从微生物控制及实验动物使用管理方便考虑,应将低级别实验动物放在低楼层,高级别动物安排在高楼层;不同等级的设施严格隔离,避免将不同等级实验动物置于同一楼层,以保护高等级设施不受污染;同等级且特性相近的动物可安排在同一楼层、同一套设施内。空气洁净度相同的房间宜相对集中布置。空气洁净度高的房间宜布置在人员最少到达的地方;对于屏障设施,应保证人员、物品和净化空气单向移动,以避免交叉污染。设施布局要方便日常工作需要和实验操作,要留有足够的辅助面积。

(四)不同级别动物实验室的布局

1.普通环境 为便于动物实验室管控,一般可考虑划分为 3 个区。前区包括实验动物检疫室、库房、办公室、休息室等;控制区包括动物实验室、走廊、清洁物品储存室等;后勤处理区包括洗刷消毒室、污物处理、动物尸体暂存室等。人员、实验动物和物品原则上按前区到控制区,再到后勤处理区的路径运行(图 9-1)。饲养室、实验室内应安装空调、通风换气设备等,应采取防野鼠、防虫、防疫措施。

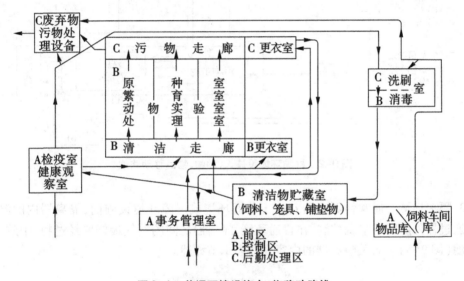

图 9-1 普通环境设施人、物移动路线

2.屏障环境 通常亦分为 3 个区,即清洁区、污染区和外部区。清洁区包括饲养室或实验室、清洁走廊、清洁准备室、清洁物品储存室、检疫室等;污染区包括污染走廊、缓冲、洗刷消毒室等;外部区包括接收动物室、更衣淋浴间、值班室、办公室、机房、饲料加工室、库房、动物尸体存放或焚烧炉等。屏障环境通常采用双走廊或三走廊结构。人、实验动物、物品和空气要经相应处理才能进入清洁区,以保证该区不受微生物侵入,其移动路线如下(图 9-2)。

(1)人的移动线路 更衣(一更)→洗手、手消毒(淋浴)→更衣(二更)→清洁走廊→饲养室或动物实验室→污染走廊→洗刷消毒室→更衣→外部区域。

(2)物品的移动线路 清洁物品→高压蒸汽灭菌柜(传递窗、渡槽)→清洁准备室→清洁物品储存室→饲养室或动物实验室;经包装处理污物→污染走廊→外部区域。

（3）实验动物的移动线路　外来实验动物→传递窗→检疫室（合格后）→清洁走廊→饲养室或动物实验室；生产供应或实验处理后实验动物→污染走廊→外部区域。

（4）压强梯度变化　对于单走廊屏障环境：饲养室或动物实验室＞清洁走廊＞缓冲间＞外界；对于双走廊和三走廊屏障环境：清洁走廊＞饲养室或动物实验室＞污染走廊＞缓冲间＞外界。

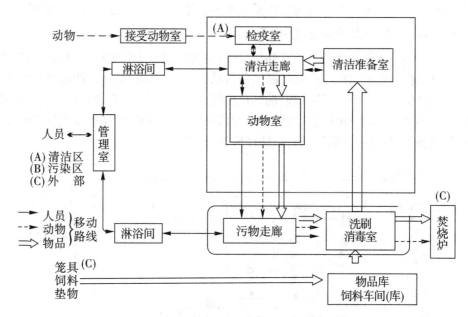

图9-2　屏障环境设施人、动物、物品移动路线

3.隔离环境　通常将隔离器安放于普通环境或屏障环境设施内，隔离器内的温度、湿度通过器外房间的空调控制，在普通环境，隔离器房间的空气最好要经过粗、中效过滤器过滤（图9-3）。有关隔离器的内容在后面章节详述。

图9-3　隔离器

四、实验动物环境设施国家标准

1994 年 1 月我国首次颁布了中华人民共和国《实验动物环境及设施》国家标准(GB/T 14925—1994),经过 5 年的实施,于 1999 年 8 月进行了第 1 次修订,形成国标(GB 14925—2001),2010 年 12 月发布了经过第 2 次修订的国标(GB 14925—2010),2011 年 10 月实施至今,表 9-1 为实验间环境技术指标。

GB 14925—2010 标准适用于实验动物生产、实验场所的环境条件及设施的设计、施工、检测、验收及经常性监督管理,规定了实验动物及动物实验设施和环境条件的技术要求及检测方法,同时规定了垫料、饮水和笼具的原则要求。

关于 GB 14925—2010 环境技术指标,我们在日常工作中要注意以下几点。

(1)温度、相对湿度、静压差为日常性检测指标;日温差、噪声、气流速度、照度、氨气浓度(动态指标)为监督性检测指标;空气洁净度、换气次数、沉降菌最大平均浓度、昼夜明暗交替时间为必要时检测指标。

(2)静态检测除氨气浓度外的所有指标;动态检测日常性检测指标和监督性检测指标;设施、设备调试或更换过滤器(高效)后检测必要检测指标。

(3)为降低能耗,屏障环境设施在实际运行中,非工作时间可降低换气次数,但不低于 10 次/h。

(4)洁净度级[ISO 14644-1(国际标准)]共分为 9 级,GB 14925—2010 涉及 5、7、8 三级。

表 9-1 动物实验间的环境技术指标

项目	指标								
	小鼠、大鼠		豚鼠、地鼠			犬、猴、猫、兔、小型猪			鸡
	屏障环境	隔离环境	普通环境	屏障环境	隔离环境	普通环境	屏障环境	隔离环境	隔离环境
温度/℃	20～26		18～29	20～26		16～26	20～26		16～26
最大日温差/℃	≤4								
相对湿度/%	40～70								
最小换气次数/(次/h)	≥15	≥20	≥8	≥15	≥20	≥8	≥15	≥20	–
笼具处气流速度/(m/s)	≤0.2								
相通区域最小静压差/Pa	≤10	≤50	–	≤10	≤50	–	≤10	≤50	≤50
空气洁净度/级	7	5 或 7		7	5 或 7		7	5 或 7	5
沉降菌最大平均浓度	≤3	无检出	–	≤3	无检出	–	≤3	无检出	无检出
氨浓度/(mg/m³)	≤14								
噪声/dB(A)	≤60								
照度 /lx 最低工作照度	≥200								
照度 /lx 动物照度			15～20				100～200		5～10
昼夜明暗交替时间/h	12/12 或 10/14								

第二节　动物生物安全实验室

本章节主要阐述以实验动物为对象的动物生物安全实验室,通常亦称作实验动物生物安全实验室,动物实验室的生物安全等级标准与一般进行传染性病原体实验研究的微生物学实验室基本相似,但动物实验是以动物为载体,不仅有外源性的单纯性感染,还有动物性溶胶和人兽共患疾病两大危害。其设计原则是保护人、保护环境和保护实验动物,涉及生物安全实验室相同内容不再累述,本章节重点阐述动物生物安全实验室防护要求。

一、概念及分级

动物生物安全实验室(animal biosafety laboratory,ABSL)指具备从事危险生物因子实验条件的动物实验室。在特定条件下,通过人工或自然感染进行动物实验,或用于动物传染病临床诊断、治疗、预防研究等工作。

动物生物安全实验室的生物安全水平标准与一般进行传染性病原体试验研究的微生物学实验室基本相似,同样分4个等级。

1. ABSL-1 实验室　适用于饲养大多数经过检疫的备用实验动物以及接种了危险度1级微生物的动物,实验过程存在潜在危害及生物安全防护措施同 BSL-1 实验室要求,同时还要满足不同级别实验动物的饲养和实验要求。

2. ABSL-2 实验室　适用于饲养接种了危险度2级微生物的动物。同 BSL-2 设施相同,根据所操作致病性生物因子的传播途径 ABSL-2 设施可分为 a 类、b1 类和 b2 类。

3. ABSL-3 实验室　适用于饲养接种了危险度3级微生物的动物,或根据危险度评估结果来确定。根据所操作致病性生物因子的传播途径 ABSL-3 设施可分为 a 类、b1 类和 b2 类。

4. ABSL-4 实验室　此类设施中开展的动物实验与生物安全水平的最高防护 BSL-4 中的实验工作相关,目前,全球有为数不多的该类实验室。2018 年 8 月,我国农业科学院哈尔滨兽医研究所国家动物疫病防控高级别生物安全实验室通过中国合格评定国家认可委员会(CNAS)认可,标志着我国唯一的大动物生物安全四级实验室达到国家标准要求,开始投入运行。该实验室可开展包括马、牛、羊、猪、禽类、鼠、猴等常规实验动物在内的所有动物感染实验。

二、ABSL 设施防护要求

(一)选址

ABSL 选址同 BSL 一样,应符合 GB 50346—2011(表9-2)的要求,另外 ABSL 还应符合 GB 14925—2010 的要求。

表9-2　生物安全实验室的位置要求

实验室级别	平面位置	选址或建筑间距
一级	可共用建筑物,实验室有可控制进出的门	无要求
二级	可共用建筑物,与建筑物其他部分可相通,但应设可自动关闭带锁的门	无要求
三级	与其他实验室可共用建筑物,但应自成一区,宜设在其一端或一侧	满足排风间距要求
四级	独立建筑物,或与其他级别的生物安全实验室共用建筑物,但应在建筑物中独立的隔离区域内	宜远离市区,主实验室所在建筑物离相邻建筑或构筑物的距离不应小于相邻建筑或构筑物高度的1.5倍

(二)设施防护要求

ABSL 同 BSL 设施防护要求既有相同点,又有其特殊点,这里重点叙述 ABSL 设施防护要求。

1. ABSL-1 设施防护要求　动物饲养间应与建筑物内的其他区域隔离,围护结构的强度应与所饲养的动物种类相适应。门上应设观察窗,门向里开,打开的门应能够自动关闭,需要时,可以锁上;门口要装上挡鼠板,防止野鼠进入;动物饲养间不宜安装窗户,如果安装窗户,所有窗户应密闭,窗户外部应装上防护网和纱网,以防止动物外逃和节肢动物进出;动物饲养间的工作表面应防水和易于消毒灭菌,如果有地面液体收集系统,应设防液体回流装置,存水弯应有足够的深度并保持存水;饲养间出口处应设置洗手池或手部清洁装置,便于工作人员使用;如有通风系统,不得循环使用动物实验室排出的空气,避免产生空气交叉污染,动物饲养间的室内气压控制为负压;应设置实验动物饲养笼具或护栏,除考虑安全要求外还应尽量满足对动物福利的要求;应考虑设置辅助房间如洗消室用于对动物笼架具清洗和消毒灭菌;动物尸体及相关废弃物的处置设施和设备应符合国家相关规定的要求。

2. ABSL-2 设施防护要求　设施在符合 ABSL-1 实验室要求的基础上,防护措施有所加强。动物饲养间应在出口处设置缓冲间;在动物饲养间出口处须设置无接触自动洗手池或手部清洁装置;动物饲养间邻近区域要配备高压蒸汽灭菌器,便于对动物尸体及相关废弃物的灭菌处理;对于 b_2 类动物饲养间,从事可能产生有害气溶胶的活动应在安全隔离装置内进行,隔离装置内气体应经 HEPA 过滤器的过滤后排出,避免有害气溶胶对周围造成危害;b_2 类动物饲养间的室内气压应控制为负压,与室外方向上相邻房间的最小负压差为 10 Pa;根据风险评估的结果,确定是否需要使用 HEPA 过滤器过滤动物饲养间排到设施外界的气体;实验室的外部排风口要求至少高出本实验室所在建筑的顶部2 m,应做防风、防雨、防鼠、防虫设计,但不应影响气体向上空排放;设施内污水(包括污物)应设有消毒灭菌处理装置,处理装置可采用化学消毒或高温灭菌方式,要注意对消毒灭菌效果进行监测,以确保达到排放要求;大动物生物安全实验室和需要对笼具、架进行冲洗的动物实验室应设必要的冲洗设备。

3. ABSL-3 设施防护要求 设施在符合 ABSL-2 实验室要求的基础上,需进一步加强防护措施。应在实验室防护区内设淋浴间,必要时,应设置强制淋浴装置;动物饲养间属于核心工作间,如果有入口和出口,均应设置缓冲间,缓冲间应为气锁,并具备对动物饲养间的防护服或传递物品的表面进行消毒灭菌的条件;动物饲养间,应有严格限制进入动物饲养间的门禁措施,如个人密码和生物学识别技术等;动物饲养间内应安装监视设备和通信设备;动物饲养间内应配备便携式局部消毒灭菌装置,如高压灭菌器、消毒喷雾器等,以便对动物尸体和对所有物品或其包装的表面在运出动物饲养间前进行清洁和可靠消毒灭菌;根据风险评估的结果,确定动物饲养间排出的气体是否需要经过两级 HEPA 过滤器的过滤后排出;对送、排风 HEPA 过滤器在原位应能进行消毒灭菌和检漏;应具备对动物笼具进行清洁和可靠消毒灭菌的装置和技术;在风险评估的基础上,适当处理防护区内淋浴间的污水,并应对灭菌效果进行监测,以确保达到排放要求;对于从事非经空气传播致病性生物因子及可有效利用安全隔离装置如生物安全柜操作常规量经空气传播致病性生物因子的活动时,动物饲养间与室外大气压的负压差要大于 60 Pa,与相邻区域的负压差要大于 15 Pa;对于从事不能有效利用安全隔离装置操作常规量经空气传播致病性生物因子的活动时,动物饲养间与室外大气压的负压差要大于 80 Pa,与相邻区域的负压差要大于 25 Pa,动物饲养间及其缓冲间的气密性应达到在关闭受测房间所有通路并维持房间内的温度在设计范围上限的条件下,如果使空气压力维持在 250 Pa 时,房间内每小时泄漏的空气量应不超过受测房间净容积的 10%;ABSL-3 中的 b_2 类设施必须按一级负荷供电,特别重要负荷应同时设置不间断电源和自备发电设备作为应急电源,不间断电源应能确保自备发电设备启动前的电力供应。

4. ABSL-4 设施防护要求 ABSL-4 生物安全防护水平应根据国家相关主管部门的规定和风险评估的结果确定,为最高级别生物安全防护水平。在符合 ABSL-3 实验室要求的基础上,还应满足以下要求:应有进入动物饲养间的门禁措施,严格限制人员进入;防护区内淋浴间应设置强制淋浴装置;动物饲养间的入口和出口缓冲间应为气锁;动物饲养间的气压与室外大气压的负压差应大于 100 Pa;与相邻区域的负压差应大于 25 Pa;动物饲养间及其缓冲间的气密性应达到在关闭受测房间所有通路并维持房间内的温度在设计范围上限的条件下,当房间内的空气压力上升到 500 Pa 后,20 min 内自然衰减的气压要小于 250 Pa;应有装置和技术对所有物品或其包装的表面在运出动物饲养间前进行清洁和可靠消毒灭菌。

在 ABSL 从事某些节肢动物(特别是可飞行、快爬或跳跃的昆虫)的实验活动,生物安全防护水平应根据国家相关主管部门的规定和风险评估的结果确定。设施防护要注意以下基本要求:应通过缓冲间进入动物饲养间,缓冲间内应安装适用的捕虫器,并应在门上安装防节肢动物逃逸的纱网;应在所有关键的可开启的门窗上安装防节肢动物逃逸的纱网;应在所有通风管道的关键节点安装防节肢动物逃逸的纱网;应具备分房间饲养已感染和未感染节肢动物的条件;应具备密闭和进行整体消毒灭菌的条件;应设喷雾式杀虫装置;应设制冷装置,需要时,可以及时降低动物的活动能力;应具备带双层网的笼具以饲养或观察已感染或潜在感染的逃逸能力强的节肢动物;应具备适用的生物安全柜或相当的安全隔离装置以操作已感染或潜在感染的节肢动物;应具备操作已感染或潜在感染的节肢动物的低温盘;需要时,应设置监视器和通信设备。是否需要其他措施,应根据风险评估的结果确定。

第三节　常用实验动物饲养设备

一、独立通风隔离笼具

(一)工作原理

独立通风笼具(IVC)是一种微环境净化屏障笼具(图9-4),其工作原理是利用隔离器的密闭空气净化通风技术,把每个饲养单元用送、排风管道连接成一个组合体(图9-5),使各个饲养单元之间完全隔离,互不交叉污染,很大程度地提高了净化空气的利用效率,借助超净工作台或生物安全柜进行动物实验操作或给动物更换垫料、添加饲料、饮用水等,达到微环境净化屏障和无菌操作的目的。

图9-4　IVC笼盒送排风示意

图9-5　IVC整机

(二)IVC 构造及特点

IVC 由主机、导风通道笼架和笼盒 3 个部分组成。其中主机由空气净化送排风系统及电气自动化控制(温度、湿度、压差、换气次数)系统组成,送风系统由送风风机、粗效(或中效)和高效过滤器组成;排风系统由排风风机和高效过滤器组成。电气自动化控制系统主要由可编程控制器(PLC)、数显触摸屏、风机变频器、报警器组成,通过数显触摸屏可以设置 IVC 的运行参数,如压差、换气次数等。有的产品主机还装有应急电源(UPS 不间断电源)、无线通信报警系统等,遇停电时,应急电源可使 IVC 设备继续运行 12 h 以上,以保证笼盒内动物正常生活;设备运行出现异常时,无线通信报警系统可以向管理人员发送报警信息,提醒管理人员及时采取应对措施。导风通道笼架通常采用优质不锈钢材,卫生、耐酸碱腐蚀,便于日常清洗、消毒。笼架通过软管与主机上的送排风口连接,笼盒从安插轨道放置到位,与笼架上的送排风连接嘴相连。笼盒采用无毒、无味、易清洗,易消毒、耐酸、耐碱、耐高温、耐高压的材料制成,笼盖带有送风口和排风口,盒盖四周边缘安装有硅胶密封垫圈,盖上设有"生命窗口",窗口装有过滤膜使笼盒内外空气隔开,平时用硅胶盖盖上,送排风意外停止运行时取下硅胶盖,既可以防止盒内动物窒息死亡,又可以保证动物不受污染。

IVC 设备是啮齿类实验动物广泛使用的动物实验设备,通常分为正压和负压独立通风笼具 2 种,洁净度等级可达到 7 级以上,符合实验动物屏障环境设施要求;每台设备功率一般在 500 W,节能、环保运行成本低;可置于普通环境、屏障环境、动物生物安全设施内与超净工作台、生物安全柜配合使用;易于工作人员操作管理;适合于饲养清洁级、无特定病原体(SPF 级)以及一些免疫缺陷动物,同一笼架、同一房间可以同时饲养多种动物,开展多个实验项目;负压 IVC 适合在 ABSL-1、ABSL-2 内饲养感染性实验动物。

(三)IVC 设备在不同实验动物环境设施中的应用

1. IVC 在普通环境设施中的应用　在普通环境设施中放置上 IVC,与超净工作台配合使用,可以达到屏障环境、设施环境技术参数要求,此应用方式比较适合开展动物实验。在设施设计布局时,要考虑设置放置 IVC 的动物饲养室、放置超净工作台的动物实验室、用于实验准备和洁净物品暂存的实验准备室;辅助用房包括办公室、更衣室、洗刷消毒间、库房等。其中饲养室和实验室最好为相邻房间,两室间可设门相通,这样可以方便借助超净工作台给 IVC 笼盒添加饲料、饮水,更换垫料及开展动物实验。设施内还需配置能调控设施内温湿度的空调、灭菌器、喷雾消毒等设备;供电和屏障环境设施要求相同,需采用双回路供电系统或匹配能满足 IVC 设备运行的 UPS 电源。

2. IVC 在屏障环境设施中的应用　在屏障环境设施中放置 IVC,一是可以提高屏障环境设施的利用率,同一房间同一笼架可以同时饲养多种动物,开展多个实验项目;二是用于要求严格的动物实验项目,防止动物污染,比如 SPF 级及一些免疫缺陷实验动物。设施布局和建设要求,除了 IVC 饲养间最好要设前室外,其他同屏障环境设施布局要求。IVC 进(送)风采用室内的空气,温湿度同室内一致,排风经由排风高效过滤器通过排风管道直接排到室外。同一室内放置 IVC 台数较多时,要注意 IVC 运行时其排风机主动排风对室内静压差的影响。给 IVC 笼盒添加饲料、饮水,更换垫料可以在 IVC 饲养间前室直接操作,但要注意,在一次性进行完同一实验项目的笼盒操作后,操作人员要更换手套或手消毒后再进行下一批操作,以避免人为造成不同实验项目动物间的交叉影响。

3. IVC 在 ABSL 设施中的应用　在 ABSL 设施中放置 IVC,未经感染的实验动物饲养观察可选用正压 IVC,感染后的实验动物须采用负压 IVC,负压 IVC 在 ABSL-1、ABSL-2 中使用较多,可以有效防止感染后的动物对外围环境的影响;在 ABSL-3 中应用负压 IVC 要慎重,注意先对感染因子进行评估,看是否符合生物安全防护要求。IVC 要配合生物安全柜使用,不同安全级别的设施采用与其相应的不同安全级别生物安全柜(见生物安全柜章节)。

(四)IVC的日常运行管理

1. IVC运行参数设定　目前,国内外厂家生产的IVC主机基本上都是智能型的(图9-6),一些参数如压差(笼盒内外)、换气次数可自动控制在我们设定的正常工作区间,超出设定区间自动报警,提醒管理人员及时处置。至今,IVC还没有统一标准,我国正在制定IVC相关国家标准,IVC的环境技术参数参照GB 14925—2010屏障环境技术参数要求。

2. IVC笼盒、笼架灭菌清洗消毒　在启用前,要对笼盒、笼架进行一次彻底地清洗、消毒。笼盒通常采用灭菌柜进行高温、高压灭菌消毒,实验过程中,对一般非感染性动物实验用笼盒,亦可以采用0.5%过氧乙酸喷雾消毒,这样可以延长IVC笼盒的使用寿命,对感染性动物实验笼盒则必须用高压蒸汽灭菌柜消毒。在屏障环境设施内使用IVC,启用前要对主机、笼架、通风连接管外表面用消毒剂进行擦拭或将IVC置于紫外灯下辐照消毒30 min进行表面消毒,以免IVC设备对屏障环境设施造成污染。

通风(送排风)管道内可以用过氧化氢蒸汽进行密闭循环消毒,首先将笼架与主机相连的送排风软管从主机上去掉,然后与过氧化氢灭菌器的出风口和回风口相连,保证每个笼位上的笼盒放置到位,使整个送排风管道通过笼盒形成密闭的循环系统,打开过氧化氢灭菌器进行管道灭菌,灭菌效果可以通过在笼盒内放置过氧化氢灭菌芽孢条,灭菌后培养进行验证。

IVC在使用过程中,笼盒内动物饲料和垫料的粉尘,以及动物毛发等通过空气流动被不断地带入笼架排风嘴及排风管道内,时间久了容易形成堵塞,会降低笼盒的换气次数,从而对笼盒内动物生存造成不良影响。因此,日常工作中,管理人员要注意经常检查,发现可能出现堵塞情况时,要及时对排风嘴及排风管道进行清洗。清洗方法,对于机架一体式IVC,无法分离主机与笼架,在清洗时,可先拆除所有通风嘴和管道末端的硅胶套,用喷壶喷入清水或消毒液使管壁内的粉尘流出,晾干后装好。对于机架分体式IVC,将IVC主机与笼架分离,即卸掉所有连接软管,笼架移至清洗间。回风长管清洗:清洗时需把IVC托架上方与地面平行的回风长管拆除,将胶皮套与回风长管剥离,然后卸掉"U"形固定装置,取下的回风长管使用清水冲洗并晾干。回风细管与IVC托架是靠上下两个固定装置进行固定,使用工具将固定装置卸下将回风细管拆除,即可拿下回风细管。取下的回风细管使用清水冲洗并晾干后装好即可。拆卸时要注意标记好各个配件的位置,以便安装时各个配件按原位置复原。有些IVC产品,笼盒的排风口处设有过滤网,可以在一定程度上阻止笼盒内动物饲料和垫料的粉尘,以及动物毛发等对排风嘴及排风管道内的堵塞,但要注意对过滤网经常地清洗,防止过滤网的堵塞。

3. 送排风口过滤器的更换　送、排风高效过滤器的更换频率跟饲养的动物数量、放置IVC的室内空气质量有关,排风口高效过滤器容易积累粉尘,更换频率较送风高效过滤器要高。具体什么时间需要更换,可以通过对IVC日常运行状况的观察结合环境指标空气洁净度、总换气次数、笼盒静压差的检测结果来做判断。

图 9-6　IVC 笼架背面

二、隔离器

(一)工作原理

隔离器采用密闭空气净化通风技术,由送风机经过粗、中、高效过滤器将全新风送入隔离器内,循环后再由排风机经过高效过滤器排出,送风量大于排风量时为正压隔离器;送风量小于排风量时为负压隔离器。动物及物品通过隔离器传递系统经灭菌处理后进出,可有效避免隔离器内外的交叉污染。

(二)构造及特点

隔离器由隔离器室,传递系统,操作系统,送、排风过滤系统,送排风机,风机控制系统,架体等组成。

隔离器室可采用软质和硬质材料制成。软质隔离器室通常采用耐腐蚀、耐温、耐压、易清洗、透明、柔软、无毒塑料经热合密封而成,称为软质隔离器;硬质隔离器室通常采用耐腐蚀的不锈钢、有机玻璃等硬质材料一体成型或密封焊接而成,称为硬质隔离器。软、硬质隔离器室均应密闭、无泄漏。传递系统与隔离器室相连接,类似传递窗,用于传递动物及物品,也应保证密封、无泄漏。操作系统为连接隔离器室工作人员操作用的胶质手套,密封、柔软、耐腐蚀。送、排风过滤系统:送风口经粗效、中效、高效 3 级过滤,排风口经中效、高效二级过滤,隔离器室内在静态时的送风口洁净度达到 5 级,其他区域达到 5~7 级。送、排风机采用低振动、低噪声风机。风机控制系统通常采用变频器来调节送、排风机转速,从而达到控制隔离器室内外压差。正压隔离器正常运行时压差应保证不小于 50 Pa,负压隔离器正常运行时,根据生物安全防护水平级别来确定室内外负压差,满足操作 I 类病原微生物要求应保证负压差不小于 120 Pa。

隔离器是较常用的动物隔离设备,其动物饲育内环境为正压或负压密闭系统,隔离器室内空气洁净度要求达到 5 级,沉降菌要求无检出,即达到无菌状态,温湿度可以通过调节放置隔离器的房间温度、湿度来控制,其运行功率小,噪声小,可以放置在实验动物普通环境、屏障环境及动物生物安全实验室使用。正压隔离器适合饲养 SPF 级及无菌级和悉生动物;负压隔离器广泛用于动物生物安全实验室,适合饲养感染动物,可有效防止病原体外泄至环境。根据饲养的动物种类不同,可以定制成适合大动物、小动物饲养要求的不同样式的隔离器,如猴、猪、鸡、大小鼠等隔离器。

(三)隔离器的运行管理

1. 使用前的准备　由于隔离器是一个完全密封系统,使用前需要先检漏,以软质隔离器为例,首先密封隔离器排风口,只启动送风机向室内充气,内压达到 50 Pa,密封送排风口,停止送风机,经 48 h,内压仍保持在 50 Pa,说明不漏气。然后进行灭菌,向隔离器室内喷 2% 过氧乙酸,约 250 mL 作用 12 h。消毒后开启送排风口,通风 3～4 d,直至排出气体不带酸味方可使用。在使用中定期测风速、换气次数,定期更换高效过滤器,各项指标达到标准后方可使用。注意随时检漏补漏。

2. 灭菌渡舱的使用　灭菌渡舱是隔离器传递动物、物品的通道,传入物品时先打开渡舱外盖帽,将物品放入,然后封严外盖帽,通过上面喷口喷入 2% 过氧乙酸约 10 mL 对物品表面进行灭菌,作用 40 min 后,打开内盖帽,将物品取出同时传出物品,将传出物品放入,封严内盖帽,再打开外盖帽取出物品。

3. 灭菌罐的使用　将消毒包装好的饲料、垫料、水瓶及用具放在桶内隔板上,用耐高压薄膜封口,胶带固定进行高压灭菌(121 ℃、30 min)。传入前,先将连接袖一端套上灭菌罐封口,用胶带密封固定,再将连接袖另一端与灭菌渡舱外口连接,用胶带密封,从连接袖通风口处喷入 2% 过氧乙酸约 10 mL,至连接袖膨隆为止,静置 40 min,脱下内盖帽,将灭菌罐内隔板拉出,取出物品,同时将待传出物品放在隔板上,连隔板一起退回灭菌罐内,盖上内帽,在灭菌柜外取下连接袖和传出物品,擦净灭菌柜,盖上外帽,在灭菌柜的通风口处喷上 2% 过氧乙酸,至内外帽充分隆起为止。灭菌罐滤材每年都要更换。待发动物的包装及传递:近距离运输可用灭菌纸袋或隔离帽鼠盒装运,长途运输需用灭菌罐,传递程序同前。

(阴志刚　郗园林)

第十章
动物实验操作规范

动物实验指使用动物进行的检验、测试、评价和研究活动,操作控制在动物专用实验室和特定场所,通常分为感染性实验和非感染性实验两大类。使用动物通常为实验动物或实验用动物,动物实验通常也被称为动物试验。

从事生物医学实验(含动物实验)的工作人员和有关人员在处理病毒、病毒媒介物、rDNA、含 rDNA 的生物体、细菌、真菌,进行动物实验和动物实验教学时,存在着身体受到感染的危险。随着生命科学和生物技术的发展及动物实验的广泛应用,实验室生物安全问题开始不断出现,仅动物实验室和动物饲养室感染肾综合征出血热(HFRS)事件,国内外就多次发生。1975 年 3 月和 1978 年 1 月,日本东北大学医院临床研究大楼的动物实验室工作人员中发生了流行性出血热的暴发疫情,造成 13 名医生和 1 名兽医发病,感染出血热病毒的实验大白鼠是此次疫情的感染来源。1962 年在莫斯科 Gamaleyayan 流行病研究所因使用从肾综合征出血热(HFRS)疫区捕捉回来的大量啮齿类动物做实验,引发了一起 127 人实验室感染的暴发性流行。国内自 20 世纪 60 年代到 90 年代,实验室内大白鼠感染流行性出血热事件 30 余起,发病 50 余人,2002 年某市实验动物中心实验动物感染造成 1 人发病。2003 年某省 3 个单位的实验动物大白鼠群中发生汉坦病毒流行并导致 1 人发病,5 人隐性感染。1999 年某市某实验室,因操作人员被携带病毒的实验动物抓咬伤而受感染,引起实验人员感染流行性出血热事件;2006 年某市某高校中药系实验室发生学生感染流行性出血热事件,起因是实验操作过程中学生被动物抓咬受伤,76 名学生中有 10 名学生受到感染。这些都无疑为实验动物生物安全敲响了警钟。

针对生物危害(biohazard),实验室感染链中感染途径是重要一环,了解感染途径是阻断感染的有效方法,所以进入实验室前进行实验动物常识、感染疾病常识、规范实验操作流程、规范实验操作技术,防护措施等相关培训是必不可少的。

第一节　实验动物概述

一、实验动物

实验动物(laboratory animals)是指经过人工定向培育,对其携带的微生物和寄生虫进行严格控制,其遗传背景明确,来源清楚的动物。实验动物具备以下几个基本要素。

(1)经人工培育或改造,遗传背景明确,来源清楚。按遗传学分类有近交系、突变系、杂交群和封闭群。

（2）对其携带的微生物和寄生虫进行严格控制，并根据对微生物和寄生虫控制程度分为普通级、清洁级、无特定病原体（SPF级）、无菌动物（悉生动物）4个级别。

（3）实验动物必须在实验动物环境设施内饲养、繁育或实验；实验动物环境设施分为实验动物生产和实验动物实验设施，包括建筑物和设备的总和。

（4）用于科学实验，服务于人类，是科学仪器所不能替代的。最常用的实验动物有小鼠、大鼠、豚鼠、兔、犬、猫、小型猪和猴等。

二、实验用动物

实验用动物（experimental animal）又称广义实验动物，泛指用于科学实验的各种动物。实验用动物包括野生动物、经济动物、观赏动物、实验动物。过去认为凡用于实验的动物皆称为实验动物，这是不正确的。这类动物只能称为实验用动物，两者不能混淆，应明确区分。动物实验特别重视实验的可比性和重复性，而野生动物、家畜和观赏动物，通常来源于自然环境中，没有严格的遗传学控制，这些动物种群之间有较大的个体和群体差异，故实验结果的可比性、重复性差，也缺乏科学性，目前部分家畜、家禽和观赏动物也被培育成为实验动物。

三、常用实验动物的应用

1. 小鼠（mouse, Mus musculus）　主要应用于药物筛选实验；毒性实验和安全评价；肿瘤学和白血病研究；病毒、细菌和寄生虫病研究；遗传学和遗传性疾病的研究；免疫学研究；内分泌疾病的研究；老年病学的研究；计划生育研究；呼吸、消化系统疾病的研究等。由于小鼠的生理特性，体温变化实验、慢性支气管炎实验、催吐实验、动脉粥样硬化实验不宜采用小鼠制作动物模型实验研究（图10-1）。

图10-1　小鼠

2. 大鼠（rat, Rattus norvegicus）　主要应用于营养学研究、药物学研究、肿瘤研究、遗传学研究、传染病研究、神经内分泌实验研究、行为学研究、老年学和老年病学研究、心血管疾病研究、消化功能和肝外科研究、环境污染与人类健康的研究、口腔医学研究。不宜采用大鼠制作动物模型的实验研究有体温变化实验、催吐实验、胆囊功能实验（图10-2）。

图10-2　大鼠

3. 豚鼠(guinea pig,Cavia porcellus)　主要应用于变态反应研究、传染性疾病研究、药理学研究、营养学研究、过敏反应或变态反应的研究、内耳疾病研究、毒物对皮肤局部作用实验、缺氧耐受性和测量耗氧量实验研究、实验性肺水肿实验、动物代血浆研究(图10-3)。

图10-3　豚鼠

4. 家兔(rabbit,Oryctolagus cuniculus)　主要应用于发热及热原试验、皮肤刺激试验、致畸试验、毒性试验、胰岛素检定、妊娠诊断、人工受孕试验、计划生育研究、免疫学研究、心血管疾病研究、微生物学研究、眼科学研究、急性实验、遗传学研究、口腔科学研究、制造诊断血清等(图10-4)。

图10-4　家兔

5. 犬(dog,Canis familiaris)　主要应用于医学、生物学、病理学、肿瘤学、药理学、传染性疾病研究、传染病学研究、生物化学等生命科学领域,特别是在药品、食品、农药、化妆品,慢性实验研究及安全性评价研究中。还有很多研究领域包括荷尔蒙失调、心脏病学、整骨疗法研究都用犬做实验。另外,由于犬是狂犬病毒的自然宿主,也是狂犬病的主要传播者,所以犬用于狂犬病疫苗的研发(图10-5)。

图10-5　比格犬

6. 小型猪(mini pig)　主要应用于皮肤烧伤研究、肿瘤研究、免疫学研究、心血管研究、糖尿病研究(小型猪是糖尿病研究中一个很好的模型)、畸形学和产期生物学研究、遗传学和营养性疾病研究、悉生猪和猪心脏瓣膜的应用研究、婴儿病毒性腹泻模型研究、猪霉形体关节炎模型研究、猪自发性人兽共患疾病研究等其他疾病研究(图10-6)。

图10-6　巴马小型猪

7. 猕猴(rhesus macaque)　主要应用于传染病学研究(病毒性疾病、细菌性疾病、寄生虫病)、遗传性疾病研究、心血管疾病的研究、内分泌疾病研究、生殖生理研究、行为学和精神病及神经生物学研究、药理学和毒理学研究、老年病研究、肿瘤学研究、环境卫生学研究、器官移植研究等（图 10-7）。

图 10-7　猕猴

8. 蟾蜍或青蛙（toad, frog）　蟾蜍和青蛙是医学实验中常用的动物，特别是在生理、药理实验，病理生理学实验中较为常用，在临床检验工作中，还可用雄蛙做妊娠诊断实验（图 10-8）。

图 10-8　青蛙、蟾蜍

9. 实验鸡（laboratory chicken）　SPF 鸡及鸡胚主要应用于疫苗的生产和检定，鸡胚可应用于体外生产病毒疫苗，并大规模投入生产；药物评价；内分泌学与性刺激素研究；发育生物学研究；免疫学研究；营养学研究；老年学研究；环境污染研究；特殊培育的鸡也具有动物模型的作用可进行肿瘤、痛风、糖尿病、肝病、肥胖症、动脉粥样硬化等研究（图 10-9、图 10-10）。

图 10-9　BX-SPF 鸡(雄)

图 10-10　SPF 鸡胚

第二节　实验动物生物安全风险

实验动物是医学、生物学实验研究中的第一要素,但在繁育和实验过程中,会通过各种途径把各类人兽共患病和动物烈性传染病的病原体传染给工作人员和其他动物。特别是使用野生动物的研究,野生动物会携带对其自身不致病,但对人却有致命危害的病原微生物,如来源于灵长类和啮齿类野生动物的埃博拉(Ebola)病毒,由于人类缺乏生物安全概念,对微生物认知不足,从而缺乏有效防范手段,容易导致严重的感染事故。

一、动物感染性疾病的危害

实验动物感染性疾病除灵长类动物、猪、狗等大型动物外,其他动物通常很少实施治疗,原因是采取疫苗接种或药物治疗后可导致以下危害。

1. 影响实验结果　实验动物传染性疾病,如仙台病毒性肺炎、小鼠肝炎、巨噬细胞病毒感染等,可改变动物的免疫功能,都会不同程度地干扰实验结果,从而影响研究工作的准确性和可靠性,甚至得出错误的结论。隐性感染常导致动物生理、生化指标的改变,使实验得不到应有的结果;或因实验操作,动物抵抗力下降,使隐性感染显性化,从而导致疾病的发生。此外,隐性感染所造成的组织学改变也会影响实验结果的判定,如仙台病毒感染引起肺鳞状化病变,鼠肝炎病毒感染引起的血清谷草转氨酶、谷丙转氨酶增高等。

2. 影响动物生产或实验的正常进行　某些烈性传染病如鼠痘、兔出血症、犬细小病毒性肠炎等的流行,将会导致动物大批量死亡或质量下降,从而给动物的生产和实验的正常进行带来严重影响。

3. 威胁人类健康　许多实验动物传染病为人兽共患传染病,这些传染病可在人与动物之间传播流行,对饲养和研究人员的健康也构成威胁。特别是那些在动物中呈隐性感染而对人类呈致死性感染的病原微生物,如流行性出血热、狂犬病、结核等,都需引起高度重视。

4. 污染实验材料　如果病原微生物直接污染了细胞培养物、肿瘤移植物或以动物组织和细胞为生产原料的生物制品,不仅会干扰实验,而且还可将病原扩散,以至危害全人类的健康。

5. 寄生虫对实验动物的影响　实验动物感染寄生虫后,虫体会对机体造成一定的损害:感染后的动物会被寄生虫掠夺宿主的营养;体外寄生虫对动物产生骚扰,会对宿主机体产生机械性损伤、毒性作用,使动物机体的生理、生化及免疫学指标发生改变,从而影响实验结果。

6.一些进口的动物、野生动物可能携带新的、未知的或高致病性病原微生物 在检疫时如果未被检测或发现,这些微生物一旦扩散入社会或环境将会带来不可估量的损失,因此,只要发生新的、未知的或高致病性病原微生物感染事件等,必须在第一时间报告,进行风险评估并采取应急措施。

二、实验动物常见感染性疾病

实验动物可能感染一种或多种病原体,如病毒、细菌、真菌及寄生虫,将会影响实验动物正常的生理过程,为实验带来诸多不确定因素,极大程度地影响实验结果的可信度,下面从各个系统介绍实验动物常见感染性疾病。

(一)实验动物常见呼吸系统感染性疾病

实验动物常见呼吸系统感染性疾病或症状见表10-1。

表10-1 动物常见呼吸系统感染性疾病或症状

分类	学名	易感动物	疾病或症状
病毒	鼠肺炎病毒(Pneumonia virus of mice)	小鼠、大鼠	慢性肺炎
	仙台病毒(Sendai virus)	小鼠、大鼠	末端肺泡内炎症反应、间质性肺炎
	肺炎支原体(Mycoplasma pneumoniae)	小鼠、大鼠	呼吸困难、体重减轻、弓背、无活力
细菌	肺炎链球菌(Streptococcus pneumoniae)	小鼠	肺炎及气管炎、中耳炎、胸膜炎、心内膜炎、败血症
	肺炎克雷伯菌(Klebsiella pneumoniae)	小鼠、大鼠及啮齿类动物	呼吸困难、打喷嚏、子宫颈炎症、淋巴结炎症、食欲减退、弓背、毛发散乱
	纤毛杆菌[Cilia associated respiration (CAR) bacillus]	大鼠、小鼠、兔	弓背、呼吸困难、细支气管扩张、肺部脓肿及肺不张
真菌	卡氏肺孢菌(Pneumocystis carinii)	小鼠、大鼠	消瘦、呼吸困难、毛发散乱、身体发紫,甚至死亡

(二)实验动物常见消化系统感染性疾病

实验动物常见消化系统感染性疾病或症状见表10-2。

表 10-2　动物常见消化系统感染性疾病或症状

分类	学名	易感动物	疾病或症状
病毒	Ⅰ型小鼠细小病毒（Mouse parvovirus type Ⅰ,MPV-Ⅰ）	小鼠	免疫缺陷
	小鼠轮状病毒（Mouse Rotavirus）	小鼠	肠道功能紊乱
	Ⅲ型呼肠病毒（Reovirus type Ⅲ）	小鼠	膀胱肥大、肝细胞坏死
	巨细胞病毒（Cytomegalovirus）	新生小鼠	感染肾、前列腺、胰腺、睾丸、心脏、肝、肺、脾、大脑皮质、海马、血液系统等
	小鼠胸腺淋巴结病毒（Mouse thymic virus）	新生小鼠	可恢复性淋巴结、脾细胞的坏死
细菌	幽门螺杆菌（Helicobacter pylori）	小鼠	胆管、结肠、盲肠黏膜感染
	铜绿假单胞菌（Pseudomonas aeruginosa）	免疫缺陷的小鼠、大鼠	弓背、迟钝、呼吸急促、毛发散乱、憔悴、转圈、头部向一侧倾斜,甚至死亡
	沙门氏杆菌（Salmonella）	小鼠	影响繁殖
	鼠柠檬酸杆菌（Citrobacter rodentium）	小鼠	降结肠增生、毛发散乱、体重减轻、发育迟缓
	梭状杆菌（Clostridium piliforme）	小鼠	脱水、食欲减退、无临床症状突然死亡
寄生虫	蛲虫（pinworm）	小鼠、大鼠、断奶小鼠	脱肛、肠套叠、生长迟缓、下痢
	梨形鞭毛原虫（Giardia spp.）	小鼠	感染小肠黏膜、体重减轻、发育迟缓、毛发粗糙、腹部鼓胀

（三）实验动物常见血液系统、中枢系统、皮肤感染性疾病

实验动物常见血液系统、中枢系统、皮肤感染性疾病或症状见表 10-3。

表 10-3　动物常见血液系统、中枢系统、皮肤感染性疾病或症状

分类	学名	易感动物	疾病或症状
血液系统病毒	淋巴球性脉络丛脑膜炎病毒（Lymphocytic choriomeningitis virus, LCMV）	啮齿类动物	生长缓慢、衰弱、弓背、毛发散乱、血管球性肾炎、腹水，甚至死亡
中枢系统病毒	鼠泰勒脑脊髓炎病毒（Theiler's murine encephalomyelitis virus, TMEV）	小鼠	脊髓和脑灰质炎、非化脓性脑膜炎、神经胶质细胞增生、血管周炎、腹角细胞的噬神经细胞现象
皮肤系统病毒	小鼠乳腺肿瘤病毒（Mouse mammary tumor virus, MMTV）	小鼠	乳腺肿瘤
细菌	金黄色葡萄球菌（Staphylococcus aureus）	小鼠、大鼠	溃烂性皮炎、外伤引发的蹄皮炎及尾部病灶、面部脓肿、溃烂性皮炎、幽门脓肿、阴茎自损
寄生虫	螨虫（Acarid）	小鼠、大鼠	消瘦、瘙痒、局部脱毛、皮屑、抓挠性外伤、皮肤过度角质化、红斑、皮肤溃烂、脾及淋巴结肿大

（四）实验动物常见多系统或其他系统感染性疾病

实验动物常见多系统或其他系统感染性疾病或症状见表 10-4。

表 10-4　动物常见多系统或其他系统感染性疾病或症状

分类	学名	易感动物	疾病或症状
病毒	腺病毒（Adenovirus）	小鼠	急性中枢神经系统疾病，包括战栗、运动性共济失调、瘫痪、麻痹
	鼠痘病毒（Ectromelia virus）	小鼠	足底水肿、水痘、四肢及尾部末端坏死、不活跃，天然死亡
	小鼠细小病毒（Minute virus of mouse, MVM）	胚胎期或刚出生小鼠	T 细胞的裂解和 T 细胞、B 细胞功能的变化
	小鼠肝炎病毒（Mouse hepatitis virus）	小鼠	呼吸道感染、肠道型感染、肝炎、脑炎、病毒血症
细菌	康氏棒状杆菌（Corynebacterium kutscheri）	大鼠、小鼠	呼吸困难、体重减轻、弓背、厌食
寄生虫	兔脑原虫（Encephalitozoon cunicuiculi）	兔、大鼠、小鼠	肾小管上皮的损伤和成纤维化及脑膜炎、免疫缺陷

三、动物实验中常见人兽共患疾病及预防

人兽共患疾病是指动物与人类之间能够自然传播的疾病和感染,可通过人与患病动物的直接接触、动物媒介、污染病原的空气、水和食品传播。人类历史上曾多次出现人兽共患病流行,如鼠疫、黄热病等,给人类社会造成巨大的损失。

（一）猴疱疹病毒感染

1. 传染病原 猴疱疹病毒Ⅰ型(Cercopithecine herpesvirus Ⅰ)。
2. 危害途径 咬伤(唾液)、抓伤、接触。
3. 易感动物 猕猴类。
4. 临床症状 肌痛、发热、头痛;神经性疾病:麻木、感觉不适、复视、运动失调、贮尿、抽搐、吞咽困难、死亡等。
5. 预防措施 所有猕猴组织、体液和组织培育物的操作,推荐使用BSL-2级操作和设施,动物实验应在ABSL-3中操作。除规范操作程序、穿戴防护衣、口罩、捉拿手套、手术手套外,需提前进行BV感染安全防护措施训练(防抓咬、分泌物处理等),进行BV感染预防常识性教育,熟悉现场急救处理,相关人员预防性接种BV疫苗和多价免疫蛋白,并备有常规配置急救箱。
6. 急救措施 实验过程中被猕猴抓咬或可能被猕猴排泄物污染的笼具擦伤的创口或出血,应立即用肥皂水充分擦洗,并及时向主管人员报告,记录抓咬日志。伤口较深的创伤,必须请教医务顾问。每一所动物管理设施都必须配备一位医务顾问,以方便随时协助处理此类问题。专业顾问人员必须具有BV感染的危害、症状及治疗等知识。被噬咬或抓搔的管理人员必须及时报告其皮肤病变及创伤附近的反应(如痒、痛或麻木)或其他异常。主管人员的职责包括报告在未有发病期间,1个月内每周检查其临床体况。怀疑为BV感染时,应及时向医务顾问报告,还须进行相应的诊断研究,并采取特异性抗病毒治疗措施。

（二）流行性出血热(epidemic hemorrhagic fever,EHF)

1. 传染病原 汉坦病毒(Hantaan virus)。
2. 危害途径 气溶胶吸入感染、啮齿类动物咬伤、伤口污染。
3. 易感动物 实验用大白鼠。
4. 临床症状 发热、出血和肾损害、肌痛、头痛、咳嗽。
5. 预防措施 普通实验前应穿防护服,佩戴口罩,使用专业捉拿手套和手术手套,严格规范实验操作,避免操作过程中被咬伤,伤口感染等情况。大规模生产病毒、包括制备和传递病毒浓缩物,应在BSL-4级屏障设施进行,用甲醇、多聚甲醛、丙酮/甲醇含有去污剂的裂解缓冲液及紫外线照射和过滤,可以有效地减少汉坦病毒感染细胞核上清的感染力。不排放病毒的实验性感染啮齿类可以在ABSL-2级设施中按照ABSL-2级操作和程序饲养。
6. 急救措施 实验中被咬伤抓伤,立即挤压排出伤口内病原体,从伤口近心端向远端挤压,排出伤口牙痕血液及组织液,迅速清洗处理伤口,去医院注射疫苗后,需报告主

管人员记录抓咬日记,发病一般在 4~6 d,主管须密切观察并记录其体况。

(三)狂犬病(rabies)

1. 传染病原　狂犬病毒(rabies virus)。

2. 危害途径　咬伤、皮肤伤口或黏膜感染含狂犬病毒唾液。

3. 易感动物　所有哺乳类。

4. 临床症状　狂犬病最初症状是发热,伤口部位常有疼痛或有异常、原因不明的颤痛、刺痛或灼痛感。随着病毒在中枢神经系统的扩散,患者出现典型的狂犬病临床症状,即狂躁型与麻痹型,最终死于咽肌痉挛而窒息或呼吸循环衰竭。

5. 预防措施　普通动物实验,实验人员需穿戴防护服、眼镜、手套,需准备专业捕拿工具(套环、捆绑绳、头套等)和棉防咬手套,实验中要有手术手套、口罩的佩戴。从事标本采集和运送的工作人员需进行专业培训,进行暴露前疫苗接种。采集标本时要穿戴防护服、眼镜、手套,标本存放在密封盒内并标记。

6. 急救措施　被犬咬后,立即从近心端向远端挤压伤口,排出伤口牙痕血液及组织液,迅速用 20% 肥皂水、去污剂、含胺化合物或清水彻底充分洗涤;对较深的伤口,用注射器伸入伤口深部进行灌注清洗,在一定压力的流动清水下交替清洗咬伤和抓伤的伤口至少 15 min,如条件允许,建议使用狂犬病专业清洗设备和专用清洗剂对伤口内部进行冲洗,最后用生理盐水冲洗伤口,以避免肥皂液或其他清洗剂残留,彻底冲洗后用稀碘附(0.025%~0.050%)、苯扎氯铵(0.005%~0.010%)或其他具有病毒灭活效力的皮肤黏膜消毒剂消毒涂擦或消毒伤口内部。处理后立刻送至医院注射狂犬疫苗。操作所有潜在狂犬病感染的材料均应在 BSL-2 或 BSL-3 级(实验室固定毒在 BSL-2,从患者或动物分离的野毒在 BSL-3)实验室内进行。操作完毕对操作台、实验材料等要用相应消毒剂或高压蒸汽进行消毒处理;报告主管记录抓咬日记,1 个月内密切观察体况。

(四)布鲁菌病(brucellosis)

1. 传染病原　犬布鲁氏菌(brucella canis)、猪布鲁氏菌(brucella suis)。

2. 危害途径　吸入细菌培养物、皮肤接触培养物、实验动物血液尿液、咬伤、抓伤。

3. 易感动物　犬、牛、猪、羊。

4. 临床症状　发热、头痛、发冷、肌痛、恶心、体重减轻的症状,有可能发生菌血症,引起脾大、淋巴结病变。

5. 预防措施　犬和猪动物实验前,实验人员(特别是有开放性伤口者)必须穿防护服、佩戴口罩、防护手套和护目镜等装备,紧密接触工作人员定期接受检查及预防性接种疫苗。处理含有或潜在含有致病性布鲁氏菌的人或动物来源的临床样品,推荐 BSL-2 级操作。对所有致病性布鲁氏菌培养物操作,推荐分别应用 BSL-3 和 ABSL-3 级操作、屏障设施。

6. 急救措施　实验中出现咬伤后,立即挤压伤口,从伤口近心端向远端挤压,排出伤口牙痕血液及组织液清洗伤口后,立即使用消毒剂 3% 来苏尔、2% 氢氧化钠可在 1 h 内将其杀死,处理后立即送至医院处理。报告主管记录抓咬日记,1 个月内密切观察体征。

(五)鼠咬热(rat bite fever)

1. 传染病原　念珠状链杆菌(Streptobacillus moniliformis),小螺菌(Spirillum minus)。

2. 危害途径　咬伤(大鼠、小鼠、犬、猫),也可经空气或灰尘感染,饮用污染牛奶也可感染。

3. 易感动物　大、小鼠等啮齿类。

4. 临床症状　发热、淋巴结肿大、寒战、头痛、局部的疼痛,并且形成紫黑色的肿胀,可以有水疱、坏死、溃疡,表面可以覆有黑痂。

5. 预防措施　动物实验前,穿防护服、佩戴口罩、防护手套,严格规范操作步骤。

6. 急救措施　动物实验中出现咬伤后,立即从伤口近心端向远端挤压,排除伤口牙痕血液及组织液;然后进行伤口冲洗消毒,可生理盐水、过氧化氢反复冲洗,再用碘酒、乙醇消毒并包扎,随后送医院治疗。报告主管记录抓咬日记,鼠咬热潜伏期较短,1 周内应密切观察体征。

(六)淋巴细胞性脉络丛脑膜炎(LCM)

1. 传染病原　淋巴细胞性脉络丛脑膜炎病毒(LCMV)。

2. 危害途径　胃肠道外接种、吸入、黏膜或破损皮肤感染、咬伤、接触粪尿。

3. 易感动物　小鼠、地鼠、豚鼠。

4. 临床症状　感染后 5～10 d 出现"流感样症状"。发热通常为 38.5～40.0 ℃,并伴有寒战。半数以上患者有不适,乏力、肌痛(特别是腰部),眼眶后头痛,畏光,缺乏食欲,恶心和头晕。咽痛和感觉迟钝等症状较少见。无菌性脑膜炎患者几乎均可痊愈,33%的脑炎患者有神经后遗症。

5. 预防措施　操作已知感染或潜在感染的体液、体外细胞培养适应株、鼠脑传代株,对极有可能产生气溶胶或涉及生产性数量或浓度感染性物质的操作,对移植感染性肿瘤、田间分离物和患者病例的临床材料,应使用 BSL-2 级操作和设备。用鼠脑传代株接种成年小鼠,适合 ABSL-2 级操作和设备。

6. 急救措施　动物实验中出现咬伤或感染后,立即从伤口近心端向远端挤压,排除伤口牙痕血液及组织液;然后进行伤口冲洗消毒,有条件可用生理盐水、过氧化氢反复冲洗,然后碘酒、乙醇消毒并包扎,处理完毕迅速送医院治疗。报告主管记录抓咬日记,LCM 是自限性疾病,致死率很低,感染后 3 周主管需记录观察体征。

第三节　动物实验安全操作

在动物实验过程中,即使有个人防护,也存在实验动物咬伤、抓伤、踢伤等风险。实验人员应进行实验动物的基本要求、正确规范实验操作、配备适当的防护装备及仪器设备专业知识的培训,从而降低动物实验带来的生物安全风险。

一、动物实验的要求

1. 动物实验一般要求

(1)教学实验室设施、设备在初期实验室建设期间应符合 GB 19489、GB 14925 的有关要求。以保证实验室处于良好运行状态,相关实验用具必须配备到位。

(2)应使用国际、国家规定的通用标识。实验室标识应明确、醒目和易区分。实验室主入口处应有标识,明确说明生物防护级别、操作的生物因子、实验室负责人姓名、紧急联络方式和国际通用的生物危险符号。

(3)实验室应得到管理部门的批准,允许开展动物实验活动。实验动物应处于良好的实验室适应状态,一般经过 3~7 d 的实验环境适应。

(4)应明确动物实验负责人并对该实验过程、正确处置负责;动物实验负责人、实验人员应制定完善实验方案和安全处置预案。

(5)实验方案和安全处置预案应有必要的动物实验福利、伦理及生物安全相关机构的审查、批准。

(6)实验结束后应进行必要的设施、设备、用品、废弃物安全处置。

2. 动物的检疫要求

(1)各动物的检疫期不同,大动物为 2 周,小动物为 1 周。

(2)在检疫期内观察动物的精神状态、食欲、营养状况、排泄物等,如有任何异常,动物不得用于实验,应退出动物检疫室。

(3)检疫合格的动物经适当处理后由缓冲间或物流通道进入动物实验室。

3. 动物饲养要求

(1)高致病性的一类病原要求在 ABSL-4、二类病原要求在 ABSL-3 高等级实验室中进行,并符合国家有关生物安全实验室管理规定。感染性动物实验的动物饲养应控制在能有效隔离保护的设备或环境内,如 IVC、隔离器、单向流饲养柜、特定实验室等。

(2)三类病原感染性动物实验应采用 IVC 或同类饲养设备进行饲养。

(3)四类病原应严格控制实验环境,有条件或必要时应采用 IVC 饲养。

(4)保证合理的恒温恒湿、通风换气、噪声、光照度等,设置必要的活动场地。

(5)应有福利伦理措施,提供必要的玩具,特别是犬、猴。应该注意玩具等的消毒灭菌。

(6)进行高等级病原动物实验时,应以生物安全为第一要素,可减少或不提供玩具等。

(7)动物密度不可过高,饮水须经灭菌处理。动物的移动应做到每个环节实行有效防护,避免病原污染环境。

二、实验动物的捉持方法

(一)青蛙和蟾蜍

用左手示指与中指夹住动物左前肢,拇指压住右前肢固定。毁脑和脊髓时,左手示指和中指夹持头部,右手将探针经枕骨大孔向前刺入颅腔,左右摆动探针捣毁脑组织;如需破坏脊髓,毁脑后退回探针刺入椎管即可(图 10-11)。捣髓时,一定注意头部不要对人,以免被喷射的毒素伤害。

左手握蛙 背部向上

图 10-11 蟾蜍捉拿、捣髓

（二）鼠类

1. **小鼠捉拿、固定方法** 捉拿时先用右手抓取鼠尾将其提起，置于鼠笼或实验台向后拉，在其向前爬行时，用左手拇指和示指按压抓住小鼠的两耳和颈部的皮肤，使小鼠头部不能动作，将鼠体置于左手心中，将后肢拉直，以环指按住鼠尾，小指按住后腿即可。这种在手中的固定方式，能进行实验动物的灌胃，皮下、肌肉和腹腔注射及其他实验操作。进行解剖、手术、心脏采血时，则将小鼠麻醉后取仰卧位，再用大头针将鼠前后肢依次固定在手术板上。尾静脉注射时，先根据动物大小选择好合适的固定器，打开鼠筒盖，让小鼠头对准筒口，手提鼠尾轻轻后拉，鼠类有爱钻洞的天性，此时会使劲前行，借势将其推入筒内，调节鼠筒长短合适后，使其露出尾巴（图 10-12），固定后即可进行尾静脉注射或尾静脉采血等操作。

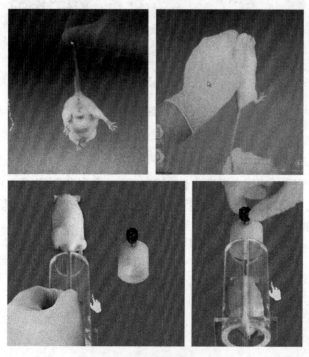

图 10-12 小鼠的捉拿、固定

2. 大鼠的捉拿、固定方法　大鼠的捉拿基本同小鼠。如果进行腹腔、肌内、皮下等注射或灌胃时,同样可采用左手固定法,用拇指和示指捏住鼠耳皮肤,余下三指紧捏鼠背皮肤,置于左掌心中,右手即可进行各种实验操作(图10-13)。做手术或解剖等时,则需事先麻醉或处死,然后用细棉线绳活缚腿,仰卧位绑在大鼠固定板上;尾静脉注射时的固定操作同小鼠(可选择大号鼠尾固定器)。为避免用力过大、过久致其死亡,不得捏其颈部。

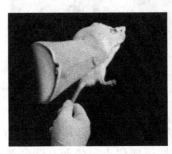

图10-13　大鼠的捉拿

3. 豚鼠的捉拿　豚鼠性情温和,胆小易惊,一般不易伤人。捉拿时以拇指和中指从豚鼠背部绕道腋下,环绕颈部,另一只手托住其臀部。体重小者可用单手捉持,体重大者抓持时宜用双手(图10-14)。

图10-14　豚鼠的捉拿

(三)家兔

实验家兔一般饲养在笼中,抓取方便。用右手抓住家兔颈背部的皮毛轻轻提起(不得握持双耳提起或直接抓提腹部),然后左手托其臀部或者腹部,使其呈蹲坐姿势或匍匐姿势,让其重量大部分在左手(图10-15)。

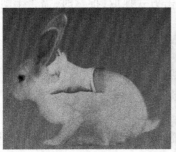

图 10-15 家兔的捉拿

（四）犬

犬的捉拿方法较多。未经训练和调教的犬性情凶恶，为防止在固定时被其咬伤，首先要对其头部进行固定。捉拿犬时可用铁钳固定犬的颈部，用长 1 m 左右的绷带，打一个猪蹄扣套在鼻面部，使绷带两端位于下颌处并向后引至颈部打结固定（图 10-16）。还有一种网口的方法，即用皮革、金属丝或棉麻制成的口网，套在犬口部，并将其附带结于耳后颈部防止脱落。犬麻醉后取仰卧位，在手术台上固定其四肢，将嘴套和绳带取下，经两侧嘴角将金属棒穿过口腔压于舌上，同时将舌拉出口腔以防窒息，然后再用绳带绕过金属棒，将嘴固定于手术台上。

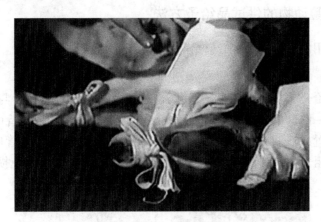

图 10-16 犬的捉拿

（五）捉持操作中的安全隐患

（1）青蛙为二级保护动物，目前实验中用蟾蜍（或牛蛙）替代了青蛙，需求量大，养殖周期短，缺少防疫检验。

（2）蟾蜍捉拿的主要姿势在头部的固定（便于暴露枕骨大孔），蟾蜍头端两侧眼后的椭圆状耳腺因刺激会喷射毒液。

（3）小鼠、豚鼠、家兔性情温顺，但操作时容易被实验人员粗暴动作或高声喊叫（初次接触小鼠工作人员）惊吓，此情况下捉拿过程中容易被咬伤。

(4)大鼠较小鼠牙尖性猛,不宜用袭击方式抓取,捉拿时,需带上帆布手套避免咬伤。

(六)捉持操作的防护措施

(1)操作前熟悉相关实验流程,规范操作步骤,避免失误造成的安全问题。

(2)进入实验室前和离开实验室须彻底洗手。

(3)每次操作前穿戴防护衣,佩戴捉拿手套、手术手套、口罩、护目镜等相关防护物品。

(4)操作后护具需按照规定分类放置处理(污染性衣物需专业处理),自带防护衣实验结束后,应妥善隔离保存,及时清洗,工作服一般每周更换2次。

(5)动物设施和实验区域使用专业洗涤剂进行日常清扫,防治尘埃、污物和污染因素累积。

(6)配备急救卫生箱,箱内装有紧急救护所需要的基本物品,如棉花、纱布、胶布、消毒水和清洁剂,75%乙醇、碘附、过氧化氢和抗生素等。

(7)实验中动物抓咬、针头扎伤、利器割伤等伤口需进行紧急清理,严重者速送医院治疗。

(8)及时向有关医师与兽医师报告,并采取相应的治疗措施。

(9)事后做好抓/咬记录备档,并报告上级。

(10)主管人员做好预后观察相关反应。

三、常见实验动物的供试品给予方法

实验动物常用的给药方法有经口给药、注射给药、吸入给药等方法。

(一)鼠类

1. 小鼠灌胃给药　左手捉持小鼠,使头部朝上,拉直颈部,操作者与小鼠腹部相对,右手持灌胃器从一侧口角将灌胃管插入口腔,沿着咽后壁慢慢插入食管(2~3 cm),使其前端到达膈肌位置,将药液缓慢注入。注意操作要轻柔,防止损伤食管(图10-17)。灌胃针插入时应无阻力,如有阻力或动物挣扎则应退针或将针拔出,以免损伤、穿破食管或误入气管。

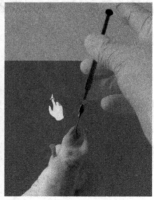

图10-17　小鼠灌胃给药

大鼠和小鼠的灌胃给药方法相似,灌胃管的直径不同,大鼠灌胃的关键是左手把大鼠头固定好,使大鼠头不能随意摆动,同事助手协助将大鼠后肢与尾巴进行固定。其他操作方法基本与小鼠相同(体重200 g的大鼠,灌胃器可插入全部)。为防止误入气管,插入后应回抽注射器针栓,如无空气被抽回再注入药液。

　　豚鼠和大鼠的灌胃给药方法相同,可应用开口器和导尿管与兔使用相同方法(见下述兔灌胃)。

　　2.皮下注射给药

　　(1)需两人协同完成,一人用左手将小鼠头部皮肤捏住,用右手将鼠尾拉住,牢固固定小鼠;助手用左手将背部皮肤捏起,持注射器的右手在背部皮下刺入针头进行注射。注射完毕为避免药液逸出,用手捏住刺入部位片刻,方可拔针(图10-18)。

　　(2)皮下注射亦可一人独立完成:在粗糙面上放置小鼠,用手拉住鼠尾,趁其向前爬动时,持注射器的另一只手迅速在小鼠背部皮下刺入针头,推注药进行注射。或左手捉持小鼠,右手持注射器,从右侧肋缘皮下刺入针头,向前推至右前肢腋下部位推入药液。

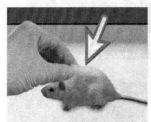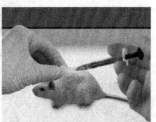

图10-18　小鼠皮下注射给药

　　大鼠与小鼠的操作方法基本相同,背部或大腿外侧皮下为常用注射部位。

　　豚鼠皮下注射方法基本同小鼠,注射部位通常在大腿内侧皮下。豚鼠可选择臀部和股部肌内注射(此法小鼠和大鼠不常用)。

　　3.小鼠腹腔注射给药　左手捉持小鼠使腹部朝上头部下倾(腹腔中的器官会自然倒向胸部,防止注射器刺入时损伤大肠、小肠等器官),持有注射器的右手在皮下平行腹中线推进针头3～5 mm,再以45°角向腹腔内刺入。注意刺入腹腔时有落空感,回抽无回血或尿液,即可注入药液。刺入不能太深太靠上,避免伤及肝(图10-19)。其他鼠类腹腔注射与小鼠相类似。

　　4.静脉注射给药　多采用尾静脉注射给药。将小鼠置入小鼠固定器中,使鼠尾露在外面。为促进尾部血管扩张,可用75%乙醇涂擦或浸泡在45 ℃左右温水中30 s,使尾静脉清晰可见。左手捏住鼠尾拉直,右手持注射器,以鼠尾扩张最明显的静脉,使针头与鼠尾成3°～5°角刺入血管,先缓注少量药液,如无阻力,表示针头已进入静脉,可继续推入药液(图10-20)。注意穿刺时应从鼠尾远端开始,以便失败后可在第一次穿刺点的近心端重新穿刺。注射完毕,用棉球按压穿刺点止血。

　　大鼠方法同小鼠,亦可将大鼠麻醉后以股静脉和舌下静脉作为穿刺血管给药。

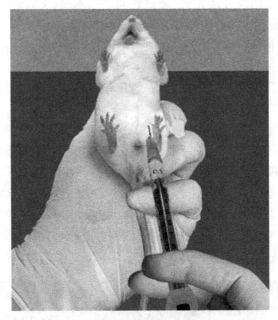

图 10-19　小鼠腹腔给药

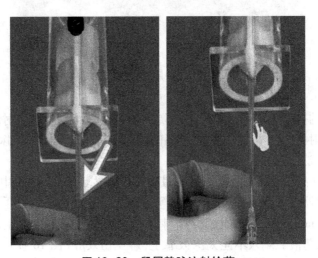

图 10-20　鼠尾静脉注射给药

　　豚鼠可将脚掌外侧静脉或外颈静脉作为穿刺血管。后脚掌外侧静脉注射时,一人持豚鼠将一条后腿固定,助手将注射部位体毛剪除,后脚掌外侧皮肤涂擦乙醇以充分暴露血管,将头皮静脉输液针头(4.0～4.5 号)刺入血管回血后即可进行静脉注射。外颈静脉注射时应剪去一点皮肤以暴露血管,然后刺入针头给药。

　　(二)家兔

　　1.灌胃给药　需两人协同完成,一人取坐位,两腿之间夹住兔身,两只手分别抓住两前肢和双耳,并牢固固定,助手在兔口中横插并缓慢旋转开口器,压住并固定兔舌。从开口器中部小孔缓缓将导尿管(替代灌胃管)沿上腭壁插入食管(图 10-21)。操作者要掌握判定误入气管的方法和技能,确定导尿管插在食管内后,在导尿管上连接注射器并推入药液,管内残存药液用少量清水进行冲洗,结束操作后缓慢拔出导尿管取出开口器。

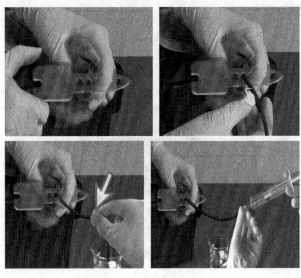

图 10-21 家兔灌胃给药

2. 背颈部行皮下注射给药 一人固定家兔,一人左手拇指、示指和中指提起背颈部皮肤,右手持注射器刺入皮下,松开皮肤注入药液。家兔可进行臀部和股部肌内注射,腹腔注射与小鼠相似。

3. 静脉注射 将家兔置固定箱内,头露在外,去耳外缘毛并用乙醇涂擦使耳缘静脉充血,在兔耳尖部用一只手拇指和中指捏住并垫示指于耳下,另一只手持注射器将针头从静脉远端刺入血管,推注药液(图 10-22)。

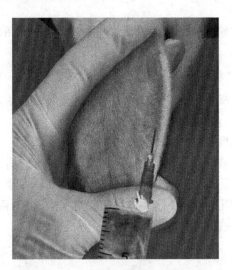

图 10-22 家兔耳缘静脉注射给药

（三）狗

灌胃和皮下注射给药方法基本与家兔相同，灌胃器具相应要大些，操作时注意避免被动物咬伤、抓伤。在颈部进行皮下注射（图10-23）；在臀部和股部进行肌内注射；腹腔注射方法与小鼠相似。

缓慢推入药物

图10-23　狗颈部皮下注射

未麻醉的狗后肢小隐静脉是常用注射部位，操作时一人先将狗头固定住，一人抓住注射后肢，先剪毛消毒，之后用双手紧握后肢上部扎橡皮带，使静脉充盈，助手持注射器朝向心端进行静脉穿刺，确认针头在血管内（抽动针栓有回血）后，进行静脉注射。

（四）供试品给予方法的安全隐患

（1）除捉拿动物存在风险外，还存在因药品摆放不当、错误操作等因素，使药品喷溅、泄漏，造成化学性吸入、接触性毒害。

（2）注射器不当操作：用力不当或者动物未被保定或镇定，造成被带有血液、组织液或药品的针头扎伤。

（3）从动物皮肤或者膜塞瓶上拔出针头时的震荡易产生气溶胶。

（4）操作中错误给药。

（五）给药操作的防护措施

（1）防护措施同捉拿操作外，本操作还需提前了解实验药品属性。

（2）规范摆放，药品及注射器使用后归位，针头封闭。

（3）吸取药品前一定要核对标签。

（4）操作台面使用后或有传染性材料溅洒，必须用适合的消毒液清洗消毒。

（5）重复使用的器材用后应浸入含有效氯 2 000 mg/L 消毒液 4 h，再清洗干净；

（6）开放式实验室使用时应开窗通风，保证持空气流通、清新；

（7）空气消毒用紫外线灯照射，每次时间均应大于 30 min。

四、实验动物的取血方法

（一）小鼠、大鼠的采血方法

1. 割（剪）尾采血　采用血量较少时适合使用，首先固定动物并露出鼠尾，将尾部毛剪去后消毒浸泡在 45 ℃左右的温水中数分钟，尾部血管充盈后，再将鼠尾擦干，用锐器（刀或剪刀）割去尾尖 0.3 ~ 0.5 cm。让血液自由滴入器皿或用血红蛋白吸管吸取，采血结束后进行伤口消毒并压迫止血（图 10-24）。也可在尾部作一横切口，割破尾动脉或静脉，收集血液的方法同上。每只鼠一般可采血 10 余次。

图 10-24　割（剪）尾采血

2. 摘除眼球采血法　需血量较多的采血法。操作者左手抓住并固定鼠头在试验台，稍微压力使其眼球外突，右手持弯无钩小镊顺势去眼球，左手拇指和示指捏住并固定其头部，右手迅速提起鼠尾和后肢，使鼠倒置在收血试管上，待血流停止，即将鼠放回原处（图 10-25）。本法采血较多，但缺点是动物采血后多数死亡。

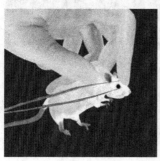

图 10-25　摘除眼球取血法

3. 眼眶静脉丛采血　采血者的左手拇、示两指从背部较紧地握住小鼠或大鼠的颈部（大鼠采血需加戴纱手套），注意动作力度防止动物窒息。取血时左手拇指及食指轻轻压迫动物的颈部两侧，使眶后静脉丛充血，右手持接 7 号针头的 1 mL 注射器或长颈（3 ~ 4 cm）硬质玻璃滴管（毛细管内径 0.5 ~ 1.0 mm），使采血器与鼠成 45°的夹角，由眼内角刺入，针头斜面先向眼球刺入后再旋转 180°，使斜面对着眼眶后界刺入，深度：小鼠 2 ~ 3 mm，大鼠 4 ~ 5 mm。当感到有阻力时停止推进，同时将针退出 0.1 ~ 0.5 mm，边退边抽

（图 10-26）。若穿刺成功血液能自然流入毛细管中。当得到所需的血量后，即除去加于颈部的压力，同时将采血器拔出，以防止术后穿刺孔出血。

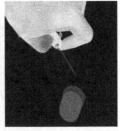

图 10-26　眼眶静脉丛采血

4. 断头取血　采血者的左手拇指和示指从背部较紧地握住大（小）鼠的颈部皮肤，同时做动物头朝下倾的姿势。右手用剪刀猛剪鼠颈，在 1/5 ~ 1/2 的颈部前剪断，让血滴入盛器（图 10-27）。

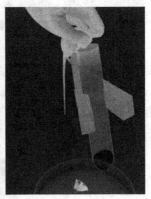

图 10-27　断头取血法

5. 心脏采血　鼠类的心脏较小、心率较快，心脏采血较为困难，故较少使用。麻醉后固定鼠，剪去胸部被毛，常规消毒，在胸骨左侧 3 ~ 4 肋间摸到心尖搏动，在搏动最明显处作穿刺点；右手持注射器，在胸骨左缘 3 cm 处将针头插入肋间隙，左手触摸到心跳后，垂直刺入心脏，当持针手感到心脏搏动时，再稍刺入即到达心腔。针头直入直出，不可在胸腔内左右探索（图 10-28），拔针后棉球压迫止血。

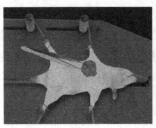

图 10-28　心脏采血

6.颈动、静脉采血　准备一个特定的颈静脉保定盒、大鼠头部固定器。采取特殊位置固定,绑绳固定大鼠 2 个前肢,另一个人固定大鼠后肢,使大鼠呈现腹部朝上的一个"十"字形,让大鼠颈部依靠在保定器上,颈部与前肢成大于 90°角,用头部固定器扭动颈部,使锁骨出现一个三角窝,注射器沿着腹中线平行方向进针,进针同时回抽注射器出现血液则可抽取相应的血量,最后拔出针头按压止血(图 10-29)。

图 10-29　颈动、静脉采血

7.腹主动脉采血　先将动物麻醉,仰卧固定在手术架上,从腹正中线皮肤切开腹腔,找到腹主动脉,用注射器吸出血液。或用无齿眼科镊剥离结缔组织,夹住动脉近心端,用眼科剪剪断动脉,使血液喷入盛器(图 10-30),动脉取血需注意防止溶血。

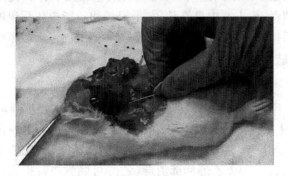

图 10-30　腹主动脉采血

8.股动(静)脉采血　将鼠固定在手术台上,进行皮肤分离后可见静脉,动脉则以搏动线为操作指标,右手用注射器刺入血管(图 10-31)。

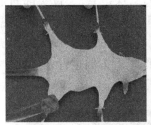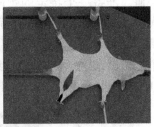

图 10-31　股静脉采血

（二）豚鼠采血法

1. 耳缘剪口采血　将耳消毒后，用锐器（刀或刀片）割破耳缘，在切口边缘涂抹 20% 柠檬酸钠溶液（防止凝血），切口后血液自动流出，进入盛器。操作前使耳充血效果较好。

2. 心脏采血　取血前先探明心脏搏动最强部位（通常在胸骨左缘正中处），在心跳最明显部位作穿刺，细长针头最宜（避免发生手术后穿刺孔出血），其操作手法详见大、小鼠心脏采血。因豚鼠身体较小，可以不做动物固定，由助手固定前后肢进行采血即可。

3. 股动脉采血　将动物仰位固定在手术台上，腹股沟区剪毛后麻醉，手术局部用碘酒消毒。切开长 2~3 cm 的皮肤，使股动脉暴露并分离。然后，用无齿镊提起股动脉，远心端结扎，止血钳夹住近心端，在固定区动脉中央剪一小孔，用无菌玻璃小导管或聚乙烯、聚四氟乙烯管插入后，放开止血钳（要求动作轻缓，防止操作时血管破裂），血液即从导管口流出。

4. 背中足静脉取血　助手固定动物，将其右或左膝关节伸直提到术者面前，术者将动物脚背面用乙醇消毒，找出背中足静脉，左手拇指和示指拉住豚鼠的趾端，右手拿注射针刺入静脉。拔针后伤口立即出血，呈半球状隆起。采血后，用纱布或脱脂棉压迫止血。反复采血时，可两后肢交替使用。

（三）兔采血法

1. 耳静脉采血　本法为最常用的取血方法，常作多次反复取血时使用，此操作需保护耳缘静脉，防止发生栓塞。将兔放入专用固定盒中，仅露出头部及两耳，或由助手以手扶住头部。选耳缘静脉清晰的耳朵，将耳缘静脉（取血区间）部位的毛拔去，用手指轻轻摩擦兔耳，使静脉扩张，用 75% 乙醇局部消毒（乙醇可刺激血管扩张），用 5(1/2) 号针头的注射器在耳缘静脉末端刺破血管，待血液漏出取血或将针头逆血流方向平行刺入耳缘静脉取血，取血完毕用棉球压迫止血（图 10-32）。

2. 耳中央动脉采血　将兔固定在专业兔盒内，兔耳中央有一条较粗、颜色较鲜红的中央动脉，用左手固定兔耳，右手持注射器，在中央动脉的末端，沿着动脉平行向心方向刺入动脉，动脉血回流至针筒，即可抽取血液，取血完毕后注意止血（图 10-33）。

图 10-32　兔耳缘静脉取血

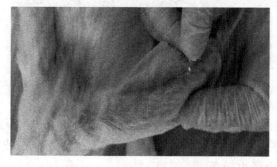

图 10-33　兔耳中央动脉取血

3. 心脏取血　将麻醉后的家兔仰卧固定,心脏部位备毛,碘酒、乙醇消毒皮肤,选择心搏最明显处穿刺,通常在第 3 肋间胸骨左缘 3 mm 处,注射器针头垂直刺入心脏,缓慢抽动针栓待血液回流后开始抽取血液。注意事项如下。

(1)动作宜迅速,缩短在心脏内的留针时间,防止血液凝固。

(2)如针头已进入心脏但抽不出血时,应将针头稍微后退一点。

(3)在胸腔内针头不应左右摆动以防止伤及心脏和肺(图 10-34)。

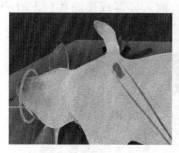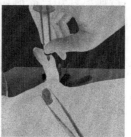

图 10-34　家兔心脏取血

4. 后肢胫部皮下静脉取血　将兔仰卧式固定于兔板上,或由助手将兔固定好。胫部粗剪刀被毛,在胫部上端股部扎以橡皮管,在胫部外侧浅表皮下,可清楚见到皮下静脉。用左手两指固定好静脉(皮下静脉易滑动),右手用带有 5(1/2)号针头的注射器向静脉平行方向刺入血管,缓慢抽动针栓回血后,即可取血。

5.股静脉、颈静脉取血　取血前先作股静脉和颈静脉暴露分离手术。

（1）股静脉取血　将家兔下肢固定，股静脉处被毛消毒，注射器平行于血管，从股静脉下端向心方向刺入。缓慢抽动针栓有回血后即可取血，股静脉较易止血，用干纱布轻压取血部位即可（图10-35）。

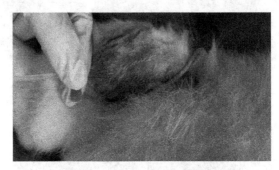

图10-35　后肢胫部皮下静脉取血

（2）外颈静脉取血　家兔固定被毛消毒后，注射器由近心端（距颈静脉分支2～3 cm处）向头侧端顺血管平行方向刺入，使注射针一直引伸至颈静脉分支叉处，即可取血。此处血管较粗，易取血，血量也较多。

（四）狗、猫的采血方法

1.后肢外侧小隐静脉和前肢内侧皮下头静脉采血　此法采静脉血最常用且方便。后肢外侧小隐静脉位于后肢胫部下1/3的外侧浅表的皮下，由前侧方向后行走。抽血前，需将狗固定在狗架上或使狗侧卧，将狗固定好。抽血部位剪毛，碘酒、乙醇消毒皮肤。采血者左手拇指和示指握紧剪毛区上部，使下肢静脉充盈。右手用连有6号或7号针头的注射器迅速穿刺入静脉，然后左手放松将针固定，回抽有血后以适当速度抽血（以无气泡为宜）。或将胶皮带绑在狗的股部，或由助手握紧股部即可。若仅需少量血液，只需用针头直接刺入静脉，待血从针孔自然滴出，放入盛器或作涂片（图10-36）。采集前肢内侧皮下的头静脉血时，操作方法基本与上述相同。

图10-36　狗小隐静脉取血法

2.股动脉采血　本法为采取狗动脉血最常用的方法，操作较为简便。将稍加以训练的狗,在清醒状态下卧位固定于解剖台上。伸展后肢向外侧伸直,充分暴露腹股沟三角动脉搏动的部位,被毛,用碘酒消毒。左手中指、示指探摸股动脉搏动部位,并固定好血管,右手取连有5(1/2)号针头的注射器,针头由动脉搏动处直接刺入血管。若正确刺入动脉一般可见鲜红血液流入注射器。有时还需微微转动一下针头或上下移动一下针头(针头容易贴血管壁堵塞针孔或刺入皮下),方见鲜血流出。

3. 心脏采血　将麻醉后的狗固定在手术台上,前肢向背侧方向固定,暴露胸部。将左侧第3～5肋间区域的毛剪去,然后用碘酒、乙醇消毒皮肤。用左手触摸左侧3～5肋间处。选择心跳最明显处穿刺。一般选择胸骨左缘外1 cm第4肋间处。取连有6(1/2)号针头的注射器,从上述部位进针,向动物背侧方向垂直刺入心脏。采血者可随针感受心跳的感觉,随时调整入针方向和深度。注意摆动的角度尽量小,避免损伤心肌过重,或造成胸腔内大出血。当针头正确刺入心脏时,血即可进入注射器。

4. 耳缘静脉采血　本法适用于取少量血液作血常规或微量酶活力检查等。有训练的狗不必绑嘴,剪去耳尖部短毛即可见耳缘静脉,采血手法基本与兔相同。

5. 颈静脉采血　此法无须麻醉,经训练的狗无须固定,未经训练的狗应予固定。取侧卧位,颈部备毛约10 cm×3 cm范围,用碘酒、乙醇消毒皮肤。将狗颈部拉直,头尽量后仰。用左手拇指压住颈静脉入胸部位的皮肤,使颈静脉怒张,右手取连有6(1/2)号针头的注射器。针头沿血管平行方向向心端刺往前血管。由于此静脉在皮下易滑动,针刺时除用左手固定好血管外,刺入要准确。取血后注意压迫止血。采用此法,一次可取较多量的血。

猫的采血法基本与狗相同,常采用前肢皮下头静脉、后肢的股静脉、耳缘静脉取血。需大量血液时可从颈静脉取血,方法同前述。

(五)猴的采血方法

猴与人类的采血法相似,常用方法有以下几种。

1. 毛细血管采血　需血量少时,可在猴拇指或足跟等处采血。此采血方法与人的手指或耳垂处的采血法相同。

2. 静脉采血　最宜部位是后肢皮下静脉及外颈静脉,后肢皮下静脉的取血法与狗相似。用外颈静脉采血时,把猴固定在猴台上,侧卧位,头部略低于台面,助手固定猴的头部与肩部。先剪去颈部的毛,用碘酒、乙醇消毒后,即可见位于上颌角与锁骨中点之间的怒张的外颈静脉。用左手拇指按住静脉固定,右手持连6(1/2)号针头的注射器,其他操作与人的静脉取血相同。也可在肘窝、腕骨、手背及足背选取静脉采血,但这些静脉存在较细、易滑动、穿刺难、血流速度慢等问题。

3. 动脉采血　股动脉较易触及,取血量多时常被优先选用,手法与狗股动脉采血相似。此外,肱动脉与桡动脉也可用于此法。

(六)羊的采血方法

常采用颈静脉取血,也可在前后肢皮下静脉取血。将羊蹄捆缚按倒在地,助手用双手握住羊下颌,向上固定住头部。在颈部一侧外缘剪毛6～7 cm范围,碘酒、乙醇消毒。用左手拇指按压颈静脉,使之扩张,右手取连有粗针头的注射器沿静脉一侧以39°倾斜由头端向心方向刺入血管,拔动针栓有回血后缓缓抽血至所需量(图10-37)。取血完毕,拔出针头,采血部位以乙醇棉球压迫止血。同时迅速将血液注入盛有玻璃珠的灭菌烧瓶内,振荡数分钟,脱去纤维蛋白,防止凝血,或将血液直接注入装有抗凝剂的器皿内。

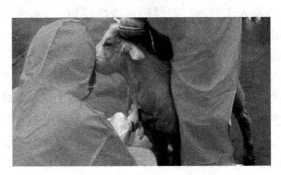

图10-37 羊颈静脉采血

(七)鸡、鸽、鸭的采血方法

鸡和鸽常采用的取血方法,是从翼根静脉取血。抽取血时,可将动脉翅膀展开,露出腋窝,即可见到明显的翼根静脉,此静脉是由翼根进入腋窝的一条较粗静脉。将羽毛拔去,用碘酒、乙醇消毒皮肤。抽血时用左手拇指、示指压迫此静脉向心端,可见血管怒张,右手取连有5(1/2)号针头的注射器,针头由翼根向翅膀方向沿静脉平行刺入血管内,有回血后即可抽血。也常采用颈静脉取血。通常右侧颈静脉粗于左侧,因此常选用右侧颈静脉。以示指和中指按住头的一侧,去毛后用乙醇棉球消毒右侧颈静脉的部位,以拇指轻压颈根部使静脉充血,用右手持注射器刺入静脉取血(图10-38)。

图10-38 鸡翼根采血

常采用取血法还有爪静脉取血和心脏取血,在爪根部与爪中所见血管尖端之间切断血管,以吸管或毛细管直接取血,亦可将注射针刺入心脏内取血。

(八)采血操作中的安全隐患

(1)接触带污染的血液和带有传染性疾病的血液器具。

(2)打开密封较好的容器盖子时液体或血液容易洒落污染操作区。

(3)不加塞盖的试管进行离心容易形成气烟雾散布于空气。

(4)采血过程中动物挣扎造成血液污染工作区。

（九）采血操作的防护措施

（1）采集的血液标本应放置在具有安全盖的优良容器中，防止运输过程中发生泄漏。

（2）采血和处理血液标本的工作人员一定要戴好手套，动脉血容易喷溅，应使用面部防护装备；手套破损、刺破，或失去其屏障功能，则应尽快更换。清洗或消毒会损害一次性手套的质量，故不得重复使用一次性手套，在接触动物后应更换手套。

（3）禁止用手故意将针头弯曲或折断。

（4）所有的锐利物品使用后应放入专用锐器盒内，然后运至处理场所。

（5）废弃锐利物品的容器，应就近放在便于操作的地方。

（6）血液或其他体液发生泄漏或工作结束后，均应使用合适的化学杀菌剂对实验室工作区进行表面消毒。可使用2%的84消毒液消毒。

（7）被血液或其他体液污染的设备在实验室内或仪器商家进行维修之前，应先进行清洁和消毒。无法彻底消毒的设备必须贴上生物危害的标签。

（8）采集标本均为可疑污染物，操作前均应戴好乳胶手套，工作后脱手套用手消毒液消毒双手，用流动水洗净。

五、鸡胚实验

（一）接种前的准备

1. 选胚　根据实验需求选用合适日龄的鸡胚，大多数病毒适于9～12日龄的白色健康的鸡胚。鸡胚应来自健康无病的鸡群，不能含有可抑制所接种病毒的母源抗体，最好选用SPF鸡胚或非免疫鸡胚。

2. 照蛋定位　接种前应在照蛋器下检查鸡胚，跳出死胚和弱胚，以铅笔划出气室、胚胎的位置（图10-39），若要做卵黄囊接种或血管注射，还要划出相应的部位。

3. 打孔　用碘酊在接种处的蛋壳上消毒，并在该处打孔。

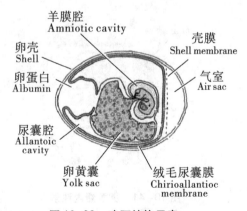

图 10-39　鸡胚结构示意

（二）鸡胚的接种

鸡胚接种一般用结核菌素注射器注射,注射完后均应用熔化的石蜡将接种孔封闭。

1.绒毛尿囊腔内注射　取9～10日龄鸡胚,用锥子在乙醇灯火焰烧灼消毒后,在气室顶端和气室下沿无血管处各钻一小孔,针头从气室下沿小孔处插入,深1.5 cm(图10-40),即已穿过了外壳膜且距胚胎有半指距离,注射量0.1～0.2 mL。注射后立即热石蜡封闭小孔,置孵育箱中直立孵育。常用于痘病毒、喉气管炎病毒和马立克病毒等的分离培养。

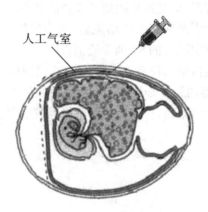

人工气室

图10-40　绒毛尿囊膜人工气室接种

2.卵黄囊内注射　取6～8日龄鸡胚,可从气室顶侧接种(针头插入3.0～3.5 cm),因胚胎及卵黄囊位置已定,也可从侧面钻孔,将针头插入卵黄囊接种(图10-41)。侧面接种不易伤及鸡胚,但针头拔出后部分接种液有时会外溢,需用乙醇棉球擦去。其余同尿囊腔内注射。常用于马立克病毒、披膜病毒、衣原体及立克次体的分离、培养。

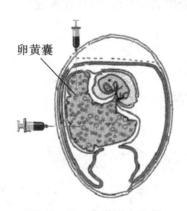

卵黄囊

图10-41　卵黄囊内注射

3.尿囊绒毛膜接种

（1）人工气室法　取10～11日龄鸡胚,先在照蛋灯下检查鸡胚发育状况,划出气室位置,并选择尿囊绒毛膜发育区作一"记号"。将胚蛋横卧于蛋座上,尿囊绒毛膜发育区"记号"朝上。用碘酒消毒记号处及气室中心部,在气室中心部锥小孔。然后用锥子轻锥记号处蛋壳,约0.5 mm深,使其卵壳穿孔而壳膜不破。用洗耳球吸去气室部空气的同时,随即因上面小孔进入空气而尿囊绒毛膜陷下形成一个人工气室,天然气室消失。接种时针头与卵壳成直角。自上面小孔直刺破卵膜进入人工气室3~5 mm,注入0.1~0.2 mL病料,正好在尿囊绒毛膜上。接种完毕用熔化石蜡封闭两孔,人工气室向上,横卧于孵化箱中,逐日观察。

(2)直接接种法　将鸡胚直立于蛋座上,气室向上,气室区中央消毒打孔,用针头刺破壳膜,接种时针头先刺入卵壳约0.5 cm,将病料滴在气室内的壳膜上(0.1~0.2 mL),再继续刺入1.0~1.5 cm(图10-42),拔出针头使病料液即慢慢渗透到气室下面的尿囊绒毛膜上,然后用石蜡封孔,放入孵化箱培养。本方法的原理为壳膜脆,刺破后不能再闭合,而尿囊绒毛膜有弹性,当针头拔出后被刺破的小孔立即关闭。常用于鸡新城疫、减蛋综合征病毒、传染性支气管炎病毒、法氏囊病毒等。

4.羊膜腔内接种　所用鸡胚为10日龄,有两种方法。

(1)开窗法　从气室处去蛋壳开窗,从窗口用小镊子剥开蛋膜,一只手用平头镊子夹住羊膜腔并向上提,另一只手注射0.05~0.10 mL病料液入腔内,然后封闭人工窗,使蛋直立孵化,此法可靠,但胚胎易受伤而死,而且易污染。

(2)盲刺法　将鸡胚放在灯光向上照射的蛋座上,将蛋转动使胚胎面向术者。在气室顶部到边缘的一半处打一孔,用40 mm长的针头垂直插入,约深30 mm以上。如已刺入羊膜腔,能使针头拨动胚即可注入病料液0.1~0.2 mL(图10-43),如针头左右移动时胚胎随着移动,则针头已刺入胚胎,这时应将针头稍稍提起后再注射。拔出针头后石蜡封闭小孔,置孵化箱中培养。

常应用于临床材料中分离流感病毒等,病毒感染后可收集羊水和尿囊液。

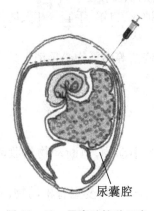

图10-42　尿囊腔接种示意

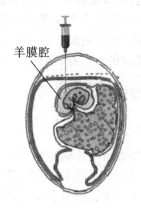

图10-43　羊膜腔内接种

(三)接种后检查

接种后24 h内由于接种时鸡胚受损或其他原因而死亡的鸡胚,应弃去,24 h后,每天照蛋2次,如发现鸡胚死亡立即放入冰箱,于一定时间内不能致死的鸡胚亦放入冰箱冻死。死亡的鸡胚置冰箱中1~2 h即可取出收取材料并检查鸡胚病变。

（四）鸡胚孵化注意措施

（1）孵化场须远离养殖场，以便于切断疾病传播，有较好的空气环境和优质的水源，足够时间的紫外线照射杀菌。孵化场工作人员进场前，须经紫外线照射，淋浴更衣，然后经消毒池入场。孵化器与孵化室，在孵化前和出雏后都必须经过有效的灭菌消毒。

（2）孵化室应严密，保温性能良好，同时具有良好的通风设备以保证室内空气新鲜。在孵化前对孵化室进行必要的消毒工作，如：紫外线持续照射 $3 \sim 5$ h。

（3）在孵化前，孵化器应经检修、熏蒸、消毒后方可入孵。

（4）种蛋要用熏蒸消毒法，每立方米高锰酸钾 1.5 g，福尔马林 30 mL，在 $27 \sim 30$ ℃温度下熏蒸 20 min，熏蒸后将气体排出。

（五）操作中的安全隐患

（1）通常鸡胚含有白血病病毒。

（2）注射器吸取病毒不慎易造成泄漏。

（3）接种后针头拔出时液体外溢产生气溶胶。

（4）接种时带有病毒的针头误伤操作人员。

（5）操作间、器具、废弃物（收集后的鸡胚）中病毒的残留。

（六）操作的防护措施

（1）操作时要求严格的无菌条件，实验室、无菌室及净化工作台必须经紫外灯消毒。各种实验用器具必须无菌。

（2）用于分离培养的病毒标本要确保无菌。如无把握，要用抗生素（青霉素、链霉素）处理后，方可接种鸡胚。

（3）实验前应掌握动物实验相关设备安全使用、规范操作及异常情况处置，掌握病原、设备设施、动物实验等风险评估和风险控制知识及技能。

（4）操作人员进入实验室前需穿戴专业防护衣、口罩、手套等相关防护措施。

（5）使用过的注射器要放置专业防渗漏器皿内。

（6）使用过的疫苗瓶、器具、稀释后剩余的疫苗等污染物必须消毒处理。

六、实验动物的处死方法

（一）物理方法致死

1.急性失血法　此法应用于大鼠和小鼠等小动物，剪断动物的股动脉，放血致死。此法多用于采集组织标本制作病理切片。

2.断头法　此法适用于恒温动物（鼠类等小动物），变温脊椎动物，有相对能更高地抵制缺氧的特性，故不推荐使用。

3.空气栓塞法　此法适用于较大动物（家兔、猫）的处死。此方法的应用导致动物死于急性循环衰竭，所以各脏器淤血十分明显。

4.断髓法　此法适用于小鼠、大鼠等小型动物。

（二）化学药物致死

1.药物吸入　吸入式麻醉剂（包括 CO_2、CO、乙醚、三氯甲烷等）、氯化钾、巴比妥类麻醉剂、二氯二苯三氯乙(DDT)等。

2.药物注射　药物注射是通过将药物注射到动物体内,使动物致死。氯化钾适用于家兔和犬;巴比妥类麻醉剂适用于兔、豚鼠;二氯二苯三氯乙适用于豚鼠、兔、犬。

(三)特殊实验动物的处死

处死昆虫一般用烫死法;处死青蛙时通常使用乙醇麻醉;处死狐的方法为将氯化琥珀酰胆碱针剂注入体内。

(四)处死操作中的安全隐患

(1)物理方法中动物易产生挣扎,造成血液喷溅、药品洒落等问题。

(2)化学方法容易使操作者皮肤接触或吸入毒性药品。

(五)处死操作的防护措施

(1)动物尸体运输过程中全程戴手套,如果破损,马上更换。

(2)防护衣和口罩在此操作中不能去掉。

(3)严格按照本章第四节中动物尸体处理方法操作执行。

(4)实验中用过的污染物品在重复使用前或装入容器中按传染性废弃物进行处理前,应先进行去污处理。

第四节　动物实验废弃物的处理

一、固体废弃物的处理方法

(一)垫料

垫料是数量最大的废弃物,其数量涉及处理费用的高低。

(1)减少废弃物的量是解决废弃物污染问题的最佳途径,可依据饲养动物的种类、最大动物饲养空间、更换垫料的频率来估算废弃垫料的生产量,以安排储存空间、运送工具和人力。

(2)废弃物清理、搬运、收集、储存及处理应建立一套工作规范,一切操作按有关法令规定执行。设置负压式废弃垫料收集装置,避免垫料在清理过程中随空气散布。工作人员穿戴防护装备,如工作眼罩、口罩、面罩、手套和长筒靴等。不同污染程度的废弃垫料,应以不同方式处理。

(3)一般性无害废弃垫料,指单纯动物实验所清理出来的垫料,可直接进行最终处理,常用方法包括堆肥和苗圃处理、焚烧、经下水道排放或视作一般废弃物掩埋。焚烧方式处理垫料符合环保要求,但费用高(需建造专用的焚烧炉)。

(4)经下水道排放,每年应定期处理窨井中沉淀下的污泥,处理方法按窨井容积加入5%生石灰,搅拌作用24 h后,可用作肥料;掩埋处理,应注意的是有传染性或放射性物质污染的垫料、感染性废弃垫料需经灭菌后方可当无害化废弃垫料予以掩埋。

（二）动物尸体

动物尸体是实验动物设施产生的主要废弃物之一。

（1）设施中必须设置容量充足的冷藏设备暂时储存尸体。感染病原微生物或放射性物质的动物尸体，可以直接掩埋或焚烧。

（2）感染性的动物尸体应用装载生物危害物质的塑胶袋妥善包装，经蒸汽高温高压灭菌后，再以一般处理无害性动物尸体的方法处理。

（3）通常方法是将尸体置入冷冻库冷冻保存（较大动物尸体可经适当肢解），尸体由冷冻库取出后需先解冻再予以焚烧以避免燃烧不完全及浪费燃料。解冻时应在适当的场所，避免解冻水之污染。

（4）放射性动物尸体，应以装载放射性物质的塑胶袋妥善包装，利用专用烘箱以60～70 ℃将尸体水分烘干。为避免烘干过程产生恶臭，可利用微波炉加热使水分离，经干燥后的动物尸体可按废弃放射性材料处理方法处理。

（三）尸体无害化处理方法

1.化制法　在特设的加工厂中进行处理，不仅对尸体进行消毒处理，还可提取许多有价值的东西，如工业用油脂、骨粉、肉粉等。

2.掩埋法　尸坑深应2 m以上。

3.腐败法　将尸体投入专用尸体坑，使其腐败以达到消毒目的。但此法不适于芽孢菌致病死亡的动物尸体处理。

4.焚烧法　此法最彻底，但费用高。动物尸体解剖室是产生危害性物质的来源之一，组织固定液（如福尔马林）和动物身上的病原微生物（如 LCMV、结核分枝杆菌或其他人类的病原菌）如果没有给予适当的防护措施，不但会直接危害工作人员，也可能泄漏污染环境，所以尸体解剖室应设置负压式解剖台，排气需经过处理去除微生物或化学物。

二、液体废弃物的处理方法

（1）在实验动物场，每天清洗笼舍、器械及地板，造成大量污水从动物室、洗笼机、洗涤间经下水道排放。此废水主要含有动物排泄的粪尿，如符合排放标准，可直接排入废水处理系统，不会造成环保问题。

（2）实验动物设施需定期清洁消毒，所使用的消毒剂一般含有抗菌物质、清洁剂、pH缓冲剂、去毛剂和除臭剂等，要按指示稀释浓度使用，避免过量使用造成污水增加，使用后要彻底清洗，避免残留物形成不溶性化合物，对动物有害。

（3）啮齿类动物设施一般不设排水口，必须有排水口的动物房，其排水口的位置、口径大小、排水沟及地板斜度必须符合标准，避免排水困难造成积水，并能做到有效密封。排水管与主干道间应直接连接，不宜弯曲太多。

（4）感染性动物实验设施所产生的废水存在含有致病微生物的隐患，最好能先集中在贮水池中消毒，需经化学处理消毒（如次氯酸钠和臭氧等）或加热高压蒸汽灭菌处理后方可排入市政污水管网。

三、气体废弃物的处理方法

（1）氨、氯、硫化氢和硫醇等具特殊气味的有害气体，由动物粪尿发酵分解产生。其中氨的浓度最高，因而以其浓度作为判断有害气体污染程度的指标之一。有害气体浓度过高，可直接刺激实验动物和人的眼结膜、鼻腔及呼吸道的黏膜导致流泪、咳嗽并损害动物与人的健康。

（2）为减少臭气、粉尘的产生而造成的影响，在规划实验动物设施时就应予以足够的重视，如实验动物设施单独设置，与办公室分开，安装独立的空调系统或脱臭设备，利用压差控制臭气的外泄等。

（3）对啮齿类动物，降低饲养密度、增加垫料更换次数、增加动物室的通风换气次数、使用通风换气的IVC饲养盒、使用隔离器及层流架等都可减少废气的产生和扩散。大型动物可通过增加清洗排泄物次数、保持室内干燥、定期药浴控制体外寄生虫感染来减少臭气的产生。废气需经高效过滤方可向大气中排放，各种过滤器应定期清洗、消毒或者更换，排风口不能设置成垂直向上。

（4）粉尘又称气溶胶，是指空气中浮游的固体粒子、液体粒子或固体和液体粒子在气体介质中的悬浮物。动物室的粉尘主要来源于未经过滤的空气及室内的动物皮毛、排泄物、饲料屑和垫料等。作为变应原，粉尘可引起动物和人的呼吸系统疾病和过敏性皮炎，同时还是病原微生物的载体，会促使微生物扩散而引起多种疾病。清理废弃垫料时，使用气罩可减少粉尘的产生。粉尘需经高效过滤方可向大气中排放，各种过滤器应定期清洗、消毒及更换。

四、涉及生物安全方面的废弃物的处理程序

1.预处理
（1）化学消毒：包括有机磷、有机氯、有机氮、有机汞和氨基甲酸酯类等。
（2）物理消毒：包括巴氏消毒、微波、辐照等方法。
2.实验室处置
（1）化学灭菌：消毒剂高浓度、长时间作用。
（2）物理灭菌：高压、煮沸或高强度辐照。
（3）直接焚烧。
（4）物理或化学处理后掩埋。
3.移送处置生活垃圾的移送处理按常规
（1）医疗垃圾移送处理　承办医疗垃圾移送处理的单位要具备相应的资质，最好是专业环保单位；应签订正式合同；议定移送时间，安排好移送前废弃物的存放和保护事宜；确保移送工具能满足生物安全的要求，应密封并保证途中不泄漏、不遗失；应办理移送交接的各项手续。
（2）可重复利用器械的回收灭菌、清洁　彻底去除污染病原微生物。实验室常用苯酚和次氯酸钠溶液对传染性材料进行化学消毒。消毒液内的吸管、玻片、毛细管等均应

浸泡过夜后方可处理,吸管等应在 65 ℃ 的热水中漂洗或用水煮沸后再按常规法洗净。盛消毒液的玻璃器皿在重新换液前应进行高压消毒,以防耐消毒剂的细菌滋生。当存在大量血液时,可用强次氯酸盐进行消毒。

（3）含放射性废弃物的处理　进行放射性实验所产生的废弃物,如果属于短半衰期且放射性较低的物品,放置 6～10 个半衰期后可焚烧处理。其他放射性废弃物,应置于安全包装后送放射性废物处理站处理。

五、注意事项

（1）废弃物的处理应严格遵守国家有关法令规定,以不造成污染源,避免交叉感染为原则。实行专人领导、专人负责,制定相应的规章制度和相关管理责任制是开展实验动物废弃物无害化处理工作的前提和关键。严格按实验动物的操作规程进行管理,控制废弃物产量。

（2）废弃物应分类收集,实验动物废垫料与实验废弃品要分开,不得混放。

（3）废弃物的传送、清运,时间上应避开动物设施繁忙时间,一般而言可选择在上午或下午某一固定时间,每天清运 1 次。

（4）运送废弃物的手扒车四周应设藩篱围封,各种容器应密封加盖并便于清洗消毒,清运过程中要防止泄漏、翻倒等意外事件发生。加强对环境和从业人员的保护,清运人员应穿上连体的塑胶衣服、胶靴及手套。

（5）实验室中所有传染性材料一概不准拿出实验室。废弃的材料均应经过两次高压灭菌后分别进行处理。用做传染性材料消毒的高压锅必须专用。

第六节　动物实验福利伦理审查基本原则

一、动物福利的概念和内容

动物福利(animal welfare)是指为了使动物能够康乐而采取的一系列行为并给动物提供相应的外部条件。在动物饲养、运输、处死过程中,尽可能地减少痛苦,不得虐待动物。

国际动物福利协会一致公认的动物福利五大标准如下。

（1）动物有免受饥渴的权利。

（2）动物要有足够的生活空间。

（3）动物有免受伤害和疾病痛苦的权利。

（4）动物免受恐惧和悲伤的权利。

（5）动物享有表达天性的权利,即包括生理、环境、卫生、行为、心理 5 种福利。

二、实验动物福利的核心"3R"原则

1. 减少(reduction)　在实验设计中尽可能减少实验动物的使用数量提高实验动物的

利用率和实验的准确性。

2. **替代**（replacement）　尽量不利用活体动物进行实验而是以组织细胞培育、活体外实验或计算机模拟及统计分析等方法来加以替代,用没有知觉的实验材料替代活体动物,或用低等动物代替高等动物进行实验,并获得相同的实验效果。

3. **优化**（refinement）　通过改进和完善实验程序,确保动物在麻醉、镇痛、镇静或其他适当手段下进行实验,避免、减少或减轻给动物造成的伤害和痛苦,在保证动物健康和康乐基础上保证动物实验结果的可靠性和提高实验动物福利的科学方法。

三、实施动物福利的合理性和必要性

1. **为科学实验和生命伦理**　所有动物都和人类一样是拥有情感和心理活动的。它们同样具有喜、怒、哀、乐、忧、思、恐。在遇到恐惧或恶劣环境时,和人类一样不仅会在身体上（生理）患病,也会在精神上（心理）患病。精神受伤害或患有精神病的动物（在一个不能满足它自身基本生活需要的条件下）不能正确地表现出它对受试物的应有正常反应。

动物实验结果的可靠性会受多种因素的影响,包括来自动物自身的因素（如健康状况）、环境（如温度、湿度、光照、气流速度、空气洁净度、噪声、饲养密度等）和营养及动物实验技术方面（实验人员是否善待动物,操作熟练程度等）的因素。所有这些都与实验动物福利直接相关,也是影响动物实验结果科学性和准确性的重要因素。用这样的动物所做的科学实验至少会影响科学研究所得出的数据的有效性和准确性。同时,这也意味着疾病模型的设计、药物和药剂研究,以及化学毒性检测的结果都会受到影响。所以,即使是为了实验结果的准确性也必须善待动物。

2. **为消费者的利益和社会道德**　社会屠宰动物基本没有福利,对食用者也是有害的。动物处在恐怖及痛苦状态下,会大量分泌肾上腺素而形成毒素从而降低成品肉的质量,对人类身体健康不利。当今,西方国家已经制定了较为完善的动物福利法律,我国尚目前未形成相关的法律。

动物的命运关乎人类的道德和良知,动物福利体现的是人类对生命的尊重,符合人与动物和谐发展的潮流。随着社会进步和经济发展,动物福利未来被越来越多的国家所接受和法律化。

四、加强实验动物福利理念

1. **实验课程中倡导实验动物福利理念**　实验人员需清楚地认识到在生命科学、医学和药学研究中,实验动物作为直接的实验材料是人类的替难者。正是动物实验,生命科学才发展成为兴盛的学科。据统计,60%的诺贝尔生理学或医学奖获得者的数据是通过动物实验得到的。动物实验在保证人类健康和推动整个生命科学发展中发挥了重要作用。在普及动物福利教育的过程中,要始终贯彻"善待和科学使用实验动物,倡导和遵循'3R'原则,为人类健康服务"这一指导原则,将科学发展需要与实验动物福利相结合,科学合理地使用实验动物。通过举办学术活动、讲座等形式广泛宣传和普及实验动物福利

理念,培养实验人员爱护实验动物的观念,为推动实验动物福利的发展创造一个较好的氛围。

2.在实验研究中,落实实验动物福利　在动物实验和研究中须本着"3R"原则,优化实验设计,尽量提高实验动物的利用率。在实验准备的过程中,保证实验动物舒适的居住环境,提供足量的营养饲料、清洁饮水。满足其舒适需要,在实验中对动物操作要温和,不得粗暴和虐待动物。我们严格按照操作规程的要求,对动物轻拿轻放,实验中注意对动物进行抚慰,尽量减少动物在实验过程中的痛苦和惊恐,待动物安静后方进行备皮、消毒等实验操作。进行动物保定时,尽量使动物保持相对舒适的姿势,一旦实验结束,迅速解除保定,最大限度地减少动物的不适。在进行取材如采集骨髓标本时,需先将动物进行麻醉再进行脱椎处死。如果手术,术前一定要对动物进行麻醉。实验完毕,对无力回天的动物即时实行"安乐死",尽量减少动物的痛苦。

3.实验人员明确生命伦理和动物实验的关系　"3R"理论的提出及其实践代表了我们在处理生命伦理和科学实验关系问题上的一种可供选择的折中主义模式。"3R"的研究可以优化实验程序、降低实验费用,使研究手段更加完善、科学,最终达到推动科学发展的目的。引导实验人员关注动物福利,培养学生正确的动物保护意识。

4.用其他方法代替动物实验　在动物实验中试用计算机模拟动物模型,例如蛙心离体灌流系统、离体小肠平滑肌系统等,减少活体标本的制作,更有利于观察各种环境下和激素对离体心脏及小肠平滑肌活动的影响,这一模拟系统不仅给实验者提供了直观的感受,还可以反复地模拟操作。

5.减少动物使用的数量　"3R"原则中的减少原则是指选用恰当的、高质量的实验动物进行动物实验,改进设计综合性实验,提高实验动物的利用率,从而减少动物的使用数量。在实验过程中进行示教,可以提高解剖制作标本的成功率,以减少实验动物的使用数量。

6.实行动物安乐死　动物的安乐死是动物实验过程中体现动物福利的一个关键环节。实验动物使用过程中有些传统处死实验动物的方法不够妥当,没有充分考虑到动物的福利和实验者的感受,违背了动物安乐死的原则,例如小鼠颈椎脱位的方式,这给动物带来很大的痛苦,可改用二氧化碳窒息处死,收到很好的效果。

五、动物福利展望

随着动物福利科学研究的进展,越来越多的生物学分支领域将包含其中。虽然动物行为学、动物生理学、脑功能及免疫学的研究已经得出了不少结果用于精确化定义动物福利科学领域一些核心概念,但仍有较多模糊的概念有待研究细化。动物福利科学不仅体现在实验动物方面,对包括人类在内的所有动物同样具有普遍意义,研究人员也越来越多地关注到更多不同种类动物及动物之间的关系,未来将会有更加完善的标准和法律法规来真正地保证动物福利。

参考文献

［1］秦川,谭毅,张连峰.医学实验动物学［M］.2 版 北京:人民出版社,2019.

［2］王锯,陈振文.现代医学实验动物学概论［M］.北京:中国协和医科大学出版社,2004.

［3］曲连东,张永江.动物实验的生物安全与防护［M］.北京:中国农业科学技术出版社,2007.

［4］钱军,孙玉成.实验动物与生物安全［J］.中国比较医学杂志,2011,21(10):15－19,12.

［5］周淑佩,田枫,贾光.实验动物从业人员的职业安全及个人防护［J］.实验动物科学,2013,30(1):50－54.

［6］马小琴,徐鋆娴.实验动物从业人员职业危害及其防护研究进展［J］.中国职业医学,2014,28(6):133－136

［7］北京市疾病预防控制中心.北京市狂犬病暴露预防处置技术指南(试行)［J］.首都公共卫生,2018,12(3):113－119.

［8］梁云青.布鲁氏菌病的危害及防治［J］.山西医药杂志,2018,47(4):407－408.

［9］柳志璇,温海燕.浅谈对布鲁氏菌病的认识［J］.山东畜牧兽医,2020,41(6):30－31.

［10］.李雨函,魏强.淋巴细胞脉络丛脑膜炎病毒感染实验动物的情况概述［J］.中国比较医学杂志,2013,(23)1:46－48.

［11］李铁铮.药理学动物实验的基本知识和技术［J］.科技教育,2016,23:81－82.

（汤黎明　胡香杰）

第十一章

动物实验室安全管理

实验动物在社会经济和科技发展中的应用范围非常广泛,在制药工业中,新药投入生产前需通过大量的动物实验来进行严格的安全性评估,生产出的产品也需要通过动物实验进行安全性检验;实验动物不仅是生物制品安全性有效评价的必需工具,同时也是生产的原料(疫苗及免疫血清),各种化妆品、食品保健品、饮料的安全性有效评价也需要进行动物实验;在农业和畜牧业兽医中,合成的多种新型化肥、农药都要通过相关的动物实验进行安全性评估;动物疫苗的制备原料及产品质量检定、畜牧医学教学实验及科学研究都离不开动物实验;在国防和军事科学中,研究各种武器的杀伤效果,化学、辐射、细菌、激光武器的效果和防护,以及在宇宙、航天科学试验中,实验动物将作为人类的替身去取得有价值的科学数据;环保和地震监测中,废物、气体、光辐射、声干扰等各方面研究工作中,实验动物是检测前哨和研究防治措施的工具,目前国家法规一律规定,进口动植物商品及特殊商品的安全鉴定也必须进行动物实验。

国内外实验室意外感染事故并不少见,造成了较大的经济和人员损伤及环境污染。实验室管理是控制意外事件、事故和危机发生的重要保证,每一个实验和实验相关人员,都应该熟知相关具体规定并严格遵守。为了加强实验动物的管理工作,保证实验动物质量,适应科学研究、经济建设和社会发展的需要,我国 1988 年 10 月 31 日经国务院批准,1988 年 11 月 14 日国家科学技术委员会令第 2 号发布了《实验动物管理条例》,2017 年 3 月 1 日第 3 次修订。

第一节　实验动物使用原则和程序

一、实验动物保护及使用原则

医学实验动物经过科学的育种、繁殖,遗传背景比较清楚,携带的微生物和寄生虫状况明确,因此,对其保护和使用也有严格的要求,一般应遵循以下原则。

(1)实验动物饲养和使用应遵守国家有关法律和规定。

(2)实验动物实验前应通过理论审查,实验过程中应符合动物理论要求,遵循 3R 原则,重视实验动物福利,符合伦理原则。

(3)应使用质量合格的实验动物,具有实验动物质量合格证和生成许可证,必要时附有检测报告。

(4)应明确使用实验动物的理由和目的。明确实验所使用动物的种类和数量,动物的数量应满足统计学要求的同时不要盲目使用,造成不必要的伤害和浪费。禁止不必要的重复。

(5)完善操作规程,避免或减轻因实验对动物造成的不适和痛苦。包括使用适当的镇静、镇痛或麻醉方法;禁止在非麻醉状态下进行手术。

(6)严格按程序要求处理实验后动物,包括麻醉、止痛、实验后的护理或用麻醉方法处死。

(7)实验动物使用环境条件应符合 GB 14925—2010 实验动物环境及设施标准规定,保证实验动物的良好生活条件,包括饲养环境、符合需求的饲料及细心的护理等,并保持其生活习性,确保其健康和舒适。

(8)研究人员和实验动物操作人员应接受实验动物的基本知识和操作技能等方面的培训,持证上岗。

(9)淘汰实验动物或实验后动物的处理严格按程序实施,包括麻醉、实验后的护理和实验后实验动物实施安乐死。根据具体情况选择适宜的仁慈终点。

(10)使用过程中要求保证周围环境和实验人员的安全。

(11)废弃物处理按照 GB 14925—2010 实验动物环境及设施标准执行。

二、实验动物的基本使用程序

(1)实验室如需要使用实验动物,应首先向相关部门提出申请,并填写申请表。

(2)实验动物使用批准后,应根据申请的动物种属和数量,安排实验动物的饲养和使用。实验动物必须在指定的区域内饲养和使用,禁止在实验室饲养动物。实验操作结束时,应对实验动物施行安乐死术。

(3)购入实验动物,首先进行动物的检疫。

1)实验动物进入检疫室:在检疫室的缓冲间内,用75%乙醇喷洒动物的外包装进行消毒,打开紫外线灯照射 10~15 min。

2)将经上述处理的动物移入检疫室,根据要求进行检疫。

3)各动物的检疫期不同,大动物为 2 周,小动物为 1 周。

4)在检疫期内观察动物的精神状态、食欲、营养状况、排泄物等,如有任何异常,动物不得用于实验,应退出动物检疫室。

5)检疫合格的动物经适当处理后由缓冲间或物流通道进入动物实验室。

6)动物实验应在实验室内指定的区域进行。

三、有感染性动物实验要求

(1)满足一般动物实验要求的基础上,操作人员应掌握良好的生物安全知识,接受过生物安全专门培训并获得相关部门专业水平认定。

(2)应掌握良好的实验动物知识和动物实验技能,包括饲养管理、临床观察、样本采集、解剖分析、组织材料和尸体的无害化处置。

(3)应掌握良好的实验动物饲养相关设备、设施性能基本要求及异常情况处置方法。

（4）应掌握良好的动物实验相关设备的安全使用、规范操作及异常情况处置方法。

（5）应掌握良好的病原体、设施设备、动物实验等风险评估和风险控制知识及技能。

（6）动物实验或项目负责人具备能提供较好的动物使用申请书的能力。

（7）应符合 GB 19489 中有关实验室人员管理的要求。

（8）涉及感染性材料的所有操作都要在生物安全柜中进行，严格防止泄漏在安全柜外面。该类操作包括感染动物的解剖、组织的取材、采血及动物的病原接种等。

（9）动物笼具在清洗前应先做消毒处理。

（10）污物、一次性物品需放入医疗废物专用垃圾袋中，经高压灭菌处理后方可拿出实验室。

（11）工作结束时，必须用消毒液擦拭门把手和地面等表面区域。

（12）废物放入高压灭菌器内时必须同时粘贴高压灭菌指示条，物品移出前要认真观察指示条是否达到灭菌要求。颜色不符时须重复高压灭菌。

（13）实验废液需按比例倒入有消毒液的专用桶中，倒入时需戴眼罩，沿容器壁轻倒，防止废液溅入眼中。

（14）实验中如果有感染性物质溅到生物安全柜上、地上以及其他地方，必须按"菌（毒）外溢在台面、地面和其他表面"原则处理。

（15）保证高压灭菌器每月做灭菌测试一次，并作记录。

四、对动物的限制要求

限制要求是指在实验过程中（包括检查、收集标本、给药、治疗或实验操作等），用手或工具限制动物活动的过程。对动物的限制应遵循以下原则。

（1）使用的工具设计合理性，在整个操作过程中不仅要考虑实验的便利，更要考虑减少动物的不适及伤害。

（2）以达到实验目的为基准的情况下，尽量缩短限制时间。

（3）在限制实验过程中，发生动物损伤或严重的行为改变时，应暂停或禁止限制，及时给予处理或治疗。

（4）限制时要保证实验人员和周围人员的安全。

（5）如果一些实验需要限制动物食物或水时，应在保证动物存活所需最低量的基础上去限制。食物的限量应经过科学的论证，其限量的标准应容易操作，在防止动物发生脱水的前提下限制水分的摄入量，保持动物的膳食平衡。

五、实验动物废物处理规范

1. 废弃物的危害　实验动物在饲养、实验过程中会产生大量固体、液体和气体废弃物，其中有些对人和动物有微生物性、化学性或放射性的危害，如不妥善处理，不但会影响动物实验的准确性也极易污染环境，直接或间接地影响工作人员或周围群众的生活和健康安全。

2.废弃物种类

（1）固体废弃物　包括垫料、动物排泄物、实验动物尸体、纸张、实验材料及其他物品等。

（2）液体废弃物　包括动物的尿液、清洗设施及实验器械的污水、剩余的实验用注射液等。

（3）气体废弃物　包括实验动物粪尿排泄物所产生的废气，以氨气为主，还包括粉尘等。

3.废弃物处理指导原则的参照依据　主要参考依据有：《实验动物管理条例》，1989年颁布实施；《医疗废物管理条例》，2003年颁布实施；《医疗卫生机构医疗废物管理办法》，2003年颁布实施；《医疗废物分类目录》，2003年颁布实施；《医疗废物专用包装物、容器标准和警示标识规定》，2003年颁布实施；《危险化学品安全管理条例》，2002年颁布实施。

4.废弃物的储存

（1）废弃物应定期清理　动物房内应有足够的储存空间来储存暂时无法立即处理的废弃物。废弃物储存区应与其他功能区域分隔，尽量远离动物饲养区、人员休息区及主要运输线。储存室必须密闭，避免臭气外泄，防止苍蝇、蟑螂、蚊子及啮齿类动物侵入。废弃物除用塑胶袋密封外，应以储存桶盛载，避免搬运中泄漏、渗出、逸散、飞扬、散发恶臭，盛载废弃物容器应选择金属或塑胶材料，坚固耐磨，储存容器及设施应经常清洗保持清洁。感染性废弃垫料要包装密封于有生物危害标志的专用塑胶袋中，储存在独立场所不得超过24 h，最好当日换出的垫料当日灭菌送出。在清理时要注意避免气溶胶的产生，工作人员要配备防护措施。放射性废弃垫料要用有黄色放射性物质标志的塑胶袋包装，于特定的容器中暂时储存，待容器装满后由专人收集处理，在清理过程中避免产生气溶胶，工作人员需穿戴防护装备。生物性废弃物需冷藏以免分解腐败。

（2）分类存放

1)黑色包装容器(袋)，装生活垃圾。

2)黄色包装容器(袋)，有生物危险标识，装实验或医疗废弃物(已灭活)。

3)红色包装容器(袋)或专用存放处，有生物危险标识，装实验或医疗废弃物(未灭活)、可回收容器、械。

（3）防护性存放

1)坚固硬质包装物或容器，装尖锐物体。

2)可回收器械污染后置入消毒液中或置于专用存放区。

3)指示性存放，带颜色塑胶袋，并标识专区。

六、无脊椎动物实验生物安全原则

无脊椎动物与脊椎动物一样，动物设施的生物安全等级由所研究的或自然存在的微生物的危险度等级决定，或根据危险度评估结果来确定。对于某些节肢动物，尤其是飞行昆虫，必须另外采取相应的预防措施。

（1）放置无脊椎动物的房间必须能密闭，进行预先熏蒸消毒，房间备有喷雾型杀虫剂。

（2）已感染和未感染的无脊椎动物应分开房间饲养。

（3）应配备制冷设施，以备必要时降低无脊椎动物的活动性。

（4）进入设施的缓冲间内应安装捕虫器，并在门上安装防节肢动物的纱网。实验场所的所有通风管道及可开启的窗户均要安装防节肢动物的纱网。

（5）水槽和排水管的存水弯管内不能干涸。

（6）对会飞、爬、跳跃的节肢动物的幼虫和成虫应坚持计数检查。

（7）放置蜱螨的容器应竖立置于油碟中。

（8）已感染或可能感染的飞行昆虫必须收集在有双层网的笼子中。

（9）已感染或可能已感染的节肢动物必须在生物安全柜或隔离中，置冷却盘上操作。

（10）所有废弃物应严格遵守高压灭菌操作规程，因为对于某些无脊椎动物，任何消毒剂均不能将其杀死。

第二节　动物实验风险评估和风险控制

包括动物实验室应用风险评估和风险控制制度、实验室合理化布局和致病因子的风险评估和风险控制、动物实验的风险评估和风险控制 3 个部分。分别遵照各自相应的风险识别、风险评估和风险控制相关规定进行。严格按照动物实验生物安全程序控制意外事件的发生，制定良好的动物实验事故预案及处置措施。

一、实验动物的风险识别、评估和控制

（1）实验动物或实验用动物的来源及相关资质证明评价。

（2）实验动物的微生物和寄生虫等级及检测证明。

（3）实验用动物应有健康合格检测、检疫证明评价。

（4）动物临床观察到的外观健康状况，如分泌物、排泄物等的异常。

（5）动物的种类、特性与感染病原类别和饲养设备安全保障的符合性。

（6）当实验活动涉及遗传修饰生物体（GMOs）时，应考虑插入基因（供体生物）直接引起的危害以及与受体/宿主有关的危害。

（7）涉及动物饲养与实验操作可能的危害。

（8）实验活动涉及致病性生物因子的已知或未知的特性及活动。

二、实验室应建立并维持风险评估和风险控制程序

当实验室活动涉及致病性生物因子时，实验室应进行生物风险评估，持续进行危险识别、风险评估和实施必要的控制措施。风险评估应考虑（但不仅限于）下列内容。

（1）生物因子已知或未知的特性，如生物因子的种类、来源、传染性、传播途径、易感性、潜伏期、剂量-效应（反应）关系、致病性（包括急性与远期效应）、变异性、在环境中的

稳定性、与其他生物和环境的交互作用、相关实验数据、流行病学资料、预防和治疗方案等。

（2）使用时，实验室本身或相关实验室已发生的事故分析，消除、减少或控制风险的管理措施和技术措施，及采取措施后残余风险或新生风险。

（3）实验室常规活动和非常规活动过程中的风险（不限于生物因素），包括所有进入工作场所的人员和可能涉及的人员（如合同方人员）的活动。

（4）与设施、设备有关的管理程序、操作规程、维护保养规程等的潜在风险。

（5）使用时，动物相关的风险。

（6）人员相关风险，如身体状况、能力、可能影响工作的压力等。

（7）使用中意外事件、事故带来的风险的应对措施。

（8）风险的范围、性质和时限性的分析。

（9）危险发生的概率评估。

（10）事故可能产生的危害及后果分析。

（11）确定可接受的风险评估。

（12）使用时，消除、减少或控制风险的管理措施和技术措施，以及采取措施后残余风险或新带来风险的评估。

（13）使用时，运行经验和所采取的风险控制措施的适应程度评估。

（14）使用时，应急措施及预期效果评估。

（15）使用时，为确定设施设备要求、识别培训需求、开展运行控制提供的输入信息。

（16）使用时，降低风险和控制危害所需资料、资源（包括外部资源）的评估。

（17）对风险、需求、资源、可行性、适用性等的综合性评估。

动物实验实验室设施设备风险的识别、评估和控制包括实验室设施必须符合相关规定，动物实验间的环境技术指标必须符合相关标准。动物实验严格遵守相关的饲养、使用、实验用设备以及器具结构和功能的标准化使用及维持。

第三节　实验室生物安全预防措施

实验室的生物安全防护问题，直接关系实验室操作人员的生命安全，也关系全人类的健康和社会的稳定。实验室生物安全教育需要贯穿动物实验发展的始终，生物安全防护是一个很重要问题，从业人员必须转变观念、加强管理、提高认识，重视预防和防护，提高应急处置能力，确保实验室生物安全。

一、加强生物安全管理

（1）建立健全实验室规章制度贯彻国家标准和有关法规。

（2）认真学习《实验室生物安全通用要求》《临床实验室安全准则》《临床实验室废物处理原则》《病原微生物实验室生物安全条例》等法规。

（3）建立健全的实验室的规章制度，制定并严格执行实验室生物安全管理规程。

（4）建立有效的监督机制，加强实验室安全检查，开展生物安全自查，及时排除安全隐患，工作中严格菌种、危险品的管理，加强自查自纠。

（5）建立实验室事故应急预案和处理制度。

（6）在实验室的生物安全手册中要详尽记载生物安全相关的安全知识，在掌握实验室所涉及的实验标本的来源、微生物致病力、传染途径、稳定性等有效的预防措施等基础上，需制定有效的实验室清洁消毒、实验废物的处理、实验室微生物菌种的保存和使用等细则。

二、加强实验人员自身防范知识的培训

（1）对实验室所有人员进行生物安全知识培训，把实验室安全教育纳入日常管理工作。

（2）实验人员应具备完善的安全意识，经严格考核合格后持证上岗。

（3）不断学习新知识，强化生物安全教育的理念。

（4）提高操作人员对实验室感染危害性的认识，是提高实验室生物安全的最重要基础。

（5）培训内容主要涉及4个方面：生物安全操作、实验技术、心理素质、实验室事故应急处理方法。

（6）实验室工作人员必须是受过专业教育的技术人员，了解并清楚工作中存在潜在微生物的种类与危害级别。

（7）自愿从事实验室工作，接受生物安全教育或培训，遵守生物安全的规章制度和操作规程。

（8）从事生物安全操作的人员应训练有素，特别是对于所操作的病原体的危害性要十分熟悉，同时要有应急准备能力。

（9）在专业理论知识学习的同时，专业课老师及带教老师也需认真研究生物安全管理内容并结合不同专业，向学生普及风险预防的概念，积极开设实验室生物安全课程。

从实验初期便树立内化安全意识，养成良好的实验室习惯，熟练掌握各种实验规范化操作技术，从根本上杜绝生物安全事故的发生。

三、实验室定期清洁和消毒

（1）严格按生物安全要求对实验室进行消毒，保证实验室的生物安全。

（2）实验室的清洁消毒要符合生物安全要求，遵循先消毒后清洁的原则。

（3）实验室的消毒主要是针对实验操作台、各种仪器开展的。除用液体消毒外，还可以应用紫外灯等对桌面或室内进行消毒处理。

四、对实验室仪器及设备进行有效的管理

（1）医学院校实验室主要有培养箱、生物安全柜、药品冷藏箱、低温冰箱、高压灭菌锅、酶标仪、冷冻离心机、恒温干燥箱等仪器设备，实验室的仪器设备必须由专人保管、专

人负责。

（2）每台仪器必须有运行记录、保养记录、维修记录,尤其是保存菌种的冰箱,除保证温度恒定外,必须配锁以保证菌种安全管理。

仪器设备的正常运行是保证实验顺利进行的前提,同时也是生物安全的重要保障,当发生异常时要及时处理,保证其正常运行。

五、配备有效的生物安全防护设备

1. 加强个人防护,配备生物安全柜　生物安全柜是最有效、最常用的防护设施,它可使感染性气溶胶局限于一定的空间内而不扩散,从而起到安全防护作用。有效的实验设备管理是实验室生物安全的基本保障,仪器设备和材料均应符合国家相关的标准及要求,只有保证生物安全设备的正常运行,才能保证实验室的生物安全。

2. 配备个体防护装备　在病原体研究方面,工作人员发生实验室感染的概率高于普通人群5~7倍。研究人员在对实验室相关感染统计分析结果发现,已知原因的实验室感染只占全部感染的18%,不明原因的实验室感染则高达82%。根据对不明原因的实验室感染的研究表明,大多数研究认为是病原微生物形成的感染性气溶胶在空气扩散,实验室内工作人员是吸入了污染的空气而感染发病的。

个体防护装备是在实验过程中抵御外来伤害、保护人体安全和健康的重要装备。在恶劣环境下,个体防护装备可以保证人员进行正常的工作和生活,同时它也是保证人员安全的最后防线。使用相应的防护用品和设备,做好实验人员手部、身体、面部、足部等防护,严格按照实验室的着装要求,正确使用手套、口罩、帽子、护目镜、洗眼器、防护服等防护用品,以达到防护目的。

3. 定期排查安全隐患　实验室管理者须严格监督检查实验室整体安全运行状况。

六、实验室废弃物的处理

（1）在实验室内所有弃置的生物样本、培养基和被污染的废物从实验室取走之前,必须进行有效的处理,必要时进行高压消毒处理,使其达到生物学安全标准。

（2）实验室废弃物应置于专用的密封且防漏的容器中安全运出,废弃物应严格按相关规定进行分类收集,统一存放,统一处理。

七、定期体检和预防接种,建立健康档案

（1）实验室人员的身体免疫状况可直接影响实验室感染的发生。免疫功能低下者是易感人群,预防接种可提高机体对某些病原体的免疫力。

（2）定期对实验室人员进行健康检查,建立完整健康档案,保证每年至少一次健康体检,体检结果和病史归入工作人员健康档案,并保存免疫记录。有效保障实验室工作人员的身体健康和安全,防止传染病的传播或扩散,维护公众的健康权益及社会稳定.

（3）实验室人员必须在身体状况良好、无易感因素的情况下才能进入BSL-2级实验室工作。对身体出现开放性损伤、患发热性疾病、上呼吸道感染、妊娠、其他导致抵抗力

下降的高危人群或其他原因造成的疲劳时,禁止进入 BSL-2 级以上实验室。

第四节　转基因动物安全性评价原则

体细胞核移植产生的部分克隆动物因体细胞核在卵胞质中重编程的不完整性会导致克隆动物存在较多问题,如死胎、胎儿肥大、早产、成年后表型和解剖学异常等。转基因技术和克隆技术密切联系在一起,所以转基因动物的自身安全问题是较为突出的问题。转基因后的动物存在其解剖结构、生理功能和行为方式上的改变问题,这些变化会对动物自身的健康造成影响。转基因动物的健康评价方法要比普通动物复杂很多。转基因动物对病原的敏感性,对环境的适应性都不同于普通动物。所以对转基因动物健康的评价需根据具体情况而定。

一、克隆、转基因动物的安全性评价原则

(1)基于最大限度地保证人类自身安全、动物自身安全和动物福利的前提下。

(2)确立明晰的技术标准和安全评价指导法则。

(3)提供科学严谨的风险评估方法。

(4)兼顾技术受益者和风险承担者双方,即考虑技术使用者和产品消费者两方面因素。

(5)随着技术水平的发展要不断更新和调整已有的法规法则。

(6)保护生物的遗传多样性和环境安全,遗传修饰物种不能对传统的物种造成威胁。

二、转基因动物自身安全性评价

动物经过转基因后,表型及基因型的改变都可能带着潜在的风险。风险测定包括转基因动物基因漂移的测定、转入基因对遗传性状影响的测定以及转基因后动物福利、遗传多样性和动物生存力的测定,这些测定要跟踪转基因动物的一生及其所产生的后代。测定一般分为以下几步。

1.定性测定　测定风险的存在性质。其目的是为了测定在何种水平下,采用何种方法可以检测到风险的存在。注重类型、数量、时间和方法的确定。

2.合群测定　合群测定是人为地制造某些环境,将试验动物放入其中来测定其对周围环境造成的风险。主要参数有放入数量、合群时间、投放频率等。测定转基因动物风险性时,就是将其与普通动物合群,然后测定其对整个群体的影响。

3.结果测定　用来测定前面实验所导致的结果,如测算跟踪转基因动物和转基因产品的费用、测定合群后造成的遗传多样性丢失及合群所引起的其他变化等。

4.风险处理和发布　安全性测定的最后目标是将检测出的风险处理和发布。根据风险处理的结果来评价安全测定方法的有效性,寻求最佳的测定方法和处理方案,将不利影响降到最小。

第五节　传染性疾病的预防与控制

一、预防与控制原则

1. 建立动物疾病预防与控制体系,并形成管理制度
(1)相关的政策、程序和计划。
(2)基于动物种类、来源和健康状态的隔离检疫程序和要求。
(3)动物疾病监测。
(4)动物疾病控制。
(5)动物生物安全。

2. 传染病的控制必须抓住 3 个环节
(1)传染源　患病或隐性感染动物,以及能不断向外排出病原体的动物和病死的动物都是传染源。某些野生动物,如野鼠及患病的人类也都可能成为传染源。
(2)传播途径　病原体从传染源排出后,必须经过一定的方式或媒介才能再次侵入易感动物的体内,这些方式或媒介称为传播途径。主要的传播途径有空气飞沫传播、经水及食物传播、虫媒传播、垫料传播和垂直传播等。
(3)易感动物　动物群中对病原体具有易感性的动物称为易感动物。动物也可因遗传因素或后天获得性免疫而对某些病原体不易感。

二、预防措施

1. 设计布局合理的动物设施。饲养区、实验区、办公区要严格分开。实验动物设施周围应无传染源,不得饲养非实验用家禽家畜,有措施防止昆虫及野外动物侵入。不同类动物应分室饲养,以防交叉感染。
2. 建立动物健康档案,档案的信息应至少包括以下几个方面。
(1)动物身份识别。
(2)来源。
(3)合格证明。
(4)进入机构的日期。
(5)隔离与检疫记录。
(6)饲育或实验期间的健康监测或病历记录。
(7)微生物、寄生虫等监测记录。
(8)治疗与免疫记录。
(9)离开机构的日期与接收者,或死亡和尸体处置记录。
3. 不从疫区引进实验动物。
4. 按国家实验动物微生物和寄生虫标准定期采样、检测。

5.制定人员、动物、物品进出动物设施管理制度。饲养室严禁非饲养人员出入和不同类或级别动物的管理、使用人员互串,购买或领用动物者不得进入饲养室内。

6.制定科学合理的隔离检疫制度及标准操作规程,并有严格的监管措施。饲养人员应严格执行不同等级实验动物的饲养管理和卫生防疫制度及操作规程。

7.坚持常规卫生消毒制度,定期对实验动物房、笼架具、饮水等进行定期消毒,以达到预防一般传染病的目的。降低环境设施中的病原体含量。认真做好各项记录,发现情况,及时报告。

8.建立兽医管理团队,规范动物疾病防治,及时进行动物疾病的预防接种,包括合理的免疫程序、免疫计划、疫苗接种,如兔瘟、狂犬病、犬瘟热、肝炎、细小病毒、猪瘟、口蹄疫、结核疫苗等。

9.严格监控动物健康状况,一旦发现病情及时采取措施封锁、扑杀、销毁、隔离治疗。

10.饲料和垫料库房应保持干燥、通风、无虫、无鼠、饲料,符合相应标准的要求。

11.制定人员培训及职业健康检查制度等。饲养人员和兽医技术人员应每年进行健康检查,患有传染性疾病的人员不应从事实验动物工作。

三、兽医职责

实验动物单位应配有兽医,兽医应有 5 年以上的兽医或实验动物从业经验,同时必须取得实验动物从业人员岗位证书。

(一)兽医应该履行的职责

(1)负责监督动物设施的卫生条件、动物的饲养管理、疾病的预防和污染品的使用管理。

(2)做好动物健康的监控、疾病诊断治疗、动物疾病的防控、预防接种。

(3)动物设施的消毒,动物进出设施的检疫和运输等管理。

(4)动物福利施行情况的监督等。

(二)实验动物健康状况监护内容

动物健康状况的监护职责由值班兽医承担,其工作内容包括每天巡视动物房,观察动物的行为、个体检查、采食和饮水观察,实施传染病的预防、患病动物的处理、卫生监督和动物房照相监视的检查。

1.日常检查

(1)每日定时观察动物安静状态下的状况、外貌。

(2)精神萎靡不振、敏感性增高、运动失调、被毛粗乱。

(3)皮肤有无创伤、丘疹、水疱、溃疡、脱水皱缩;头部、颈部、背部有无肿块,四肢关节有无肿胀。

(4)尾部有无肿胀、溃疡、坏疽,鼻孔有无渗出物、呼吸是否困难;眼部有无渗出物、结膜炎,口部是否流涎、张口困难。

(5)粪便排出量、颜色、含水量,排粪次数,有无未消化的饲料、黏液、血液、寄生虫,尿液量、次数、颜色和气味等。

2. 个体检查

（1）通过触摸背部、臀部、四肢，判定动物营养状态。

（2）检查皮肤和肌肉的弹性，看动物是否脱水。

（3）四肢、躯干是否有外伤及肿瘤；耳部是否有耳螨；肛门皮肤及被毛有无粪便污染。

（4）眼部有无角膜炎，晶状体是否浑浊，有无白内障。

（5）口腔牙齿是否异常，口腔黏膜是否出血肿胀、糜烂、溃疡；听诊心率、主动脉音、呼吸音及肠鸣音。

（6）条件允许可做心电、B超、X射线检查。

3. 哨兵动物检查　"哨兵动物"是指为微生物等病原生物监测所设置的指示动物。哨兵动物一般采用免疫功能正常的清洁级或SPF级动物。通常用于大鼠和小鼠的健康状态监控，定期进行微生物、寄生虫和病理检测，哨兵动物应根据需求，设置合理，检测及时。

4. 卫生与免疫　设计合理，保持卫生，管理科学的动物设施是保持动物健康的必备条件，避免动物设施温度、湿度过高或过低对动物造成的伤害。控制动物、人员、物品的进出，防止外源性污染。大动物要有合理的免疫程序和计划。

5. 患病动物的处理　对疑似患病或患病动物应及时发现、及时隔离、及时汇报。建立隔离区，在隔离检疫区作进一步检查。对动物尸体及污染物按有关要求处理。

6. 尸体处理程序　①尸体剖检；②病理学检查；③微生物学检查；④血液学检查；⑤生物化学检查。

第六节　实验动物隔离检疫与预防措施

一、实验动物的隔离

（1）隔离是防止动物传染病的重要措施之一，其目的在于控制传染源，防止病原体向周围环境扩散，以免更多的动物受到传染，以便于将传染病控制在最小范围内，及时扑灭。

（2）隔离包括新购入动物的隔离观察和患病动物、可疑感染动物的隔离。

（3）隔离时应选择不易散播病原体、消毒处理方便的空间或房舍进行，隔离区为独立区域，应远离健康动物，隔离区内要定期消毒，隔离区内的人员、动物、物品及污染物在规定检疫期内不得离开隔离区。隔离期满，所有物品及污染物必须经严格的消毒处理。

（4）对隔离动物，事先对是否转移动物和如何转移动物应充分评估并采取有效的措施，避免污染扩散。如患病动物数目较多，可集中隔离在原来的动物房内。

（5）隔离场所禁止无关人员或动物出入和接近。工作人员出入应遵守消毒制度。隔离区内的用具、饲料、粪便等，未经彻底消毒处理，不得运出。

（6）发现患病动物和疑似患病动物应立即隔离，并在兽医师的指导下妥善处置。对患病动物的处置方案要经过IACUC（简称动管会，英文全称Institutional Animal Care and

Use Committee)的审核。如果确认经过治疗后不影响实验结果,可继续用于实验。

(7)对于发生烈性人兽共患病(如流行性出血热等)的动物群,应及时按规定报告、评估风险并采取有效隔离措施,防止疫情进一步扩散或导致严重后果,需要对全群扑杀。对所有受累区域和物品进行适宜的消毒或灭菌处理,以消灭传染源和传播媒介,经评估、验证已经符合卫生要求后方可再投入使用。对受累动物的处理方案应经过 IACUC 和生物安全委员会的审核。

(8)如果需要引入感染动物,应按符合生物安全要求的程序操作。感染动物应在生物安全设施内饲养或使用,管理的重点在于防止感染操作者、防止污染环境、防止交叉感染而影响实验结果。对发现的患病动物和疑似患病动物应立即隔离,并在兽医师的指导下妥善处置。

二、实验动物检疫

1. 检疫原则　为防止新引入的动物带入病原体,必须经过合理的隔离检疫。检疫就是应用各种方法对动物及其产品进行疫病和微生物检查,以防止疫病的传播和发生。检疫的程序及时间视动物的种类而定。

(1)对新引入的实验动物,应进行适应性隔离或检疫,确认检疫合格的动物移入健康动物群饲养区。

(2)检疫发现患有传染病的动物应根据国家相关的规定处理,必要时进行安乐死处理。

如果能够依据供应商提供的数据可靠地判断引进的实验动物的健康状况和微生物携带情况,并且可以排除在运输过程中遭受了病原体感染的可能性,则可以不对这些动物进行检疫。

2. 检疫项目

(1)一级　普通动物饲养于开放系统或简易屏障系统,要求无人兽共患病原体和严重危害动物种群的微生物和寄生虫。该类动物需排除的病原体有体外寄生虫、皮肤真菌、沙门菌、淋巴细胞性脉络丛脑膜炎病毒、汉坦病毒、鼠痘病毒等。卫生部1998年1月25日颁发并实施的《医学实验动物管理实施细则》规定:该级动物只能用于教学实验和某些科研工作的预实验。国际上也普遍认为这类动物只适用于学校和学院的教学,不可用于科研性实验,制剂的生产和鉴定。

(2)二级　清洁动物饲养于简易屏障系统或屏障系统,要求无一级动物应排除的微生物、寄生虫和危害本动物种群的微生物和寄生虫。这类动物除一级动物的要求外,还应排除的病原体有:大部分体内寄生虫、3种支原体、泰泽氏菌、鼠棒状杆菌、巴氏杆菌、支气管败血波氏杆菌、鼠肝炎病毒、仙台病毒等。该类动物适合于短期实验和部分科研实验。《医学实验动物管理实施细则》规定:部级科研课题和研究生毕业论文等研究实验必须应用二级以上实验动物。

(3)三级　无特定病原体动物饲养于隔离系统或屏障系统。要求无一、二级动物应排除的和对动物本身有危害或干扰实验结果的微生物和寄生虫。在 SPF 动物中,必须排除对实验研究可能产生干扰的微生物和寄生虫,如鞭毛虫类寄生虫、肺炎克雷伯菌、金黄色葡萄球菌、肺炎链球菌、乙型溶血性链球菌、铜绿假单胞菌和肺炎病毒、呼肠孤病毒3型、细小病毒等多种病毒。这类实验动物适用于全部科研实验，是实验动物的标准级别。

（4）四级　无菌动物（GF）饲养于隔离系统，要求无可检出的微生物或所有非植入的微生物和寄生虫。这类动物适用于特殊实验研究。各级实验动物应排除的微生物和寄生虫详见《医学实验动物标准》。国际上有关实验动物科学机构都非常重视实验动物的微生物和寄生虫控制标准，均规定有明确的实验动物微生物、寄生虫控制标准。一般情况下，清洁级才能被认为是"合格"的实验动物。根据实验要求不同，有时以 SPF 级作为"合格"的标准。

具体参照国家实验动物微生物和寄生虫控制标准进行检测。

3.检疫时间　啮齿类动物通常为2周，猪、犬、灵长类通常隔离检疫期为4~6周。

4.其他注意事项

（1）啮齿类动物　新引进的啮齿类动物，应有供应商提供的实验动物质量合格证书，3个月内的健康检测报告，合格的运输包装。兽医可凭借供应商所提供的检测报告，确定具体的检疫期和适应期。

（2）兔　应检查是否接种过兔瘟疫苗。

（3）犬和猫　新引进的犬和猫，应有供应商提供的最新的健康报告，犬还必须有犬瘟热、犬传染性肝炎、犬钩端螺旋体与犬病毒性肠炎病毒等疫苗免疫证明，无体外寄生虫、弓形虫和犬恶丝虫。猫则可能要有猫病毒性鼻气管炎和猫泛白细胞减少综合征等疫苗免疫。狗和猫的蛔虫、犬恶丝虫、犬十二指肠虫及一些体外寄生虫感染属人畜共患疾病。

（4）猴　灵长类动物检疫要特别防止 B 型疱疹病毒和结核分枝杆菌感染。因此要注意人员防护，防止人员受伤。

三、实验动物设施消毒措施

1.预防性消毒　定期对实验动物房、笼架具、饮水等进行定期消毒，以达到预防一般传染病的目的。

2.随时消毒　在发生传染病时，应根据需要随时采取适宜的消毒措施。消毒的对象包括患病动物所在的房舍、隔离场所及被患病动物分泌物、排泄物污染和可能污染的一切场所、笼具等。通常在解除封锁前，需进行多次消毒，患病动物隔离场所应每天或随时进行消毒。

3.终末消毒　在患病动物解除隔离、痊愈或死亡后，或在疫区解除封锁之前，为了消灭疫区内可能残留的病原体应进行全面彻底的消毒。对从事病原微生物研究的实验室，在一项实验全部完成后，通常需要终末消毒。按照我国的法规，在同一个实验室的同一个独立安全区域内，只能同时从事一种高致病性病原微生物的相关实验活动。

第七节　实验动物传染性疾病检测和监视

一、实验动物传染性疾病检测和监视内容

对传染性疾病感染动物或引入的感染动物,要进行疾病检测和监视。具体包括以下内容。

(1)配备受过专业训练并有工作经历、经 IACUC 评估的人员,熟悉相关疾病的临床症状和监视方法的监视人员,以避免误判或遗漏重要的信息。

(2)应每日观察动物的状况,但是对术后动物、发病期、濒死前、或对生活能力低下的动物(如残疾等)应增加观察频次。

(3)可以利用视频系统监视动物,并保证在需要时兽医师可以及时到现场对动物进行处置。

(4)如果饲养或实验活动可能导致的动物疾病需要复杂的诊断技术和手段,机构应具备相应的能力和资源后方可从事相关活动。

(5)建立系统的动物质量监测方案和计划,抽样方法、检测频次、检测标本、检测对象、检测方法和程序、检测指标、结果报告、判定准则等应符合相关标准的要求。

(6)同时监测相关员工的健康状态及抽查员工体表微生物污染情况,需要时,应保留本底血清并定期监测。

二、实验动物传染性疾病监测方案

严格按照 GB 14922.1—2001《实验动物寄生虫学等级及监测》和 GB 14922.2—2011《实验动物微生物学等级及监测》对寄生虫和微生物进行监测。除此以外,可结合具体情况选择其他合适的监测指标。

1.监测对象的选择

(1)种类　对某一病原体感染的易感性可因动物种类的不同而有差异,而同种不同品系的动物对某种病原体的易感性也不一样。因此,当有针对性地检测某种病原微生物或寄生虫在实验动物中的感染时,应考虑动物易感性对监测结果的影响。

(2)监测动物年龄选择　根据监测项目选择不同年龄的动物。采用较年轻的动物,一般反映近期感染的情况,而对成年或淘汰动物的监测,则反映以往的感染情况。但对有发病症状的动物,都要立即进行全面检查,以查明原因,采取措施,防止疾病的传播。

2.取样数量的确定　从动物群中抽取具有代表性的一定数量的动物。抽检的动物数量主要依据动物种群的大小,被感染的程度等因素决定。抽检动物的数量要足够大,以保证在病原体感染率较低的水平上查出被感染的动物。病原体具有中等程度的传染力,一般检查 10 只左右就可发现被感染动物。也可采取哨兵鼠检查方法.即把 3 ~ 4 只SPF 大鼠、小鼠分别放在室内不同方位,而且定期变换位置,1 ~ 2 个月后处死,进行全面

检查,以推断动物群内的感染情况。

3.取样方法和检品的运输 抽取动物进行动物质量监测时,应在饲养室四角和中央取样,使所取动物能够在最大程度上代表被抽样动物群体的状况。动物送检容器应符合动物级别的要求并编号;如送检动物的血清、粪便、毛皮屑或棉拭子,应按要求无菌、冷藏或及时送达检测实验室。

4.监测频率 动物感染初期,监测周期以每3个月1次为宜,首选的检测方法是血清学方法,其他如分离培养,血液生理生化及组织病理学等也可用于筛查或确诊。较易分离病原体。随时间的推移,抗体检出率上升,2～3个月后开始下降。

三、实验动物感染性疾病控制

(1)传染性疾病动物控制方案应经过 IACUC 和生物安全委员会的审核。

(2)发生新的、未知的或高致病性病原微生物感染事件,应按国家法规必须在第一时间报告,并进行风险评估和采取应急措施,所采取的措施应以风险评估为基础。

(3)评估对患病动物进行治疗或不再用于实验的利弊,经 IACUC 和实验人员审核后执行。

(4)兽医师对死亡动物要例行病理学等检查,提供死亡原因分析报告;对染病动物的发病原因进行检查,提供发病原因分析报告。

(5)应及时采取措施以消除引起动物发病或死亡的潜在原因。

(6)合理设置哨兵动物,哨兵动物是用于实验动物饲养环境中病原体及病原体感染的指示动物,被特意放置在最有可能是病原传染区域的特定位置,使哨兵动物感染疾病的概率增加。哨兵动物一般来源于与被监测动物遗传背景相同的无菌或 SPF 级动物,或者至少是微生物携带情况明确的实验动物。哨兵动物设置方法如下。

1)实验动物饲养设施和检疫设施都需要设置哨兵动物。

2)在保证足够检测数量的前提下使用最少量的哨兵动物,哨兵动物在整个监测过程中最大限度地暴露于潜在的病原体感染环境中。

3)根据监测方式、目标病原体的不同,需要选择不同性别和年龄的哨兵动物。

4)根据动物饲养环境和饲养数量,确定哨兵动物的设置方式和数量。监测过程中哨兵动物与被监测动物之间的接触方式主要分为间接接触和直接接触。

5)哨兵动物直接接触设置法,将哨兵鼠和被监测动物种群合养(注意避免被监测动物与哨兵鼠打斗),每笼都要设置哨兵鼠。

6)哨兵动物"脏垫料"设置法,即在更换垫料时采集部分所要监测动物使用过的脏垫料,特别是疑似感染动物的脏垫料,放置到哨兵动物笼内,如脏垫料中有病原体,就可能会感染哨兵动物。

(汤黎明 胡香杰)

第十二章
实验室生物安全管理

管理是为了实现某种目的而进行的决策、计划、组织、指导、实施、控制的过程。因此相对应的，实验室生物安全的管理由实验室生物安全管理组织体系和保障实验室生物安全防护目的的一系列相关管理政策、法规、制度、规范和标准构成。据不完全统计，国内外绝大多数生物安全实验室的感染事件和泄漏事故都与管理不善有着密不可分的联系。确保实验室生物安全不再是单纯的技术问题，生物安全实验室的规范化管理将发挥越来越重要的作用，如果缺乏健全和行之有效的管理体系，无论实验室硬件条件如何高端都将难以有效发挥其生物安全防护作用。国家层面出台的一系列政策措施和已出台的《中华人民共和国生物安全法》将为实验室生物安全的规范化管理带来重要保障和时代机遇。

第一节　实验室生物安全管理机构

根据《病原微生物实验室生物安全管理条例》（国务院令第 424 号）（以下简称《条例》），实验室生物安全在行政层级上受国家、省、市、县（区）级卫生行政部门监督。根据生物安全实验室级别和开展实验活动不同，在具体生物安全事务上受县（区）级以上卫生、农业、科技、市场监管、发展改革、环保、住建等行政部门在各自职责范围内的管理。

实验室的设立单位及其主管部门负责实验室日常活动的管理，承担建立健全安全管理制度，检查、维护实验设施、设备，控制实验室感染的职责。同时，为有效实施生物安全实验室的管理，各级实验室生物安全主管行政部门成立了相应的各类管理机构和专家委员会，进行生物安全技术评估、技术咨询和论证、应急处置等组织和参谋工作。

一、国家层面实验室生物安全管理机构

《条例》第三条规定，国务院卫生主管部门主管与人体健康有关的实验室及其实验活动的生物安全监督工作。国务院兽医主管部门主管与动物有关的实验室及其实验活动的生物安全监督工作。同时，根据《条例》第四十一条规定，国务院卫生主管部门和兽医主管部门会同国务院有关部门组织病原学、免疫学、检验医学、流行病学、预防兽医学、环境保护和实验室管理等方面的专家，组成国家病原微生物实验室生物安全专家委员会，承担从事高致病性病原微生物相关实验活动的实验室的设立与运行的生物安全评估和技术咨询、论证工作。

二、省级层面实验室生物安全管理机构

各省、自治区、直辖市卫生主管部门和兽医主管部门有专门处室负责实验室生物安全工作,成立各省级实验室生物安全领导组织或机构(如领导小组)负责生物安全工作的领导、组织和协调。根据《条例》第四十一条规定,省、自治区、直辖市人民政府卫生主管部门和兽医主管部门会同同级人民政府有关部门组织病原微生物学、免疫学、检验医学、流行病学、预防兽医学、环境保护和实验室管理等方面的专家,组成本地区病原微生物实验室生物安全专家委员会。该委员会承担本地区实验室设立和运行的技术咨询工作。

三、设立单位及其主管部门的实验室生物安全管理机构

病原微生物实验室设立单位或其主管部门应成立实验室生物安全委员会,其主要职责是制订所在单位的实验室生物安全规章制度、操作规范和标准操作程序(SOP)等,对拟开展的涉及有感染性因子的病原微生物实验活动进行审查和风险评估;负责本单位实验室生物安全的日常监督、检查;负责对实验管理、操作等相关人员开展培训等。设立单位及其主管部门成立的实验室生物安全委员会的成员应能体现其组织及学科的专业范围。

设立单位及其主管部门实验室生物安全委员会应听取不同领域(如辐射防护、防火、建筑、工业安全等领域)的专家建议,必要时可求助于地方和国家级实验室生物安全专家委员会。

第二节　生物安全管理的分级分类

一、病原微生物的分类管理

国家根据病原微生物的传染性、感染后对个体或者群体的危害程度,将病原微生物分为4类。

第一类病原微生物,是指能够引起人类或者动物非常严重疾病的微生物,以及我国尚未发现或者已经宣布消灭的微生物。

第二类病原微生物,是指能够引起人类或者动物严重疾病,比较容易直接或者间接在人与人、动物与人、动物与动物间传播的微生物。

第三类病原微生物,是指能够引起人类或者动物疾病,但一般情况下对人、动物或者环境不构成严重危害,传播风险有限,实验室感染后很少引起严重疾病,并且具备有效治疗和预防措施的微生物。

第四类病原微生物,是指在通常情况下不会引起人类或者动物疾病的微生物。

其中,第一类、第二类病原微生物统称为高致病性病原微生物。

《人间传染的病原微生物名录》采用列表编制方式,明确了380类病原微生物的生物安全防护要求,分为病毒、细菌类、真菌和朊病毒4类。该名录详细列出了每种病原微生

物的中英文名、分类学地位、危害程度分类、不同实验活动所需生物安全防护级别、运输包装分类等。将实验活动分为病毒培养、动物感染实验、未经培养的感染材料的操作、灭活材料的操作和无感染性材料的操作五大类,每种实验活动所对应的具体实验操作见表12-1。

表12-1　病原微生物实验活动类型

实验活动类型	具体实验操作
病毒培养	指病毒的分离、培养、滴定、中和试验、活病毒及其蛋白纯化、病毒冻干及产生活病毒的重组实验等操作。利用活病毒或其感染细胞(或细胞提取物),不经灭活进行的生化分析、血清学检测、免疫学检测等操作视同病毒培养
动物感染实验	指以活病毒感染动物的实验
未经培养的感染材料的操作	指未经培养的感染性材料在采用可靠的方法灭活前进行的病毒抗原检测、血清学检测、核酸检测、生化分析等操作
灭活材料的操作	指感染性材料或活病毒在采用可靠的方法灭活后进行的病毒抗原检测、血清学检测、核酸检测、生化分析、分子生物学实验等不含致病性活病毒的操作
无感染性材料的操作	指针对确认无感染性的材料的各种操作,包括但不限于无感染性的病毒 DNA 或 cDNA 操作

二、生物安全实验室的分级管理

根据实验室对病原微生物的生物安全防护水平,并依照实验室生物安全国家标准的规定,将实验室分为一级、二级、三级、四级,即 BSL-1、BSL-2、BSL-3、BSL-4。其中,一级对生物安全隔离的要求最低,四级最高。不同生物安全防护级别实验室处理致病因子的要求如表12-2所示。

表12-2　生物安全实验室的分级

实验室分级	处理对象
一级	对人体、动植物或环境危害较低,不具有对健康成人、动植物致病的致病因子
二级	对人、动植物或环境具有中等危害或具有潜在危险的致病因子,对健康成人、动物和环境不会造成严重危害。有有效的预防和治疗措施
三级	对人体、动植物或环境具有高度危险性,主要通过气溶胶使人传染上严重的甚至是致命疾病,或对动植物和环境具有高度危害的致病因子。通常有预防治疗措施
四级	对人体、动植物或环境具有高度危险性,通过气溶胶途径传播或传播途径不明,或未知的、危险的致病因子。没有预防治疗措施

注:依据《生物安全实验室建筑技术规范》GB 50346—2011。

　　根据《病原微生物实验室生物安全管理条例》（国务院令第 424 号）要求，BSL-1、BSL-2 实验室及其实验活动实行备案制管理，新建、改建或者扩建一级、二级实验室，应当向设区的市级人民政府卫生主管部门备案；BSL-3、BSL-4 实验室及其实验活动实行审批制管理，在开展实验活动前应向省级以上卫生行政部门申请高致病性病原微生物实验活动，经批准后方可开展。

第三节　实验室生物安全管理体系

　　实验室生物安全管理体系的作用是维护实验室的活动符合实验室生物安全的规定，可自行发现、纠正问题，改进、提高实验室生物安全性，实现实验室生物安全发展的方针和管理目标，以持续满足实验室生物安全管理的需求。其目标是确保实验活动安全、有序，实验结果准确、有效。实验室生物安全管理体系应具备系统性、全面性、有效性及适应性。管理体系应覆盖管理活动的各要素，要素之间相互联系，能有效协调。

一、实验室生物安全管理组织架构

　　健全的实验室生物安全管理组织架构是确保实验室安全有效运转的有效保证。实验室设立单位应是依法成立的独立法人机构，具备承担相关法律和民事责任的能力。

　　1. 实验室生物安全管理委员会　实验室设立单位应按照要求成立实验室生物安全委员会。实验室生物安全委员会一般由各相关部门负责人、技术专家和管理专家组成，必要时也可聘请外部专家。实验室生物安全委员会主要承担生物安全相关技术咨询、指导、评估和监督等技术支撑工作，协助实验室设立单位管理层做出决策。实验室生物安全委员会应制定章程和活动程序，有措施确保实验室生物安全委员会的相对独立性和为其提供必要的活动资源。实验室关键人员应是委员会正式成员，并授予其必要职权以便于调动相关资源。

　　2. 实验室生物安全管理职责分工　实验室管理层应根据管理体系需要，确定管理责任和个人责任，并对各部门的职责进行分工，明确职责，将相关责任落实分解到不同的岗位，做到职责明确，分工合理，各司其职。

　　3. 实验室生物安全管理关键职位代理人　生物安全实验室设立单位法人应根据要求指定所有实验室生物安全关键职位代理人，授权行使生物安全管理职能，一般须指定生物安全负责人、实验室主任和生物安全监督员等，指定负责技术运作的技术管理层。

二、实验室生物安全管理体系的建立

　　实验室生物安全管理体系包括组织机构的设立，实验室生物安全管理方针、目标和岗位职责的明确，实验室人员、实验活动、设施设备的管理，实验室生物安全体系文件的编制等。实验室生物安全管理体系是系统性、全局性工作，是实验室内部各部门及其关联要素组成的一个有机整体，应注重策划和整体优化，重视实验结果质量与实验安全的统一。需要注意的是,实验室在建立、运行和改进管理体系的各个阶段,包括管理体系的策划、管理体系文件的编制、过程控制、核查、改进、协调各部门和各要素间的接口等,都要秉承系统化思想。

编制管理体系文件,应按照国家标准和要求,规划管理的组织机构和管理体系,确定实验室生物安全的管理方针和安全目标,理清相关部门职责,明确管理责任和个人责任。实验室生物安全管理手册要在符合法律法规及标准的同时做到要素齐全、职责明确、管理规范、运行有效,确保满足实验室生物安全管理的要求。

实验室生物安全管理体系的建立程序如下。

(1)制订行动计划,组织动员和培训,统一认识。

(2)收集、整理现行国家相关法律法规、标准、政策,梳理各部门岗位职责、确定编写文件的层次。

(3)确定体系文件的编写原则,统一编写要求和格式。

(4)对编写的体系文件、职责分工等进行审核,并组织相关部门进行集中审稿。

(5)将体系文件递交管理层审核。

(6)体系文件经管理层审核后发布实施,并组织相关部门和人员进行宣贯。

生物安全体系文件的建立仅是第一步,重在确保其稳定和高效运行。生物安全管理体系文件是否需与实验室的质量体系相互融合,尚未有统一要求。对于生物安全关键单位和实验室来说(如高级别生物安全实验室),宜将生物安全体系文件独立出来。对于其他类型实验室可根据自身情况进行选择。

三、实验室生物安全管理体系文件

实验室生物安全管理体系文件是建立实验室生物安全管理体系的基础,也是体系评价、改进和持续发展的依据。实验室生物安全管理体系文件基本框架一般分为 5 个层次:即生物安全管理手册、程序文件、作业指导书、安全手册和记录及表格等。

1. 生物安全管理手册　实验室生物安全管理手册是实验室生物安全管理的纲领性文件和政策性文件。应充分体现国家和地方的相关法律法规的基本精神,明确实验室设立单位的法律地位,指定生物安全管理方针与目标,成立实验室生物安全委员会,明确部门职责、个人责任及资源配置及相关要求等。主要内容如下所示。

(1)组织架构和人员职责。

(2)生物安全管理方针和目标。

(3)管理责任。

(4)个人责任。

(5)其他内容。

实验室生物安全手册的编制应做到语言规范、通俗易懂、文字简练。要结合实际,充分反映实验室特点。要处理好相关职能部门之间的衔接和相互协调。

2. 程序文件　程序文件是生物安全管理体系的支持性文件,也是管理手册中原则性要求的展开和具体落实,应形成书面文件。编写程序文件要以生物安全管理手册为依据,要符合管理手册的规定和要求。主要内容如下。

（1）制定程序的目的。

（2）程序的适用范围。

（3）各部门的职责和权限。

（4）明确的工作流程。

3. 作业指导书　作业指导书是指设施、设备、实验方法的具体操作过程和技术细节的描述，是一个可操作性的文件，是指导实验人员完成具体工作任务的指导书和指南，要详细明确"5W1H"，即谁做（who）、什么时间做（when）、在哪儿做（where）、做什么（what）、为何做（why），怎样做（how）。作业指导书是程序文件的下一层次的具体操作文件，除了需要符合技术原理、步骤合理、详细、明了、可操作性外，还应同时满足质量的生物安全管理的要求，以保证工作的规范性、一致性、可重复性和安全性。

作业指导书还应包括设施设备、个人防护、消毒、试剂制备等内容，要有具体的操作方法和流程，明确可能的生物安全风险及其防范措施。作业指导书可以以图标或流程图的形式配合文字进行描述。

4. 安全手册　安全手册是为实验人员在遇到各种紧急情况下可以随手获得、迅速查阅能得到帮助的书面文件。编制安全手册应以生物安全管理体系文件为依据，坚持简明、通俗、易懂、直观，要有可操作性。

安全手册内容应包括应急联系人、电话、实验室平面图、实验室相关标识、人员撤离线路和程序及生物危险、辐射、电气安全等意外事故应急处理程序和应急器材设备使用方法、常规的人员急救方法等内容。

5. 记录及表格　记录是为了给已完成的活动或达到的结果提供客观证据的文件，是一项十分重要的内容，也是体系文件的组成部分。其类型如下。

（1）管理类记录　如人员培训、实验材料采购记录、管理内审和管理评审记录等。

（2）技术类记录　如环境条件控制、合同或协议、检验报告、内务管理及检测原始记录等。

（3）证书类记录　如各种资格证书、证件包括仪器设备的检定/校准证书、能力验证证明等。

（4）标识类记录　如设备和样本的唯一性标识、工作状态、检测状态标识、区域标识、各种生物安全专用标识等。

记录是证据和资料性文件，应覆盖实验室活动的各个方面，要求以提供真实、原始、足够信息和保证可追溯性为原则。应明确对哪些活动需要记录，明确记录的内容、记录要求、记录的保存要求等。

四、实验室生物安全管理体系的维护

管理体系的维护是确保体系现行有效的重要保障。管理体系建立后应在实际运行过程中不断地完善与持续改进。实验室设立单位应有专人负责及时跟踪国家的法律法规、国家标准、地方规定的变化，当体系不适应相关要求时应及时进行修订和调整。如果单位内部组织机构、部门设置等发生重大变化，包括实验室管理人员组成发生变化等也应做出适当修订。体系的维护可通过监督检查发现问题，也可通过内部审核、管理评审、上级监督检查、认证认可等途径发现问题及时进行纠正完善,使实验室生物安全管理体系在运行中不断完善。

第四节 生物安全实验室设施设备的管理

《病原微生物实验室生物安全管理条例》第六条规定,实验室的设立单位及其主管部门负责实验室日常活动的管理,承担建立健全安全管理制度,检查、维护实验设施、设备,控制实验室感染的职责;第三十一条规定,实验室的设立单位应当依照本条例的规定制定科学、严格的管理制度,并定期对有关生物安全规定的落实情况进行检查,定期对实验室设施、设备、材料等进行检查、维护和更新,以确保其符合国家标准。

生物安全实验室拥有符合国家标准规范的设施设备是保障实验室生物安全和实验活动开展的前提,但如何确保实验室设施设备科学、有效地安全运行和维护保养则更加重要。每个实验室的建设和设施设备配备都不同,但生物安全实验室设施设备要遵循一个原则:符合生物安全要求,确保各系统处于良好技术状态并安全可靠运行。各实验室应根据自身情况和特点,建立有效、合理、实用的运行管理模式。

生物安全实验室设施设备的管理关键点主要包括但不局限于以下各项。

(1)生物安全实验室的分级分类。

(2)实验室建筑布局与流程。

(3)实验室的设施、场地及能源、照明、采暖和通风条件。

(4)昆虫和啮齿动物的防控措施。

(5)实验室人员进入的控制措施。

(6)实验室停电、停水、防火等应急的安全设施管理。

(7)生物安全防护设备安装、维护、状态确认管理。

(8)设施、设备档案管理。

一、生物安全实验室设施的维护管理基本要求

生物安全实验室设施从工程设计和建设角度通常包含以下6个方面,即建筑与维护结构;通风空调系统;电力供应系统;自动控制、监控与通信系统;给排水与供气系统;消毒灭菌系统。

生物安全实验室设施的日常运行管理,包括正确使用、日常维护保养和定期检验/检测等,是保障实验室设施长期处于良好的技术状态和安全可靠运行的重要措施。

(一)设施维护管理分类

1.日常维护保养 生物安全实验室的设立单位承担检查、维护实验室设施设备、控制实验室感染的职责。实验室设施的日常运行和管理以实验室自身为责任主体,结合本单位相关部门共同承担,建立设施运行管理组织体系,制定设施运行管理制度,以保证和维持实验室正常安全运行。

实验室设施的日常使用和维护保养由实验室成员承担,是一项经常性的工作,由实验室领导层赋予实验室成员操作设施的权限,设施操作人员按照规定的程序和操作规程进行实验室设施设备的使用和维护保养。实验室应建立设施日常维护保养计划,建立维保档案,组织专业人员对设施进行例行检查并确保其状态满足工作需要。使用过程中加强日常巡检,以便及时发现设施运行过程中的问题并及时纠正。

2. 定期检查与预防性维护保养 定期维护保养工作作为预防性维护管理方式对于保持设施设备良好的技术状态,延长设施设备的使用寿命至关重要。由于实验室缺乏具备检测、维护保养和检修能力的专业人员,因此生物安全实验室的设施检修维保也可委托具有熟悉生物安全实验室特点的专业公司来承担。实验室的一些控制系统,如生命支持系统、自动化控制系统、污水处理系统、化学消毒系统等关键防护设施比较复杂,且可能为供货商的专利技术或产品,其维护保养宜由供货商提供配件或维修保养。

3. 定期检测 生物安全实验室设施在施工完成验收之前,有些要经过具备专业检测资质或检测能力的机构进行强制性检测,有些需要设施设备生产厂家或其授权代理机构进行检测。认可机构对实验室的年度认可评审时也要对部分设施运行工况进行现场验证,对生物安全柜和压力蒸汽灭菌器等生物安全关键防护设备进行年度检测和评价。通常情况下,需要定期检测的设备,其维护保养工作可以由专业维保公司来承担,关键防护设施的检测宜由有专业检测资质或检测能力的第三方机构进行检测。

(二)设施维护管理的基本要求

生物安全实验室设施管理是一项复杂的工程,除了人力、财力等资源上的配置外,还要建立完善的组织管理体系、管理机制和管理制度。

(1)建立技术保障队伍。

(2)建立设施运行维护管理组织体系。

(3)制定设施管理的政策和程序。

(4)制定设施标准操作规程和管理制度。

(5)制定设施操作培训制度。

(6)制定设施维修保养规程和制度。

(7)制定设施定期检查与应急检修制度。

(8)制定设施消毒灭菌制度。

(9)制定设施维护人员安全防护制度。

(10)制定设施故障、事故报告制度。

(11)制定设施例行安全检查与考核制度。

(12)建立设施运行记录制度。

(13)建立设施档案管理制度。

二、生物安全实验室防护设备的选择和维护管理基本要求

生物安全实验室防护设备主要用于对实验人员、实验对象和周围环境的安全保护,是确保实验室安全运行的关键要素。实验室安全防护设备一般包括生物安全柜、压力蒸

汽灭菌器、个体防护装备和消毒设备等。其维护管理的目的是控制实验室设备生物安全风险,保障实验室的生物安全防护能力,防止发生人员感染或病原微生物泄漏,为实验活动提供生物安全保障。

(一)生物安全柜

生物安全柜是一种保护操作人员及其周围环境,把处理病原体时发生的污染空气隔离在操作区域内的一种防御性负压过滤排风柜。在操作原代培养物、菌(毒)株及其他感染性实验材料过程中会产生感染性气溶胶,正确使用生物安全柜可以有效减少气溶胶对实验室或培养物的污染,同时能保护工作环境及外部环境,是防止实验室获得性感染的主要设备。根据结构设计、正面气流速度、送风、排风方式,将生物安全柜分为Ⅰ级、Ⅱ级、Ⅲ级。其分类差异和选择原则见表12-3、表12-4。

表12-3 Ⅰ级、Ⅱ级、Ⅲ级生物安全柜分类差异

生物安全柜	进风面速率/(m/s)	气流百分数/%		排风系统
		重新循环部分	排出部分	
Ⅰ级①	0.38~1.00	0	100	密闭管道连接或排到室内
Ⅱ级 A1 型	0.38~0.51	70	30	排到房间或套管连接
Ⅱ级 A2 型①	≥0.5	70	30	排到房间或套管连接
Ⅱ级 B1 型①	≥0.5	30	70	密闭管道连接
Ⅱ级 B2 型①	≥0.5	0	100	密闭管道连接
Ⅲ级①	NA②	0	100	密闭管道连接

注:①所有生物污染的管道均为负压状态,或由负压的管道和压力通风系统包围。②去掉单只手套后其进风面速率≥0.7 m/s。

表12-4 根据防护类型的生物安全柜选择原则

防护类型	生物安全柜的选择
个体防护,针对二、三、四类病原微生物	Ⅰ级、Ⅱ级、Ⅲ级生物安全柜
人体防护,针对一类病原微生物,生物安全柜型实验室	Ⅲ级生物安全柜
个体防护,针对一类病原微生物,防护服型实验室	Ⅰ级、Ⅱ级生物安全柜
实验对象保护	Ⅱ级生物安全柜,仅有层流装置的Ⅲ级生物安全柜
少量挥发性放射性核素/化学试剂的防护	Ⅱ级 B1 型生物安全柜,对外排风Ⅱ级 A2 型生物安全柜
挥发性放射性核素/化学试剂的防护	Ⅰ级、Ⅱ级 B2 型、Ⅲ级生物安全柜

生物安全的维护管理应符合相关标准和技术规范的要求,在安装、移动、维修和更换高效过滤器后均应进行现场检验并开展每年一次的现场维护检验。检验项目应至少包括外观、高效过滤器完整性、下降气流流速、流入气流流速、照度、气流烟雾模式等。现场检验方法和评价要求参照医药行业标准Ⅱ级生物安全柜(YY 0569—2011)等的要求。

(二)压力蒸汽灭菌器

压力蒸汽灭菌器装置严密,温度随蒸汽压力增高而升高,当压力增至 103～206 kPa 时,温度可达 121.3～132.0 ℃。压力蒸汽灭菌器就是利用压力蒸汽灭菌器和高热释放的热能进行灭菌,为目前可靠而有效的灭菌方法。

生物安全实验室宜采用生物安全型压力蒸汽灭菌器,具备蒸汽回收功能。压力蒸汽灭菌器应在安装投入使用前、更换高效过滤器后或维修后进行检测,并应进行年度维护检测。其检测项目应至少包括灭菌效果检测、B-D 检测、压力表和安全阀检定,必要时对温度传感器和压力传感器进行校准。灭菌效果检测应采用压力蒸汽灭菌化学指示卡检测灭菌效果,每 12 个月至少进行一次生物效果检测(生物指示剂:嗜热脂肪杆菌芽孢)。B-D 检测应至少每 3 个月进行一次(脉动真空或预真空型压力蒸汽灭菌器)。安全阀和压力表检定应按照国家相关计量检定规定。温度传感器和压力传感器校准应按照国家相关计量检定规定。压力蒸汽灭菌器的检测方法和评价要求可参照 RT/T199 等标准执行。

(三)高效过滤装置

排风高效过滤装置应在安装后、投入使用前、对高效过滤器进行原位消毒后及更换高效过滤空气过滤器或内部部件后进行检测评价。检测项目至少应包括箱体气密性(适用于安装于防护区外的排风高效过滤装置)、扫描检漏范围(适用于扫描型排风高效过滤装置)、高效过滤器检漏。箱体气密性检测结果应符合《实验室生物安全通用要求》(GB 19489—2008)标准的相关要求。高效过滤器检漏测试,对于可进行扫描检漏测试的,进行扫描检漏测试;对于无法进行扫描检漏测试的,可选择效率法检漏测试。

对于扫描检漏测试,被测过滤器滤芯及过滤器与安装边框连接处任意点局部透过率实测值不得超过 0.01%;对于效率法检测测试,当使用气溶胶光度计进行测试时,整体透过率实测值不得超过 0.01%;当使用离散粒子计数器进行测试时,置信度为 95% 的透过率实测值置信上线不得超过 0.01%。

(四)个体防护装备

个人防护装备(PPE)是指防止实验室人员受到生物性、化学性或物理性等危险因子伤害的器材和用品。使用个人防护装备的目的是防止实验室人员在实验活动中吸入感染性物质、直接接触感染性物质,避免实验室感染事件的发生。

与生物安全实验室关系密切的个人防护装备主要有手部防护装备、呼吸防护装备、眼面部防护装备、躯体防护装备、足部防护装备和听力防护装备等。

个人防护装备的选择要依据对实验开展所涉及的病原微生物实验活动进行的风险评估,确定个人防护需求进而选择个人防护装备的种类。个人防护装备在使用前要做气密性检查和适应性检验。

对于可重复使用的个人防护装备(如正压防护服)应按照产品说明书采用有效的方式进行消毒处理,日常使用时应进行检查和维护,并做好检查、维护和使用状态记录。

第五节　实验安全操作的管理

生物安全实验室相关病原微生物导致的相关感染和理化因素造成的损害会对实验室生物安全造成巨大威胁,其产生原因大部分是由于实验室工作人员生物安全意识不强、实验操作错误等造成。所以说,良好的实验操作对确保实验室生物安全至关重要。

一、生物安全实验室的基本要求

实验室必须建立完善的安全管理体系,组织架构清晰,岗位职责明确。实验室人员配置应能满足实验室互动的需要,实验室应由具备专业技术和管理经验的人员负责实验室的运行管理,设置生物安全监督员负责实验室运行过程的监督。

实验室应编制简明易懂、可操作性强的生物安全手册,应制订人员培训和继续教育计划,应定期开展病原微生物的风险评估、病原微生物实验操作、个体防护、仪器设备使用与维护等方面的知识技能的专门培训。应制订并实施人员健康监护计划,应根据工作内容为实验人员接种相应疫苗并进行疫苗效果监测。实验人员应充分认识和理解所从事的实验活动的风险并在实验室工作时正确选择并使用个人防护装备。

二、从事病原微生物实验活动应遵循的原则

(1)所有操作人员必须经过生物安全专项培训并通过考核,获得上岗证书。

(2)在开始相关工作前,应对所从事的病原微生物和其他危险物质及其相关操作进行风险评估,根据国家对于各种微生物操作的危害等级划分和防护要求及风险评估结果,制定全面细致的标准操作规程和程序文件,对于关键的危险步骤设计出可行的防护措施并切实执行。

(3)熟悉各级生物安全实验室运行的一般规则,掌握各种仪器、设备和装备的操作步骤和要点,进行正确的操作和使用,对于各种可能的危害应非常熟悉。

(4)应掌握各种感染性物质和其他危险物质操作的一般准则和技术要点。

三、实验活动操作的一般原则

(1)严禁用口吸移液管,严禁将实验材料置于口内。

(2)所有的实验操作要按尽量减少气溶胶和微小液滴形成的方式来进行。

(3)应限制使用注射针头和注射器,注射针头和注射器不能用于移液或用作其他用途。

(4)实验室应制定并执行处理溢出物的标准操作程序。出现溢出事故以及明显或可能暴露于感染性物质时,必须向实验室负责人报告。实验室应如实记录有关暴露和处理

的情况,并保存相关记录。

(5)污染的液体在排放到生活污水管道以前必须清除污染(采用化学或物理学方法)。根据处理的微生物因子的危险度评估结果准备专门的污水处理系统。

(6)只有保证实验室内没有受到污染的文件纸张才能带出实验室。

第六节 感染性样本的管理

感染性样本是已知或可能含有传染性病原的样品,主要包括各种菌(毒)种、寄生虫或样本等。对感染性样本的管理是保证实验室生物安全的重要内容之一。在从事病原微生物实验活动过程中,由于各种感染性样本处于不同的状态,容易产生差错,只有规范严格的管理制度及对该制度的执行情况进行有效的监督,才能防止在传染病防治、科研、教学以及生物制品生产过程中造成感染性物质的扩散或遗失,从而确保人民群众的身体健康和生命安全。

一、感染性样本的采集

对感染性样本的采集应按照《条例》《可感染人类的高致病性病原微生物菌(毒)种或样本运输规定》《人间传染的病原微生物名录》的有关规定来进行,要有符合相应防护能力的生物安全实验室、采取相对应的个人防护和设施设备条件。对于可能引起潜在感染的样本,还应配备防止感染性物质扩散的保护性装置,同时在采集的过程中要严格执行相应的病原微生物实验室生物安全操作规程。

实验室应制定详细而切实可行的病原微生物采集和生物安全防护 SOP,对操作人员应开展培训并实时对培训效果进行考核。对于感染性物质的标识、登记应有统一的规范,主要包括标记格式、张贴要求、分类包装要求及标注的内容等,标注内容应包括采集日期、样本名称、采集地点和来源等。

二、感染性样本的包装和运输

根据《可感染人类的高致病性病原微生物菌(毒)种或样本运输规定》的要求,对感染性物质的包装应按照《人间传染的病原微生物名录》要求采取相应等级的分类包装,按照内层、中层、外层 3 层密封包装的要求。内层是直接分装样本的基础容器,以玻璃和一次性塑料制品比较常见;中层采用有一定抗力的坚固容器,在内层和中层容器之间应放置一定量吸水性强的填充物以固定内层容器;外层容器采用防震、防泄漏的坚固容器,以保证样品在运输过程中的安全性。选取的包装材料应符合国家相关标准和规范的要求,实验室可根据实际情况建立包装材料提供商档案。

生物安全实验室及其设立单位要根据有关规定制订感染性样本包装、运输工作的SOP 文件,申请运输审批工作程序及包装、运输发生生物安全事件的应急预案。

三、感染性样本的接收

对于感染性样本的接收,实验室设立单位应制定接收、保存和管理的 SOP 和相关规章制度等。实验室应指派专人(不少于 2 人)负责感染性样本的接收,接收人应根据感染性物质的种类在相适应的生物安全条件下对接收的样品进行清点和复核,主要包括样品名称、运出单位、种类、性状、数量、时间、运输条件、包装的完整性、运输联系人信息等。应办理交接手续,接收人和实验室负责人应共同签字。

实验室应建立感染性样本基础档案制度,建立完善与接收感染性样本有关的背景资料,编制档案应包含样本的编号、来源、性状、用途、数量、接收日期等关键信息。接收样本后应按照程序对样本进行编号,建立入库和发放登记,定期清点和记录数量。

四、感染性样本的领取

对感染性样本的领取应建立严格的申领规定、程序和 SOP,并制订相应的记录表格。根据样本中可能含有的病原微生物种类、危险等级和进行的实验活动,按照要求进行包装和运输,并与领取人办理交接手续后方可发放。

五、感染性样本的保存

实验室应按照国家相关规定,根据感染性样本的种类,指定专门场所或区域进行保存。应建立完善的感染性样本的保存程序、SOP 和记录表格,保障保存所用的设施设备,做好关键设施设备的维护和状态核查,实验室应根据实际情况采取适合自身的感染性样本保存的安保措施。

感染性样本应置于适当温度下保存,实验室可根据实验活动需要,将样本分装成若干小份,避免反复冻融样本。对于样本保存场所或区域、冰箱以及样本要有统一的规范和标记,对防止样本混淆、误用等情况应有详细的规定。

六、感染性样本的使用

感染性样本的使用应根据《人间传染的病原微生物名录》的要求和风险评估结果在相对应的生物安全实验室内进行。实验操作人员应采取相应的个人防护,感染性样本应在生物安全柜内打开包装,按照相应的病原微生物操作规范进行。当出现样本泄漏、污染或容器破裂等情况时,应有紧急处理程序并按此程序采取应急处理措施。

实验室应建立、维护、执行关于感染性样本使用的管理制度,在使用感染性样本开展的实验活动中,对所产生的中间培养物应有详细的使用和实验活动记录,要能够追溯到每个具体环节,要做到不丢失、不扩散、不污染,并按其所处的状态进行分类管理,直至销毁。对于感染性样本使用过程的管理应有明确的规定,责任到人。

七、感染性样本的销毁

对于感染性样本的销毁应制定明确的程序。废弃的感染性样本应当在较短的时间内用高压蒸汽灭菌或其他确证有效的方法销毁,不可长期堆积废弃的感染性物质以免造成扩散。感染性样本的销毁应有记录,主要包括样本编号、名称、数量、销毁原因、销毁方式、时间和销毁效果确认等。

第七节 实验人员的管理

《条例》第三十四条规定,实验室或者实验室的设立单位应当每年定期对工作人员进行培训,保证其掌握实验室技术规范、操作规程、生物安全防护知识和实际操作技能,并进行考核。工作人员经考核合格的,方可上岗。实验室人员是保障实验室生物安全的核心要素,如果实验室从业人员生物安全意识淡漠、操作不规范,再先进的硬件条件也无法发挥应有的生物安全防护作用,再好的管理制度也得不到贯彻落实。实验室从业人员的规范化培训对提高实验室人员生物安全意识,规范实验活动操作,落实生物安全各项规章制度等具有重大作用。

《条例》第三十五条规定,进入从事高致病性病原微生物相关实验活动的实验室的工作人员或者其他有关人员,应当经实验室负责人批准。实验室应当为其提供符合防护要求的防护用品并采取其他职业防护措施。从事高致病性病原微生物相关实验活动的实验室,还应当对实验室工作人员进行健康监测,每年组织对其进行体检,并建立健康档案;必要时,应当对实验室工作人员进行预防接种。实验室人员的健康和安全是实验室生物安全一切工作的出发点和落脚点,因此必须确保实验操作人员的身体健康和生命安全,同时也要防止因操作的意外感染导致的疾病传播。所以说,对生物安全实验室从业人员进行健康监测就尤为重要。

一、人员培训

生物安全实验室设立单位应制订实验室相关人员培训计划,并经本单位生物安全委员会批准后切实组织实施。

1. 培训目的 是使所有相关人员熟悉工作环境,熟悉所从事的病原微生物危害、预防和实验活动程序,明确相对应的生物安全防护要点,熟悉设施设备的性能、使用及管理规范要求,掌握发生生物安全事件时所应采取的应急措施等。

2. 培训对象 主要包括实验操作人员、实验室管理人员、清洁人员、安保人员、后勤人员等。新员工上岗前要进行培训,老员工应开展周期性的培训,所有人员应参加持续性的生物安全相关培训。

3. 培训内容 应包括为实现操作目标所必须掌握的知识或技术,同时还应注重培训解决工作中可能出现意外事件的能力,并纠正使用某一技术过程中容易出现的错误,还应包括消防、化学危险、放射、急救等课程。培训内容一般由熟悉实验室生物安全工作和相关要求的人员来确定。

4.培训方法 实验室应制定规范化的生物安全培训制度,一般采取内部培训和外部培训相结合的方式。内部培训是指实验室设立单位内部组织的人员培训,外部培训是指参加上级部门组织的人员培训。具体形式可采取专题讲座、示范练习、模拟演练、计算机辅助教学等各种方式。新员工上岗后还应由有经验的技术负责人或老员工带教一定时间,以充分熟悉工作环境和程序,同时还应考虑不同培训对象的个体差异,采取不同的培训方式方法。例如有些员工适合采用更直观或"手把手"式的教学,有些员工采用文字材料学习可能更有效果。

5.培训效果评估 培训效果评估有助于判断培训是否取得了预期效果,需同时满足以下要点。①检查培训对象对所进行培训的反应;②考核培训对象对所培训内容的记忆和执行情况;③培训对象在工作中的行为变化;④按培训的目的或目标来考核是否以达到预期效果。

对于培训工作是否需要调整,应根据培训对象与其他未经过培训人员进行对比,发现培训所造成的知识或能力上是否存在不同或差异,对培训课程内容是否有更好、更深入的理解、掌握和应用,以及可能提示的培训时长、培训方法、培训老师方面的差异。另外,实验室负责人应建立规范化培训档案,记录被培训者的培训经历。主要包括培训内容、培训时间、培训老师、培训考核或评估结论等。

二、健康监测

病原微生物实验室应建立员工健康监测制度,健康监测对于保障实验室工作人员的身体健康和安全,防止传染病传播,维护公众的健康权益和社会稳定具有重要意义。

在从事实验室工作前需采集实验人员本底血清标本并长期保存,在开展实验活动前应对实验人员进行健康监测并建立健康档案,对实验人员进行定期临床检查,实行系统监测。

每个实验室应指定专人负责健康监测工作。负责健康监测的工作人员应当具有与该实验室中所操作的病原微生物有关的传染病防治知识,坚持出勤制度、登记制度,并及时调查了解实验室工作人员的健康状况。

实验室工作人员应在身体状况良好的情况下才能进入 BSL-2 及以上级别的生物安全实验室开展实验活动操作。出现罹患发热性疾病、上呼吸道感染或其他原因造成人体抵抗力下降的情况不应进入实验室核心区域;如有以下情况也不应进入实验室核心区域,如妊娠、已在实验室核心区域连续工作超过 4 h 或其他原因造成的人体疲劳状态。

进入 BSL-3 及以上级别的生物安全实验室开展实验活动的工作人员,应每日早、晚测量体温并观察相应症状。实验活动结束后,应继续进行相应时段(相关病原微生物所致疾病的平均潜伏期)的健康监测,一旦出现异常情况应立即报告实验室负责人以便采取相应控制措施。

三、感染救治

《病原微生物实验室生物安全管理条例》第四十三条规定,实验室工作人员出现与本实验室从事的高致病性病原微生物相关实验活动有关的感染临床症状或者体征时,实验室负责人应当向负责实验室感染控制工作的机构或者人员报告,同时派专人陪同及时就诊;实验室工作人员应当将近期所接触的病原微生物的种类和危险程度如实告知诊治医疗机构。接诊的医疗机构应当及时救治;不具备相应救治条件的,应当依照规定将感染的实验室工作人员转诊至具备相应传染病救治条件的医疗机构;具备相应传染病救治条件的医疗机构应当接诊治疗,不得拒绝救治。

实验室工作人员如发生与所开展的病原微生物实验活动相关的感染,其救治可参考如下程序。

(1)由专人陪同到本单位所设立的医疗部门或机构首诊,紧急时可直接到定点医院就诊,如需留诊观察需使用单独的房间。

(2)发生感染的实验工作在就诊时应主动将近期所接触的病原微生物种类和危险程度如实告知医务人员。

(3)医务人员接诊时应根据所涉及病原微生物种类和危险程度采取相对应的个人防护措施,并采取相应的主动和被动免疫措施。

(4)感染患者确诊或高度疑似确诊时,其单位及其接诊人员应将患者或疑似患者在2 h内报告所在地的县级人民政府卫生健康主管部门。

第八节　感染性废弃物的管理

病原微生物实验室感染性废弃物的管理应遵循《中华人民共和国传染病防治法》《病原微生物实验室生物安全管理条例》和《医疗废物管理条例》等相关法律法规的要求,实验室应当制定感染性废弃物管理相关规章制度和应急预案,并及时检查、督促、落实病原微生物实验室感染性废弃物管理工作。感染性废弃物收集、运输、储存和处置等相关工作人员应进行相关法律法规和专业技术、安全防护、紧急处理等方面的培训,配备相适应的防护用品,定期进行健康检查和免疫接种。

感染性废弃物的管理应执行严格的联单管理制度。对废弃物的来源、种类、重量、数量、交接时间、处置方法、最终去向以及经办人签名等项目予以登记,登记记录应至少保存3年。当发生废弃物流失、泄漏、扩散时,实验室设立单位和废弃物集中处置单位应当采取减少危害的紧急处理措施,对致病人员提供医疗救护和现场救援,同时向实验室所在地的县级人民政府卫生健康行政部门、环境保护行政主管部门报告。

病原微生物的培养基、样本和保存液属于高危险废弃物,应当就地消毒。使用后的一次性实验器具和容易致人损伤的实验废弃物,应当消毒并做毁形处理。禁止转让、买卖感染性废弃物,禁止在非储存地点倾倒、堆放感染性废弃物或将其混入其他废物和生活垃圾。禁止邮寄、铁路、航空运输或与旅客在同一运输工具上运输感染性废弃物。

感染性废弃物的处理必须在实验室内清除污染、高压灭菌。

1. 处理原则

(1)在实验室采取规定程序进行有效的消毒和灭菌处理。

(2)以规定的方式包裹,以便后期处理。

(3)避免处理过程中人员受到伤害或者环境被破坏。

2. 处理方式

(1)污染性锐器,如手术刀、注射针头及破碎玻璃等。这些废弃物应收集在带盖的不易刺破的容器内,并按感染性物质处理。注射针头用过后不应再重复使用,应放在盛放锐器的一次性容器内焚烧,如需要可先高压灭菌。盛放锐器的容器不能装得过满。当达到容器的 3/4 时,应将其放入"感染性废弃物"的容器中进行焚烧,可先进行高压灭菌处理。

(2)高压灭菌后重复或再使用的污染材料(或潜在感染性材料)应在高压灭菌或消毒后,并进行清洗后方可重复使用。

(3)高压灭菌后准备丢弃的污染材料,可放在指定的运输容器中(如标记颜色)运送至焚烧炉。可重复使用的运输容器应是防渗漏的有密闭盖子不易破碎的容器,这些容器在送回实验室重复使用前,需进行消毒清洁。

(4)实验室工作台上放置盛放感染性废弃物的容器、广口瓶等,应是不易破碎的容器(如塑料制品)。当使用消毒剂时,应使废弃物充分接触消毒剂(即不能有气泡阻隔),并根据所使用消毒剂的不同保持适当接触时间。盛放废弃物的容器在重新使用前应充分灭菌消毒。

第九节　实验室生物安全标识

《病原微生物实验室生物安全管理条例》第十一条规定,高致病性病原微生物菌(毒)种运输容器或者包装材料上应当印有国务院卫生主管部门或者兽医主管部门规定的生物危险标识、警告用语和提示用语;第三十九条规定,三级、四级实验室应当在明显位置标示国务院卫生主管部门和兽医主管部门规定的生物危险标识和生物安全实验室级别标志;第六十条规定,未依照规定在明显位置标示国务院卫生主管部门和兽医主管部门规定的生物危险标识和生物安全实验室级别标志的将由实验室设立单位对实验室主要负责人、直接负责的主管人员和其他直接责任人员进行相应处罚。

2018 年 3 月 6 日原国家卫生和计划生育委员会发布了国家卫生行业标准《病原微生物实验室生物安全标识》(WS 589—2018),并于 2018 年 8 月 1 日起实施。对生物安全实验室相关标识进行了统一、明确和规范,解决了以往我国生物安全实验室标识混乱的问题。该标准主要从病原微生物实验室标识类型、标识要求、标识型号选用、标识设置高度、标识使用要求、标识管理等几个方面进行了规范,适用于从事与病原微生物菌(毒)种、样本有关的研究,教学、检测、诊断、保藏及生物制品生产等相关活动的实验室。简要介绍如下。

一、标识类型

1. 禁止标识　指禁止人们不安全行为的图形标志。主要标识见表12-5。

表12-5　禁止标识

图形标识	名称	设置范围和地点
	禁止入内	可引起职业病危害的作业场所入口处或涉险区周边,如可能产生生物危害的设备故障时,维护、检修存在生物危害的设备、设施时,根据现场实际情况设置
	禁止推动	易于倾倒的装置或设备,如气体钢瓶和精密仪器等
	禁止通行	有危险的作业区,如实验室、污染源等处
	禁止触摸	禁止触摸的设备或物体附近,如实验室电源控制箱、压力蒸汽灭菌器高压灭菌过程的表面、液氮,以及具有毒性、腐蚀性物体等
	儿童禁止入内	易对儿童造成事故或伤害的场所,如实验室区域、各种污染源区域等
	禁止戴手套触摸	禁止戴受(病原微生物)污染的手套触摸的仪器设备和用品附近
	禁止宠物入内	宠物进入该区域会携带传染病菌,易对人员造成伤害的场所,如实验室区域、各种污染源区域等

续表12-5

图形标识	名称	设置范围和地点
	禁止拍照或摄录	根据管理要求不得拍摄或使用闪光灯易影响实验活动或造成仪器设备和人员光波损伤等不良后果的场所
	禁止吸烟	实验室、禁止吸烟的场所,如实验室区域、二氧化碳储存场所和医院等
	禁止开启无线移动通信设备	使用无线移动通信设备易造成爆炸、燃烧和电磁干扰及泄密的场所
	禁止烟火	实验室易燃易爆化学品存放、使用处和实验室操作区
	禁止用嘴吸液	实验时,禁止用口吸方式移液
	禁止明火	实验室易燃易爆化学品存放、使用处和实验室操作区,如通风橱、通风柜和药品储存柜等
	禁止饮食	易于造成人员伤害的场所,如实验室区域、污染源入口处、医疗垃圾存放处和手术室等
	禁止携带首饰、金属物或手表	开展实验活动的场所,如实验室入口处或更衣室入口处

续表12-5

图形标识	名称	设置范围和地点
	禁止存放食物	禁止存放食物的区域或地方,如实验室区域、污染源入口处、医疗垃圾存放处和手术室等
	禁止堆放	消防器材存放处、消防通道、便携式洗眼器和紧急喷淋装置附近
	禁止乱扔废弃物	废弃物扔到指定的地点或容器内,如利器盒、医疗垃圾袋和指定的容器中
	禁止合闸	设备或线路检修时,相应开关附近
	禁止开启	因工作需要而禁止开启的实验室门
	禁止用水灭火	储运、使用中不准用水灭火的物质场所,如变压器室、实验室核心区和精密仪器等
	禁止启动	暂停使用的仪器和实施设备附近,如仪器检修、零件更换时的相关场所
	禁止靠近	不允许靠近的危险区域,如变电设备、高等级生物安全实验室设备机房等附近

续表 12-5

图形标识	名称	设置范围和地点
	禁止疲劳工作	禁止疲劳状态和免疫力低下时开展工作,如出现发热、咳嗽、全身乏力等不适症状时

2. 警告标识　指提醒人们对周围环境引起注意,以避免可能发生危险的图形标志(表12-6)。

表 12-6　警告标识

图形标识	名称	设置范围和地点
	生物危害	易发生感染的场所,如生物安全二级及以上实验室入口、菌(毒)种及样本保藏场所的入口和感染性物质的运输容器等表面
	当心高温表面	有灼烫物体表面的场所或物体表面,如高压灭菌间、压力蒸汽灭菌器和干燥箱等
	注意安全	易造成人员伤害的场所及设备
	当心低温	易于导致冻伤的场所,如冷库、汽化器表面,存在液化气体的场所如液氮等
	当心火灾	易发生火灾的危险场所,如实验室储存和使用可燃性物质的通风橱、通风柜和化学试剂柜等
	当心滑倒	易造成滑跌伤害的地面,如高等级生物安全实验室淋浴间,试剂残液、消毒液等物质滴洒处(尤其意外事故处理过程)

续表 12-6

图形标识	名称	设置范围和地点
	当心爆炸	易发生爆炸危险的场所,如实验室储存易燃易爆物质处、易燃易爆物质使用处或受压容器存放地
	当心高压容器	易发生压力容器爆炸和伤害的场所,如二氧化碳钢瓶、高(和/或低)压液氮罐和压力蒸汽灭菌器等
	当心腐蚀	有腐蚀性物质(GB 12268—2012 中第 8 类所规定的物质)的作业地点,如试剂室、配液室和洗涤室
	当心紫外线	紫外线造成人体伤害的各种作业场所,如生物安全柜、超净台和实验室核心区紫外线消毒等
	当心化学灼伤	存放和使用具有腐蚀性化学物质处
	当心锐器	易造成皮肤刺伤、切割伤的物品或作业场所,如鸡胚接种、菌(毒)种冻干保存过程
	当心中毒	剧毒品及有毒物质(GB 12268—2012 中第 6 类第 1 项所规定的物质)的存储及使用场所,如试剂柜、有毒物品操作处
	当心飞溅	具有液体和气溶胶物质溅出的场所,如处理感染性物质的过程中使用匀浆、超声、离心机等仪器

续表 12-6

图形标识	名称	设置范围和地点
	当心触电	有可能发生触电危险的电器设备和线路,如配电室、开关等
	当心动物伤害	实验过程中可能有动物攻击(如动物咬伤、抓伤等)造成人员伤害的场所
	当心自动启动	配有自动启动装置的设备
	当心电离辐射	能产生同位素和电离辐射危害的作业场所
	当心碰头	易产生碰头的场所,如设备夹
	危险废物	危险废物储存、处置场所,如盛装感染性物质的容器表面、有害生物制品的生产、储运和使用地点
	当心伤手	实验室切片等操作易造成手部伤害的作业地点

3. 指令标识　指强调人们必须做出某种动作或采用防范措施的图形标志。主要内容见表 12-7。

表 12-7　指令标识

图形标识	名称	设置范围和地点
	必须穿防护服	因防止人员感染而须穿防护服的场所,如实验室入口处或更衣室入口处
	必须戴防护手套	易造成手部感染和伤害的作业场所,如感染性物质操作,具有腐蚀、污染、灼烫、冰冻及触电危险的工作时
	必须穿工作服	按规定必须穿工作服(实验室基本工作服装)的场所,如实验室风险较低,不需要穿防护服的一般工作区域
	必须穿鞋套	易造成脚部污染和传播污染的作业场所,如实验室核心工作间等地点
	必须戴防护帽	易污染人体头部的实验区
	必须穿防护鞋	易造成脚部感染和伤害的作业场所,如具有腐蚀、污染、砸(刺)伤等危险的作业地点
	必须戴防护镜	对眼睛有伤害的作业场所
	必须洗手	操作病原微生物实验后进行手部清洁的装置或用品处,如专用水池附近

续表 12-7

图形标识	名称	设置范围和地点
	必须戴面罩	对人体有害的气体和易产生气溶胶的场所
	必须手消毒	在生物安全实验室实验活动结束后，杀灭手上可能携带的病原微生物的场所
	必须戴呼吸装置	经风险评估，易导致呼吸道感染，需要相应防护的高等级生物安全实验室，如需要面部和呼吸道防护的区域
	必须加锁	剧毒品、危险品和致病性物质的库房等场所，如放置感染性物质的冰箱、冰柜、样品柜，有毒有害、易燃易爆品存放处
	必须戴一次性口罩	实验室内防止致病性物质喷溅时，如离心机的离心、匀浆机的匀浆过程等
	必须固定	须防止移动或倾倒而采取固定措施的物体附近，如二氧化碳钢瓶、高（和/或低）压液氮罐存放处
	必须戴口罩（N95 及以上型号）	操作《人间传染的病原微生物名录》（卫科教发〔2006〕15 号）中"实验活动所需生物安全实验室级别"规定的场所，如生物安全三级实验室、动物生物安全三级实验室及以上实验室
	必须通风	产生有毒有害化学气体、致病性生物因子气溶胶的场所

续表 12-7

图形标识	名称	设置范围和地点
	必须戴护耳器	噪声超过 85 dB 的作业场所

4.提示标识　指向人们提供某种信息(如标明安全设施或场所等)的图形标志(表12-8)。

表 12-8　提示标识

图形标识	名称	设置范围和地点
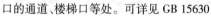	紧急出口	便于安全疏散的紧急出口处,与方向箭头结合设在通向紧急出口的通道、楼梯口等处。可详见 GB 15630
	生物安全应急处置箱	放置生物安全意外事故紧急处置物品的地点,如生物安全应急箱附近
	击碎板面	必须击开板面才能获得出口,如应急逃生出口、消防报警面板等
	工具箱	实验室仪器维修工具存放处
	急救点	设置现场急救仪器设备及药品的地点

续表 12-8

图形标识	名称	设置范围和地点
	动物实验	在实验室内,为了获得有关生物学、医学方面的知识,而使用动物进行科学研究的场所
	应急电话	安装应急电话的地点
	紧急喷淋	放置紧急喷淋装置的地点,如喷淋装置或喷淋装置附近
	洗眼装置	放置紧急洗眼装置的地点,如洗眼器附近
	消毒中	提示正在进行消毒,如正在进行消毒的区域和实验室入口处

5. 专用标识　指针对某种特定的事物、产品或者设备所制定的符号或标志物,用以标示,便于识别(表12-9)。

表 12-9　专用标识

图形标识	名称	设置范围和地点
	生物危害	放置生物安全实验室入口处,不同等级生物安全实验室有相应的标注,如生物安全三级实验室标记"BSL-3"
	设备状态	处于正常使用、暂停使用、停止使用状态的仪器和设施设备上或其附近
	医疗废物	医疗废物产生、转移、储存和处置过程中可能造成危害的物品表面,如医疗废物处置中心、医疗废物暂存间和医疗废物处置设施附近及医疗废物容器表面等
	工作中	需要表明实验室处于工作状态的醒目位置,如实验室主入口或防护区入口等处(可辅助以灯箱使用)

注:除上述说明的地点需要注明安全标识以外,实验室及与实验室有关的其他场所也必须注明相应的安全标识,如化学品危险标识和警示线使用等,其使用要求应符合相应的规定。

二、标识字体要求

（1）书写字体必须做到字体工整、笔画清楚、间隔均匀、排列整齐。

（2）汉字应写成黑体字，并应采用中华人民共和国国务院正式公布推行的《汉字简化方案》中规定的简化字。汉字的高度（h）不应小于 3.5 mm，其字宽一般为 $h\sqrt{2}$。

三、标识设置高度

（1）与人眼水平视线高度大体一致。

（2）标识的偏移距离应尽可能小。对位于最大观察距离的观察者，偏移角不宜大于15°。如受条件限制，无法满足该要求，应适当加大标识的尺寸。

（3）局部信息标识的设置高度可根据具体场所的客观情况来确定。

四、标识使用要求

（1）标识应用简单、明了，易于理解的文字、图形、数字的组合形式系统而清晰地标识出危险区，且适用于相关的危险。在某些情况下，宜同时使用标记和物质屏障标识出危险区。

（2）应设在与安全有关的醒目地方，并使实验室人员或者相关人员看见后，有足够的时间来注意它所表示的内容。环境信息标识宜设在有关场所的入口处和醒目处；局部信息标识应设在所涉及的相应危险地点或设备（部件）附近的醒目处。

（3）不应设在门、窗、架等可移动的物体上，以免这些物体位置移动后，看不见安全标识。标识前不得放置妨碍认读的障碍物。

（4）标识的平面与视线夹角应接近90°，观察者位于最大观察距离时，最小夹角不低于75°。

（5）标识应设置在明亮的环境中。

（6）多个标识在一起设置时，应按警告、禁止、指令、提示类型的顺序，先左后右、先上后下地排列。

（7）两个或更多标识在一起显示时，标识之间的距离至少应为标识尺寸的0.2倍；正方形标识与其他形状的标识，或者仅多个非正方形标识在一起显示时，标识尺寸小于0.35 m 时，标识之间的最小距离应大于 1 cm；标识尺寸大于 0.35 m 时，标识之间的最小距离应大于 5 cm；两个引导不同方向的导向标识并列设置时，至少在两个标识之间应有一个图形标识的空位。

（8）图形标识、箭头、文字等信息一般采取横向布置，亦可根据具体情况，采取纵向布置。

（9）图形标识一般采用的设置方式为：附着式（如钉挂、粘贴、镶嵌等）、悬挂式、摆放式、柱式（固定在标识杆或支架等物体上），以及其他设置方式。尽量用适量的标识将必要的信息展现出来，避免漏设、滥设。

五、标识管理

（1）标识必须保持清晰、完整。当发现形象损坏、颜色污染或有变化、褪色等不符合标准的情况，应及时修复或更换。检查时间至少每年一次。

（2）修整和更换安全标识时应有临时的标识替换，以避免发生意外的伤害。

（3）管理者应结合实验室内部审核、管理评审等活动，定期或不定期对实验室标识系统进行评审，根据危害情况，及时增、减、调整安全标识。

六、文字辅助标识基本样式及要求

（1）文字辅助标识的基本形式是矩形边框。文字分横写和竖写两种形式。病原微生物实验室内基本采用横写形式。

（2）横写时，文字辅助标识写在标识的下方，可以和标识连在一起，也可以分开。

（3）禁止标识、指令标识为白色字；警告标识为黑色字。禁止标识、指令标识衬底色为标识的颜色，警告标识衬底色为白色或黄色。见图 12-1。

图 12-1 文字辅助标识

七、提示方向辅助标识样式及要求

提示标识提示目标的位置时要加方向辅助标识。按照实际需要指示左向时，方向辅助标识应放在图形标识的左方；如指示右向时，方向辅助标识应放在图形标识的右方。见图 12-2。

图 12-2 方向辅助标识

参考文献

[1]世界卫生组织.实验室生物安全手册[M].3版.北京:中国疾病预防控制中心,2004.

[2]中华人民共和国国家质量监督检验检疫总局,中国国家标准化管理委员会.实验室生物安全通用要求:GB 19489—2008[S].北京:中国标准出版社,2009:12-22.

[3]中华人民共和国住房和城乡建设部,中华人民共和国国家质量监督检验检疫总局.生物安全实验室建筑技术规范:GB 50346—2011[S].北京:中国建筑工业出版社,2011:4.

[4]中华人民共和国国家质量监督检验检疫总局,中国国家标准化管理委员会.医学实验室安全要求:GB 19781—2005[S].北京:中国标准出版社,2005:3-7.

[5]中国工程建设标准化协会.医学生物安全二级实验室建筑技术标准:T/CECS 662—2020[S].北京:中国计划出版社,2020:20-21.

[6]中华人民共和国国家卫生和计划生育委员会.病原微生物实验室生物安全通用准则:WS 233—2017[S].北京:中国标准出版社,2017:4-6.

[7]国家食品药品监督管理局.Ⅱ级生物安全柜:YY 0569—2011[S].北京:中国标准出版社,2011:6-7,27,28.

[8]中华人民共和国国家卫生和计划生育委员会.病原微生物实验室生物安全标识:WS 589—2018[S].北京:中国标准出版社,2018:1-17.

[9]武桂珍,王建伟.实验室生物安全手册[M].北京:人民卫生出版社,2020.

[10]祁国明.病原微生物实验室生物安全[M].北京:人民卫生出版社,2006.

（胡　凯）

第十三章
实验室生物安全的法律法规和标准

生物安全实验室人为的意外事故或违规操作能够引发实验室生物安全事故已是共识。病原微生物实验室的生物安全也引起了越来越多国家层面的关注,甚至上升到国家安全高度,相关法律法规和标准也在不断地建立、完善、发布,对防范化解病原微生物实验室生物安全风险起到了至关重要的保障作用。

第一节　国内有关生物安全的相关法律法规

我国实验室生物安全工作起步较晚,相应法律法规的建立与国外特别是欧美生物安全领域发达国家相比落后 20 年左右的时间。2002 年,卫生部颁布了我国第一部病原微生物实验室生物安全领域的卫生行业标准《微生物和生物医学实验室生物安全通用准则》(WS 233—2002)。随后,2004 年国家质量监督检验检疫总局发布国标《实验室生物安全通用要求》(GB 19489—2004),国家建设部和监督检验防疫总局发布《生物安全实验室建筑技术规范》(GB 50346—2004),国务院颁布《病原微生物实验室生物安全管理条例》(国务院令第 424 号),2020 年 10 月 17 日,全国人民代表大会常务委员会通过《中华人民共和国生物安全法》,2021 年 4 月 15 日施行。我国已逐渐形成系统化的指导病原微生物实验室生物安全的法律法规和标准。

一、国内有关实验室生物安全的法律法规

(一)《中华人民共和国生物安全法》

该法由中华人民共和国第十三届全国人民代表大会常务委员会第二十二次会议于 2020 年 10 月 17 日通过,自 2021 年 4 月 15 日起施行。该法确定了法律适用范围主要包括 8 个方面:一是防控重大新发突发传染病、动植物疫情,体现对人民生命健康的呵护;二是研究、开发、应用生物技术,重点在于推进生物技术的健康发展;三是保障实验室生物安全,以确保作为生物技术研究、开发、应用活动平台及人和环境的安全,保障生物技术研发、应用的顺利进行;四是保障我国生物资源和人类遗传资源的安全,为国家生物安全奠定重要的物质基础;五是防范外来物种入侵与保护生物多样性,以确保我国的生态安全;六是应对微生物耐药,以保障人类和动物的生命安全;七是防范生物恐怖袭击,以保证社会安宁、人民安居乐业;八是防御生物武器威胁,以维护国家安全。

该法在管理体制上明确实行"协调机制下的分部门管理体制",以统筹协调 8 个方面

各种不同的行为要素和行为流程,在充分发挥分部门管理的基础上,对争议问题、需要协调的问题,由协调机制统筹解决;在制度设置上,建立了满足相关行为要素共同特征的制度体系,如监测预警体系、标准体系、名录清单管理体系、信息共享体系、风险评估体系、应急体系、决策技术咨询体系,并明确了海关监管制度和措施等。

（二）《中华人民共和国传染病防治法》

该法于1989年2月21日公布,同年9月1日施行,目前历经2004年8月28日和2013年6月29日两次修订。

该法规定了国家对传染病实行预防为主的方针,防治结合、分类管理、依靠科学、依靠群众。把我国流行的传染病分为甲类、乙类和丙类3类,甲类危害程度最高,依次递减。修改后的《中华人民共和国传染病防治法》增加了对病原微生物管理特别是生物安全管理方面的要求。主要有:第二十二条,疾病预防控制机构、医疗机构的实验室和从事病原微生物实验的单位,应当符合国家规定的条件和技术标准,建立严格的监督管理制度,对传染病病原体样本按照规定的措施实行严格监督管理,严防传染病病原体的实验室感染和病原微生物的扩散。第二十六条,国家建立传染病菌种、毒种库。对传染病菌种、毒种和传染病检测样本的采集、保藏、携带、运输和使用实行分类管理,建立健全严格的管理制度。对可能导致甲类传染病传播的以及国务院卫生行政部门规定的菌种、毒种和传染病检测样本,确需采集、保藏、携带、运输和使用的,须经省级以上人民政府卫生行政部门批准。具体办法由国务院制定。第七十四条,对疾病预防控制机构、医疗机构和从事病原微生物实验的单位,不符合国家规定的条件和技术标准,对传染病病原体样本未按照规定进行严格管理,造成实验室感染和病原微生物扩散的,违反国家有关规定,采集、保藏、携带、运输和使用传染病菌种、毒种和传染病检测样本的,由县级以上地方人民政府卫生行政部门责令改正,通报批评,给予警告,已取得许可证的,可以依法暂扣或者吊销许可证;造成传染病传播、流行以及其他严重后果的,对负有责任的主管人员和其他直接责任人员,依法给予降级、撤职、开除的处分,并可以依法吊销有关责任人员的执业证书;构成犯罪的,依法追究刑事责任。

（三）《病原微生物实验室生物安全管理条例》

该条例于2004年11月颁布,2018年4月第1次修订。条例的颁布对加强病原微生物实验室的生物安全管理,保护实验室工作人员和公众的健康起到了重要作用。《病原微生物实验室生物安全管理条例》适用于我国境内从事能够使人或动物致病的微生物实验室及其相关实验活动的生物安全管理。实验活动是指实验室从事与病原微生物菌（毒）种、样本有关的分类、研究、保存和运输、教学、检测、诊断等活动。该条例规定了国务院卫生主管部门主管与人体健康有关的实验室及其实验活动的生物安全监督工作,国务院兽医主管部门主管与动物有关的实验室及其实验活动的生物安全监督工作,国务院其他有关部门在各自职责范围内负责实验室及其实验活动的生物安全管理工作。县级以上地方人民政府及其有关部门在各自职责范围内负责实验室及其实验活动的生物安全管理工作。

（四）《中华人民共和国国境卫生检疫法》

该法于1986年12月2日颁布。该法对于由国外传入或由国内传出的传染病种类、出入境检测对象、发现可疑线索采取的措施、各级行政主管部门和职能部门的职责等做出了相应的规范。但对传染病的实验室生物安全保护措施没有做出明确规定。

（五）《中华人民共和国进出境动植物检疫法》

该法于 1996 年 12 月 2 日颁布。本法对检疫对象(动物传染病、寄生虫病和植物危险性病、虫、杂草以及其他有害生物)、检疫制度、检疫单位、过境检疫、携带和邮寄物检疫、发现检疫对象后的处理方法等做出了规定,并根据危害性将检疫对象分成一类和二类。但该法没有对从业人员的生物安全防护做出特别规定。

（六）《突发公共卫生事件应急条例》

该条例对突发公共卫生事件做出明确定义,对在突发公共卫生事件发生后各级部门应急响应做出了具体规定。要求成立相应的突发公共卫生事件应急处理指挥部,对突发公共卫生事件进行统一领导、统一指挥。同时规定卫生健康行政主管部门和其他有关部门在各自的职责范围内做好突发事件应急处理的有关工作。该条例规定国务院卫生健康行政主管部门按照分类指导、快速反应的要求,制定全国突发事件应急预案和行政区域的突发事件应急预案,要求国家建立突发事件应急报告制度。

（七）《医疗废物管理条例》

其颁布是为了加强医疗废物的安全管理,防止疾病传播,保护环境,保障人体健康。该条例明确规定医疗卫生机构和医疗废物集中处置单位应建立健全医疗废物管理责任制,防止因医疗废物导致传染病传播和环境污染事故。制定与医疗废物安全处置有关的规章制度和在发生意外事故时的应急预案。对本单位从事医疗废物收集、运输、储存、处置等工作的人员和管理人员,进行相关法律和专业技术、安全防护及紧急处理等知识的培训,定期进行健康检查和免疫接种。对医疗废物进行登记,登记内容应包括医疗废物的来源、种类、重量或数量、交接时间、处置方法、最终去向及经办人签名等项目,登记材料保存应不少于 3 年。在发生医疗废物流失、泄漏、扩散时,医疗卫生机构和医疗废物集中处置单位应采取减少危害的紧急应对处理措施,同时向所在地县级人民政府卫生行政主管部门、环境保护行政主管部门报告。禁止任何单位和个人转让、买卖医疗废物。禁止邮寄医疗废物,禁止通过铁路、航空运输医疗废物。从事医疗废物集中处置活动的单位应当向县级以上人民政府环境保护行政主管部门申请领取经营许可证,应符合相关条件。

二、国内外有关实验室生物安全的标准和指南

（一）《实验室生物安全手册》

世界卫生组织(WHO)1983 年出版第 1 版,提出了生物安全的基本概念,并鼓励各国在接受和执行这些概念的基础上针对本国实验室如何安全处理致病微生物制定生物安全操作规范。1993 年、2004 年相继出版第 2 版和第 3 版。第 3 版手册分为 9 个部分,主要包括生物安全指南,实验室生物安全保障,实验室设备,微生物学操作技术规范,生物技术介绍,化学品、火和电的安全,安全组织和培训,安全清单,参考文献、附录和索引。

WHO 在第 3 版手册中阐述了新千年所面临的生物安全问题,介绍了生物安全保障的概念,强调了生物安全保障中实验室工作人员个人责任心的重要作用,在危险度评估、重组 DNA 技术的安全利用以及感染性物质运输等方面增加了新的内容。

(二)《实验室生物安全通用要求》

该标准是国家标准,2004 年首次发布,标准号 GB 19489—2004。2008 年修订,目前现行版本是 GB 19489—2008。是在参考了 WHO、美国、加拿大等相关标准和指南的基础上结合我国实际情况组织编写的,是国家实验室生物安全强制执行的标准,是生物安全实验室认证认可的唯一国家标准。共包括 7 章,主要包括:范围、术语和定义、风险评估及风险控制、实验室生物安全防护水平分级、实验室设计原则及基本要求、实验室设施设备要求和管理要求。同时发布了 3 个指南,分别是:实验室围护结构严密性检测和排风 HEPA 过滤器检漏方法指南、生物安全实验室良好工作行为指南和实验室生物危险物质溢洒处理指南。其中第七章"管理要求"内容最为丰富,对病原微生物实验室生物安全的管理做了非常详细的描述和要求。

(三)《病原微生物实验室生物安全通用准则》

该标准是国家卫生行业标准,第 1 版于 2002 年首次发布,原标准名称《微生物和生物医学实验室生物安全通用准则》,以美国 CDC/NIH《微生物和生物医学实验室的生物安全》第 4 版为蓝本制定,标准号 WS 233—2002。2017 年修订,现行标准版本是《病原微生物实验室生物安全通用准则》(WS 233—2017)。对第 1 版进行了较大程度修改,主要有:修改了部分术语和定义;修改了实验室生物安全防护的基本原则、要求,对实验室的设施、设计、环境、仪器设备、人员管理、操作规范、消毒灭菌等方面进行细致规范;修改了风险评估和风险控制;增加了加强型 BSL-2 实验室;修改了脊椎动物实验室的生物安全设计原则、基本要求;增加了无脊椎动物实验室生物安全的基本要求;增加了消毒与灭菌;增、删了部分附录。该标准对病原微生物危害程度分类、实验室生物安全防护水平分类及分级、风险评估及风险控制、实验室设施和设备要求和实验室生物安全的管理要求做了明确的阐释和要求。同时对生物安全隔离设备的现场检查和压力蒸汽灭菌器的效果监测方法做了具体说明。

(四)《生物安全实验室建筑技术规范》

该标准是国家标准,2004 年首次发布,标准号 GB 50346—2004。2011 年修订,目前现行版本是 GB 50346—2011。该标准共分 10 章和 4 个附录,主要技术内容是:总则;术语;生物安全实验室的分级、分类和技术指标;建筑、装修和结构;空调、通风和净化;给水排水与气体供应;电气;消防;施工要求;检测和验收。该标准主要用于指导生物安全实验室的设计、建造、系统和设备安装、装饰、空调净化、电气和自控要求、检测验收等过程。2011 年第 2 版对以下内容进行了修订:①增加了生物安全实验室的分类。a 类指操作非经空气传播生物因子的实验室,b 类指操作经空气传播生物因子的实验室。②增加了 ABSL-2 中的 b2 类主实验室的技术指标。③三级生物安全实验室的选址和建筑间距修订为满足排风间距要求。④增加了三级和四级生物安全实验室防护区应能对排风高效空气过滤器进行原位消毒和检漏。⑤增加了四级生物安全实验室防护区应能对送风高效空气过滤器进行原位消毒和检漏。⑥增加了三级和四级生物安全实验室防护区设置存水弯和地漏的水封深度的要求。⑦将 ABSL-3 中的 b2 类实验室的供电提高到必须按一级负荷供电。⑧增加了三级和四级生物安全实验室吊顶材料的燃烧性能和耐火极限不应低于所在区域隔墙的要求。⑨增加了独立于其他建筑的三级和四级生物安全实验室的送排风系统可不设置防火阀。⑩增加了三级和四级生物安全实验室的围护结构的严密性检测。⑪增加了活毒废水处理设备、高压灭菌锅、动物尸体处理设备等带有高效过滤器的设备应进行高效过滤器的检漏。⑫增加了活毒废水处理设备、动物尸体处理设备等进行污染物消毒灭菌效果的验证。

(五)《医学实验室质量和能力认可准则》

医学实验室环境、设施、设备管理的好坏直接影响着检验项目的数量和检测结果的质量,同时实验室生物安全的有效管理是保证工作人员和环境免受感染或污染的关键。该准则的技术要素 5.2 中,描述了对设施和环境条件,包括实验室空间和设计要求、实验室生物安全要求和实验室环境条件要求及监控。对实验室设施设备方面,要求在实验室所在的建筑内应配置高压蒸汽灭菌器,并按期检查和验证,以保证符合要求;应在操作病原微生物样本的实验间内配备生物安全柜;设洗眼设施,必要时应有应急喷淋装置。明确实验室生物安全管理原则:科学合理、安全首位、管理严格、远离病原、预防为主、实用方便。同时也明确了实验室生物安全管理要求:要符合现有相关的行业法律、法规以及规范;要进行实验室生物风险评估;要有合理的实验室布局;要具备符合要求的设施设备;建立规范的实验室生物安全管理文件;严格实验室人员生物安全管理与防护;严格各类标本的管理;完善实验室医疗废物管理;建立意外事故的应急预案;建立规范完善的标识系统。

(六)《病原微生物实验室生物安全标识》

该标准是国家卫生行业标准,于 2018 年 3 月 6 日发布。该标准结合我国卫生行业内病原微生物实验室生物安全工作的特点和实际需求、实验室生物安全标识管理要求提出规定,主要技术内容包括标识设置原则、制作、基本标识(禁止标识、警告标识、指令标识、提示标识)、特定标识(如生物安全实验室标识、仪器设备运行状态标识、文字辅助标识)等,旨在提示工作人员对可能存在风险的部位、操作等有明确的认识,提高工作人员防范能力,减少或避免实验室生物安全事故的发生。该标准将指导和规范我国卫生行业内病原微生物实验室生物安全标识的规范化,确保实验室生物安全,保障疾控、医疗、科研、教学工作安全、有序进行。适用于从事与病原微生物菌(毒)种、样本有关的研究、教学、检测、诊断、保藏及生物制品生产等相关活动的实验室。

(七)《医学生物安全二级实验室建筑技术标准》

该标准为建筑行业推荐标准,适用于新建、改建和扩建医学生物安全二级实验室的设计、施工、检测与验收。对广泛应用的,尤其是新型冠状病毒肺炎疫情防控形势下的医学生物安全二级实验室的规划、设计、新改扩建、验收等具有重要指导意义。主要技术内容包括:总则,术语,技术指标,建筑、装修和结构,空调、通风和净化,给水排水和气体供应,电气,消防,施工,检测和验收。其内容具有技术特点和先进性:一是医学生物安全二级实验室的建筑技术标准,完整系统地从各个技术领域对实验室建设提出了要求;二是提出以风险评估为原则,结合国际相关标准和国内实际需求,制定切实满足生物安全要求的技术措施;三是明确提出增强型生物安全二级实验室的技术要求,即需设置缓冲间、采用机械通风系统、排风须经高效过滤、有明确的负压要求等;四是对临时建筑的移动式实验室,提出了原则性技术要求。

(八)《人间传染的病原微生物名录》

该名录于 2006 年 1 月 11 日由卫生部印发并实施。该名录是依据《病原微生物实验室生物安全管理条例》的规定和分类要求,对人间传染的病毒、细菌、真菌的危害程度进行了分类,明确了具体实验活动,规定了不同的实验活动所需的生物安全实验室防护级别、包装、运输、分类等。

第二节　违规进行实验活动的责任

《中华人民共和国生物安全法》对相关单位和个人违规进行病原微生物实验活动所需承担的责任有明确的规定。

第七十四条,从事国家禁止的生物技术研究、开发与应用活动的,由县级以上人民政府卫生健康、科学技术、农业农村主管部门根据职责分工,责令停止违法行为,没收违法所得、技术资料和用于违法行为的工具、设备、原材料等物品,处一百万元以上一千万元以下的罚款,违法所得在一百万元以上的,处违法所得十倍以上二十倍以下的罚款,并可以依法禁止一定期限内从事相应的生物技术研究、开发与应用活动,吊销相关许可证件;对法定代表人、主要负责人、直接负责的主管人员和其他直接责任人员,依法给予处分,处十万元以上二十万元以下的罚款,十年直至终身禁止从事相应的生物技术研究、开发与应用活动,依法吊销相关执业证书。

第七十五条,从事生物技术研究、开发活动未遵守国家生物技术研究开发安全管理规范的,由县级以上人民政府有关部门根据职责分工,责令改正,给予警告,可以并处两万元以上二十万元以下的罚款;拒不改正或者造成严重后果的,责令停止研究、开发活动,并处二十万元以上二百万元以下的罚款。

第七十六条,从事病原微生物实验活动未在相应等级的实验室进行,或者高等级病原微生物实验室未经批准从事高致病性、疑似高致病性病原微生物实验活动的,由县级以上地方人民政府卫生健康、农业农村主管部门根据职责分工,责令停止违法行为,监督其将用于实验活动的病原微生物销毁或者送交保藏机构,给予警告;造成传染病传播、流行或者其他严重后果的,对法定代表人、主要负责人、直接负责的主管人员和其他直接责任人员依法给予撤职、开除处分。

《病原微生物实验室生物安全管理条例》也对相关责任有明确表述。

第五十六条,三级、四级实验室未经批准从事某种高致病性病原微生物或者疑似高致病性病原微生物实验活动的,由县级以上地方人民政府卫生主管部门、兽医主管部门依照各自职责,责令停止有关活动,监督其将用于实验活动的病原微生物销毁或者送交保藏机构,并给予警告;造成传染病传播、流行或者其他严重后果的,由实验室的设立单位对主要负责人、直接负责的主管人员和其他直接责任人员,依法给予撤职、开除的处分;构成犯罪的,依法追究刑事责任。

第五十九条,违反本条例规定,在不符合相应生物安全要求的实验室从事病原微生物相关实验活动的,由县级以上地方人民政府卫生主管部门、兽医主管部门依照各自职责,责令停止有关活动,监督其将用于实验活动的病原微生物销毁或者送交保藏机构,并给予警告;造成传染病传播、流行或者其他严重后果的,由实验室的设立单位对主要负责人、直接负责的主管人员和其他直接责任人员,依法给予撤职、开除的处分;构成犯罪的,依法追究刑事责任。

第六十一条,经依法批准从事高致病性病原微生物相关实验活动的实验室的设立单位未建立健全安全保卫制度,或者未采取安全保卫措施的,由县级以上地方人民政府卫生主管部门、兽医主管部门依照各自职责,责令限期改正;逾期不改正,导致高致病性病原微生物菌(毒)种、样本被盗、被抢或者造成其他严重后果的,责令停止该项实验活动,该实验室两年内不得申请从事高致病性病原微生物实验活动;造成传染病传播、流行的,该实验室设立单位的主管部门还应当对该实验室的设立单位的直接负责的主管人员和其他直接责任人员,依法给予降级、撤职、开除的处分;构成犯罪的,依法追究刑事责任。

第六十三条,有下列行为之一的,由实验室所在地的设区的市级以上地方人民政府卫生主管部门、兽医主管部门依照各自职责,责令有关单位立即停止违法活动,监督其将病原微生物销毁或者送交保藏机构;造成传染病传播、流行或者其他严重后果的,由其所在单位或者其上级主管部门对主要负责人、直接负责的主管人员和其他直接责任人员,依法给予撤职、开除的处分;有许可证件的,并由原发证部门吊销有关许可证件;构成犯罪的,依法追究刑事责任:

(一)实验室在相关实验活动结束后,未依照规定及时将病原微生物菌(毒)种和样本就地销毁或者送交保藏机构保管的;

(二)实验室使用新技术、新方法从事高致病性病原微生物相关实验活动未经国家病原微生物实验室生物安全专家委员会论证的;

(三)未经批准擅自从事在我国尚未发现或者已经宣布消灭的病原微生物相关实验活动的;

(四)在未经指定的专业实验室从事在我国尚未发现或者已经宣布消灭的病原微生物相关实验活动的;

(五)在同一个实验室的同一个独立安全区域内同时从事两种或者两种以上高致病性病原微生物的相关实验活动的。

第三节　卫生主管部门或兽医主管部门的监管责任

按照《病原微生物实验室生物安全管理条例》要求,卫生主管部门和兽医主管部门依照各自分工,承担的实验室生物安全监督管理职责具体有:

1.对病原微生物菌(毒)种、样本的采集、运输、储存进行监督检查。

2.对从事高致病性病原微生物相关实验活动的实验室是否符合本条例规定的条件进行监督检查。

3.对实验室或者实验室的设立单位培训、考核其工作人员以及上岗人员的情况进行监督检查。

4.对实验室是否按照有关国家标准、技术规范和操作规程从事病原微生物相关实验活动进行监督检查。

县级以上地方人民政府卫生主管部门、兽医主管部门,应当主要通过检查反映实验室执行国家有关法律、行政法规及国家标准和要求的记录、档案、报告,切实履行监督管理职责。

县级以上人民政府卫生主管部门、兽医主管部门、环境保护主管部门在履行监督检查职责时,有权进入被检查单位和病原微生物泄漏或者扩散现场调查取证、采集样品,查阅复制有关资料。需要进入从事高致病性病原微生物相关实验活动的实验室调查取证、采集样品的,应当指定或者委托专业机构实施。被检查单位应当予以配合,不得拒绝、阻挠。同时明确实验室认可活动进行监督检查的职责由国务院认证认可监督管理部门依照《中华人民共和国认证认可条例》的相关规定执行。

参考文献

[1]全国人民代表大会常务委员会.中华人民共和国生物安全法[Z/OL].(2020)[2020].http://www.gov.cn/xinwen/2020-10/18/content_5552108.htm.

[2]世界卫生组织.实验室生物安全手册[M].3版.北京:中国疾病预防控制中心,2004.

[3]中华人民共和国国务院令(第424号).病原微生物实验室生物安全管理条例[Z/OL].(2004)[2020].http://www.gov.cn/zwgk/2005-05/23/content_256.htm.

（胡　凯）

第十四章
生物安全实验室常见危险化学品的安全与管理

危险化学品是指具有毒害、腐蚀、爆炸、燃烧、助燃等性质,对人体、设施、环境具有危害的剧毒化学品和其他化学品。它是高等学校、科研院所、检验检疫机构、第三方检测公司、重点实验室、厂矿企业等日常工作中经常用到的化学试剂,如甲醇、乙醇、丙酮、乙腈、苯、甲苯、苯胺、氯仿、盐酸、硫酸、硝酸、高氯酸、溴化乙锭、氢化物、氰化物、碱金属、亚硝基化合物、硝基纤维素、硝酸铵、麻黄碱、麦角胺、叠氮化钠、乙炔气、氢气、氧气等。随着科技的迅速发展及社会经济的繁荣昌盛,使用危险化学品的用户快速增加,使用危险化学品的数量剧增,同时,因管理不善导致的危险化学品事故频发。因此,为最大程度上保证人民群众的生命健康及财产安全,国家对危险化学品的生产、运输、储存、经营、使用、危险化学品的废弃物的处理等分别制定了相应的规章制度及管理规范。在此基础上,本章主要介绍危险化学品的基础知识、理化危险及健康危害、储存方法、安全管理及操作规范等,重点介绍爆炸品、压缩气体、易燃物质、易于自燃的物质、遇湿易燃物质、氧化性物质及有机过氧化物、有毒及剧毒物质、放射性物质及腐蚀性物质的危险特性、储存方法、安全管理、实验室中危险化学品中毒的紧急救助等内容。

第一节 危险化学品基础知识

一、危险化学品的概念

根据《危险化学品安全条例》(国务院第 591 号令)第三条,危险化学品是指具有毒害、腐蚀、爆炸、燃烧、助燃等性质,对人体、设施、环境具有危害的剧毒化学品和其他化学品。危险化学品的认定主要依据生产、储存、流通、运输等各环节短期或长期接触对人类和环境的危害性。

根据《危险货物分类和品名编号》(GB 6944—2012)第 3.1 条,危险货物是指具有爆炸、易燃、毒害、感染、腐蚀、放射性等危险特性,在运输、储存、生产、经营、使用和处置中,容易造成人身伤亡、财产损失或环境污染而需要特别防护的物质和物品。危险货物的认定主要依据运输过程中表现出来的对人类和环境的危害性,强调短期危害性。

根据《中华人民共和国安全生产法》第一百一十二条,危险物品是指易燃易爆物品、危险化学品、放射性物品等能够危及人身安全和财产安全的物品。

危险物品包括危险化学品和危险货物,但并不是所有的危险物品都是危险货物,同样,不是所有的危险化学品都是危险货物,只有一部分危险物品既是危险化学品又是危险货物。例如,甲醇、浓硫酸既是危险货物又是危险化学品;锂电池是危险货物,但不是危险化学品;二苯基甲烷二异氰酸酯(MDI),具有较低的毒性,但长期接触对人体有害,属于危险化学品,但不是危险货物。在运输 MDI 的过程中,一旦发生泄漏,MDI 会与水发生反应,生成不溶性的脲类化合物并放出二氧化碳,黏度增高,不会造成明显的危害。

二、危险化学品的理化性质

1.密度　密度(density):某种物质的质量和其体积的比值,即单位体积的某种物质的质量,符号为 ρ,单位为 kg/m^3 或 g/cm^3。

相对密度是指物质的密度与参考物质的密度在各自规定的条件下之比。符号为 d,无量纲量。一般参考物质为空气或水:当以空气作为参考物质时,在标准状态(0 ℃和101.325 kPa)下,干燥空气的密度为 $1.293 \ kg/m^3$(或 $1.293 \ g/L$)。

2.沸点　沸点(boiling point):液体沸腾时的温度,即液体的饱和蒸气压与外界压强相等时的温度。一般情况下,指在 101.325 kPa 压力下液体沸腾的温度。不同液体的沸点不同。沸点随外界压力变化而改变,压力降低时,沸点也随之降低。

3.凝固点　凝固点(freezing point):晶体物质凝固时的温度,不同晶体具有不同的凝固点。在一定压强下,任何晶体的凝固点,与其熔点相同。

4.闪点　闪燃(flashover):液体表面产生足够的蒸气与空气混合形成可燃性气体时,遇火源产生短暂的火光,发生一闪即灭的现象。

闪点(flash point):在规定的实验条件下,液体挥发的蒸气与空气形成的混合物,遇到引火源能够闪燃的液体最低温度(采用闭杯法测定)。闪点是易燃液体燃爆危险性的重要指标,闪点越低,燃爆危险性越大。

5.燃点　燃点(fire point),又称着火点,物质(固体、液体和气体)受热后着火或者引起自燃所必需的最低温度。即气体、液体和固体可燃物与空气共存,当达到一定温度时,与火源接触即自行燃烧,火源移走后,仍能继续燃烧的最低温度,为该物质的燃点或着火点。

6.自燃点　自燃点(spontaneous ignition point):在规定的条件下,可燃物质在助燃性气体中加热而没有外来火源的条件下起火燃烧的最低温度。亦称发火温度,又称引燃温度。可燃物质的自燃点不是物质的固有常数,而与物质的物理状态、测定方法、测定条件等有关。

7.临界温度和临界压力　临界温度(critical temperature):液体能维持液相的最高温度。临界压力(critical pressure):在临界温度时,使气体液化所必需的最低压力。

8.氧化性　氧化性(oxidation):物质在化学反应中得到电子的能力。处于高价态的物质具有氧化性,如氯气、氧气、过氧化氢、高锰酸钾、高氯酸、过氧乙酸等。

9.爆炸浓度极限　爆炸浓度极限(explosion limits):在一定温度和压力下,气体、蒸气、薄雾或粉尘、纤维与空气形成的能够被引燃并传播火焰的浓度范围。一般用可燃气体、蒸气或粉尘在空气中的体积百分比表示,最低浓度称为爆炸下限,最高浓度称为爆炸上限。当可燃性混合物的爆炸极限范围越宽、爆炸下限越低和爆炸上限越高时,其爆炸危险性越大。例如一氧化碳与空气混合的爆炸极限为 12.5% ~ 74.0%。

10. 腐蚀　腐蚀(corrosion)：物质与周围介质(水、空气、酸、碱、盐、溶剂等)接触后发生损耗与破坏的现象。

11. 沸溢性液体　沸溢性液体(boil-over liquid)：含水并在燃烧时产生热波作用的油品；或当罐内储存介质温度升高时，由于热传递作用，使罐底水层急速汽化，而会发生沸溢现象的黏性烃类混合物，如原油、渣油、重油(国家标准 GB 50016—2014、GB 50160—2008)。

12. 中毒　中毒(poisoning)：毒性物质进入人体后，损害人体某些组织和器官的生理功能或组织结构，从而引起一系列症状体征。

三、危险化学品的分类

(一)中国对危险化学品的分类

根据《危险货物分类和品名编号》(GB 6944—2012)及《危险货物品名表》(GB 12268—2012)，常用危险化学品按其主要危险特性分为 9 类，并规定了相应的指标，见表 14-1。当危险化学品具有多种危险性时，按照"择重归类"的原则，即根据该化学品的主要危险性进行分类。

表 14-1　危险化学品分类表

序号	名称	序号	名称
1	爆炸品	6	毒性物质和感染性物质
2	气体	7	放射性物质
3	易燃液体	8	腐蚀性物质
4	易燃固体、易于自燃的物质、遇水放出易燃气体的物质	9	杂项危险物质和物品，包括危害环境物质
5	氧化性物质和有机过氧化物		

(二)全球化学品统一分类和标签制度

1. GHS 制度　国际劳工组织(ILO)、经济合作与发展组织(OECD)及联合国(UN)为促进化学品的国际贸易，制定了《全球化学品统一分类和标签制度》(The Globally Harmonized System of Classification and Labelling of Chemicals, GHS)，简称 GHS 制度，又称"紫皮书"。在 GHS 制度中，对化学品的危险性大致分为三大类：物理危险(如易燃液体、氧化性固体、腐蚀性物质等)、健康危害(如急性毒性或慢性毒性；慢性毒性中包括致癌性、生殖毒性等)和环境危害(如水生毒性)。其中，依据物理危险又将化学品分为 16 类，依据健康危害将化学品分为 10 类，依据环境危险将化学品分为 2 类，见表 14-2。

表 14-2 GHS 对化学品的分类

危害类别	序号	危险化学品的种类	危害类别	序号	危险化学品的种类
物理危险	1	爆炸物	健康危害	1	急性毒性(经口,经皮,吸入)
	2	易燃气体,包括化学性质不稳定气体		2	皮肤腐蚀/刺激
	3	易燃气溶胶		3	严重眼损伤/眼刺激
	4	氧化性气体		4	呼吸道或皮肤致敏
	5	压力下气体		5	生殖细胞致突变性
	6	易燃液体		6	致癌性
	7	易燃固体		7	生殖毒性
	8	自反应物质或混合物		8	特异性靶器官毒性——一次接触
	9	自燃液体		9	特异性靶器官毒性——反复接触
	10	自燃固体		10	吸入危害
	11	自热物质和混合物	环境危害	1	危害水生环境——急性危害
	12	遇水放出易燃气体的物质和混合物			危害水生环境——长期危害
	13	氧化性液体		2	危害臭氧层
	14	氧化性固体			
	15	有机过氧化物			
	16	金属腐蚀物			

2. GSH 制度的主要特点　在物理危险分类方面,与我国《化学品分类和危险性公示通则》(GB 13690—2009)及《联合国关于危险货物运输建议书》(The UN Recommendation on the Transport of Dangerous Goods Model Regulation,简称 TDG,又称桔皮书)相比,GHS 制度(紫皮书)的主要特点如下。

(1)GHS 制度的分类更细化　GHS 中将 TDG 中的某些危险类别细化;例如,关于对氧化性物质的分类,在 GHS 制度中分为 3 项:氧化性气体、氧化性液体和氧化性固体,而在 TDG 制度中,氧化性物质仅分为一项,即 5.1 项。

(2)GHS 分类更全面　主要体现在对同一危险性的分类更加全面。例如,对于易燃液体的分类,TDG 制度将易燃液体分为 3 个亚类:①闪点<23 ℃,初始沸点≤35 ℃;②闪点<23 ℃,初始沸点>35 ℃;③23 ℃≤闪点<61 ℃。而 GHS 制度在此基础上又增加一个亚类,即 61 ℃≤闪点≤93 ℃。

3. 中国实施 GHS 制度的历程　2002 年 9 月,联合国召开了可持续发展各国首脑会议,我国前总理朱镕基承诺中国在 2008 年实施 GHS 制度。多年来,我国的 GHS 实施一直是国家多个部委参与,先后起草了与 GHS 相关的 26 项强制性国家标准,下达了 127 项化学品理化、毒理检测方法的国家标准制订计划,不断完善我国的化学品检验标准体系。经过多年努力,在 2011 年 2 月 16 日,国务院第 144 次常务会议正式通过修订后的《危险化学品安全管理条例》,并在 2011 年 12 月 1 日正式实施,标志着中国从国家行政法规的高度正式开始实施联合国 GHS 制度。

在此基础上,2015 年国务院安全生产监督管理部门会同国务院工业和信息化、公安、环境保护、卫生、质量监督检验检疫、交通运输、铁路、民用航空、农业主管部门,根据化学品危险特性的鉴别和分类标准制定了《危险化学品目录》,当前使用的最新版本为 2018 年版,共收录了 2 828 种危险化学品,附有美国化学文摘社对化学品的唯一登记号(CAS 号),方便查阅和使用。

(三)危险化学品的基础知识

1. 爆炸品　凡是受到撞击、摩擦、震动、高热或其他因素的激发,能发生激烈的化学反应,瞬时产生大量的气体和能量,使周围压力急骤上升,发生爆炸,对周围环境造成破坏的物品。

按照爆炸品的组成分为爆炸性化合物和爆炸混合物,爆炸性化合物中含有爆炸性的原子团,按化学结构不同,爆炸化合物的分类见表 14-3。

表 14-3　爆炸化合物按爆炸基团不同分类

名称	爆炸基团	举例
乙炔类化合物	C≡C	乙炔银,乙炔亚汞
叠氮类化合物	N≡N	叠氮铅,叠氮镁
雷酸类化合物	N≡C	雷汞,雷酸银
亚硝基化合物	N=O	亚硝基乙醚,亚硝基胺类
臭氧、过氧化合物	O—O	臭氧,过氧化氢
氯酸或过氯酸化合物	O—Cl	氯酸钾,高氯酸钾
氮的卤化物	N—X	氯化氮,溴化氮
硝基化合物	$R—NO_2$	三硝基甲苯,三硝基苯酚
硝酸酯类物质	$R—ONO_2$	硝化甘油,硝化棉

2. 气体　气体是指临界温度低于或等于 50 ℃时,蒸气压力大于 300 kPa 的物质;或 20 ℃时、标准大气压(101.325 kPa)下完全是气态的物质。

列入危险品的气体有易燃气体(包括化学不稳定气体)、氧化性气体和加压气体三大类。

(1)易燃气体是指在 20 ℃和标准大气压下与空气混合有一定易燃范围的气体。

(2)氧化性气体是指通过提供氧气促进气体物质燃烧的气体,如氧气、压缩空气。

(3)加压气体指 20 ℃时在压力不小于 280 kPa 的容器中的气体或冷冻液化气体,包括压缩气体、液化气体、溶解气体和冷冻液化气体、一种或多种气体类别物质的蒸气的混合物、充有气体的物品和烟雾剂。

压缩气体和液化气体是指压缩、液化或加压溶解的气体,并应符合下述两种情况之一者:①临界温度低于 50 ℃,或在 50 ℃时,其蒸气压力大于 294 kPa 的压缩或液化气体;②温度在 21.1 ℃时,气体的绝对压力大于 275 kPa,或在 54.4 ℃时,气体的绝对压力大于 715 kPa 的压缩气体;或在 37.8 ℃时,雷德蒸气压力大于 275 kPa 的液化气体或溶解气体。

另外,依据《危险货物分类和品名编号》(GB 4944—2005),按运输危险性将气体分为三类:①易燃气体,如氢气、甲烷、一氧化碳。②不燃无毒气体,如氧气、压缩(液化)空气、氮气。③有毒气体,如光气、氯气、一氧化氮等。

危险气体的分类见表14-4,实验室常用气体钢瓶颜色标志见表14-5。

表 14-4　危险气体的分类

气体分类	类别	条件		举例
易燃气体	类别 1	指 20 ℃、标准大气压下与空气混合物体积分数 ≤ 13% 即可点燃的气体; 或不论易燃下限如何,与空气混合燃烧范围体积分数至少为 12% 的气体		压缩或液化的氢气 甲烷(CH_4) 烃类气体 液化石油气
	类别 2	指 20 ℃、标准大气压下与空气混合有易燃范围的气体		氨(NH_3) 亚硝酸甲酯(CH_3NO_2)
	化学不稳定气体	指在无空气或氧气下也能迅速反应的易燃气体	类别 A:指在 20 ℃ 和标准大气压下化学不稳定的易燃气体	乙炔(C_2H_2) 环氧乙烷(C_2H_4O)
			类别 B:指温度超过 20 ℃ 和/或气压高于标准大气压时化学不稳定的易燃气体	溴乙烯(C_2H_3Br) 四氟乙烯(C_2F_4) 甲基乙烯醚(C_3H_6O)
氧化性气体		指通过提供氧气促进气体物质燃烧的气体。		氧气(O_2),压缩空气
加压气体	压缩气体	指压力下包装时,在 -50 ℃ 条件下完全为气态的气体,包括所有具有临界温度不高于 -50 ℃ 的气体		—
	液化气体	指压力下包装时,温度高于 -50 ℃ 时部分是液态的气体	高压液化气:临界温度在 -50 ℃ ~ 65 ℃ 的液化气体	二氧化碳(CO_2),乙烷(C_2H_6),氯化氢(HCl)
			低压液化气:临界温度 ≥ 65 ℃ 的液化气体	氨(NH_3),氯气(Cl_2),溴化氢(HBr)
	溶解气体	指在一定压力下包装时,溶解在液相溶剂中的气体,主要特指溶解乙炔		乙炔(C_2H_2)
	冷冻液化气体	指在运输过程中由于温度低而部分呈液态的气体(临界温度 ≤ -50 ℃)		液氧,液氮,液氩

注:乙炔钢瓶,外表漆成白色,"乙炔"为红漆字样。在瓶体内装有浸满丙酮的多孔性填料,能使乙炔稳定而安全地储存于瓶内。使用时,溶解在丙酮内的乙炔通过乙炔瓶阀流出;而丙酮仍留在瓶内,以便溶解再次压入的乙炔。乙炔瓶阀下面的填料中心部分的长孔内放着石棉,其作用是帮助乙炔从多孔填料中释放出来。

表 14-5　常见气体的钢瓶颜色标志

气体名称	化学式	钢瓶颜色	字样	字体颜色	色环
氩气	Ar	银灰	氩	深绿	P=20,白色单环
氦气	He	银灰	氦	深绿	P=30,白色双环
氢气	H_2	深绿	氢	红	P=20,淡黄色单环 P=30,淡黄色双环
乙炔	CH≡CH	白	乙炔,不可近火	大红	-
氨气	NH_3	淡黄	液化氨	黑	-
光气	$COCl_2$	白	液化光气	黑	-
甲烷	CH_4	棕	甲烷	白	P=20,淡黄色单环 P=30,淡黄色双环
氧气	O_2	天蓝	氧	黑	
氮气	N_2	黑	氮	黄	P=20,白色单环 P=30,白色双环
空气		黑	空气	白	
二氧化碳	CO_2	铝白	液化二氧化碳	黑	P=20,黑色单环

3. 易燃液体　根据《化学品分类和危险性公示通则》（GB 13690—2009），易燃液体指闪点不高于 93 ℃ 的液体。易燃液体的燃烧是通过其挥发的蒸气与空气形成可燃混合物，达到一定浓度后遇火源而实现的。易燃液体大都是有机化合物，如汽油、苯、甲苯、石油醚等。

按照闪点不同，易燃液体分为 3 项。

（1）低闪点液体（闪点<-18 ℃），如：汽油、乙醚、丙酮、乙醛、二硫化碳。

（2）中闪点液体（-18 ℃≤闪点<23 ℃），如：甲醇、乙醇、苯、甲苯、石油醚。

（3）高闪点液体（23 ℃≤闪点≤61 ℃）和较高闪点液体（61 ℃≤闪点≤93 ℃），如：煤油、医用碘酒、苯甲醚、氯苯。

4. 易燃固体、易于自燃的物质、遇水放出易燃气体的物质

（1）易燃固体　凡是燃点较低，遇湿、受热、撞击、摩擦或与某些物品（如氧化剂）接触后，会引起强烈燃烧并能散发出有毒烟雾或有毒气体的固体称为易燃固体。不包括已经列入爆炸品的物质。常见易燃固体有磷及磷的化合物（如红磷、三硫化磷、五硫化磷）；硫黄；一些金属易燃粉末（铝粉、镁粉）；松香；樟脑；萘及其衍生物；碱金属氨基化合物。

（2）自燃物质　凡是在无外界火源存在时，由于氧化、分解、聚合或发酵等原因，可在常温空气中自行产生热量，并使逐渐积累，从而达到燃点引起燃烧的物质为易于自燃的物质。常见的易于自燃的物质有白磷、二硫化碳、还原铁、还原镍、煤、堆积的浸油物、赛璐珞（塑料制品）、金属硫化物、堆积植物，以及多种作为聚合催化剂（或原料）的金属有机化合物（二乙基锌、三乙基铝、三丁基硼等）、硝化纤维及其制品（如废的电影胶片、消化棉）。

由于易于自燃物质的分子组成、结构不同,发生自燃的原因也不尽相同,因此,应该根据不同自燃物品的不同特性采取相应的措施。应根据不同物品的性质和要求,分别选择适当的地点、专库储存,严禁与其他危险化学品混储。

(3)遇水放出易燃气体的物质 凡是遇水或受潮时,发生剧烈化学反应,放出大量易燃气体和热量的物品为遇水放出易燃气体的物质。常见的遇湿易燃物品有:①一级遇湿易燃物品:活泼碱金属(钠、钾)、碱金属的氢化物、硼氢化物、碳化钾、碳化钙、磷镁粉。②二级遇湿易燃物品:铝粉、氢化铝和钠、磷化锌、锌粉、连二亚硫酸钠(保险粉)。

另外,金属钠、氰化钠、二硼酸遇水反应剧烈,直接爆炸;氢化铝与硼氢化钠,遇水反应缓慢,遇到火源燃爆;电石、碳化铝和甲基钠,盛放于密闭容器;遇湿后放出乙炔和甲烷气体,由物理爆炸转为化学爆炸。

5. 氧化性物质和有机过氧化物 氧化剂是指处于高氧化态、具有强氧化性、易分解并放出氧气和热量的物质。按照氧化反应所要求的介质不同,氧化剂又分为以下 3 项。

(1)酸性介质氧化剂 过氧化氢、过氧乙酸、重铬酸钾、硝酸、高锰酸钾、过硫酸铵。

(2)碱性介质氧化剂 次氯酸钠、过碳酸钠、过硼酸钠、过硼砂钾。

(3)中性氧化剂 溴、碘。

有机过氧化物是指分子组成中含有过氧基团(O—O)的有机物,其本身易燃易爆,极易分解,对热、震动或摩擦极为敏感。例如过氧乙酸、过氧化苯甲酰、过氧化甲乙酮等为有机过氧化物。

6. 毒性物质和感染性物质

(1)毒性物质 经吞食、吸入或皮肤接触后可能造成死亡,或严重受伤,或健康损害的物质称为毒性物质。经口摄取半数致死量:固体 $LD_{50} \leqslant 500$ mg/kg,液体 $LD_{50} \leqslant 2\ 000$ mg/kg;经皮肤接触 24 h,$LD_{50} \leqslant 1\ 000$ mg/L;粉尘、烟雾及蒸气的吸入半数致死量 $LC_{50} \leqslant 10$ mg/L。

(2)剧毒物质 具有剧烈急性毒性危害的化学品为剧毒物质,包括人工合成的化学品及其混合物、天然毒素,具有急性毒性易造成共安全危害的化学品。其中,剧毒品的半数致死量为:经口摄取,$LD_{50} \leqslant 5$ mg/kg;经皮肤接触 24 h,$LD_{50} \leqslant 40$ mg/kg;烟雾或蒸气吸入 1 h,$LC_{50} \leqslant 0.5$ mg/L。

根据剧毒物质的分子结构或来源不同,分为 4 类。①无机剧毒物质:铊及其化合物、氰化钠、氢氰酸、氯化汞、硝酸汞、三氯化磷、三氧化二砷、亚硒酸钠、硒酸钠等。②有机剧毒物质:含磷、汞、氰基、卤素、硫等的有机物,如丁腈、甲基汞、四乙基铅、有机磷农药(敌敌畏,毒鼠磷)等。③生物碱:含有氮、硫、氧的一些生物碱,如烟碱和马钱子碱、秋水仙碱等。④天然毒素:黄曲霉毒素 B1、河豚毒素、蓖麻毒素等为常见的天然毒素。

(3)感染性物质 含有或怀疑含有病原体的物质,包括微生物(如细菌、病毒、立克次体、寄生生物、真菌)、微生物重组体(杂交体或突变体),以及已知含有或认为可能含有任何感染性物质的生物制品和诊断样品。

7. 放射性物质 放射性物质是指含有放射性核素、放射性比活度大于 7.4×10^4 Bq/kg 的物质。按其放射性大小细分为一级放射性物品、二级放射性物品、三级放射性物品。如金属铀、六氟化铀、金属钍、^{131}I 等。

放射性物质属于危险化学品,但不属于《危险化学品安全管理条例》的管理范围,国家有专门的"条例"进行管理。

8.腐蚀性物质 腐蚀性物质是指能灼伤人体组织并对金属、纤维制品等物质造成腐蚀的固体或液体。与皮肤接触48 h内可见坏死现象,或温度在55 ℃时,对20号钢的表面均匀腐蚀率超过6.25 mm/年的固体或液体。

按化学性质不同,腐蚀性物质分为3项。

(1)酸性腐蚀品 硫酸、硝酸、氢氯酸、氢溴酸、氢碘酸、高氯酸、王水。

(2)碱性腐蚀品 氢氧化钾、氢氧化钠、乙醇钠、氢氧化钙、硫氢化钙。

(3)其他腐蚀品 二氯乙醛、苯酚钠、亚氯酸钠、氯化铜、氯化锌。

对于未列出分类明细表中的危险化学品,可以参照已列出的化学性质相似、危险性相似的物品进行分类。根据各类危险化学品不同特性还可以分成若干项。详细内容可以参考《危险化学品目录》(2018年)。

四、高等学校实验室常见危险化学品的危险特性

危险化学品因其含有特殊的化学官能团或功能基,决定了特有的理化性质,主要表现为易燃性、爆炸性、毒害性、放射性和腐蚀性等。有的危害化学品可能表现出多重危害性,在条件具备时可能会发生燃烧,进而引发爆炸。如磷化锌既有遇湿易燃性,又有相当的毒害性;硝酸既有强烈的腐蚀性,又有很强的氧化性;硝酸铀既有很强的放射性又有很强的易燃性等。当一种物质具有可燃性、氧化性、毒害性、放射性,甚至还有腐蚀性时,那么其环境危害与健康危害就会被叠加、放大。高校实验室常用危险化学品的危险性及注意事项见表14-6。

表14-6 高等学校实验室危险化学品的危险特性

类别	特性	举例	注意事项
爆炸品	摩擦、震动、撞击、遇到火源、高温等,能引起激烈的爆炸	三硝基甲苯(TNT) 硝化纤维 雷汞	单独存放在安全处 避免摩擦、撞击、接触火源
易燃气体	遇明火易燃烧;与空气的混合物达到爆炸极限范围,遇明火、星火、电火花均能发生猛烈爆炸	氢气 甲烷 乙炔 一氧化碳	用专用架子固定装有压缩气体的钢瓶;远离火源,包括易产生火花的器物
易燃液体	易挥发,遇明火易燃烧;蒸气与空气的混合物达到爆炸极限,遇明火、星火、电火花均能发生猛烈爆炸	乙醚,乙醇,丙酮 乙酸乙酯,乙醛 苯,甲苯,氯乙烷	要密封(如盖紧瓶塞)以防止倾倒或外溢;存放于阴凉通风的专用试剂柜中;远离火种(包括易产生火花的器物)和氧化剂

续表 14-6

类别	特性	举例	注意事项
易燃固体	着火点低,易点燃,其蒸气或粉尘与空气混合物达到一定程度,遇明火、星火、电火花能激烈燃烧或爆炸;与氧化剂接触易燃烧或爆炸	硝化棉,萘,硫黄 樟脑,红磷,镁粉 铝粉,锌粉,镁铝粉	存放于阴凉通风的专用试剂柜中;远离火种;远离氧化剂
自燃物品	与空气接触易缓慢氧化而引起自燃	白磷,还原铁 三乙基铝 金属硫化物	远离火种、氧化剂 在制备、储存及使用中必须用惰性气体进行保护
遇水燃烧物	与水激烈反应,产生可燃性气体并放出大量热	钾,钠,碳化钙 氢化钠,碳化钾 连二亚硫酸钠	放在坚固的密闭容器中,存放于阴凉干燥处 少量钾、钠浸入煤油中保存
强氧化剂	与还原剂接触,易发生爆炸	过氧化钠,过硫酸盐,硝酸盐 高锰酸盐	与酸、易燃物、还原剂分开 存放于专用试剂柜中
有毒品	摄入人体会造成致命的毒害	氰化钠,氰化钾 三氧化二砷,汞 硫化砷,白磷 重金属盐,苯胺	剧毒品必须锁在指定的试剂柜中 由专人保管,购进和支用都需要详细登记
强腐蚀性物质	对人体组织及金属、纤维制品等物质造成腐蚀	浓酸,包括有机酸中的甲酸、乙酸等 固态强碱或浓碱溶液、液溴、苯酚	用专用试剂柜存储 使用时勿接触衣物和皮肤,严防溅入眼睛造成伤害

　　某些危险化学品可通过一种或多种途径进入人体和动物体内,当其在人体内累积到一定量时,便会扰乱或破坏肌体的正常生理功能,引起暂时性或持久性的病理改变,甚至危及生命。如强酸、强碱等腐蚀性很强的物质能对人体组织、金属等物品造成损坏,接触人的皮肤、眼睛或肺、食管等时,会引起表皮组织坏死而造成灼伤。内部器官被灼伤后可引起炎症——甚至会造成死亡。被铅或镉污染的食品,通过食物链进入人体,严重时导致敏感人群体内重金属超标或重金属中毒等。

　　当危险化学品排放到环境中,必然会污染大气、水体和土壤等,对生态环境构成威胁,进而通过生物链和食物链危害人们的身心健康。因此,了解和掌握危险化学品的特点、性质,做好规范管理与安全防护,避免各种灾害的发生,对保护生态环境、保障人民群众身心健康是非常重要的。

五、化学品的"一书一签"简介

"一书"是指化学品安全技术说明书（material safety data sheet，MSDS），或化学品安全数据说明书，国际上称化学品安全信息卡。MSDS 是化学品生产商和经销商必须提供的化学品理化特性（如 pH 值、闪点、易燃度、反应活性等）、毒性、环境危害，以及对使用者健康（如致癌、致畸等）可能产生危害的一份综合性文件。

"一签"是指化学品安全标签，用于表示化学品所具有的危险性和安全注意事项的文字、图形符号和编码的组合，主要包括化学品标识、象形图、信号词、危险性说明、应急咨询电话、供应商标识、资料查阅提示语等。化学品安全标签由生产企业在货物出厂前粘贴、挂拴、喷印在包装容器的明显位置；若改换包装，则由改换单位重新粘贴、挂拴、喷印。与 MSDS 相比较，"一签"更简单明了，给操作人员更直观的安全提示。

我国对化学品"一书一签"的编制制定了相关的国家标准，如《化学品安全技术说明书内容和项目顺序》（GB/T 16483—2008）、《化学品安全标签编写规定》（GB 15258—2009）、《化学品分类和标签规范》（GB 3000—2013）。

在欧洲各国，MSDS 也被称为安全技术/数据说明书 SDS（safety data sheet for chemical poroducts）。国际标准化组织（ISO）采用 SDS 术语，但是，美国、加拿大、澳洲及亚洲许多国家则采用 MSDS 术语。MSDS/SDS 包括的 16 大项内容见表 14-7。

举例：图 14-1 为 Merck 公司产品正己烷的"一书一签"；图 14-2 为化学品安全标签与运输标志相结合示意图。

表 14-7　MSDS 的 16 大项内容

序号	项目名称	序号	项目名称	序号	项目名称
1	化学品名称及企业标识	7	操作处置与储存	13	废弃处置
2	成分/组成信息	8	接触控制个体防护	14	运输信息
3	危险性概述	9	理化特性	15	法规信息
4	急救措施	10	稳定性和反应活性	16	其他信息
5	消防措施	11	毒理学信息		
6	泄漏应急处理	12	生态学信息		

LiChrosolv®
正己烷
for liquid chromatography

危险

高度易燃液体和蒸气。吞咽及进入呼吸道可能致命。

造成皮肤刺激。可能造成嗜睡或头晕。

怀疑对生育能力或胎儿造成伤害。

长期吸入或反复接触可能损害（神经系统，中枢神经系统）器官。

受长期的影响，对水生生物有毒害。

［预防措施］

远离热源/火花/明火/热表面。禁止吸烟。

容器和接受设备接地、连接。避免释放到环境中。

［事故响应］

如误吞咽：漱口。不要诱导呕吐。

如皮肤沾染：用肥皂水充分清洗。如感觉不适，须求医/就诊。

［安全储存］

存放在通风良好的地方。保持容器密闭。

默克股份两合公司，64271 达姆施塔特市，德国

电话：+49（0）6151 72-2440；www.merck-chemicals.com

化学事故应急咨询电话：0532-83889090

进一步的资料，请参阅化学品安全技术说明书

图 14-1　正己烷的"一书一签"

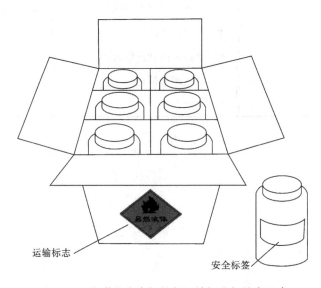

图 14-2　化学品安全标签与运输标志相结合示意

六、危险化学品的标志

在实验室里做任何一个实验之前,我们都应当详细阅读实验指导内容。化学品的性质可用简单的词语提醒,如易燃、易爆、强氧化性、腐蚀性、毒性、致癌物质。这些提示语和试剂瓶外包装上的提醒是相似的,都会用一些特别的标志来表示,而这些标志都是被统一规定、国际通用的。

(一)对危险化学品标志的基本要求

1. 标志的图形　主标志有表示危险特性的图案、文字说明、底色和危险品类别号4个部分组成的菱形标志。副标志图形中没有危险品类别号。

2. 标志的尺寸、颜色及印刷　标志的尺寸、颜色及印刷按《危险货物包装标志》(GB 190—2009)的有关规定执行。

3. 标志的使用规则　当一种危险化学品具有一种以上的危险性时,应用主标志表示主要危险性类别,并用副标志来表示重要的其他的危险性类别。

4. 标志的使用方法　标志的使用方法按《危险货物包装标志》(GB 190—2009)的有关规定执行。

(二)危险化学品的标志图

根据常用危险化学品的危险特性和类别,设主标志16种,副标志11种。图14-3是16种主标志(1-16)与11种副标志(17-27)的文字描述及图像示意图。

1 爆炸品
底色:橙红色
图形:正在爆炸的炸弹
文字:黑色

2 易燃气体
底色:正红色
图形:火焰
(黑色或白色)
文字:黑色或白色

3 不燃气体
底色:绿色
图形:气瓶
(黑色或白色)
文字:黑色或白色

4 有毒气体
底色:白色
图形:骷髅头和交叉骨形(黑色)
文字:黑色

5 易燃液体
底色:红色
图形:火焰
(黑色或白色)
文字:黑色或白色

6 易燃固体
底色:红白相间的垂直宽条(红7白6)
图形:火焰(黑色)
文字:黑色

7 自燃物品
底色:上半部白色,下半部红色
图形:火焰(黑色)
文字:黑色或白色

8 遇湿易燃物品
底色:蓝色
图形:火焰
(黑色或白色)
文字:黑色

9 氧化剂
底色:柠檬黄色
图形:从圆圈中冒出的火焰(黑色)
文字:黑色

10 有机过氧化物
底色:柠檬黄色
图形:从圆圈中冒出的火焰(黑色)
文字:黑色

11 有毒品
底色:白色
图形:骷髅头和交叉骨形(黑色)
文字:黑色

12 剧毒品
底色:白色
图形:骷髅头和交叉骨形(黑色)
文字:黑色

13 一级放射性物品
底色：上半部黄色，下半部白色
图形：上半部三叶形（黑色），下半部一条垂直的红色宽条
文字：黑色

14 二级放射性物品
底色：上半部黄色，下半部白色
图形：上半部三叶形（黑色），下半部两条垂直的红色宽条
文字：黑色

15 三级放射性物品
底色：上半部黄色，下半部白色
图形：上半部三叶形（黑色），下半部三条垂直的红色宽条
文字：黑色

16 腐蚀品
底色：上半部白色，下半部黑色
图形：上半部两个试管中液体分别向金属板和手上滴落（黑色）
文字：（下半部）白色

17 爆炸品
底色：橙红色
图形：正在爆炸的炸弹（黑色）
文字：黑色

18 易燃气体
底色：红色
图形：火焰（黑色）
文字：黑色或白色

19 不燃气体
底色：绿色
图形：气瓶（黑色或白色）
文字：黑色

20 有毒气体
底色：白色
图形：骷髅头和交叉骨形（黑色）
文字：黑色

21 易燃液体
底色：红色
图形：火焰（黑色）
文字：黑色

22 易燃固体
底色：红白相间的垂直宽条（红7、白6）
图形：火焰（黑色）
文字：黑色

23 自燃物品
底色：上半部白色，下半部红色
图形：火焰（黑色）
文字：黑色或白色

24 遇湿易燃物品
底色：蓝色
图形：火焰（黑色）
文字：黑色

25 氧化剂
底色：柠檬黄色
图形：从圆圈中冒出的火焰（黑色）
文字：黑色

26 氧化剂
底色：柠檬黄色
图形：从圆圈中冒出火焰（黑色）
文字：黑色

27 有毒品
底色：白色
图形：骷髅头和交叉骨形（黑色）
文字：黑色

28 腐蚀品
底色：上半部白色，下半部黑色
图形：上半部两个试管中液体分别向金属板和手上滴落（黑色）
文字：（下半部）白色

图 14-3 危险化学品的主标志和副标志

（三）GHS 化学品（含危险品）标签标志与象形符号

目前，GHS 制度中化学品标签与象形符号见表 14-8。

表 14-8 GHS 制度中化学品标签与象形符号及危险类别

信号描述	GHS 标准象形符号	危险种类和危险类别
GHS01 Exploding Bomb 引爆的炸弹		不稳定的炸药 炸药类别 1.1,1.2,1.3,1.4 自反应物质和混合物，类别 A、B 有机过氧化物，类别 A、B

续表 14-8

信号描述	GHS 标准象形符号	危险种类和危险类别
GHS02 Flame 火焰		易燃气体,类别 1 易燃气溶胶,类别 1,2 易燃液体,类别 1,2,3 易燃固体,类别 1,2 自反应物质和混合物,类型 B,C,D,E,F 自燃液体类别 1,自燃固体类别 1 自我放热物质和混合物,类别 1,2 与水接触的物质和混合物,放出易燃气体 类别 1,2,3 有机过氧化物,类别 B,C,D,E,F
GHS03 Flame Over Circle (oxidizer) 火焰包围圆环(氧化剂)		氧化性气体,类别 1 氧化性液体,类别 1,2,3
GHS04 Gas Cylinder 气体钢筒		压力下的气体: 压缩气体 液化气 冷冻液化气体 溶解气体
GHS05 Corrosion 腐蚀		腐蚀金属,类别 1 腐蚀皮肤,类别 1A,1B,1C 严重眼损伤,类别 1
GHS06 Skull and Crossbones (toxic substance) 骷髅旗(有毒物质)		急性毒性(口服,皮肤接触,吸入),类别 1,2,3
GHS07 Exclamation Mark (warning) 感叹号(警告)		急性毒性(口服,皮肤接触,吸入),类别 4 皮肤刺激,类别 2 眼刺激,类别 2 皮肤过敏,类别 1 特定目标器官毒性——一次接触,类别 3

续表 14-8

信号描述	GHS 标准象形符号	危险种类和危险类别
GHS08 Health Hazard 健康危害		呼吸道过敏,类别 1 生殖细胞突变,类别 1A,1B,2 致癌性,类别 1A,1B,2 生殖毒性,类别 1A,1B,2 特定目标器官毒性——一次接触,类别 1,2 特定目标器官毒性——反复接触,第 1,2 类 吸入危险,类别 1
GHS09 Environmental Hazard 环境危害		对水环境的危害 急性危害,类别 1 慢性危害,类别 1,2

（四）化学品存储容器上粘贴的危险化学品标志

化学品存储容器上粘贴危险化学品标志及危害码,用于更详细地标识该物质的危害情况,如 E 表示易燃,F++表示极易燃等,见图 14-4。

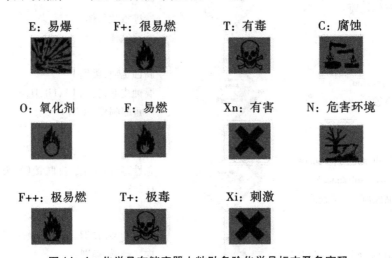

E：易爆	F+：很易燃	T：有毒	C：腐蚀
O：氧化剂	F：易燃	Xn：有害	N：危害环境
F++：极易燃	T+：极毒	Xi：刺激	

图 14-4　化学品存储容器上粘贴危险化学品标志及危害码

三辛基铝溶液的危险特性主要包括易燃、腐蚀、危害环境、有害、健康危害,相应的危害码有 F、C、N。三辛基铝的分子结构简式及化学标签信息分别见图 14-5 和图 14-5。

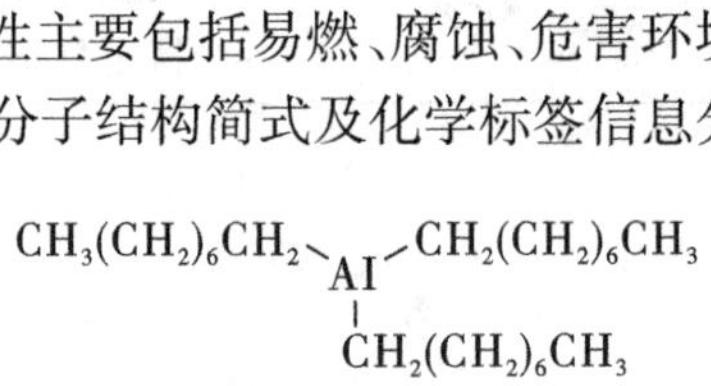

$$CH_3(CH_2)_6CH_2 \diagdown Al \diagup CH_2(CH_2)_6CH_3$$
$$|$$
$$CH_2(CH_2)_6CH_3$$

图 14-5　三辛基铝的分子结构简式

安全信息

符号

GHS02,GHS05,GHS07,GHS08,GHS09

信号词	Danger
危害声明	H225 - H260 - H304 - H314 - H336 - H361f - H373 - H411
警示性声明	P210 - P231 + P232 - P280 - P301 + P310 + P331 - P301 + P330 + P331 - P303 + P361 + P353 - P305 + P351 + P338 + P310
靶器官	Central nervous system, Nervous system
补充危害声明	EUH014
个人防护装备	Faceshields, Gloves, Goggles, multi-purpose combination respirator cartridge (US), type ABEK (EN14387) respirator filter
危害码 (欧洲)	F,C,N
风险声明 (欧洲)	11-14/15-35-48/20-51/53-62-65-67
安全声明 (欧洲)	26-36/37/39-43-45-61-62
RIDADR	UN 3399A 4.3(3) / PGI
WGK德国	WGK 2
闪点 (华氏)	-5.8 °F - closed cup
闪点 (摄氏)	-21 °C - closed cup

图 14-6　三辛基铝的化学标签信息

第二节 危险化学品的理化危险

一、爆炸品

爆炸品按组成分为爆炸化合物和爆炸混合物。化学实验室中常见的爆炸化合物主要有三硝基甲苯(TNT)、三硝基苯酚(苦味酸,TNP)、硝酸铵;叠氮重金属盐;雷酸银、雷酸汞($^-C\equiv N^+ — O^-$);氯酸盐和高氯酸盐;硝酸酯类物质,如硝化甘油、硝化棉等。硝铵类炸药和黑火药则属于爆炸混合物。

(一)爆炸品的危险特性

爆炸品的危险性主要表现在以下方面。

(1)强爆炸性化学性质不稳定　爆炸时反应速度快,通常在0.000 1 s完成。

(2)破坏性大高温、高压、冲击波　爆炸反应释放出大量热量,爆炸时气体产物依靠反应热往往能被加热到数千摄氏度;生成大量的气体,其压力往往可达数十万大气压。

(3)高敏感度　遇热、火花、撞击、摩擦、冲击波、光、静电、杂质等作用极易爆炸。

(4)毒害性　有些爆炸品在发生爆炸时产生一氧化碳(CO)、氰化氢(HCN)、二氧化碳(CO_2)、二氧化氧(NO_2)等有毒或窒息性气体,可从呼吸道、食管、甚至皮肤等进入体内,引起中毒。

(5)化学反应性　与某些化学试剂发生反应生成爆炸性更强的危险化学品。

(二)爆炸品的储存和使用

(1)专库、限量存储,不得混存。

(2)必须严格管理,库房实行"五双"制度——双人收发、双人运输、双人使用、双人双锁、双人保管。

(3)保持通风,远离火种、热源,防止阳光直射。

(4)防止摩擦、撞击和震动。

(三)爆炸品的火灾扑救策略

爆炸品着火可用水、空气泡沫、二氧化碳、干粉等扑灭剂施救,最好的灭火剂是水。因为水能够渗透到爆炸品内部,在爆炸品的结晶表面形成一层可塑性的柔软薄膜,将结晶包围起来使其钝感。爆炸品着火首先要用大量的水进行冷却,灭火时应注意防毒。

(1)迅速判断和查明再次发生爆炸的可能性和危险性,紧紧抓住爆炸后和再次发生爆炸之前的有利时机,采取一切可能的措施,全力制止再次爆炸的发生。

(2)用沙土盖压,以免增强爆炸物品爆炸时的威力。

(3)如果有疏散可能,应迅速组织力量及时疏散着火区域周围的爆炸物品,使着火周围形成一个隔离带。

(4)扑救爆炸物品堆垛时,水流应采用吊射,避免强力水流直接冲击堆垛,以免堆垛倒塌引起再次爆炸。

（5）灭火人员应积极采取自我保护措施，尽量利用现场的地形、地物作为掩蔽体或尽量采用卧姿等低姿射水；消防车辆不要停靠在离爆炸物品太近的水源处。

（6）灭火人员发现有发生再次爆炸的危险时，应立即向现场指挥报告，现场指挥确认后应迅速撤至安全地带，来不及撤退时，应就地卧倒。

（四）爆炸品事故案例

1. 黎巴嫩首都贝鲁特港口区爆炸事故　2020年8月4日下午6时左右，黎巴嫩首都贝鲁特港口区发生巨大爆炸，爆炸接连发生两次，导致多栋房屋受损，玻璃被震碎，天上升起红色烟雾。爆炸发生后，黎巴嫩总理迪亚卜视察爆炸现场，宣布8月5日为国家哀悼日，并表示黎巴嫩将向国际社会寻求帮助。2020年8月17日，当地媒体报道，黎巴嫩司法部门宣布了贝鲁特爆炸案的初步调查结果，贝鲁特港口12号仓库的管理存在严重疏忽，引起爆炸的物品是2 750吨硝酸铵（NH_4NO_3）。

截至2020年08月30日，贝鲁特港口爆炸事件中的死亡人数已上升至190人，超过6 500人受伤，3人失踪。

造成这件严重伤亡事故的原因是贝鲁特港口12号仓库的管理存在严重疏忽，因为仓库内除了发生爆炸的2 750吨硝酸铵，还存放了大量的烟花和爆竹，即存在危险化学品的混储、混放现象。为减少灾难发生，严格按照危险化学品的储存要求进行分库存放！

2. 天津某新区集装箱爆炸事故　2015年8月12日23:30左右，天津某新区的一处集装箱码头发生爆炸，发生爆炸的是集装箱内的易燃易爆物品。第一次爆炸发生在23时34分6秒，近震震级M_L约2.3级，相当于3吨TNT；第二次爆炸发生在30 s后，近震震级M_L约为2.9级，相当于21吨TNT。

讨论1：在这起事故中，爆炸物是什么？

某公司当时近1个月出口量比较大的危险品有硫化钠、硫氰化钠、氯酸钠、钙、镁、钠、硝化纤维素、硝酸钙、硝酸钾、硝酸铵、氰化钠等。现场累计存放危险化学品约3 000吨，河北诚信确认700吨氰化钠存于某仓库。

该公司的高管怀疑集装罐内物质超标，自燃后引爆硝酸铵。

讨论2：在这起事故中，消防员伤亡为何如此之重？

天津消防第五大队没有人能活着回来。其他大队幸存的消防员对媒体表示，报警时未提及危险物等信息，现场指挥员决定先用消防水炮对未起火的集装箱进行冷却降温。首批消防员喷水15 min后突然爆炸（事故发生后，有人分析可能是仓库内危险品遇水爆炸）。

根据《危险化学品安全管理条例》（国务院第591号）第23条规定，公安部编制了《易制爆危险化学品名录》（2017年版）。

3. 台湾某水上乐园爆炸事故　2015年6月27日，台湾某水上乐园晚间举办"彩虹派对"，其间发生粉尘爆炸事故，造成大批游客灼伤，474人受伤，141人重伤，12人死亡。

2015年8月27日，台湾新北市消防局给出正式鉴定报告：起火元凶是舞台右前方的BEAM200电脑灯。报告指出，在爆炸前空气中的粉尘浓度已达爆炸下限，每立方米超过45克。由于人群的跳跃、风吹，加上工作人员不断以二氧化碳钢瓶喷洒玉米粉，致使燃点为430 ℃的玉米粉接触到表面温度超过400 ℃的电脑灯，引发事故！粉尘爆炸的危害极大,必须引起高度关注。

4.某大学实验室爆炸事故 2006 年 1 月 21 日,某大学某实验室的实验人员将多次合成所得的重氮化合物装瓶保存,在装瓶过程中,有一小块产物粘在瓶口;当事人用不锈钢药匙拨下粘在瓶口的产物时,重氮化合物发生爆炸,玻璃碎片四处飞溅,将实验人员一个眼睛的角膜、眼睑、腹部和手割伤,耳膜被巨大的爆炸声震伤。

重氮化合物(Diazo)是一类由烷基与重氮基相连接而生成的有机化合物,大多具爆炸性。因此,对于容易爆炸的反应物,如过氧化合物、叠氮化合物或重氮化合物等,在使用的时候一定要小心,减少摩擦,避免发生爆炸!

二、气体

化学实验室和生物实验室常用的气体有高纯二氧化碳、氨气、氩气、氮气、液氮、氢气(H_2)、氧气、乙炔(C_2H_2)、压缩空气等。特殊要求的实验室可能会使用光气、氯气、溴甲烷、氰化氢、磷化氢、氟化氢、一氧化氮等气体。

在这些气体中,H_2、CO、C_2H_2 为易燃气体,与空气混合能形成爆炸性混合物;氧气、压缩空气为氧化性气体;光气、氯气、溴甲烷、氰化氢等为有毒性的气体,此类气体吸入后能引起人畜中毒,甚至死亡。常见气体及蒸气的爆炸极限见表14-9。

表14-9 常见气体及蒸气在空气中的爆炸极限

气体名称	化学分子式	气体在空气中的爆炸极限(V/V)/%	
		下限	上限
氢气	H_2	4.0	75.0
甲烷	CH_4	5.0	15.0
乙烷	C_2H_6	3.0	15.5
一氧化碳	CO	12.5	74.0
乙炔	C_2H_2	1.5	100.0
甲醇	CH_3OH	5.5	44.0
硫化氢	H_2S	4.3	45.0
氨气	NH_3	15.0	30.2
乙烯	C_2H_4	2.8	32.0
甲苯	C_7H_8	1.2	7.0
苯	C_6H_6	1.2	8.0

(一)气体的危险特性

1.物理性爆炸 压缩气体和液化气体在受热、撞击等作用时易引起物理爆炸。爆炸下限<10%,或爆炸上限和下限之差值≥20%的易燃气体,受热或撞击时,更易发生爆炸。

2. 化学性爆炸　氧化性气体及化学不稳定气体的性质活泼,易与其他物质发生反应或爆炸燃烧。氯气与乙炔混合即可爆炸,氯气与氢气混合,见光可爆炸;氟气遇氢气即可爆炸;油脂接触氧气能自燃。

3. 易燃性　易燃气体遇火种、星火或电火花极易燃烧,与空气混合到一定浓度会发生爆炸。尤其是爆炸极限宽的气体发生火灾时,爆炸危害性更大!

与易燃液体、固体相比,易燃气体遇明火更容易燃烧,且燃烧速度极快,一燃即尽。简单成分组成的气体比复杂成分组成的气体易燃、燃速快、火焰温度高、着火爆炸危险性大。

4. 扩散性　气体的扩散系数约为液体的扩散系数的 10 000 倍,其扩散性极强。比空气重的易燃气体发生泄漏时,往往漂浮于地面或房间死角处,若遇到明火,易导致燃烧,甚至爆炸。比空气轻的气体在空气中可以无限制地扩散,易与空气形成爆炸性混合物,发生火灾时,火焰蔓延极快,过火面积大。

5. 腐蚀性、毒害性和窒息性　含有氯、氮、硫的气体多数有毒,如硫化氢、氯乙烯、液化石油气等,吸入此类气体后能引起人畜中毒,甚至死亡;有些气体有腐蚀性,如氨、氯气、三氟化氮(NF_3)等。有些气体还能燃烧,如光气、氯气、溴甲烷、氰化氢、磷化氢、氟化氢、一氧化氮等。

(二)危险气体的储存和使用

(1)装有危险气体的钢瓶要远离火源、热源,避免受热或撞击引起爆炸。有毒或易燃易爆气体的钢瓶,应放在指定的地方;性质相互抵触的应分开存放,如氢气和氧气钢瓶不得混储。压缩气体和液化气体严禁超量灌装。

(2)在搬运钢瓶过程中,必须给钢瓶配上安全帽,并拧紧阀门。用气体钢瓶专用推车移动钢瓶,期间不得横卧移动。

(3)使用前要严格检查钢瓶附件是否完好,是否在使用期限内,超过使用期限的钢瓶不能延期使用,以免发生危险。

(4)含氮、氯、硫元素的气体具有腐蚀作用,可以腐蚀设备,严重时可导致设备裂缝、漏气。对充装这类气体的容器,要采取一定的防腐措施,要定期检验其耐压强度,以防万一。

(5)对于装有不燃无毒气体的钢瓶,如二氧化碳、氮气,以及氦气、氩气等惰性气体,一旦发生泄漏,均能使人窒息死亡。因此,需要高度关注该类气瓶的安全使用。

(三)危险气体火灾扑救策略

1. 灭火基本要求　坚持"先空着燃烧、防止爆炸,后消灭火灾"的原则,迅速控制火势蔓延,冷却降温,疏散人员,驱散可燃气体,适时消灭火灾。

2. 灭火策略　对气体钢瓶进行重点冷却保护,防止发生爆炸;关阀堵漏,断绝气源等;从火点的上风或侧上风方向进入;合理使用水流、干粉或蒸气灭火剂,实施控制和灭火。

(四)事故案例

1. 氢气钢瓶爆炸事故　2015 年 12 月 18 日上午,某大学化学系的某实验室发生火情,导致 3 个房间起火,着火面积 80 m²。造成 1 名实验人员死亡。火灾发生后,楼内师生已及时组织撤离,周围人员也已疏散。发生爆炸的是实验室中的一个氢气钢瓶,爆炸点距离操作台两三米远,钢瓶底部爆炸。钢瓶的原高度约 1 m,爆炸后只剩上半部,约 40 cm。据了解,钢瓶厚度为 1 cm,可见当时爆炸威力巨大。

2015 年 12 月 23 日晚,该大学发布警方调查的初步结论:实验所用氢气钢瓶意外爆炸、起火,导致该实验人员因腿伤身亡。为减少危害发生,须对氢气钢瓶进行定期检定!

2.光气泄漏事故 2004 年 6 月 15 日,位于福建省某市杨桥路上的某研究所的下属企业,工作人员在做实验时,因操作不当造成了有毒光气的泄漏。事故造成 1 人死亡,260 多人送医院救治。

3.氧气泄漏爆炸事故 2019 年 12 月某天,中科院某研究所的博士生在实验室进行有机物的加氧反应,实验结束后,该生急着参加科研组会,忘了关闭氧气瓶阀门。他离开实验室后不久,实验室内就发生了爆炸。后来经检查发现是氧气泄漏导致了爆炸!

4.氮气泄漏事件 2019 年 6 月中旬,某大学某老师指导 2015 级预防医学的本科生做实验,实验中需要使用氮气吹干样品溶液,为此,新买了一瓶高纯氮气用于实验。第二天,该教师带领下一个班的同学进行相同的实验操作,使用氮气时,却发现钢瓶中已经无氮气了。后经回忆,她想起来了:第一次实验结束后忘记关闭氮气钢瓶的总阀门了。对于无毒气体的使用,如果是在密闭房间进行,忘记关闭阀门,会导致实验人员因缺氧而昏迷。

三、易燃液体

在化学实验室或生物实验室,常常会用到甲醇、乙醇、医用乙醇、医用碘酒、乙腈、乙醚、甲醛、丙酮、乙酸乙酯、苯、甲苯、苯胺、煤油、苯甲醚、氯苯等。这类物质具有易燃性,易燃液体的闪点越低,燃爆危险性越大。常见易燃、可燃液体的闪点见表 14-10。

表 14-10 常见易燃、可燃液体的闪点

名称	闪点/℃	名称	闪点/℃
汽油	-58 ~ 10	甲苯	4
石油醚	-30	甲醇	12
二硫化碳	-45	乙醇	13
乙醚	-45	乙酸丁酯	13
乙醛	-38	丁醇	29
环氧乙烷	-29	氯苯	29
丙酮	-17	乙酸酐	49
辛烷	-16	煤油	30 ~ 70
苯	-11	重油	80 ~ 130
乙酸乙酯	-4	乙二醇	100

（一）易燃液体的危险特性

1.高度易燃性　易燃液体的沸点低，易挥发出易燃蒸气，蒸气与空气形成可燃混合物，达到一定浓度后遇火源而燃烧。

2.蒸气易爆性　易燃液体挥发的蒸气易与空气形成爆炸性混合物，所以易燃液体存在着爆炸的危险性。挥发性越强，爆炸的危险就越大。不同液体的蒸发速度因温度、沸点、比重、压力的不同而发生变化。

3.高度流动扩散性　易燃液体的黏度较小，极易流动，还因渗透、浸润及毛细现象等作用，即使容器只有极细微裂纹，易燃液体也会渗出容器壁外，扩大面积，并源源不断地挥发，使空气中的易燃液体蒸气浓度增高，从而增加了燃烧爆炸的危险性。

4.受热膨胀性　储存于密闭容器中的易燃液体受热后，体积膨胀，蒸气压力增加，若超过容器的压力限度，就会造成容器膨胀，以致爆破。因此，盛装容器应留有5%以上空间，确保使用安全。

5.多数易燃液体还具有强还原性、静电性及一定的毒害性　不饱和、芳香族碳氢化合物和易蒸发的石油产品比饱和的碳氢化合物、不易挥发的石油产品的毒性大。

6.对于沸溢性油品，含水率为0.3%～4.0%的原油、渣油、重油等油品，还有沸溢喷溅性　具有宽沸点范围的重质油品由于其黏度大，油品中含有乳化或悬浮状态的水或者在油层下有水层，发生火灾后，在辐射热的作用下产生高温层作用，导致油品发生沸溢或喷溅。

（二）易燃液体储存与使用

（1）使用具有通风功能的专用试剂柜存放易燃液体，不得敞口。

（2）使用时轻拿轻放，防止摩擦撞击。

（3）操作过程中，室内应保持良好的通风，必要时带防护器具。如有头晕、恶心等症状，应立即离开现场。

（三）易燃液体火灾扑救策略

（1）扑救易燃液体火灾应及时掌握危险特性（着火液体的品名、比重、水溶性以及毒性、腐蚀性、沸溢、喷溅等危险性），以便采取相应的灭火和防护措施。

（2）小面积液体火灾可用干粉、泡沫、二氧化碳或沙土覆盖。发生在容器内小火情可用湿抹布等覆盖。

（3）扑救毒害性、腐蚀性或燃烧产物毒性较强的易燃液体火灾时，必须佩戴防毒面具，采取防护措施。如有头晕、恶心等症状，应立即离开现场。

（4）易燃液体举例如下。

1）甲醇:甲醇为无色澄清液体，具有刺激性气味，易挥发，相对蒸气密度1.11（空气＝1），闪点12 ℃。有毒，对视神经和视网膜有特殊选择作用，可导致失明;刺激呼吸道及胃肠道黏膜，麻醉中枢神经。

甲醇易燃，遇明火、高热可引起燃烧爆炸，与空气形成爆炸性混合物，与氧化剂接触发生化学反应或引起燃烧。其蒸气比空气重，能在较低处扩散到相当远的地方，遇明火引起燃烧。

甲醇应密封储存于阴凉、通风处,远离火种或热源,仓库温度不高于30 ℃。与氧化剂、酸类、碱金属等分开存放,不得混储。

2)乙醚:乙醚的分子式为$(C_2H_5)_2O$,无色透明液体,有特殊刺激气味,带甜味,极易挥发,易燃,低毒,闪点–45 ℃,沸点34.6 ℃,用途广泛,具有麻醉作用,可作为麻醉药使用。

乙醚在空气的作用下能氧化成过氧化物、醛和乙酸;光线能促进其氧化。蒸馏乙醚时不能蒸干,蒸发残留物中的过氧化物时,加热到100 ℃以上时能引起强烈爆炸。乙醚与硝酸、浓硫酸混合发生猛烈爆炸,曾发生用盛放过乙醚的试剂空瓶再装浓硫酸而导致爆炸的事故。

纯度较高的乙醚不可长时间敞口存放,否则其蒸气可能引来远处的明火起火。应将乙醚储存于低温通风处,远离火种、热源,与氧化剂、卤素、酸分开储存。

3)丙酮:无色透明液体,有特殊的辛辣气味。闪点–18 ℃。适用的灭火剂主要有干粉、二氧化碳。灭火时可能遭遇的特殊危害:用水稀释过的丙酮溶液,也有可能燃烧。特殊灭火程序如下。①用水灭火是无效的,但可使用喷水以冷却容器。②若泄漏物质尚未着火,使用喷水以分散蒸气。③喷水可冲洗外泄区,并将外泄物稀释成非可燃性混合物。④蒸气可能传播至远处,若与引火源接触会延烧回来。

(四)事故案例

1. 乙醇灯使用不当发生事故

(1)2020年9月22日13:40左右,某市局前街小学某老师在科学课《热空气和冷空气》演示科学实验"'热气球'上升"的过程中,向蒸发皿加入乙醇时,因操作不规范,导致挥发的乙醇与空气形成混合气体,遇未完全冷却的蒸发皿产生闪燃,蹿出的火苗导致4名学生烧伤。4名学生被送入医院诊治,诊断为局部Ⅱ度烧伤。

(2)2008年11月16日,某农业大学(东区)食品学院大楼发生火灾,事故原因为乙醇遗洒。

2. 石油醚自燃事故　某大学实验室的实验员不小心将石油醚试剂瓶碰翻之后,滚落到地上打碎,石油醚自燃,引燃了旁边的木质试剂柜,并引燃了与其相邻的仓库。

四、易燃固体、易于自燃的物质、遇水放出易燃气体的物质

该类物质当受热、摩擦、撞击或与氧化剂接触时,能发生剧烈作用,其粉尘更具有爆炸性。与氧化剂、酸类等接触时,反应剧烈而发生燃烧爆炸。

(一)易燃固体、易于自燃的物质、遇水放出易燃气体的物质的危险特性

1. 易燃固体　实验室中常见的易燃固体有红磷、含磷化合物如三硫化四磷、五硫化二磷等;硝基化合物,如二硝基苯、二硝基萘、消化纤维等;亚硝基化合物如亚硝基苯酚;氨基化钠;重氮氨基苯;松香;萘及其类似物,如樟脑;易燃金属粉末,如镁粉、锌粉、铝粉等;硫黄、聚甲醛、苯磺酰氯、偶氮二异丁腈等。

易燃固体的危险特性如下。

(1)易燃性　易燃固体易被氧化,受热易分解或升华,遇火种、热源常会引起强烈、连

续的燃烧;与氧化性酸类物质反应剧烈,会发生燃烧爆炸。如发泡剂 H 与浓硝酸或发烟硝酸反应猛烈,易爆炸。

(2)易爆性 易燃固体与氧化剂接触,反应剧烈而发生燃烧爆炸;如赤磷与氯酸钾接触、硫黄粉与氯酸钾接触,均易发生燃烧爆炸。

(3)敏感性 易燃固体对摩擦、撞击、震动敏感。如赤磷受摩擦、撞击等易燃烧。

(4)分散性 易燃固体具有易分散性,其固体粒度小于 0.01 mm 时可悬浮于空中,有粉尘爆炸的危险。

2. 自燃物质 自燃物质在化学结构上无规律性,因此自燃物质就有各自不同的自燃特性。自燃物质的危险特性如下。

(1)氧化自燃性 凡是能促进氧化反应的一切因素均能促进自燃。空气、受热、受潮、氧化剂、强酸、金属粉末等能与自燃物质发生反应,或对氧化反应有促进作用,是促使自燃物质自燃的主要因素。

(2)积热自燃性 自燃物品多具有易氧化、分解的性质,且燃点较低。在未发生自燃前,一般都经过缓慢的氧化过程,同时产生一定热量,当产生的热量越来越多,积热使温度达到该物质的自燃点时便会自发着火燃烧。

3. 遇水放出易燃气体的物质 易燃物质除遇水反应外,遇到酸或氧化剂也能发生反应,而且比遇到水发生的反应更为强烈,危险性也更大。遇湿易燃物质的危险特性如下。

(1)遇水易燃易爆性:遇水或潮湿空气时,能发生剧烈化学反应,放出易燃气体和热量。如碳化钙,金属钠。

(2)遇酸或氧化剂剧烈反应:遇湿易燃物质大多数是强还原剂,遇酸或氧化剂时剧烈反应,极易引起燃烧、爆炸。

(3)有些遇湿易燃物品遇到火种、热源时,燃烧危险性增加。

(4)一些遇湿易燃物质还具有腐蚀性或毒性。

除此之外,还具有一定的自燃危险性、毒害性和腐蚀性。因此,储存、运输和使用时,注意防水、防潮,严禁接近火种,与其他性质相抵触的物质隔离存放。如少量钾、钠应该存放在煤油瓶中,使钾、钠全部浸没在煤油里,加塞存放。

(二)易燃固体、易于自燃的物质、遇水放出易燃气体的物质的储存与使用

1. 易燃固体 易燃固体应贮于阴凉、干燥、通风处,远离火种与热源,禁止在存放了酸性物质或氧化剂的库房中存放易燃固体。

举例:氨基化钠的储存与使用。

氨基化钠又名氨基钠($NaNH_2$),室温下为白色或浅灰色(含铁杂质)固体,有氨的气味,熔点 208 ℃,沸点 400 ℃,生成热-118.8 kJ/mol;在空气中易氧化,易燃,有腐蚀性和吸潮性。氨基钠是有机合成中常用的强碱,与水发生强烈反应生成氢氧化钠和氨。遇高热、明火、强氧化剂,或受潮时可产生爆炸。

氨基钠粉末漂浮于空气中时,容易形成爆炸性粉尘。久储不当会降低其反应活性,若氨基钠变成黄色或棕色后,表明已经有氧化产物生成,不可再用,否则可能发生爆炸。因此,临用时制备氨基钠,不要久储。在储存或使用时,注意防水,打开盖子时瓶口不要对着面部。

2. 自燃物质

(1)根据不同自燃物品的性质和要求,分别选择适当的地点、专库储存,严禁与其他危险化学品混合储存、混合运输。

(2)应储存于阴凉、干燥、通风处,远离火种、热源,防止阳光直射,即使少量亦应与酸类、氧化剂、金属粉末、易燃易爆物品等隔离存放。

(3)在制备、储存及使用中必须用惰性气体进行保护。

3. 遇水放出易燃气体的物质

(1)此类物品严禁露天存放。库房必须干燥。

(2)库房必须远离火种、热源。附近不得存放盐酸、硝酸等散发酸雾的物品。

(3)包装必须严密、不得破损。钾、钠等活泼金属绝对不允许露置空气中,必须浸没在煤油中保存,容器不得渗漏。

(4)不得与其他类危险化学品,特别是酸类、氧化剂、含水物质、潮解性物质混储。亦不得与消防方法相抵触的物品同库存放,同车、船运输。

(5)装卸搬运时应轻装轻卸,不得翻滚、撞击、摩擦、倾倒。雨雪天如无防雨设备不准作业。运输用车、船必须干燥,并有良好的防雨设施。

(6)电石桶入库时,要检查容器是否完好,对未充氮的铁桶应放气,发现发热或温度较高则更应放气。

举例1:白磷的储存与使用。

1)白磷的外观为白色或浅黄色蜡状固体,相对密度 1.82 g/cm³(20 ℃),熔点 44.1 ℃,沸点 280 ℃。不溶于水,溶于碱液、苯、乙醇、甲苯,易溶于二硫化碳。易燃,在 34 ℃ 即自行燃烧。

2)储存时,将其保存于水中,且必须浸没在水下,隔绝空气。置于阴凉、通风的库房。远离火种、热源。应与氧化剂、酸类、卤素、食用化学品分开存放,切记混储。应严格执行极毒物品"五双"管理制度。

3)取用时,操作人员佩戴自吸过滤式防毒面具,穿胶布防毒衣,戴橡胶手套。在防爆型通风条件下,密闭操作。

举例2:三乙基铝的储存与使用。

1)三乙基铝的分子简式为 $Al(C_2H_5)_3$,无色透明液体,具有强烈的霉烂气味,熔点 -52.5 ℃,闪点<-52 ℃,沸点 194 ℃,溶于苯。化学性质活泼,能在空气中自燃,遇水即发生爆炸,也能与酸类、卤素、醇类和胺类起强烈反应。主要用于有机合成,也用做火箭燃料。

2)极度易燃,具强腐蚀性、强刺激性,主要损害呼吸道、眼结膜和皮肤,高浓度吸入可引起肺水肿,皮肤接触可导致灼伤、充血、水肿和水疱,疼痛剧烈。

3)储存时必须用充有惰性气体或特定的容器包装,密封包装,隔绝空气,置于干燥阴凉通风处,远离火种、热源。应与氧化剂、酸类、醇类等分开存放,切记混储。

4)取用时必须对全身进行防护,穿上防护服。

(三)易燃固体、易于自燃的物质、遇水放出易燃气体的物质的火灾扑救策略

1. 易燃固体 发生火灾时可用雾状水、砂土、二氧化碳或干粉灭火剂灭火。

2.自燃物质 失火时亦可不用水扑救。由这类物质引起的火灾,通常用干燥的砂子或粉末灭火器灭火。但数量很少时,则可以大量喷水灭火。

3.遇湿易燃物品

(1)对遇湿易燃物品进行灭火时,严禁用水灭火,也不可以使用空气泡沫、化学泡沫、酸碱灭火器、还有包括二氧化碳、氮气和卤代烷。金属锂着火时,禁止用砂(含二氧化硅)、碳酸钠干粉和食盐扑救;不能用石墨扑救金属铯引起的火情。

(2)禁用有压力的灭火剂,以免造成粉尘飞扬爆炸。

(3)可用灭火剂:偏硼酸三甲酯(7150),干砂、黄土、石粉等。

(4)可用干燥的食盐、碱面、石粉等灭火剂对金属钾和钠的火情进行灭火。

(四)事故案例

2011 年 10 月 10 日,某大学化学实验室楼起火,现场火势凶猛,浓烟滚滚,过火面积近 790 m²。导致火灾发生的原因是危险化学品管理不善,水龙头漏水,储藏柜里存放的金属钠、三氯氧磷等遇湿易燃物品遇水燃烧起火。

五、氧化性物质和有机过氧化物

(一)氧化性物质和有机过氧化物的危险特性

氧化剂具有强氧化性,其本身不一定可燃,但能导致可燃物的燃烧;与松软的粉末状可燃物能组成爆炸性混合物,对热、震动或摩擦较为敏感。常见的氧化剂有碱金属和碱土金属的氯酸盐、硝酸盐、过氧化物,高氯酸及其盐、高锰酸盐、重铬酸盐,亚硝酸盐、高价金属氧化物等。

有机过氧化物的分子中含有过氧基官能团,其本身易燃易爆、极易分解,对热、震动和摩擦极为敏感。常见的过氧化物有过氧化二苯甲酰、过氧化二异丙苯、叔丁基过氧化物、过氧化苯甲酰、过甲酸、硝酸胍、硝酸脲、过氧化环己酮等。

氧化剂和有机过氧化物的危险特性如下。

1.敏感性 所有过氧化物都怕撞击、怕热。

2.强氧化性 不能与还原性物质或有机物混合,否则会氧化发热而着火。如高锰酸钾和甘油一经接触,很快就会着火。如过氯酸、高氯酸盐、铬酸、三氧化铬等不能与甲醇、乙醇、松节油、甘油等接触。

3.与酸作用分解 不能与酸类接触,氧化剂遇酸后大都反应强烈。如过氧化二苯甲酰遇到硫酸后立即引起爆炸;氯酸盐类物质与强酸作用,产生二氧化氯;过氧化物与水作用产生氧气;而高锰酸钾与强酸作用,则产生臭氧。

4.强弱氧化剂反应 有些氧化剂也不能相互接触;如亚硝酸盐、次氯酸盐遇到比它强的氧化剂时显示还原性,发生剧烈反应而导致危险。

5.毒性和腐蚀性 重铬酸盐、三氧化铬等既有毒,又会烧伤皮肤。此外,活泼金属的过氧化物有较强腐蚀性,有机过氧化物如叔丁基过氧化氢会对眼角膜造成严重损伤。

6.其他 有机物储藏过程中产生过氧化物。如乙醚在储存过程中(3 个月)易生成对震动异常敏感的过氧化物,因此,在使用乙醚,特别是要加热乙醚时,要注意检测是否与过氧化物生成。

(二)氧化性物质和有机过氧化物的储存和使用

氧化剂及有机过氧化物在储存或运输时,要特别注意其氧化性和着火爆炸性的双重危险性,要采取正确的防范措施,严禁受热、摩擦、撞击,避免与可燃物、还原剂、酸碱和无机氧化剂接触。

(1)氧化性液体、氧化性固体和有机过氧化物都属易制爆危险化学品,其领用、储存应符合相关法律法规,做到严格管控,令行禁止。

(2)分专柜储存,不得混储,尤其是不能与有机物、可燃物、酸类物质同柜储存。

(3)碱金属过氧化物易与水发生化学反应,应注意防潮。

(4)储存时应配置 GHS 规范的相应警示标签。

(三)氧化性物质和有机过氧化物的火灾扑救策略

(1)由此类物质引起的火灾,一般用水灭火。

(2)由碱金属过氧化物引起着火时,不宜用水,要用二氧化碳灭火器或砂子灭火。

(四)事故案例

1.过氧化氢引起的爆炸事故 2005 年,某化学实验室沈同学用圆底烧瓶做合成反应实验时,按文献方法中的反应物用量缩小 50 倍进行重复实验,反应后应补加 0.3 mL 过氧化氢,但该同学仍然按原文献用量加了 15 mL 过氧化氢。因此,过量的过氧化物在热的条件下和丙酮发生剧烈的分解反应,引起爆炸。事故导致 4 名同学受伤,均送往医院救治。

过氧化氢(H_2O_2)为过氧化物,易分解为氧气和水,受热易爆。该实验中,实际加入过氧化氢的量是理论量的 50 倍,这相当于在很小的反应容器中加入了巨量的易爆试剂,试剂受热后瞬间产生大量氧气,继而引起爆炸。因此,做实验时,必须用科学的态度,严格树立"量"的概念,规范操作!

2.过氧乙醚引起的爆炸事故 用储存过久的乙醚(形成过氧化乙醚)进行萃取操作,然后把萃取液蒸去乙醚而得到的物质,放在烘箱里加热干燥时发生爆炸,烘箱的门被炸碎。

3.过氧化物引起的爆炸 用硅胶精致二特丁基过氧化物,用布氏漏斗过滤时,发生爆炸。

4.其他

(1)用过氧化氢制氧气时,加入二氧化锰即急剧反应而使烧瓶破裂。

(2)用有机质药匙将二乙酰过氧化物送去称量的过程中发生着火。

(3)踩到跌落地上的氯酸钾而着火。

(4)当拔出 30%(V/V)过氧化氢试剂瓶的塞子时,常会发生爆炸。

六、毒性物质和感染性物质

毒性物质的毒性大小用半数致死量表示。半数致死量(median lethal dose),简称 LD_{50}(lethal dose)是描述有毒物质或辐射的毒性的常用指标,指"能杀死一半试验总体的有害物质、有毒物质或游离辐射的剂量"。急性毒性是指在单剂量或在 24 h 内多剂量经口或皮肤接触一种物质或混合物,或吸入接触 4 h 之后出现的有害效应。根据化学品的经口、皮肤接触或吸入途径的急性毒性,将其急性毒性分为五类,见表 14-11。

表 14-11　化学品的急性毒性分类

接触途径	第 1 类	第 2 类	第 3 类	第 4 类	第 5 类
口服(mg/kg)	5	50	300	2 000	
皮肤(mg/kg)	50	200	1 000	2 000	
气体(mL/m³)	100	500	2 500	20 000	5 000
蒸气(mg/L)	0.5	2.0	10.0	20.0	
粉尘和烟雾(mg/L)	0.05	0.5	1.0	5.0	

注:急性毒性为大鼠实验数据,经皮 LD_{50} 的实验数据,也可使用兔实验数据。

剧毒物质是指具有剧烈急性毒性危害的化学品,包括人工合成的化学品及其混合物和天然毒素,还包括具有急性毒性易造成公共安全危害的化学品。

剧烈急性毒性判定界限:符合急性毒性类别 1 的物质或混合物。常见的管制类易制毒化学品的分类和品种目录(2018 版)见表 14-12,剧毒化学品的品名、别名及 CAS 号,参见《剧毒化学品目录》(2015 版)。

实验室常见的有毒气体类有卤素、氰化氢、氟化氢、溴化氢、氯化氢、二氧化硫、硫化氢、光气、氨、一氧化碳等;无机试剂,如氰化物及氢氰酸、汞、黄磷,铬(Cr)、砷(As)、镉(Cd)、铅(Pb)、汞(Hg)、铊(Tl)、铍(Be)、锇(Os)相关化合物等;有机试剂,如烷基化试剂、苯胺及苯胺衍生物、芳香硝基化合物、溴化乙锭(EB)、生物碱等。

表 14-12　常见管制类易制毒化学品的分类和品种目录

类别	序号	化合物	序号	化合物
第一类	1	1-苯基-2-丙酮	9	麦角酸*
	2	3,4-亚甲基二氧苯基-2-丙酮	10	麦角胺*
	3	胡椒醛	11	麦角新碱*
	4	黄樟素	12	麻黄素、伪麻黄素、消旋麻黄素、去甲麻黄素、甲基麻黄素、麻黄浸膏、麻黄浸膏粉等麻黄素类物质*
	5	黄樟油	13	4-苯胺基-N-苯乙基哌啶
	6	异黄樟素	14	N-苯乙基-4-哌啶酮
	7	N-乙酰邻氨基苯酸	15	N-甲基-1-苯基-1-氯-2-丙胺
	8	邻氨基苯甲酸		

续表14-12

类别	序号	化合物	序号	化合物
第二类	1	苯乙酸	5	哌啶
	2	醋酸酐	6	溴素
	3	三氯甲烷	7	1-苯基-1-丙酮
	4	乙醚		
第三类	1	甲苯	4	高锰酸钾
	2	丙酮	5	硫酸
	3	甲基乙基酮	6	盐酸

说明:①第一类、第二类所列物质可能存在的盐类,也纳入管制。②带有＊标记的品种为第一类中的药品类易制毒化学品,第一类中的药品类易制毒化学品包括原料药及其单方制剂。③以上①+②中的管制类易制毒化学品必须经学校途径购买,不得私购。

(一)毒性物质的危险特性

1.毒害性　毒性物质的主要危险性是毒害性,包括口服中毒,吸入中毒,皮肤吸入中毒。

2.火灾危险性　大多数毒性物质具有一定的火灾危险性。如无机有毒物品中锑、汞、铅等金属的氧化物大都具有氧化性;大多数有毒品遇酸或酸雾能分解并释放毒性极大的气体,有的气体不仅有毒,而且有易燃和自燃危险性。有的甚至遇水发生爆炸。其他火灾危险性方面:遇湿易燃性;氧化性;易燃性;易爆性。

3.其他　毒性物质的溶解性、挥发性、脂溶性、分散性、渗入性等与其毒性大小有关。

(1)溶解性　水中溶解度越大,危险性越大。如氯化钡对人体危害大,硫酸钡无毒。

(2)挥发性　多数有机毒害品挥发性较强,容易引起吸入中毒,尤其须注意无色、无味的有毒物质。

(3)脂溶性　可通过溶解于皮肤的脂肪层,渗入皮肤中毒。

(4)分散性　固体毒物颗粒越小,分散性越好,更易吸入肺泡中毒。

(5)渗入性　皮肤破裂的地方入侵人体。

(二)剧毒物质的储存和使用

(1)严格实行的"五双制度"——双人收发、双人运输、双人使用、双人双锁、双人保管。

(2)使用少量非气体剧毒化学品携带箱。

(3)建立符合地标条件的储存库房。

(4)委派专人管理,实行剧毒化学品集中保管、统一发放、免费使用制度。

(5)使用者填写领用单,签订"剧毒化学品领用承诺书",导师、实验室主任签字。

(6)双人前往剧毒库房领取。

(7)管理人员称量后,陪同使用者到实验室,监督将剧毒化学品投放使用。使用者保存完整的实验记录,全程两人。

（三）防止毒性物质中毒的措施

1.替代 用无毒、低毒替代剧毒、高毒，用可燃物替代易燃物。

2.变更工艺 选用可将危害减少到最低程度的技术。

3.隔离 拉开作业人员与危险源之间的距离。

4.通风 降低作业场所中有害气体、蒸气、粉尘的浓度。

5.个体防护 正确选择和使用个体防护用品，如戴防毒面具、防护面罩、防护手套、防护服、防护眼镜、防护鞋、护耳器等。

6.卫生 保持作业场所清洁和作业人员的个人卫生。

（四）事故案例

1.N,N-二甲基亚硝胺投毒案 2013年4月1日，某大学硕士研究生黄某，因喝了宿舍里饮水机中的被投放了有毒物质N,N-二甲基亚硝胺的水，经抢救无效于2013年4月16日去世。罪犯林某某于2015年12月11日被依法执行死刑。

2.铊盐投毒案

（1）2007年5月29日16时，某市某大学发生3名大学生硝酸铊中毒事件。

（2）1995年5月、1997年5月，两个大学先后发生了两起学生铊盐中毒案件。除涉嫌人为作案外，未按剧毒品管理铊盐是重要原因。其中，一位女学生朱某，终身致残，而此案至今未破。

3.秋水仙碱投毒案 2004年10月9日晚上，某大学发生了教师之间的秋水仙碱投毒事件。

4.氟乙酰胺和氟乙酸钠投毒案 1995年6月，广东省某村村民杜某某和其子汤某某向鱼塘里投放甲胺磷农药，从此开始了一系列的投毒活动，后又购买了含氟乙酰胺和氟乙酸钠的毒鼠药剂，在夜里进菜地，把药涂抹到菜叶背面，或将药剂灌入牛嘴，或用米、猪油渣、干鱼子搅拌药剂后四处乱撒；将药剂倒入小食店煮好的粥里，投放到村民家厨房内或市场的肉案上。因这两人投毒共造成163人次中毒入院治疗，死亡18人。

1995年12月26日，市中级人民法院以投毒罪判处杜某某、汤某某死刑，并于1996年1月8日执行死刑。

七、放射性物质

金属铀、六氟化铀、金属钍、^{131}碘、^{32}磷、^{18}氟等为放射性物质。医学上常用的放射性物质见表14-13。

（一）放射性物质的危险性

放射性物质的危险性主要有放射性、易燃性和氧化性。

（二）放射性化学实验室的安全注意事项

（1）工作人员应佩戴个人剂量片，并委托有资质部门定期对从事放射性检测的工作人员开展个人剂量检测。

（2）在不影响实验和工作的条件下尽量少用放射性物质。并在工作中减少与放射性物质的接触时间,增长接触距离,采用适当的材料对放射线进行遮挡。

（3）工作中应穿工作服,戴手套、口罩、帽子,实验操作一定要在通风橱中完成,实验室保持良好的通风和高度清洁。

（4）处理含一定放射性浓度的样品时要在磁盘中操作,并垫上吸水纸,操作完毕,废弃物放入放射性废物专用桶中。

（5）操作有挥发性的放射性物质及高活度放射性溶液等,必须在通风橱内进行。

（6）严重伤风和外伤时,不准做放射性实验。

（7）禁止在实验室饮食。

表 14-13　常用的放射性药物或试剂盒

放射性核素	化合物及剂型	主要用途
^{18}氟	2-氟脱氧葡萄糖溶液	脑的葡萄糖代谢显像（口服）
	磷酸钠注射液	真性红细胞增多症治疗
^{32}磷	胶体磷酸铬注射液	注入腹腔作辐射治疗
	DNA 甲基化率试剂盒	检测 DNA 甲基化率
^{51}铬	铬酸钠注射液	红细胞寿命及血容量测定
^{57}钴	氰钴氨素胶囊	恶性贫血诊断（口服）
^{67}镓	柠檬酸镓注射液	肿瘤显像定位
^{111}铟	铟标记血小板注射液	栓塞检查、副脾诊断
^{123}碘	碘化钠溶液	甲状腺疾病的诊断 甲状腺病症的诊断与治疗（针剂或口服）
^{131}碘	邻-碘马尿酸钠注射液	肾功能检查
	玫瑰红钠盐注射液	肝、胆显像
^{133}氙	氙气、注射液	脑血流量测定、肺显像（吸入）
^{198}金	胶体金注射液	肝扫描
^{201}铊	氯化铊注射液	心肌显像

（三）事故案例

1. 日本福岛核电站放射性物质泄漏事件

（1）2011 年 3 月 12 日,受 9 级特大地震影响,日本福岛第一核电站的放射性物质发生泄漏。4 月 11 日 16 点 16 分,福岛再次发生 7.1 级地震,日本再次发布海啸预警和核泄漏警报。4 月 12 日,日本原子能安全保安院根据国际核事件分级表将福岛核事故定为最高级 7 级。

（2）2013 年 7 月 22 日,东京电力公司首次承认,福岛第一核电站附近被污染的地下水也正渗漏入海;8 月 7 日宣布,福岛第一核电站每天至少约有 300 吨污水流入海中;10 月 9 日,福岛第一核电站工作人员因误操作导致约 7 吨污水泄漏。设备附近的 6 名工作人员遭到污水喷淋,受到辐射污染。

(3)2013年11月20日,对福岛第一核电站第五和第六座核反应堆实施封堆。福岛第一核电站将完全退出历史舞台。

2.居里夫人遭受核辐射事件　居里夫妇和贝克勒尔由于对放射性的研究而共同获得诺贝尔物理学奖,1911年,居里夫人又因发现元素钋和镭又一次获得诺贝尔化学奖,因而成为世界上第一个两次获得诺贝尔奖的人。但是,因常年过量接触放射线而又未采取人身防护措施,居里夫人最终罹患恶性白血病逝世。遗留科研文件仍带有过量电离辐射,必须存放铅盒内,后人查阅时需要佩戴防护器具。

八、腐蚀性物质

(一)腐蚀性物质的危险性

1.强烈的腐蚀性　腐蚀性物质可腐蚀金属,特别是其局部腐蚀作用危害性大,可能造成突发性、灾难的爆炸、火灾等事故。腐蚀性物质滴落到皮肤上时,可以腐蚀皮肤,严重时会灼伤皮肤,甚至对人体组织产生不可逆的永久伤害;腐蚀性物质可刺激或损伤眼睛,严重时造成视力下降,甚至失明。

2.强烈的毒害性　大多数的毒性物质具有不同程度的毒性,如发烟盐酸、发烟硝酸及发烟氢氟酸等,其蒸气在空气中即使很短时间的接触,对人的鼻子、咽部等也会产生强烈的刺激作用。

3.易燃性　甲酸、冰乙酸、苯甲酰氯、丙烯酸等为腐蚀性易燃物质。

4氧化性　硝酸、硫酸、高氯酸、液溴、氯磺酸、次氯酸钠等氧化性强,当这些物质接触木屑、食糖、纱布等可燃物时,发生强烈的氧化还原反应,容易引起燃烧。

(二)腐蚀性物质的储存与使用

腐蚀性物质需要存储于阴凉通风处,远离火源;酸性腐蚀品应远离氧化剂、遇湿易燃物品;有机腐蚀品严禁接触明火或氧化剂。环境保持良好通风,使用该类物质时注意防护,如戴防护手套、口罩等;受到腐蚀后用大量水冲洗。

(三)火灾扑救策略

(1)灭火人员穿防护服,戴防护面具,使用隔绝式氧气或空气面具。

(2)腐蚀品着火,一般可用雾状水或干砂、泡沫、干粉等扑救,不宜用高压水,以防酸液四溅,伤害扑救人员。

(3)遇酸类或碱类腐蚀品最好调制相应的中和剂稀释中和。

(4)腐蚀品容器泄漏时应及时堵漏。

(5)硫酸、卤化物、强碱等遇水发热、分解或遇水产生酸性烟雾的物品泄漏或着火时,不能用水施救,可用干砂、泡沫、干粉扑救或矿砂吸附。

(四)事故案例

某省某县城,有一位儿童看到家里的桌子上有一个饮料瓶,里面装着"黄色液体",就拿起来喝了两口。觉得味道极苦,并烧喉咙,立即喊叫家长,说了事情的经过。家长立即将其送往医院,经检查发现孩子的食管损伤严重。"黄色液体"是澄清食用油的氢氧化钠溶液(烧碱溶液)。

九、杂项危险物质和物品,包括危害环境物质

(1)磁性物品。

(2)具有麻醉、毒害及其他类似性质,危及飞行安全物品。

(3)高温物质,机械或仪器中的危险物品。

(4)危害环境物质。

(5)经过基因修改的微生物或组织。

第三节　危险化学品的健康危害

危险化学品如有毒的气体、易燃液体及蒸气、易燃固体和自燃固体、氧化剂和有机过氧化物等,除了具有易燃易爆等危险性以外,还具有一定的刺激性、氧化性、腐蚀性等多重毒性,经过排放或泄漏进入环境,污染空气、水体、土壤或食物,可经过呼吸道、消化道、皮肤或黏膜进入人体,引起中毒、昏迷甚至死亡。如环境或食品中残留的 As、Pb、Hg、Cr 和 Cd 等有毒元素及其化合物经过不同途径进入人体后,不易分解和排除,长期积累会引起皮下出血、胃痛、肾功能损伤、骨痛等;氯仿、四氯化碳等能致肝癌;多环芳烃能致膀胱癌和皮肤癌;某些铬的化合物触及皮肤破伤处会引起溃烂不止。

大部分危险化学品通过呼吸道或消化道进入人体,危害健康;一部分危险化学品可以通过创口直接进入人的血管中,引起中毒、昏迷甚至死亡;另外还有的危险化学品可以直接刺激眼睛、灼伤皮肤,或因燃烧、爆炸导致损伤等。

一、实验室常见的有毒化学品的类别

1. 金属和类金属　铅、汞、锰、镍、铍、锑、碲、铜、砷、铬、镉、铝、镓、铟、铊及其化合物等。

2. 刺激性气体　氯气、氨气、氮氧化物、光气、氟化氢、氯化氢、二氧化硫、三氧化硫和硫酸二甲酯等。

3. 窒息性气体　可分为单纯窒息性气体、血液窒息性气体和细胞窒息性气体,如氮气、氩气、氦气、甲烷、乙烷、乙烯、一氧化碳、硝基苯的蒸气、氰化氢、硫化氢等。

4. 农药　用于防治病虫害及调节植物生长的农药主要有杀虫剂、杀菌剂、杀螨剂、除草剂等,这些制剂对作物的正常生长起到非常积极有益的作用。但是,过量使用农药或使用禁用的农药对社会发展及人类健康将会产生及其严重后果。

5. 有机化合物　有机化合物种类繁多,如甲醇、乙醇、丙酮、乙酸乙酯、三氯甲烷、异丙醇、正丁醇、冰乙酸、乙腈、苯、甲苯、二甲苯、二硫化碳、溴化乙锭等;苯的氨基和硝基化合物,如苯胺、硝基苯等。

6.高分子化合物　高分子化合物在加工和使用过程中,可释放出游离的单体,这些单体常常是有毒物质,对环境产生污染,对人体产生健康危害。如常用的阻燃材料、胶黏剂酚醛树脂,耐弱酸和弱碱,遇强酸发生分解,遇强碱发生腐蚀作用。酚醛树脂分解时产生有毒物质苯酚及甲醛,这两种物质都具有环境危害及健康危害。

二、危险化学品的健康危害

危险化学品的原子结构或分子结构不同,性质各异,对环境安全、动植物的生长及人民群众的健康危害等也各不相同,为了便于管理,GHS 制度对危险化学品的健康危害进行整理分类,共分为 10 类,见表 14-14。

表 14-14 中的皮肤腐蚀是指在施用试验物质达到 4 h 后,可观察到表皮和真皮的坏死(具有不可逆性);而皮肤刺激是指在施用试验物质达到 4 h 后,对皮肤造成的可逆损伤(具有可逆性)。严重眼损伤是指在眼前部表面施加试验物质之后,对眼部造成了在施用 21 d 内不可完全可逆的组织损伤,或严重的实际视觉衰退。严重眼刺激是指在眼前部表面施加试验物质之后,对眼部造成了在施用 21 d 内完全可逆的变化。

表 14-14　危险化学品的健康危害

序号	健康危害类别	序号	健康危害类别
1	急性毒性(经口,经皮,吸入)	6	致癌性
2	皮肤腐蚀/刺激	7	生殖毒性
3	严重眼损伤/眼刺激	8	特异性靶器官毒性——一次接触
4	呼吸道或皮肤致敏	9	特异性靶器官毒性——反复接触
5	生殖细胞致突变性	10	吸入危害

1.经呼吸道和肺吸入中毒　在化学泄漏事故引起的中毒事故中,经呼吸道和肺吸入是最危险、最常见、最主要的途径。凡是有毒气体、液体蒸气或危险化学品燃烧产生的有毒气体、烟、雾、粉尘等均可经呼吸道进入人体内。

在人的呼吸系统中,肺泡吸收气体的能力最强。由于人体肺泡的总面积大,肺泡壁薄,壁上有丰富的毛细血管,毒物一旦进入肺,很快就通过肺泡壁进入血液循环而被送至全身。

毒性物质在空气中的浓度越高,人的呼吸量就越大,吸收越多,中毒的危险性就越大。一般情况下,有毒气体的泄漏具有偶发性,一旦泄漏,往往在短时间及大范围内形成高浓度的毒物环境,而其中的人员会在极短的时间内吸入大量有毒物质,造成严重伤害。乙醚为极易挥发的易燃易爆气体,若经呼吸道吸入,由血液迅速进入脑和脂肪组织中,作用于中枢神经系统,引起全身麻醉。异丙醇的毒性和麻醉作用均比乙醚大,其蒸气对呼吸黏膜、眼有刺激性,接触高浓度蒸气时出现头痛、嗜睡及眼、鼻、喉刺激症状。皮肤长期接触异丙醇,则可致皮肤干燥、皲裂。若短时间内吸入较高浓度的甲苯,可出现眼及上呼吸道明显的刺激症状、眼结膜及咽部充血、恶心、呕吐、胸闷、四肢无力等症状,重症者有抽搐、幻觉、昏迷等症状。水溶性气体和蒸气,如氨气,可直接引起上呼吸道损伤;少量盐酸蒸气即可损伤肺内组织,刺激气管、支气管和肺泡,造成水肿而使呼吸道损伤,有毒气体也可经呼吸道损伤处进入血中。常见毒物进入人体的途径、中毒症状和救治方法见表14-15。

表14-15　常见毒性物质进入人体的途径、中毒症状和救治方法

名称	途径	中毒症状	救治方法
氰化物 氢氰酸	呼吸道 皮肤	轻者刺激黏膜、喉头痉挛、瞳孔放大;重者呼吸不规则、逐渐昏迷、血压下降、口腔出血	(1)立即移出毒区,脱去衣服,进行人工呼吸 (2)可吸入含5%二氧化碳的氧气。立即送医院救治
氢氟酸 氟化物	呼吸道 皮肤	接触氢氟酸气可出现皮肤发痒、疼痛、湿疹和各种皮炎。主要作用于骨骼。深入皮下组织及血管时可引起化脓溃疡。吸入氢氟酸气后,气管黏膜受刺激可引起支气管炎症	皮肤被灼伤时,先用水冲洗,再用5%小苏打溶液冲洗,最后用甘油:氧化镁(2:1)糊剂涂敷,或用冰冷的硫酸镁溶液冲洗,也可涂可的松油膏
浓硝酸 浓盐酸 浓硫酸 氮氧化物	呼吸道 皮肤	3种酸对皮肤和黏膜有刺激和腐蚀作用,能引起牙齿酸蚀病,一定数量的酸落到皮肤上即产生烧伤,且有强烈的疼痛。当吸入氧化氮时,强烈发作后可以有2~12 h的暂时好转,继而更加恶化,虚弱者咳嗽更加严重	(1)吸入新鲜空气 (2)皮肤烧伤时立即用大量水冲洗,或用稀苏打水冲洗。如有水疱出现,可涂红汞或紫药水 (3)眼、鼻、咽喉受蒸气刺激时,也可用温水或2%苏打水冲洗或含漱
砷及砷化物	呼吸道 消化道 皮肤	砷慢性中毒可使消化系统及神经系统均受损害 砷化物蒸气吸入可发生黄疸、肝硬化、肝脾肿大等 吸入三氯化砷或砷化氢蒸气时,剧烈刺激鼻咽部黏膜、咳嗽、气喘、呼吸困难,眼结膜角膜发炎 误服急性中毒者,恶心、呕吐并呕血,腹泻并混有大量黏液和血液,剧烈头痛,很快心力衰竭,死亡	(1)吸入砷化物蒸气而中毒者,立即离开现场,呼吸含5%二氧化碳的氧气或新鲜空气 (2)误服急性中毒者,需立即用炭粉、硫酸铁或氧化镁悬浮液洗胃,并注射解毒剂二巯基丙醇,每日2~4次肌内注射,每次2 mL,或者注射二巯基丙磺酸钠或二巯基丁二钠,对症治疗 (3)无论是急性误服还是慢性积累使消化、呼吸系统中毒时,应静脉注射葡萄糖、氯化钙注射液或生理盐水 (4)鼻咽部损害,用1%可卡因涂局部,用含碘片或1%、2%苏打水含漱或灌洗 (5)皮肤受损害时,涂以氧化锌或硼酸软膏,有浅表溃疡者,应定期换药防止化脓

续表 14-15

名称	途径	中毒症状	救治方法
镉及其化合物	呼吸道	急性中毒:喉头和眼结膜刺痛感,头痛、头晕、咳嗽、呼吸困难等,严重者可发展为支气管肺炎或肺气肿 慢性中毒:接触后 5~8 年,以肺气肿、肾功能损害为主	(1)应着重防止肺水肿的发生 (2)早期可给予大剂量肾上腺皮质激素 (3)用乙二胺四乙酸二钙钠驱镉 (4)慢性中毒,增加营养,给予维生素 D(每日口服 2 万 U,同时每周注射 6 万 U)及钙剂
铅及其化合物	呼吸道 消化道	口内有甜金属味,口腔炎、流涎,齿龈边缘发青(PbS),恶心、呕吐、肠绞痛,同时伴有肝大、疼痛,有时出现黄疸,重者脉搏减少,血压升高,尿量减少甚至虚脱 慢性铅中毒引起贫血,痉挛性便秘,肢体麻痹瘫痪及各种精神症状,甚至昏迷致死	(1)离开有毒区 (2)用 25%~33% 硫酸镁或硫酸钙洗胃,每周 2~3 次,每日静脉注射 10% 硫代硫酸钠 10 mL (3)肠绞痛者用葡萄糖酸钙 10~20 mL 静脉注射或用 0.1% 硫酸阿托品、吗啡等皮下注射 (4)铅中毒者脑病需经常注射 50% 葡萄糖注射液 (5)合适饮食:高蛋白饮食,加强营养,每日给以大量维生素 B、维生素 C 制剂 (6)驱铅疗法:用配位剂治疗铅中毒 1)乙二胺四乙酸二钙钠,每日 1 g 于 250 mL 5% 葡萄糖注射液内,静脉滴注;3~7 d 为 1 个疗程,休息 3~5 d 再继续第 2 疗程,可持续 1~2 个疗程 2)二巯基丁二酸钠,每日 1 g 于 250 mL 5% 葡萄糖注射液内,静脉注射 1 次,连续 3 d 为 1 个疗程,停 3~4 d,再继续第 2 个疗程
甲醛	呼吸道 皮肤	急性中毒:流泪、急性结膜炎、鼻炎、咳嗽、支气管炎、胸内压迫、头痛、晕厥 慢性中毒:视力减退、手指尖变褐色、指甲床疼痛 皮肤接触时则引起各种皮炎	(1)急性中毒时吸入氧气,注射葡萄糖 (2)用稀的乙酸铵或 3% 碳酸盐溶液洗胃 (3)黏膜受刺激后,用 2% 小苏打水洗涤或喷雾吸入 (4)皮肤损害时,用氧化锌、硼酸软膏等治疗
甲醇	呼吸道 皮肤	吸入蒸气中毒,主要为神经系统症状:剧烈头痛、头昏、恶心、耳鸣,视神经受损害最明显,视力模糊,重者可以完全失明 误服中毒:5~10 mL 即可产生严重症状,恶心、呕吐、全身皮肤显著发绀,呼吸深而困难,脉搏弱而快,四肢痉挛,重者即很快呼吸停止而死亡	(1)急性误服中毒者,立即洗胃,吸入氧气,放血并输入生理盐水或葡萄糖注射液,也可静脉注射 5~10 mL 1% 亚甲蓝溶液,或肌内注射 5~10 mL 高锰酸钾溶液 (2)维持血液的 pH 值。内服大量的碱性水饮料,静脉注射 3% 小苏打溶液 50~60 g,以后每小时注入 7~10 g (3)神经系统症状明显者,用多次腰椎穿刺,减轻脑水肿,同时需注射维生素 B_1、维生素 B_2、烟酸、维生素 C 等 (4)吸入蒸气中毒者,应立即移出毒区,除上述治疗外,注射解毒剂

2. 经皮肤吸收中毒　危险化学品可通过表皮、毛孔、汗腺等管道渗透进入人体。一些脂溶性毒物经过表皮吸收后，还需要有一定的水溶性才能进一步扩散和吸收。如甲氟膦酸异丙酯、苯、有机磷农药、氯化烃等神经毒害物，可通过皮肤毒害人的神经系统。与经过呼吸道的中毒相比，经皮肤中毒的过程相对较慢，但严重时可使人失去知觉，无法呼吸甚至死亡。

腐蚀性危险化学品（如强酸）喷溅到人体皮肤上时，会引起皮肤灼伤，其灼伤程度和危害与化学品的浓度及其与皮肤接触的时间长短有关。如甲醛接触皮肤时，常常会引起各种皮炎。有些化学品，如石油液化的液体，虽然不具有腐蚀性，但若接触人体会迅速气化而急剧吸热，对人体皮肤产生冻伤，即冷灼伤。

3. 经消化道吸收中毒　在工业生产或科学研究中产生的"三废"（废气、废渣和废液）必须按规定进行处理，达标后排放。如果对其不加处理而任意排放，则会严重污染环境，如大气、水体、土壤和生物。另外，危险化学品在运输过程中突发事故时，产生大量有毒物质，这些物质会直接污染周围环境、水源或食物（如粮食、蔬菜、水果等）。人们通过食物链，食用被污染的食物，可能会导致中毒。

4. 眼睛灼伤　大多数有毒有害化学物品具有刺激性，若接触眼睛，可能会对眼睛造成伤害，引起眼睛发痒、流泪、发炎、疼痛，有灼伤感，甚至引起视物模糊或失明。如长期接触甲醇，受到刺激，部分人员的眼压升高，对眼健康造成损伤。

5. 燃烧、爆炸引起伤害　很多有毒有害化学物品都有易燃易爆性，在燃烧或爆炸的过程中可直接对人体造成伤害。

三、危险化学品的健康危害实例

1. 三乙基铝毒害事件　2008 年，中国某化学研究所一位博士生在使用三乙基铝时，不小心弄到手上，由于没有戴防护手套，也没有立即用大量清水清洗，结果左手皮肤遭到严重腐蚀，必须进行植皮手术治疗。在使用三乙基铝之前，必须了解或熟悉该物质的性质及安全防护。

三乙基铝的健康危害与理化性质有关。三乙基铝为无色透明液体，熔点 -52.5 ℃，沸点 185 ℃，闪点 -53 ℃，密度 0.835 g/mL；在空气中自燃，与水激烈反应，生成氢氧化铝和乙烷，且产生大量的热。剧毒。能与己烷、庚烷、苯、甲苯、二甲苯混溶。在室温下需在惰性气体中保存。三乙基铝极度易燃，具有强烈的刺激和腐蚀作用，主要损害呼吸道和眼结膜，高浓度吸入可引起肺水肿。皮肤接触可致灼伤。

使用三乙基铝时需要特别注意以下几点。

（1）严加密闭，提供充分的局部排风和全面通风。

（2）操作人员佩戴自吸过滤式防毒面具（全面罩），穿胶布防毒衣，戴橡胶手套。

（3）远离火种、热源，工作场所严禁吸烟。

（4）避免与氧化剂、酸类、醇类接触。尤其要注意避免与水接触。

2. 中国"假酒"事件　甲醇可引起中毒的情况：吸入甲醇蒸气中毒，主要为神经系统症状，表现为剧烈头痛、头昏、恶心、耳鸣，视神经受损害最明显，视力模糊，重者可以完全失明。误服甲醇 5～10 mL 即可产生严重症状，恶心、呕吐、全身皮肤产生显著发绀，呼吸深而困难,脉搏弱而快,四肢痉挛,重者很快呼吸停止而死亡。

因为饮用"假酒"导致健康危害甚至死亡的典型案例。

(1)某市毒酒杀人事件 2004年5月11日,某市发生两起因饮用甲醇超标的散装白酒中毒事件,2人死亡,2人住院留医。经查,饮用白酒来自某村。案发时,部分假酒已销往多地。共计导致造成14人死亡、10人重伤、15人轻伤、16人轻微伤的特别严重后果。首犯程某某以销售有毒食品罪一审被判死刑,其余14名犯罪嫌疑人分别被判处1年零6个月到13年不等有期徒刑。

(2)"纯桂林米酒"毒人事件 2004年1月中旬,某市籍男子李某清私自使用工业乙醇勾兑出名为"纯桂林米酒"的假酒出售,导致4人死亡,5人轻微伤。李某某在事发后,潜逃到浙江省富阳市,于2005年5月1日被公安人员抓获归案。

(3)某县假酒中毒事件 2003年12月5日,云南某县50余名农民喝过假酒后于12月7日出现中毒现象,7日至8日就有30多名假酒中毒人,其中4名患者因中毒过深死亡。据了解,村民喝过的假酒中,甲醇含量为普通酒的168倍。

(4)"1·26"某市假酒案震惊全国 1998年春节期间,某市发生特大毒酒事件,不法分子用含有大量甲醇的工业乙醇,甚至直接用甲醇制造成白酒出售,造成20多人中毒致死、数百人被送进医院抢救。

综上,毒性物质无论从皮肤、消化道或呼吸道吸收以后,在人体内经过各种物理化学变化,通常经肝的解毒作用,大部分通过肾随尿排出;某些金属盐则由粪便排出,还有一些毒性物质可随皮肤汗腺、皮脂腺、唾液、乳汁等排出体外。只有那些不能及时排出的毒性物质或其有毒的代谢物,在体内的脂肪组织、骨骼、肌肉或脑内产生积聚作用,达到一定程度时,在临床上表现为中毒症状。因此,在生产与实验过程中,应该尽可能避免或减少与毒性物质直接接触的可能性,严格执行危险化学品的安全管理条例,谨慎遵守危险化学品的操作规程,以防止危险化学品侵入人体或损害各器官,确保实验人员的工作安全。

第四节　危险化学品的管理与安全操作规程

一、危险化学品的管理

为全面加强危险化学品安全生产工作,坚决遏制重特大事故发生,有效维护人民群众生命财产安全,2020年2月26日,中共中央办公厅、国务院办公厅印发了《关于全面加强危险化学品安全生产工作的意见》,并发出通知,要求各地区各部门结合实际认真贯彻落实。

(一)与危险化学品相关的管理条例

1.《危险化学品安全管理条例》 本条例是由中华人民共和国国务院于2002年1月26日发布,自2002年3月15日起施行。中华人民共和国国务院令第591号,《危险化学品安全管理条例》已经 2011 年 2 月 16 日国务院第 144 次常务会议修订通过，自 2011 年 12 月 1 日起实施。中华人民共和国国务院令第 645 号，《危险化学品安全管理条例》已经 2013 年 12 月 4 日国务院第 32 次常务会议修订通过，自 2013 年 12 月 7 日起实施。

2.《易制爆危险化学品治安管理办法》中华人民共和国公安部令（第 154 号）　自 2019 年 8 月 10 日起施行。

3.《危险货物分类和品名编号》（GB 6944—2012）　2012 年 5 月 11 日发布，2012 年 12 月 1 日实施。本标准规定了危险货物分类、危险货物危险性的先后顺序和危险货物编号。适用于危险货物运输、储存、经销及相关活动。该标准代替 GB 6944—2005。

4.《易制毒化学品管理条例》　2005 年 8 月 26 日中华人民共和国国务院令第 445 号发布，根据 2014 年 7 月 29 日《国务院关于修改部分行政法规的决定》第 1 次修订；根据 2016 年 2 月 6 日国务院令第 666 号《国务院关于修改部分行政法规的决定》第 2 次修订；2018 年 9 月 18 日《国务院关于修改部分行政法规的决定》（国务院令第 703 号）第 3 次修订）。

5.《高等学校实验室工作规程》（中华人民共和国国家教育委员会令第 20 号）　1992 年 6 月 27 日发布。本规程自发布之日起执行。教育部 1983 年 12 月 15 日印发的《高等学校实验室工作暂行条例》即行失效。

（二）危险化学品的管理规定

（1）对于易燃、易爆、剧毒、放射性及其他危险物品的管理，需要分门别类，按国家公安部门规定分库或分橱柜保管，并由责任心强，工作认真，且具有业务能力的专人负责。

（2）储存危险化学品的仓库或储藏室应保持室内干燥，通风良好，室内温度一般保持在 15~25 ℃。室内室外要放置各种类型的灭火器材。

（3）危险物品的购买、领用必须有专人审批，限量发放。对其领、用、剩、废、耗的数量必须详细记录，用剩数量及时退库，任何人不得将此类物品带出实验室。

领取后的物品由领取人妥善保管，在使用过程中丢失，按责任事故处理。

（4）对具有挥发性和潮解性的危险化学品，在开过瓶盖使用后，都要加蜡封好，注意防潮和防挥发。

（5）实验室内不能存放易燃、易爆、剧毒药品，应随用随领。

（6）使用易燃、易爆、剧毒药品时，要严格遵守操作规程。

（7）所有的危险化学品必须有出入库台账；每学期清点一次，做到账、物相符。

（8）过期的危险化学品的销毁，应统一交上级部门处理。

（三）毒性物质及剧毒药品保管和领取使用规定

（1）有毒及剧毒药品，要设专用保险柜单独存放，必须严格执行双人收发、双人使用、双人双锁保管制度，确实履行批准、领取、使用、登记手续。

（2）有毒及剧毒药品的领用，必须严格控制数量。

（3）有毒及剧毒药品的出入库必须当面核对数量、质量。办完出、入库手续后，出现问题由领用者负责。

（4）有毒及剧毒药品的使用必须严格按照操作规程进行。使用后，应及时放进保险柜。

（5）工作告一段落，必须及时清点剩余药品，做好登记，如长期不用，应交归危险药品仓库。

（6）过期有毒及剧毒药品的销毁，应统一上交上级部门，按有关毒、剧毒药品的报废处理规定执行，严禁私自处理。

（7）有毒及剧毒的废弃物应按相关条例要求，分类收集，盛放容器上标明化学成分，由学校组织有资质的部门或单位进行回收处理。任何人不得以任何理由擅自丢弃或掩埋任何危险化学品，一旦发现查实，将按学校的相关管理规定处理。

二、危险化学品的操作规程

（一）基本要求

（1）认真贯彻"安全第一、预防为主"的方针，对首次进行实验操作的人员必须进行安全教育和培训，在掌握各项实验室安全管理办法和基本知识，熟悉各项操作规程后，方可开始实验操作。

（2）实验课前，充分预习实验内容。熟悉实验的基本原理、实验的主要方法及步骤，实验中涉及的危险化学品的理化性质及危险特性，注意防范并准备好应对措施。

（3）必须穿着实验服进入实验室，并根据实验的具体内容准备好各种防护用品，如橡胶手套、防尘口罩、护目镜、防毒面具等；禁止穿凉鞋、拖鞋进入实验室；禁止饮食、嬉戏、大声喧哗。

（4）进入实验室后，立即开窗通风。检查试剂瓶上的标签是否有破损现象，试剂是否有变质现象，如潮解或氧化等发生。

（5）移动、开启大瓶液体药品时，用橡皮布垫稳，慢慢打开；若为石膏包封的液体药品，则可用水泡软后开启；严禁用锤敲，以防破裂。

（6）需要加热至沸腾的反应体系，应根据需要适当加入沸石，以防爆沸。使用油浴加热，务必保证容器外壁干燥，且谨慎小心，避免水滴入油浴锅中，以免加热时爆沸而导致液滴飞溅。

（7）实验中有需要加热步骤时，要根据反应所需要的条件、反应物及产物的危险特性等选择合适的加热方法。若反应容器敞口，则切忌将敞口朝向有人的方向，或向容器中俯视，以免反应剧烈时液滴飞溅造成伤害。

（8）实验完成后剩余药品既不准放回原瓶，也不要随意丢弃，更不能拿出实验室，而应放回实验室指定的回收瓶内。

（9）实验产生的废渣和废液不能直接倒入水槽或垃圾桶，应当按分类倒入不同的回收桶，进行回收处理。

（10）实验结束后，关闭煤气、水、电总阀，关闭烘箱和通风橱，整理桌面和实验台，关好门窗，彻底冲洗双手后方能离开实验室。

（二）危险化学品的操作规程

1.易燃易爆化学品

（1）若实验中需要使用氢气、乙炔气等与空气混合后能形成爆炸的混合气体时，必须在通风橱中进行，或者在装有通风系统的特殊实验室中进行。

（2）实验中如用到易燃易爆物质如有机酸、苯、甲苯、石油醚、环己烷、乙酸乙酯、丙酮、甲醇、乙醇等时，室内不能有明火、星火等。

（3）实验过程中，进行有爆炸危险的操作时，所用到的玻璃容器必须使用软木或胶皮塞，不得使用磨口瓶塞。

（4）对易燃物质蒸馏或加热时，应使用水浴进行加热；沸点高于100 ℃时，应使用加热套或油浴进行加热。加热液体时，必须接有冷凝回流装置。

（5）使用乙醇灯加热时，乙醇的加入量不能超过容量的2/3；灯内乙醇不足1/4时，应灭火后添加乙醇。在乙醇快用尽、灯火还没熄灭时，千万不能注入燃料。乙醇灯熄灭时，要用灯帽来罩，不要用口来吹，防止发生意外。

（6）蒸发易燃液体或有毒液体时，必须于通风橱中进行，禁止将蒸汽直接排在室内空间。

（7）打开易挥发试剂的瓶塞时，不要把瓶口对着面部或其他人。使用易爆化学品如高氯酸、过氧化氢等时，轻拿轻放，严禁振动、碰撞或摩擦。

（8）取用钾、钠、钙、黄磷等易燃物质时，必须使用专用镊子。钾、钠、钙在煤油中储存，禁止与水或水蒸气接触；黄磷应放在水中储存，保持与空气隔离。

（9）在加热过程中，如发生着火爆炸，要立即切断电源、热源或气源。火势较小则立即使用实验室内准备的石棉布、沙子或合适的灭火器进行灭火；若火势较大，应立刻逃生，并拨打火警电话。

2.有毒有害化学品

（1）装有毒物质的容器，应具有醒目标签，并在标签上注明"有毒"或"剧毒"字样。

（2）有毒化学品应分类储存，禁止与易燃易爆物品和腐蚀性化学品储存在同一库房。

（3）化学实验室有毒药品的储存、发放和领取应严格登记，并制定专人负责。

（4）使用过有毒化学品的工具必须及时清洗干净，废水应进行分类处理。

（5）在使用具有腐蚀性、刺激性的有毒或剧毒物品时，如强酸、强碱、浓氨水、三氧化二砷、氢化物、碘等，必须戴橡胶手套和防护眼镜。

（6）禁止将有毒物质擅自挪用或带出实验室。

3.腐蚀性化学品

（1）稀释浓酸时，将酸缓慢加入水中，并用玻璃棒慢慢搅动，禁止将水注入酸中。

（2）使用浓硝酸、盐酸、硫酸、高氯酸、氨水时，以及其他有毒药品和有恶臭气体做实验，应注意做好相应的保护措施，实验需要在通风橱或在通风情况下操作。

（3）在处理发烟酸（如发烟硝酸）和强腐蚀性物质时，应防止中毒或灼伤。

（4）当酸、碱溶液及其他腐蚀性化学试剂灼伤皮肤、溅入眼睛时，应立即用大量清水冲洗，情况严重时，立刻送往医院救治。

（5）开启盛有过氧化氢、氢氟酸、溴、盐酸、发烟酸等腐蚀性物质的瓶塞时，瓶口不得对着自己和他人。

(6)浓酸或浓碱不得直接中和,如确需将浓酸或浓碱中和时,应先进行稀释。

4.气瓶的使用　气瓶是盛装永久性气体、液化气体或溶解气体的移动式压力容器。对气瓶使用的一般要求如下:

(1)气瓶应直立固定。

(2)禁止敲击、碰撞;禁止暴晒、远离明火和其他高温热源。

(3)开阀门时要慢,防止因升压过快而产生高温;开阀后观察减压阀的压力变化,压力合适时再缓慢开启减压阀;进行放气操作时,人员应站在出气口的侧面;关闭气瓶应用手旋紧,禁止用工具硬扳,以防损坏阀门。

(4)气瓶必须专瓶专用,不得擅自改装,气瓶瓶身的颜色和字迹必须完整、清晰。

(5)各种气体的减压阀量程不同,不得互换,如氧气和可燃气体的减压阀绝对不能互用。

(6)瓶内的气体不得用尽,应保持在196 kPa以上压力的余气,防止气体的倒灌,方便充气单位进行检验。

(7)液化气体在冬天或者压力降低时排出气体的速度变慢,可用热水加热瓶身,禁止用明火烘烤。

(8)可燃性气体一定要有防止回火的装置。

(9)如发生气瓶漏气,必须由专业人员维修,禁止擅自检修。

(10)对于已经投入使用的气瓶应定期检验,从出厂之日起每4年(或3年)检验一次,使用期超过15年的气瓶,必须强制报废。

(11)气瓶要单独存放;如果放在实验室,必须配备自动报警系统,并保持良好的通风。气瓶最好放在专用气瓶柜中,并用固定链条固定,以防气瓶倾倒产生危险。

(12)气瓶搬运之前要带好瓶帽,以免搬运过程中损坏钢阀,搬运过程必须小心谨慎,不可拖拽、平滚、碰撞等。

5.氧气钢瓶的存放及使用

(1)氧气接触油脂会氧化发热,甚至燃烧,有爆炸的危险,因此气瓶严禁沾染油污。

(2)氧气钢瓶严禁接触热源,禁止暴晒。

(3)氧气钢瓶必须有防震圈,避免气瓶受撞击或跌落。

(4)在转运过程中,氧气钢瓶必须戴上安全的瓶帽,防止摔断瓶阀,造成事故。

(5)氧气钢瓶内的氧气不能全部用尽,应留有余压(0.1~0.2 MPa)。

(6)氧气钢瓶冻结时,可用温水加热解冻。

(7)一般气瓶可用肥皂水检漏,但氧气瓶不能用此方法检查漏气情况,以防止氧气与有机物反应而引起危险。

(8)氧气瓶不能与可燃性气体共同混放。

6.乙炔气钢瓶的存放及使用　乙炔气瓶内装有浸入丙酮的多孔填料,使乙炔能安全地储存在瓶内。使用时,溶解在丙酮内的乙炔变为气体分离出来,而丙酮仍留在瓶内,以便再次充入乙炔使用。使用或操作乙炔气瓶时,需要注意以下内容:

(1)溶解乙炔气瓶必须是国家定点厂家生产的,新瓶的合格证应是齐全的,并与钢瓶肩部的钢印相符。使用过程中的气瓶,必须根据国家《溶解乙炔气瓶安全监察规程》的要求,定期进行技术检验。

(2)乙炔为易燃气体,因此,必须放在通风良好的地方。

(3)乙炔气瓶必须装回火防止器,开瓶阀时,操作者应站在阀口的一侧,动作要轻缓;一般情况下旋开不超过半圈,或开启3/4圈。使用工作压力一般在 0.02 ~ 0.06 MPa。

(4)乙炔气瓶内的气体严禁用尽,根据环境温度的变化,乙炔气瓶内应留余压0.3 MPa 左右,防止其他气体灌进气瓶内。

(5)气瓶禁止暴晒,不得靠近热源。乙炔气瓶一般应在40 ℃以下使用,当温度超过40 ℃时,应采取有效的降温措施。

(6)运输气瓶时,戴上安全瓶帽,防摔断瓶阀造成事故。气瓶要有防震圈,且不得使气瓶跌落或受到撞击。

(7)气瓶要与明火保持10 m以上距离。

(8)工作时,开启乙炔气瓶上的瓶阀扳手应留在瓶阀上,以便在偶然发生事故时能迅速关闭阀门。

第五节　操作危险化学品的安全防护

一、实验室消防知识常识

1.实验室火灾常见的原因

(1)电器原因,如线路老化、短路、超负荷、电器或仪器故障等。

(2)易燃、易爆化学品的储存、使用不当引起的自燃爆炸。

(3)明火不慎,不按照要求使用明火,或吸烟引起。

(4)煤气灯损坏、橡皮管老化、煤气泄漏。

2.实验室灭火的基本措施　一旦发现实验室起火切勿惊慌,分析着火原因,采取相应的灭火措施。

(1)一般小火可用湿布或细沙覆盖灭火,如果火势较大,立即用二氧化碳泡沫灭火器扑救。

(2)电气设备着火,立即关闭电源,用干粉灭火器灭火。

(3)活泼金属钾、钠、钙、镁、铝粉等引起着火时,立即用干燥细沙覆盖灭火。

(4)有机试剂着火,可用细沙、干粉灭火器、二氧化碳灭火器等灭火。

(5)衣服上着火时,切勿惊慌乱跑,尽快脱下衣服,或用石棉布覆盖着火处,或在地上卧倒打滚灭火。

(6)若在微波加热或电加热过程中着火,立即切断电源,停止加热,把一切易燃易爆物品移走。

(7)有机试剂、遇水发生剧烈反应的试剂(如钾、钠、镁等)及电气设备起火时,严禁用水灭火。

常见灭火方式及适用范围见表14-16。

表 14-16 常见灭火方式及应用

名称	灭火原理	适用火灾情况	注意事项
泡沫灭火器	泡沫灭火器能喷射出大量二氧化碳及泡沫,它们能黏附在可燃物上,使可燃物与空气隔绝,达到灭火的目的	一般失火及油类着火	不适用于电气设备及忌水性物质引起的着火
二氧化碳灭火器	在加压时将液态二氧化碳压缩在小钢瓶中,灭火时再将其喷出,有降温和隔绝空气的作用	扑救贵重设备、档案资料、仪器仪表、600 V 以下电气设备及油类的初起火灾	不可用于扑救活泼金属及金属氢化物起火
干粉灭火器	干粉灭火器内装有磷酸铵盐或碳酸氢钠等干粉灭火剂。干粉中无机盐的挥发性分解物,能阻断燃料燃烧的链反应而灭火;干粉的粉末落在可燃物表面外,发生化学反应,并在高温作用下形成一层玻璃状覆盖层,从而隔绝氧,进而灭火	用于扑救石油、有机溶剂等易燃液体、可燃气体和电气设备的初期火灾	不适用于精密仪器、旋转电机、钾、钠及自身能供氧物质引起的火灾
沙土	—	一切不能用水扑救的火灾	
水	—	适用于大部分火灾情况	不适于实验室内使用,也不适用于电气设备灭火

3. 实验室防火防爆基本要求

(1)要熟悉各楼层的紧急出口位置及你所在实验室与紧急出口的相对位置;各楼层消防栓的位置;各楼层紧急淋浴器的地点。

(2)要熟悉实验室内水、电、煤气开关的位置,灭火器材,如灭火器、石棉布、沙桶等放置地点及其使用方法;实验室洗眼器、急救箱的位置。

(3)进行实验时,实验装置要正确安装,常压系统一定要与大气相通,且勿造成密闭体系;减压系统中严禁使用不耐压的容器,如锥形瓶或平底烧瓶等。

(4)在蒸馏易燃易爆物(如乙醚、四氢呋喃等)时,一定要检查是否含有过氧化物,若有,必须先除去,再进行蒸馏,切勿蒸干。

(5)使用易燃易爆物,如乙炔,或遇水发生激烈反应的钠、钾等,必须严格按照实验规定操作。

(6)干燥的重氮盐、多硝基化合物、硝酸酯、有机过氧化物等具有爆炸性,必须严格按照操作规程进行实验。

(7)对反应过于激烈的实验,需要高度重视。因为在这类反应中,一些化合物受热分解,体系的能量及气体体积猛增而易发生爆炸。

(8)气体钢瓶应放在阴凉、干燥、远离热源的地方,使用易燃易爆钢瓶的实验室要保持室内空气流畅,严禁明火。

二、操作危险化学品的安全防护

在实验室中,可能接触到各种危险化学品,如易燃溶剂:乙醚、甲醇、乙醇、丙酮、正己烷、乙酸乙酯、甲苯、苯胺等。易燃易爆的气体或药品:氢气、乙炔、煤气、干燥的苦味酸等。有毒物:氰化钠、溴乙锭等。腐蚀性物质:浓盐酸、浓硫酸、浓硝酸、氯磺酸、烧碱及溴等。这些药品使用不当,可能产生着火、中毒、灼伤等事故。此外,电气设备使用不当也会造成着火、触电等事故。但是,只要实验者严格执行操作规程,树立爱护国家财产的观念,加强安全措施,这些事故都是可以预防和避免的。

为了加强安全意识,实验者必须做好高度重视实验室安全与防护,具体要求如下。

(1)必须先学习实验室安全守则及安全防护知识,才能进入实验室工作。

(2)绝对禁止在实验室进食或吸烟,不准把食品放在实验容器中,严禁试食化学药品。

(3)严格按照操作规程进行实验,实验时必须注意集中精力和注意力,不得在实验室嬉戏、聊天、打游戏、擅自离开正在进行的实验等,这些都是引发事故的根源或隐患,实验过程中的烫伤、烧伤、着火等事故往往都发生在精力不集中的时候。

(4)使用实验仪器时,实验开始前应仔细检查仪器是否完整无损,装置是否正确稳妥。使用小型仪器时,按照仪器的使用说明书进行;使用大型仪器设备时,需要在专职教师的指导下进行实验。

(5)量取有强腐蚀性的试剂必须戴防护手套。可能发生危险的实验,要有针对性地了解并制定预防事故发生的措施,在操作时应使用防护眼睛、防护面罩、手套等。在处理具有刺激性的化学品时,或反应过程中可能产生有毒气体或腐蚀性气体的实验,必须在通风橱中进行,并戴防护手套。

(6)实验进行过程中需要经常关注仪器的管道有无漏气、漏水、漏液、碎裂等现象,实验是否正常等情况。

(7)开启储有挥发性液体的瓶塞时,必须先冷却,后开启。开启时瓶口必须指向无人处,以免由于液体喷溅而遭到伤害。如遇瓶塞不易开启时,必须注意瓶内储物的性质,切不可贸然用火加热或乱敲瓶塞等。

(8)当使用有毒药品时,应认真操作,妥善保管,不许乱放,做到用多少,领多少;实验中所用的剧毒物质应有专人负责收发,并向使用者提出必须遵守的操作规程;实验后的有毒残渣,必须进行妥善而有效的处理,不准乱丢。

(9)有些有毒物质会渗入皮肤,因此在接触固体或液体有毒物质时,必须做好对暴露皮肤的防护,取用时须戴橡胶手套,操作后立即洗手,防止毒品经过手触碰五官及伤口。

(10)严格遵守化学试剂的领用和管理制度。除特殊原因经过有关负责人批准外,不准将化学试剂带出实验室。

(11)处理危险化学品前,要先确认化学品种类,防止因相互反应而发生事故。

(12)使用高压气体钢瓶时,要严格按操作规程进行操作。

(13)实验结束后,最后离开实验室的人员应仔细检查室内是否存在火灾、爆炸、漏水、漏气等隐患。例如,是否关闭水、电及各种气体开关。

（14）如果自己的实验突然着火，不要惊慌失措，而应立即切断电源，再用石棉布、湿巾等覆盖火源，或拍打，或用沙子压灭。不能用水灭火，必要时使用灭火器灭火。

（15）存放危险化学品的容器应密封良好，且放置安全，保持室内通风良好。

三、危险化学品伤害事故的应急处理

当实验室中有害化学品的浓度超标时，实验人员必须使用合适的个体防护用品，如呼吸防护器具（防尘口罩、防毒面具）、眼部和面部防护器具（防护眼镜、防尘口罩、防护面罩、防毒面具）、身体防护用品（防护服）、手足防护用品（防护手套和防护鞋）及其他防护用品，如安全帽、护耳器。个体防护用品能减少或阻止有害物进入人体。

实验中需要广泛使用各类化学品、加热设备及分析仪器等，因此，难免会有意外事故的发生。一旦发生事故，需要采取相应的有效措施，使人身伤害降低到最低程度。

危险化学品进入人体的途径、中毒症状及救治方法见第三节表 14-15。危险化学品进入人体途径及应急处理方法见表 14-17。最危险的 17 种慢性毒性化学品及注意事项见表 14-18。

实验室医药箱内一般应备下列急救药品和器具：①医用乙醇、碘酒、碘附、止血粉、创可贴、烫伤油膏（或万花油）、鱼肝油、1% 硼酸溶液或 2% 乙酸溶液、1% 碳酸氢钠溶液、20% 硫代硫酸钠溶液等。②医用镊子、剪刀、纱布、药棉、棉签、绷带等。医药箱专供急救用，不允许随便移动，平时不得动用其中器具。

表 14-17　危险化学品进入人体的途径及应急处理方法

途径	应急处理方法	注意事项
皮肤接触	立即脱去被污染的衣物，用大量流动清水冲洗皮肤，至少冲洗 5 min。就医	有些有害物能与水作用（如硫酸、钾、钠等），应先用干布或其他能吸收液体的干性洁净材料擦去大部分污染物后，用大量清水冲洗患处，或涂抹必要的药物
眼睛接触	立即提起眼睑，使毒物随泪水流出，并用大量流动清水或生理盐水彻底冲洗。冲洗时，要边冲洗边转动眼球，使结膜内的物质彻底洗出，冲洗时间至少 15 min。就医	有些毒物会与水反应，如生石灰、电石等，若眼睛沾染此类物质，应先用蘸了植物油的棉签或干毛巾擦去毒物，再用冷水冲洗
吸入	将中毒者迅速转移到有新鲜空气的地方，解开衣领扣，保持呼吸道通畅。如呼吸困难，应给予吸氧。如呼吸停止，立即进行人工呼吸。就医	硫化氢、氯气和溴中毒时，不能进行人工呼吸；一氧化碳中毒不可使用兴奋剂
食入	饮足量温水、新鲜牛奶、生蛋清等，保护胃黏膜；催吐。就医	误食化学品的危害最大，中毒者发生痉挛或昏迷时，非专业医护人员不可进行处理

表 14-18　最危险的 17 种慢性毒性化学品及使用注意事项

序号	化学品名称	主要毒性	使用注意事项
1	苯甲基磺酰氟	高强度毒性的胆碱酯酶抑制剂,它对呼吸道黏膜、眼睛和皮肤有非常大的破坏性,可因吸入、咽下或皮肤吸收而致命	戴合适的手套和安全眼镜,始终在化学通风橱里使用。在接触的情况下,要立即用大量的水冲洗眼睛或皮肤,将已污染的工作服丢弃掉
2	叠氮钠	毒性非常大,阻断细胞色素电子运送系统。可因吸入、咽下或皮肤接触而损害健康	必须穿好工作服、帽、鞋,戴合适的防护手套、安全护目镜、防尘口罩等防护用品。操作时要格外小心
3	四甲基乙二胺	强神经毒性	防止误吸,操作时快速,存放时密封
4	溴化乙锭	溴化乙锭可以嵌入碱基分子中,导致错配。具有强诱变致癌性	会在 60～70 ℃时蒸发(所以最好不要在胶太热的时候加,或者应该加到液体里)。使用时一定要戴合适的防护手套,注意操作规范,不要随便触摸别的物品。实验结束后,应对含溴化乙锭的溶液进行净化处理再行弃置,以避免污染环境和危害人体健康
5	氯仿	致癌剂,可损害肝、肾及中枢神经系统。对皮肤、眼睛、黏膜和呼吸道有刺激作用。易挥发,避免吸入挥发的气体	密闭操作,局部排风,始终在化学通风橱里进行。建议佩戴直接式防毒面具(半面罩),戴安全护目镜,穿防毒物渗透工作服,戴合适的防护手套。防止蒸气泄漏到工作场所的空气中
6	焦碳酸二乙酯	一种潜在的致癌物质,毒性并不是很强,但吸入的毒性是最强的。对眼睛和气道黏膜有强刺激作用	使用时戴口罩及合适的防护手套、工作服,并在化学通风橱里进行。避免接触皮肤。不小心沾到手上,必须立即冲洗
7	甲醛	毒性较大且易挥发,也是一种致癌剂。很容易通过皮肤吸收,对眼睛、黏膜和上呼吸道有刺激和损伤作用。可引起青少年记忆力和智力下降	避免吸入其挥发的气雾。要戴合适的防护手套和安全护目镜。始终在化学通风橱内进行操作。远离热、火花及明火
8	二甲基亚砜	导致蛋白质变性,具有血管毒性和肝、肾毒性。最为常见的症状为恶心、呕吐、皮疹。吸入高挥发浓度可能导致头痛、晕眩和镇静。能够灼伤皮肤并使皮肤有刺痛感	远离火源,不要吸入蒸气或雾气,避免与眼睛、皮肤、衣服接触。使用时戴安全护目镜、丁腈橡胶手套。使用时要避免其挥发,要准备 1%～5% 的氨水备用,皮肤沾上之后要用大量的水洗及稀氨水洗涤

续表 14-18

序号	化学品名称	主要毒性	使用注意事项
9	丙烯酰胺	中等毒性物质。可通过皮肤及呼吸道进入人体，引起神经毒性和生殖、发育毒性。累积毒性，不容易排毒	在搬运和使用中必须穿戴好防护用具，如防毒服、防毒口罩及防毒手套等
10	N,N-亚甲双丙烯酰胺	有毒，影响中枢神经系统	切勿吸入粉末。避免高温和强光
11	二硫苏糖醇	很强的还原剂，散发出难闻的气味。可因吸入、咽下或皮肤接触而危害健康	当使用固体或高浓度储存液时，戴合适的防护手套和安全护目镜，在通风橱中操作
12	吉姆萨*	咽下可致命或引起眼睛失明，通过吸入或皮肤接触是有毒的。其可能的危险是不可逆的效应	戴合适的防护手套和安全护目镜。在化学通风橱里操作，不要吸入其粉末
13	三氯乙酸	有很强的腐蚀性	戴合适的防护手套和安全护目镜
14	十二烷基硫酸钠	对黏膜和上呼吸道有较强的刺激作用，对眼可造成严重损伤。可因吸入、咽下或皮肤接触而危害健康。严重时可引起呼吸系统过敏性反应	戴合适的防护手套和安全护目镜。不要吸入其粉末
15	聚乙二醇辛基苯基醚	可引起严重的眼睛刺激和灼伤。可因吸入、咽下或皮肤接触而受害	戴合适的防护手套和安全护目镜
16	过硫酸铵	对皮肤、黏膜有刺激性和腐蚀性，可致人体灼伤。口服引起腹痛、恶心和呕吐。长期皮肤接触可引起变应性皮炎。吸入可致命	操作时戴合适的防护手套、安全护目镜和穿防护服。始终在通风橱里操作，操作完成后彻底洗手
17	TRIZOL 试剂**	含有毒性物质苯酚。苯酚对眼睛有刺激性，对皮肤、黏膜有强烈的腐蚀作用，可抑制中枢神经或损害肝、肾功能	如皮肤接触，请立即用大量去垢剂和水清洗，如仍有不适，就医。如果只是少量接触，并且处理后症状减轻，一般问题不大

说明：*吉姆萨染液由天青，伊红组成；**TRIZOL 试剂的主要成分是苯酚。

第六节　危险化学品的储存

不同的化学品有不同的物理化学性质，遇到突发情况时的处理方式也不相同。因此，应根据危险化学品的安全信息规范储存，以减小混合储存条件下发生火灾时的灭火难度。氧化剂、剧毒化学品、易制爆危险化学品、放射性物质为高危化学品,其储存方式依据《危险化学品储存通则》(GB 15603—1995)(GB 15603—2020,征求意见稿)进行。

一、实验室危险化学品的储存原则

1. 设置危险化学品储存室,要求房间地面应平整、坚实、防潮、防滑、防渗漏、易于清扫。并根据储存物品特性,配备通风、密封、调温、调湿、防静电等设施。

2. 危险化学品入库前,必须进行核查登记,入库后应当定期检查,发现其品质变化、包装破损、渗漏等,应及时处理。

3. 根据危险化学品的危险特性,应该将其分类储存在专用库房,由专人专账管理。

(1)爆炸物应专库储存。不应与其他危险化学品混存。

(2)化学性质相抵触或灭火方法不同的危险化学品,禁止存放于同一库房。

(3)剧毒品应实行"五双"管理(双人验收、双人保管、双人发货、双把锁、双本帐);储存地点、储存数量、流向动态及管理人员的情况应报相关部门备案。

4. 对于性质不稳定、易分解、变质而引起燃烧的危险化学品,应定期检查化验,防止自燃和爆炸。

5. 高活性化学品须存放于适当的浸盖液内,防止与空气接触发生化学反应,并且要标注浸盖液的名称。

6. 危险化学品的库房应保持阴凉和通风,避免一次储存过多危险化学品。

7. 易燃化学品应存放于有排气装置的专用柜中,易燃且具有挥发性的液体不宜存放于普通冰箱内。

8. 危险化学品的储存要在规定的有效期内,对于超期的危险化学品,必须及时处理。

9. 危险化学品的标签模糊不清或脱落时,应立即更换,废弃危险化学品应集中处理。

10. 使用和存储危险化学品的实验室应配备相应的消防工具、灭火药剂、灭火器材。

11. 盛装压缩气体或液化气体的容器属于压力容器,必须有压力表、安全阀、紧急切断装置,并定期检测和检查,不得超期使用,不得超装。压缩气体与液化气体必须与爆炸品、氧化剂、易燃物品、自燃物质、腐蚀性物质等隔离储存。

二、实验室危险化学品的储存要求

实验室中常用危险化学品种类繁多,性质各异,举不胜举。这里仅列举出极少数试剂的储存注意事项,见表14-19。

表14-19 实验室常见危险品及储存

类别	化合物	储存注意事项
易挥发易燃试剂	乙醚,甲醇,苯,苯系物,乙腈等	远离热源、火源,于避光阴凉处保存,通风良好,盛放容器不能装满;尽可能保存在防爆冰箱内或有通风系统的药品柜中

续表 14-19

类别	化合物	储存注意事项
腐蚀性液体	甲酸,乙酸,液溴,过氧化氢,氢氟酸等	腐蚀品应放在防腐蚀试剂柜的下层;或下垫防腐蚀托盘,置于普通试剂柜的下层
易挥发出有腐蚀性气体的试剂	浓盐酸	浓盐酸极易放出氯化氢气体,具有强烈刺激性气味。置于阴凉处,密封保存 切记:储存时远离浓氨水
	浓氨水	浓氨水极易挥发,使用塑料塞和螺旋盖的棕色细口瓶盛装,存放于阴凉处。使用时,开启浓氨水的瓶盖要十分小心,最好带上防毒口罩、护目镜和防护手套
	液溴	液溴密度较大,极易挥发,蒸气有毒,皮肤溅上液溴后会被灼伤 存放在有通风系统的药品柜中
剧毒化学品	叠氮化钠,苯基硫醇,乙酸汞,四乙基铅,氰化钠等	存放于剧毒化学品专用柜中,按"五双"制度管理,即双人保管、双人记账、双人使用、双人双锁、双人收发
易升华的物质	碘,干冰,萘,蒽,苯甲酸等	易升华的物质种类较多,其中碘升华后,其蒸气有腐蚀性,且有毒。因此,这类固体物质均应存放于棕色试剂瓶中,密封,置于阴凉处
致癌物质	苯并[a]芘,溴化乙锭,丙烯酰胺等	必须有致癌物质的明显标志,上锁,并做好相关使用记录
易变质的试剂	固体烧碱:氢氧化钠	氢氧化钠极易潮解并可吸收空气中的二氧化碳而变质。保存于广口塑料瓶中,用蜡密封。若用玻璃瓶盛放其溶液时,避免使用玻璃塞子,以防粘结(氢氧化钾与此相同)
	碱石灰,生石灰,碳化钙(电石),五氧化二磷,过氧化钠等	易与水蒸气或二氧化碳发生作用而变质,密封储存。特别是取用后,注意将瓶塞塞紧,阴凉干燥处存放
	过氧化氢,浓硝酸,硝酸银,碘化钾,氯仿,苯酚,苯胺等	受光照后会变质,有的还会放出有毒物质存于阴凉暗处,用棕色瓶盛装或瓶外包黑纸。用塑胶瓶装过氧化氢,瓶外包黑纸。避光保存
	硫酸亚铁,亚硫酸钠,亚硝酸钠等	具有较强的还原性,易被空气中的氧气等氧化而变质。密封保存,尽可能减少与空气接触

续表 14-19

类别	化合物	储存注意事项
特别保存的物质	金属钠、钾等	储于煤油、液体石蜡或甲苯的广口瓶中,瓶口密封
	黄磷	储于水中
	苦味酸	湿保存,要时常检查是否放干了
	镁、铝(粉末或条片)	避潮保存,以免积聚易燃易爆氢气
必须隔离存放的物质	过氧化钠,过硫酸盐,高锰酸盐等	与还原剂、有机物等分开存放
	强酸(硫酸、硝酸)及卤素等	忌与强氧化剂的盐类(如高锰酸钾、氯酸钾等)混放
	氰化钾,硫化钠,亚硝酸钠,亚硫酸钠	与酸分开存放,否则遇酸反应产生有害气体
	易水解的试剂:乙酸酐,乙酰氯,二氯亚砜等	忌与水、酸及碱接触
	卤素:氟,氯,溴,碘	忌与氨、酸及有机物混放
	易燃易爆品:三硝基甲苯,三硝基苯酚 氧化剂:过氧化苯甲酰,过氧化氢,过硫酸盐,高氯酸盐	宜于 20 ℃以下隔离存放,最好保存在防爆试剂柜、防爆冰箱中

参考文献

[1] 中国化学品安全协会.化工(危险化学品)企业安全管理人员安全管理知识问答[M].北京:中国石化出版社,2018.

[2] 林锦明.化学实验室工作手册[M].上海:第二军医大学出版社,2016.

[3] CAMEL V, MAILLARD M N, DESCHARLES N, et al. Open digital educational resources for self-training chemistry lab safety rules [J]. Journal of Chemical Education, 2021, 98(1): 208-217.

[4] El HAJJAJI S, SENDIDE K, OUARDAOUI A. Enhancing security and chemicals management in university science laboratories: Creating a secure environment for students and researchers in morocco [J]. Journal of Chemical Education, 2020, 97(7): 1799-1803.

［5］CHEN K, ZHOU J M, LIN J Y, et al. Conducting content analysis for chemistry safety education termsand topics in Chinese secondary school curriculum standards, textbooks, and lesson plans shows increased safety awareness［J］. Journal of Chemical Education, 2021, 98(1): 92-104.

［6］陈献雄. 基础医学实验室安全知识教程［M］. 北京:科学出版社,2018.

［7］MOURRY G E, ALAMI R, ELYADINI A, et al. Assessment of chemical risks in moroccan medical biology laboratories in accordance with the CLP regulation［J］. Safety and Health at Work, 2020, 11(2): 193-198.

［8］郭伟强. 分析化学手册［M］.3 版. 北京:化学工业出版社,2016.

［9］蔡乐. 高等学校化学实验室安全基础［M］. 北京:化学工业出版社,2018.

［10］PAYNE M K, NELSON A W, HUMPHREY W R, et al. The chemical management system (CMS): A useful tool for inventory management［J］. Journal of Chemical Education, 2020, 97(7): 1795-1798.

（刘利娥）

第十五章
生物安全实验室相关的物理危害及管理

第一节 电

一、电力知识及设施

(一)电力基础知识

1. 电的产生与分类　日常使用的电是通过发电厂发电机组发出,发电机的原理是将其他形式的能源转化为动能,使闭合线圈在磁场中运动,根据电磁感应产生移动电子,从而形成电流。人造的电是通过发电机来产生的,发电机是将其他形式的能源转换成电能的一类机械设备,可将水流、气流,燃料燃烧或原子核裂变产生的能量转化为机械能传给发电机,再由发电机转换为电能,如火力发电、水力发电、太阳能发电、风力发电、核能发电等。

一般将电分为3个类别,静电、直流电和交流电。静电,是一种处于静止状态的电荷或者说不流动的电荷。当电荷聚集在某个物体或表面时就形成了静电,电荷可分为正电荷、负电荷两种,即静电现象也分为两种即正静电与负静电。当正电荷聚集在某物体上时就形成了正静电,当负电荷聚集在某物体上时就形成了负静电,但无论是正静电还是负静电,当带静电物体接触零电位物体(接地物体)或与其有电位差的物体时都会发生电荷转移,就是我们日常见到火花放电现象。静电是通过摩擦引起电荷的重新分布而形成的,也有由于电荷的相互吸引引起电荷的重新分布形成。直流电,即电流流向始终不变,电流是由正极,经导线、负载,回到负极。通路中,电流的方向始终不变,所以我们将输出这固定电流方向的电源,称为"直流电源"。如干电池、铅蓄电池。直流电通常又分为脉动直流电和稳恒电流。脉动直流电中有交流成分,如彩电中的电源电路中大约300 V的电压就是脉动直流电成分可通过电容去除。稳恒电流则是比较理想的,大小和方向都不变。交流电,是指电流大小和方向随时间做周期性变化的电流,在一个周期内的运行平均值为零。不同于直流电,它的方向是会随着时间发生改变,而直流电没有周期性变化。交流电可以有效传输电力,升降压容易的特点正好适合实现高压输电。生活中使用的市电就是具有正弦波形的交流电。

2. 安全电压与安全电流　电压,也称作电势差或电位差,是衡量单位电荷在静电场中由于电势不同所产生的能量差的物理量,国际单位制为伏特(V,简称伏)。单位时间里通过导体任一横截面的电量叫作电流强度,简称电流,电流符号为I,单位是安培(A),简称安。

当人体接触带电体时,会有电流流过人体,从而对人体造成伤害。触电后,电流对人体的伤害程度取决于流经人体的电流的大小,可将其分成三种类型。①感知电流。引起人体感知的最小电流,人接触这样的电流会有轻微麻感。实验表明,成年男性的平均感知电流约为 1.1 mA,成年女性约为 0.7 mA。感知电流一般不会对人体造成什么伤害。②摆脱电流。人触电后能自行摆脱的最大电流。据有关资料表明,成年男性平均摆脱电流约为 16 mA,成年女性约为 10.5 mA,儿童的摆脱电流较成年人小。摆脱电流是人体可以忍受还不至于造成危险的电流,但人摆脱电源的能力会随着时间的延长而降低。③致命电流。在很短的时间内危及人生命的最小电流。当流经人体的电流达到 50 mA 以上时就会引起心室颤动,有生命危险;到 100 mA 以上,足以在极短的时间内致人死亡,其原因是大电流在流经人体时,心脏的正常活动被破坏,不能进行强力收缩,从而失去向机体循环供血的能力,这就是所谓的心室颤动。不同大小电流对人体的影响见表 15-1。一般情况下,把作用人体不至于引起伤害的电流或者把人能够自己摆脱的电流称为允许电流,经研究得出,交流(50~60 Hz)为 10 mA,直流为 50 mA,有防止触电保护装置的情况下,人体允许通过的电流一般为 30 mA。

表 15-1　电流对人体的影响

电流/mA	通电时间	交流电源/50 Hz	直流电源
		人体反应	人体反应
0~0.5	连续	无感觉	无感觉
0.5~5.0	连续	有麻刺、疼痛感,无抽搐	无感觉
5~10	几分钟内	痉挛、剧痛,尚可摆脱电源	针刺、压迫及灼热感
10~30	几分钟内	迅速麻痹、呼吸困难	压痛、刺痛、灼热强烈、抽搐
30~50	几秒到几分钟内	心律不规则,昏迷,强烈痉挛	感觉强烈、剧痛、痉挛
50~100	超过 35 min	心室颤动、呼吸麻痹、心脏停搏	剧痛、强烈痉挛、呼吸困难或麻痹

从安全的角度来看,因为电力系统中的电压通常是比较恒定的,而影响电流变化的因素很多,所以,确定对人体的安全条件是用安全电压而不是安全电流。安全电压是指在各种不同条件环境条件下,人体在接触到带电体后,人体各部分组织,如皮肤、心脏等不发生任何损伤的电压。国家标准《安全电压》(GB 3805—83)规定:我国安全电压额定值的等级为 42 V、36 V、24 V、12 V 和 6 V。表 15-2 为我国的各种安全电压等级。国际电工委员会按允许电流 30 mA 和人体中的电阻值 1 700 Ω 来计算触电电压的限定值,即安全电压的上限值是 50 V(50~500 Hz 交流电有效值)。各等级的安全电压应根据使用场所、操作人员条件、使用方式、供电方式和线路状况等多种因素进行选用。目前我国采用的安全电压以 36 V 和 12 V 两个等级比较多。特别危险环境中使用的手持电动工具应

采用42 V特低电压;有电击危险环境中使用的手持照明灯和局部照明灯应采用36 V或24 V特低电压;金属容器内、特别潮湿处等特别危险环境中使用的手持照明灯就采用12 V特低电压;水下作业等场所应采用6 V特低电压。

表15-2 我国的安全电压等级

安全电压(交流有效值)		应用场合
额定值/V	空载最大值/V	
42	50	有触电危险的场所使用的手持式电动工具等
36	43	可在矿井、多导电粉尘等场所使用的行灯等
24	29	
12	15	可供某些人体可能偶然触及的带电体的设备选用
6	8	

国家标准《特低电压ELV限值》(GB/T 3805—2008),该标准由中华人民共和国国家质量监督检验检疫总局和中国国家标准化管理委员会于2008年1月22日联合发布,并在2008年9月1日起正式实施,代替GB/T 3805—1993,该标准用以指导正确选择人体在正常和故障两种状态下使用各种电气设备,并处于各种环境状态下可触及导电零件的电压限值。表15-3即为不同环境状态下的稳态电压限值。

表15-3 不同环境状况下稳态电压限值

环境状况	电压限值/V					
	正常(无故障)		单故障		双故障	
	交流	直流	交流	直流	交流	直流
1	0	0	0	0	16	35
2	16	35	33	70	不适用	
3	33[a]	70[b]	55[a]	140[b]	不适用	
4	特殊应用					

[a] 对接触面积小于1 cm^2 的不可握紧部件,电压限值分别为66 V和80 V。

[b] 在电池充电时,电压限值分别为75 V和150 V。

注1:本表数据来自国家标准《特低电压ELV限值》(GB/T 3805—2008),对应稳态直流电压和频率范围为15~100 Hz的稳态交流电压限值。

注2:环境状况1,皮肤阻抗和对地电阻均可忽略不计(例如人体浸没条件)。环境状况2,皮肤阻抗和对地电阻降低(例如潮湿条件)。环境状况3,皮肤阻抗和对地电阻均不降低(例如干燥条件)。环境状况4,特殊状况(例如电焊、电镀)。

3.电线与电缆 电线电缆由导体、绝缘层、屏蔽层和保护层四部分组成,通常将芯数少、产品直径小、结构简单的产品称为电线,在日常习惯上,人们把家用布电线叫作电线,把电力电缆简称电缆。现在的市面上的电线一般有 4 种颜色,红、蓝、黄、绿,这 4 种是我们最常用的,而这 4 种电线的方数分别是 1.5 mm², 2.5 mm², 4 mm², 6 mm², 还有 10 mm²。几平方是国家标准规定的一个线规格标称值,电线的平方实际上标的是电线的横截面积,即电线圆形横截面的面积,单位为平方毫米,10(mm²)以下的一般叫电线,10(mm²)以上的叫电缆。对于铜芯电线,2.5 mm² 线截面积允许的长期电流为 16 ~ 25 A, 4 平方毫米线截面积允许的长期电流为 25 ~ 32 A, 6 mm² 线截面积允许的长期电流为 32 ~ 40 A。电线的承载功率计算可以依据功率计算公式:功率=电压×电流(P=U×I),对于日常使用的 1.5 mm² 铜芯电线的承载功率为 2 200 ~ 3 520 W, 2.5 mm² 的铜芯电线承载功率为 3 520 ~ 5 500 W, 4 mm² 铜芯电线的承载功率为 5 500 ~ 7 040 W。对于铝芯电线,2.5 mm² 线截面积允许的长期电流为 13 ~ 20 A, 4 mm² 线截面积允许的长期电流为 20 ~ 25 A, 6 mm² 线截面积允许的长期电流为 25 ~ 32 A。见表 15-4。

表 15-4 不同平方电线允许的长期电流和承载功率

电线规格	横截面积/mm²	允许的长期电流/A	允许的承载功率/W*
铜芯电线	1.5	10 ~ 16	2 200 ~ 3 520
	2.5	16 ~ 25	3 520 ~ 5 500
	4.0	25 ~ 32	5 500 ~ 7 040
	6.0	32 ~ 40	7 040 ~ 8 800
铝芯电线	2.5	13 ~ 20	2 860 ~ 4 400
	4	20 ~ 25	4 400 ~ 5 500
	6	25 ~ 32	5 500 ~ 7 040

*按照电压为 220 V 进行计算,功率=电压×电流。

一般铜导线的安全载流量是根据所允许的线芯最高温度、冷却条件、敷设条件来确定的。载流量是指在规定条件下,单位截面积下,导体能够连续承载而不致使其稳定温度超过规定值的最大电流。日常使用中,一般铜导线的安全载流量为 5 ~ 8 A/mm²,铝导线的安全载流量为 3 ~ 5 A/mm²。在电力工程中,导线载流量是按照导线材料和导线截面积、导线敷设条件 3 个因素决定的。常用电线载流量的安全系数为 1.3(主要是考虑过电流),因此在估算载流量时要合理运用安全系数。聚氯乙烯绝缘铜芯线,即 BV 电线,是独芯线,也是我们日常生活中接触最多的一种线,额定电压为 450/750 V,使用年限在 10 ~ 30 年,具体使用寿命由电线的承载量、使用效率和环境等因素来决定。

4. 火线、零线和地线 火线、零线和地线,是最基本的 3 根线,也是电能供应的基础要求,又是保证用电安全的根本保障。在中国,市电的交流供电电压为 220 V,包括 1 根零线和 1 根火线,地线用于接地,火线用 L 表示,零线用 N 表示,地线用 PE 表示。火线,就是电路中输送电的电源线;零线,主要应用于工作回路;地线:不用于工作回路,只作为保护线。一般来说,对于两孔插座,左孔连的是零线,右孔连的是火线;在三孔插座中,上孔连的是地线,左孔是零线,右孔是火线。

对火线、零线和地线进行辨别,主要通过:①通过颜色可以进行区分,根据国家标准,火线一般为红色、黄色或绿色,零线一般为蓝色,地线一般为黄绿双色线,但是在实际操作过程中,有可能并不按照标准进行。②通过电笔测量进行区分,火线用电笔测试时氖管会发光,而零线和地线则不会。③通过电压表进行区分,火线之间的电压为线电压380 V,火线与零线(或良好的接地体)之间的电压为相电压220 V,零线与良好的接地体的电压为0 V。

火线和零线的区别在于它们对地的电压不同,火线对地电压为220 V,零线的对地的电压等于零。零线和地线之间存在区别,零线是变压器二次侧中性点引出的线路,与火线构成回路,对用电设备进行供电。地线是在电系统或电子设备中,接大地、接外壳或接参考电位为零的导线,一般电器上,地线接在外壳上,以防电器因内部绝缘破坏外壳带电而引起的触电事故。地线的对地电位为零,是就近接地,零线的对地电位不一定为零,零线是在最近的变电所接地,和本地的接地可能有一定的电位差。

根据国家标准,当火线横截面积为16 mm^{2}及以下时,地线横截面积必须和火线相等。比如插座零火线采用4 mm^{2}铜线,那么地线也必须采用4 mm^{2}铜线,当火线横截面积在16到35(含)mm^{2}之间时,地线横截面积可以选16 mm^2,比如火线采用25 mm^{2}铜线时,那么地线可以采用16 mm^{2}铜线,当火线大于35 mm^{2}时,地线横截面积可以选火线的一半。

5. 110 V、220 V 和 380 V 电压　全球范围以内电压没有一个统一的标准,其中以220 V和110 V为主。在当今世界上,使用100～120 V电压有30多个国家(地区):美国、日本、加拿大、墨西哥、古巴等,还有中国的台湾。使用220 V电压有120多个国家:欧洲各国、新加坡、菲律宾、泰国、印度、澳大利亚、新西兰等,当然还有中国。110 V 与 220 V的区别在于:①220 V传输耗电小,与110 V相比能有效地减少能量损耗;②传输相同的电量,在传输损耗相同的情况下,220 V电压使用的导线截面积比110 V的小一半;③220 V相比110 V,可以减少变电器的工作负荷,使变电这一个关键而脆弱的节点有更多的安全保证。美国选用110 V电压,是美国发明家爱迪生发现灯泡在110 V的电压下运行最稳定,于是美国就沿用了这个110 V的电压标准;我国选择220 V的电压,是基于我国的国情,220 V比110 V电压能节省很多的铜和其他一些金属。在相同功率的情况下,电压越小电流越大,对于美国使用110 V的电压来说,用电器的防护重点在于防火。而对于中国220 V的电压来说,用电器的防护重点在于防触电。

220 V电压指的是火线与零线之间的电压,即单相电,是目前我国居民最常用的标准电压的有效值,三相电是一组频率相等、相位互相差120°的三相交流电,由有三个绕组的三相发电机产生,是工业上常用的电源。380 V电压指的是任意两根火线之间的电压,现在使用380 V电压的电器设备(三相电器),三相电就是三根火线之间存在120°的相位差。

(二)电力设施

1. 空气开关和漏电保护器　空气开关,又叫空气断路器,属于断路器的一种。当电路中电流超过额定电流时,会自动断开,同时还能对电路中或电气设备中发生的短路、严重过载、欠电压进行保护。空气开关原理:当线路发生短路和严重过载导致瞬时电流超过空开的脱扣整定电流值时,电磁脱扣器产生吸力将衔铁吸合,同时通过杠杆将搭钩与锁链分离,从而断开主触头,切断电路。空气开关选择的原则:①空气开关额定电压必须大于等于线路额定电压。②空气开关额定电流和过电流脱扣器的额定电流大于等于线路计算负荷电流。

漏电保护器又叫漏电断路器、漏电开关器,主要用来当设备发生漏电及有危险的人身触电时切断电路,从而保护人身、设备及线路的安全。漏电保护器原理:漏电保护器是靠检测回路中零线和火线之间电流是否平衡来判断是否漏电的同时来进行断电。漏电保护器选择时注意:①必须选用符合国家技术标准的产品,说明书上显示有符合国家标准"剩余电流动作保护电器(RCD)的一般要求(GB/T 6829—2017)";②选择的产品符合技术性能指标,如额定电压、额定电流、额定漏电动作电流、额定漏电动作时间等。额定漏电动作电流小于或等于 30 mA 的属高灵敏度;大于 30 mA 而小于或等于 100 mA 的属中灵敏度;大于 1 000 mA 的属低灵敏度。单相漏电保护器的额定漏电动作时间,小于或等于0.1 s 的为快速型漏电保护器,以防止人身触电为最主要目的应选用小于或等于0.1 s 的快速型产品。

两者的区别在于:空气开关主要是提供短路保护、过流保护和欠压保护(选配),漏电保护器主要是通过检测内部电流是否平衡来断开电路。漏电保护器由于保护的对象是人,所以动作电流都是毫安级,而空气开关都是安级。

2. 双电源供电、双回路供电和不间断电源　双电源供电是引自两个电源(性质不同),馈电线路是两条;一用一备如果指的是电源,那它就是双电源供电。双回路供电是指两个变电所或一个变电所两个仓位出来的同等电压的两条线路。当一条线路有故障停电时,另一条线路可以马上切换投入使用。双电源是电源来源不同,相互独立,其中一个电源断电以后第二个电源不会同时断电,可以满足供电需求。双回路一般指末端,一条线路故障后另一备用回路投入运行,为设备供电。

不间断电源(uninterruptible power supply,UPS),是一种含有储能装置的不间断电源,主要用于给部分对电源稳定性要求较高的设备,提供不间断的电源,对电压过高或电压过低都能提供保护。其工作原理为:当市电输入正常时,UPS 将市电稳压后供应给负载使用,此时的 UPS 就是一台交流式电稳压器,同时它还向机内电池充电;当市电中断(事故停电)时,UPS 立即将电池的直流电能,通过逆变器切换转换的方法向负载继续供应220 V 交流电,使负载维持正常工作并保护负载软、硬件不受损坏。

二、电气事故的分类及危害

电气事故是局外电能作用于人体或电能失去控制所造成的意外事件,即与电能直接关联的意外灾害。电气事故使人们的正常活动中断,并可能造成人身伤亡和设备、设施的毁坏。

(一)电气事故的分类

按照构成事故的基本要素,电气事故可分为触电事故、静电事故、雷电灾害、射频辐射危害、电路故障等 5 类。

1. 触电事故　是由电流的能量造成的。触电是电流对人体的伤害。电流对人体的伤害可以分为电击和电伤。绝大部分触电伤亡事故都含有电击的成分。

2. 静电事故　指生产工艺过程中和工作人员操作过程中,由于某些材料的相对运动、接触与分离等原因而积累起来的相对静止的正电荷和负电荷。静电电压可能高达数万乃至数十万伏,可能在现场产生静电火花。在火灾和爆炸危险场所,静电火花是一个十分危险的因素。

3. 雷电灾害　是指大气电。雷电放电具有电流大、电压高等特点。其能量释放出来可能产生极大的破坏力。雷击除可能毁坏设施和设备外,还可能直接伤及人、畜,还可能引起火灾和爆炸。

4. 射频辐射危害　即电磁场伤害。人体在高频电磁场作用下吸收辐射能量,使人的中枢神经系统、心血管系统等部件受到不同程度的伤害。射频辐射危害还表现为感应放电。

5. 电路故障　是由电能传递、分配、转换失去控制造成的。断线、短路、接地、漏电、误合闸、误掉闸、电气设备或电气元件损坏等都属电路故障。电气线路或电气故障可能影响人身安全。

(二)对人体及物体的伤害

触电是一定量的电流通过人体,引起机体损伤或功能障碍,甚至死亡。对物体的损害主要是由电气事故引起的火灾、爆炸,造成设备及财产财物烧毁。在电力输送和设备中具有大量的可燃物质和较高的运行温度,因此,也具有火灾爆炸的危险性,一旦发生事故,不但影响电力系统的安全运行,还会造成重大经济损失、严重的环境污染及引发二次事故。

三、实验室用电

(一)实验室安全用电常识

1. 用电注意事项　安全用电关系着人员安全,具备初步的安全用电知识可以避免很多不必要损失。实验室人员要注意:①定期检查供电线路安全。要经常性检查电线、插座和插头,一旦发现损坏,要立即更换,切勿带电插、接电源及电器线路。②做好安全教育,注意自身用电安全保护。要保持电线和电器设备的干燥,防止线路和设备受潮漏电,清洁电器用具前要先切断电源,当手、脚或身体沾湿或站在潮湿的地上时,切勿启动电源开关或触摸电器用具;有人触电时,应立即切断电源,或用绝缘物体将电线与人体分离后,再实施抢救。③禁止私拉电线,不要在一个电源插座上通过接转头连接过多的电器,仪器设备使用前要先熟悉该仪器设备的操作规程,未经允许不得擅自变动电器设施或者随意拆修电器设备。④在进行实验时,应先接好线路,再插电源,实验结束时,必须先切断电源,再拆线路。⑤在用电炉、高压灭菌锅等用电设备过程中,使用人员不得离开,人员若较长时间离开房间或电源中断时,要切断电源开关。

2. 实验室建筑配电要求　根据《生物安全实验室建筑技术规范》(GB 50346—2011)要求,生物安全实验室要保证用电的可靠性,二级生物安全实验室的用电负荷不宜低于二级,三级和四级实验室要达到一级负荷供电,并配备不间断电源等;生物安全实验室要设置专用配电箱,实验室内设置足够数量的固定电源插座,重要设备应单独回路配电,并设置漏电保护装置。

(二)实验室电气事故产生的因素

实验室内电气事故产生的原因主要有以下几类:①电气设备使用不规范。有些实验室人员没有规范地按要求使用电气设备。如将烘箱直接放置在木质台面上,功率负载未经绝缘材料隔离而直接搁置在地面上,在实验室使用取暖设备,未经允许直接使用明火电炉,热得快直接放在塑料桶中将塑料桶烧化,将纸盒堆积在大功率设备上,饮水机干烧,充完电后手机充电器未拔等。这些不规范的使用情况,极易引起火灾事故和触电、爆炸等电气设备伤人事故。②插座使用不规范。安全意识不强,已经破损的插座、从墙上脱落的插座用胶带纸粘一下继续使用,甚至已经烧黑的插座还在继续工作,极易引起发热从而引发火灾事故。③以实验室为家。有些实验室的研究人员大部分时间都在实验室,在实验室进行烹饪、留宿,有很大的安全隐患。烹饪时容易产生明火,易导致火灾;食物残渣易引来老鼠,老鼠进入实验室就会咬破电线等,导致短路等设备事故发生。④接线板使用不规范。空调、微波炉、冰箱等大功率电器未使用固定墙插,而是通过接线板连接使用或几个大功率电器共用一个接线板;接线板直接放在书、纸盒等易燃物上。这些不规范使用情况,极易引起接线板发热,引发火灾事故。⑤其他的一些不安全行为。在实验室使用明火蚊香,在实验室的消防通道中堆放杂物,在实验室中乱拉乱接电线,这些行为均易引起火灾事故的发生。

(三)实验室电气事故的预防措施

针对实验室内电器事故的发生因素,要有针对性地进行预防措施。

1. 提高安全用电意识,养成正确用电习惯　实验人员在实验中使用电器设备时,需要实时注意电器运行状态,不能擅自离开,若发生异常情况,如电机过热、声音异常、有焦糊味、空气开关跳闸等,应立即切断电源,待查明原因并解决后方可通电使用。实验人员在平时要经常检查电器设备、线路、插头、插座,保持完好状态。要注意电子设备的防潮、防霉,若发现可能引起火花、短路、发热和绝缘破损、老化等情况,必须停止使用进行修理。

2. 改进实验设备的供电电源线　实验室内的线路经过专业人士整修后,其他非专业人士不得随意更改,易出现安全问题,若需要变动,需要专业人员进行线路的改动。同时,对于实验设备的插头,目前多数均是单相三级插头,避免了两级插头无法辨别火线、零线的问题,大大提高了用电安全的可靠性。对于实验室内设备接电,要合理进行规划,不得超过插线板的额定功率和电流,避免相同插座上的机器同时运行,接近该插座的用电负荷。

3. 电器设备接地与接零　实验室内的仪器设备要接零线,是可以起到保护作用的。同时,仪器设备的外壳也要保护接地,保护接地即使将设备正常情况下不带电的金属部分与接地装置进行连接,以防止该部分在故障情况下突然带电而对人体造成伤害。对于某些设备,也可以采取重复接地的方法,防止零线在某处发生断线后,电器设备发生短路事故,起到保护作用。

4. 安装漏电保护器或空气开关 实验室一般都会选用高质量的电流型漏电保护器或合适容量的空气开关,这样可以在遇到漏电或其他意外时自动跳闸,从而确保安全。空气开关和漏电保护器都有开、断电路的作用,空气开关在短路或电流过大时可以跳闸保护,漏电保护器对触电、导线漏电及插座接错线起保护作用。需要注意,漏电保护器或是空气开关长期使用后,必须经常性检查其是否正常工作,要特别注意触头的接触和老化问题,出现问题要及时更换。

5. 防止静电 实验室内的仪器设备部分电子元器件对静电非常敏感,容易受静电的影响而发生性能下降或不稳定,从而引发各种故障。静电不仅会造成设备运行出现随机故障,缩短电子设备的使用寿命,还会烧毁电子元器件,严重时引起误操作,引起事故。在实验室进行防静电措施主要有 3 点:①接地,要确保实验室仪器设备静电保护接地,对易产生静电的设备、管道等应有良好接地措施,让静电流入大地。②增湿,静电电压与环境条件特别是湿度关系密切,因此在不会导致设备或是电子元器件腐蚀生锈或是其他危害前提下,保持一定的湿度,在实验室里可以采用洒水、配备加湿器来提高湿度,以消除静电荷的累积,抑制静电的产生。③防尘处理,要保持实验室内的清洁,减少尘埃,可以有效防止附着静电。

(四)触电事故及现场应急救护

1. 触电事故发生的原因 实验室内引起触电事故原因很多,主要有:①使用大功率实验设备,如马烘箱、电炉、电热板等,当使用设备时,人体与电器导电部分直接接触及石棉网金属丝与电炉电阻丝接触。②人身触及已经破皮漏电的导线或触及因漏电而造成带电的金属外壳、构架,发生触电伤害事故。③不按照操作规程进行操作,用湿的手接触电插头。④使用无接地设施的电器设备等都可能引起触电。

2. 触电事故与电流对人体的危害 影响触电伤害程度的因素包括:①电流的大小。一般通过人体的电流越大,人的生理反应越明显,死亡危险性也越大。②持续时间。通电时间越长,电击伤害程度越严重。③电流的途径。电流通过头部会使人立即昏迷,甚至死亡;电流通过脊髓,会导致半截肢体瘫痪;电流通过中枢神经,会引起中枢神经衰竭。

按照触电事故的构成方式,触电事故可分为电击和电伤,电击是电流对人体内部组织的伤害。50 mA 电流即可使人遭到致命电击,神经系统受到电流强烈刺激,引起呼吸中枢衰竭,呼吸麻痹,严重时出现心室纤维性颤动,以致昏迷和死亡。按照人体触及带电体的方式和电流流过人体的途径,电击可分为单相触电,两相触电和跨步电压触电 3 种方式。当人体直接碰触带电设备其中的一相时,电流通过人体流入大地,这种触电现象称之为单相触电。电流从一相导体通过人体流入另一相导体,构成一个闭合回路,这种触电方式称为两相触电。由跨步电压引起的人体触电,称为跨步电压触电。

电伤是电流的热效应、化学效应、光效应或机械效应对人体造成的伤害,会在人体上留下明显伤痕,如灼伤、电烙印和皮肤金属化 3 种。电弧灼伤是由弧光放电引起的。电烙印通常是在人体与带电体紧密接触时,由电流的化学效应和机械效应而引起的伤害。皮肤金属化是由与电流融化和蒸发的金属微粒渗入表皮所造成的伤害。

3. 触电事故的现场救护 触电急救必须分秒必争,立即就地迅速用心肺复苏法进行抢救,并坚持不断地进行,同时及早与医疗部门联系,争取医务人员接替救治。在医务人员未接替救治前,不应该放弃现场抢救,更不能只根据没有呼吸或脉搏擅自判定伤员死亡,放弃抢救。应急处理原则:动作迅速,方法得当。

①迅速让触电者脱离电源。人体触电后,很可能由于痉挛或昏迷紧紧握住带电体,不能自拔,如果电闸在事故现场,应立即切断电源。如果电闸不在事故现场附近,立即用绝缘物体将带电导线从触电者身上移开,使触电者迅速脱离电源或者用电工钳子切断电源。注意:未采取绝缘前,救助者不可徒手拉触电者,以防抢救者自己被电流击倒。救助者不能用金属或潮湿的物品作为救护工具。在把触电者拉离电源时,救助者单身操作比较安全。②触电者脱离电源后立即检查其受伤的情况。如情况不严重可在短期内自行恢复知觉。若神志不清则应迅速判断其有无呼吸和心跳。若已停止呼吸,应立即解开上衣,进行人工呼吸或心肺复苏,迅速与医院联系。

4.触电事故的预防措施　①实验室内电气设备,不得随便乱动,出现故障,请电工修理,不得擅自修理,更不得带故障运行。②经常接触和使用的配电箱、配电板、闸刀开关、按钮开关、插座、插销及导线等,必须保持完好、安全,不得有破损或将带电部分裸露出来。③电气设备的外壳应按有关安全规程进行防护性接地或接零,对于易接触的,要做好绝缘屏护,保持好一定的空间距离。④安装安全漏电保护装置,动作电流低于 30 mA,动作切断电源时间短于 0.1 s。⑤易产生静电的仪器设备,必须有良好的接地装置,及时消除聚集的静电。⑥打扫卫生、擦拭设备时,严禁用水冲洗或用湿布擦拭仪器设备,以防发生短路和触电事故。

第二节　噪声与超声波

20 世纪中期,噪声的危害受到普遍重视,被称为世界公害。科学工作者进行了大量研究,采取了一些相应的防护措施,在发达国家噪声危害得到了较好的控制。但由于某些原因,还有一些地方噪声危害依然很严重,正在危害着人们的健康。噪声不只是“扰民”而已,相关医学研究表明,噪声污染对人体健康会产生很大的影响。世界卫生组织和欧盟合作研究中心公开的《噪音污染导致的疾病负担》报告指出,噪声不仅会让人烦躁、睡眠质量变差、头晕,更会引发心脏病、学习障碍和耳鸣等疾病。噪声污染已成为仅次于空气污染的影响人体健康的环境因素。

一、认识噪声

(一)噪声的概念及分类

1.噪声的概念　噪声是一类引起人烦躁,或音量过强而危害人体健康的声音,是可引起人的心理和生理发生一定的变化,干扰人们休息、学习和工作的声音。对噪声的感受是因人而异的,不同人的感觉和习惯对噪声敏感度是不一样的。它的主要特点是不同频率、不同强度的声音组合在一起,而且毫无规律,容易让人产生不良的情绪及思绪混乱,从而感到心烦意乱。

2.噪声的种类 噪声污染按声源的机械特点可分为:气体扰动产生的噪声、固体振动产生的噪声、液体撞击产生的噪声及电磁作用产生的电磁噪声。噪声按声音的频率可分为:<400 Hz的低频噪声、400~1 000 Hz的中频噪声及>1 000 Hz的高频噪声。噪声按时间变化的属性可分为:稳态噪声、非稳态噪声、起伏噪声、间歇噪声及脉冲噪声等。

(二)声音与人的听觉感受

噪声对环境的影响和它的强弱有关,噪声愈强,影响愈大。衡量噪声强弱的物理量是噪声级。噪声级是指在环境噪声评价中,考虑人对于声音强弱的感觉与频率有关,因此在测量噪声大小时采用一定频率计权特性的仪器,例如声级计,通过A计权曲线测量得到的声压级称A计权声压级,简称A声级,记为dB(A),是最常用的一种噪声级,是噪声的基本评价量。根据不同分贝值可以估算声音的音量,不同的音量对人的影响也不相同,表15-5为不同分贝声音与人的听觉感受。

表15-5 不同分贝声音与人的听觉感受

音量/dB	类比声音	对人的影响
110	电锯工作	头痛、血压升高、敏感者可能引发神经衰弱等病症
100	拖拉机开动	
90	嘈杂的马路	长时间会让人听力受损
80	一般车辆行驶	会让人感觉心烦意乱
70	大声说话	
60	一般说话	影响正常睡眠
50	办公室	
40	图书馆	
30	卧室	无不良影响
20	轻声耳言	
10	风吹落叶	

(三)噪声控制标准

1.噪声排放标准 《声环境质量标准》(GB 3096—2008)按照区域的使用功能特点和环境质量要求,规定了五类声环境功能区的环境噪声限值,对于夜间突发噪声,其最大声级超过环境噪声限值的幅度不得高于15 dB(A)。表15-6为各类功能区环境噪声排放限值。

表 15-6 各类功能区环境噪声排放限值[单位:dB(A)]

声环境功能区	昼间	夜间
0 类:特别需要安静的区域,如康复疗养区等	50	40
1 类:需要保持安静的区域,如居民住宅、医疗卫生、文化教育、科研设计等为主要功能的	55	45
2 类:需要维护住宅安静的区域,如商业金融、集市贸易为主要功能的	60	50
3 类:需要防止工业噪声对周围环境产生严重影响的区域	65	55
4 类:需要防止交通噪声对周围环境产生严重影响的区域	70	55/60*

注:"昼间"是指 6:00 至 22:00 之间的时段,"夜间"是指 22:00 至次日 6:00 之间的时段;*60 为铁路干线两侧区域。

2. 生物安全实验室噪声标准 根据《生物安全实验室建筑技术规范》(GB 50346—2011)和《实验室生物安全通用要求》(GB 19489—2008)要求,生物安全实验室二级屏障的噪声分贝值≤60 dB(A),当生物安全柜、动物隔离设备在开启情况下,工作间的噪声不应超过 68 dB(A)。

二、噪声对人身所造成的危害

长期接触一定强度的噪声,可以对人体产生不良影响,这种影响是全身性的,即除听觉系统外,也可影响非听觉系统。噪声对人体产生不良影响早期多为可逆性、生理性改变,但长期接触强噪声,机体可出现不可逆的、病理性损伤。

(一)噪声对听觉系统的危害

经研究证明,噪声对人体健康的影响是全身性的,其中对听觉系统的影响最为重要。一般情况下,噪声对听觉系统的影响是一个慢性作用的过程。噪声具有能量,能量从小到大,人的耳朵由听不见到听得见。人耳刚刚能听到的能量强度是一个重要的界限,在医学上称为"听阈"。噪声引起听觉器官的损伤,一般都经历由生理变化到病理改变的过程,即先出现暂时性听阈位移,暂时性听阈位移如不能得到有效恢复,则逐渐发展为永久性听阈位移。

1. 暂时性听阈位移 指人或动物接触噪声后引起听阈水平变化,脱离噪声环境后,经过一段时间听力可以恢复到原来水平。

(1)听觉适应 短时间暴露在强烈噪声环境中,机体听觉器官面感性下降,听阈可提高 10~15 dB,脱离噪声接触后对外界的声音有"小"或"远"的感觉,离开噪声环境 1 min 之内即可恢复,此现象为听觉适应,这是受噪声的影响,引起听觉系统敏感性降低,是机体一种生理保护现象。

(2)听觉疲劳 较长时间停留在强噪声环境中,引起听力明显下降,听阈提高超过 15~30 dB,离开噪声环境后,需要数小时甚至数十小时听力才能恢复,称为听觉疲劳。通常以脱离接触到第二天上班前的间隔时间(16 h)为限,如果在这样一段时间内听力不能恢复,因工作需要而继续接触噪声,即前面噪声暴露引起的听力变化未能完全恢复,听觉疲劳便可能发展为永久性听阈位移。

2. 永久性听阈位移　指有噪声或其他因素引起的不能恢复正常听阈水平的听阈升高。永久性听阈位移属于不可恢复的改变,其具有内耳病理性基础,也称听力损失。

3. 职业性噪声聋　指劳动者在工作过程中,由于长期接触噪声而发生的一种渐进性的感音性听觉损伤,是国家法定职业病,职业性噪声聋也是我国常见职业病之一。根据听力损失的程度,分为轻度噪声聋、中度噪声聋和重度噪声聋3种。职业性噪声聋的发展有一个过程。接触较强的噪声,早期常表现为高频听力下降,听力曲线在3 000 ~ 6 000 Hz 范围下降,多数在4 000 Hz 先出现下降且进展快,逐渐向两边扩展,形成"V"形下陷。如果听力下降只是处在高频范围,患者能够正常进行交谈和社交活动,主观上常常没有感觉到听力下降,通常在健康检查进行听力测定时才能发现。随着病情加重,除了高频听力继续下降外,语言频段(500 ~ 2 000 Hz)的听力也受到影响,出现语言听力障碍,这时患者才会注意到自己的听力出现了问题。根据职业性噪声聋的诊断标准,有确切的职业噪声接触史,有自觉的听力损失或耳鸣症状,经听力测定为感音性耳聋,结合历年职业健康检查资料和现场的情况,排除其他原因所致的听觉损害,即可诊断为职业性噪声聋。按照有关规定,诊断为职业性噪声聋的患者,应该调离噪声工作场所,按照相关规定进行劳动能力鉴定等。

噪声性耳聋:指操作者在强噪声环境下工作引起的耳聋。噪声性耳聋不易被早期发现,因为人耳的听力范围在20 ~ 20 000 Hz,但对2 000 ~ 8 000 Hz 的高频声音灵敏度较高。早期损失主要在高频范围内。国际化标准组织(ISO)确定听力损失25 dB 为耳聋标准。人耳正常听力普通交谈55 ~ 65 dB,个别可低至15 dB,一般认为听力损失在25 ~ 40 dB 为轻度耳聋,40 ~ 55 dB 为中度耳聋,70 ~ 90 dB 为重度,90 dB 以上为极端耳聋。

4. 爆震性耳聋　在某些特殊条件下,如进行爆破,由于防护不当或缺乏必要的防护设备,可因强烈爆炸所产生的冲击波造成急性听觉系统外伤,引起听力丧失,称为爆震性耳聋,属于法定职业病。根据损伤程度不同,可出现鼓膜破裂、听小骨损伤、内耳组织出血等,有时还可伴有脑震荡。患者主诉有耳鸣、耳痛、恶心、呕吐、眩晕等,听力检查结果表现为严重的听力障碍或完全丧失。这种情况下轻者听力可以部分或大部分恢复,重者可致永久性耳聋。诊断为爆震性耳聋的患者要按有关规定进行处理。

(二)噪声对非听觉系统的影响

除了听觉系统以外,噪声还对人体多个系统都会产生一定程度的影响。这些方面的临床表现特异性差,与其他各种因素的影响难以区分,与噪声之间缺乏比较准确的剂量关系,因此尚没有成为疾病诊断的依据。

1. 对神经系统的影响　长时间受到噪声的影响,可出现头痛、头晕、睡眠障碍和全身乏力等类神经症,有的表现记忆力减退和情绪不稳定、易激怒等。人们的神经系统会被噪声反复刺激,对人体的中枢神经系统将会带来不利影响,也会降低人们的心理承受能力。

2. 对心血管系统的影响　在噪声作用下,心率可表现为加快或减慢,血压变化早期表现不稳定,长期接触强的噪声可引起血压持续性升高。环境噪声越大,人们的反应就更强烈,对心血管系统的危害也就越大。

3. 对内分泌及免疫系统的影响 在中等强度噪声作用下,机体肾上腺皮质功能增强,而受高强度噪声作用,功能则减弱。

4. 对消化系统及代谢功能的影响 长时间处于环境噪声之中,可出现胃肠功能紊乱、食欲减退、胃液分泌减少、胃的紧张度降低、蠕动减慢等变化,严重的情况下可能会致使人出现快速消瘦等不良反应。

5. 对生殖功能及胚胎发育的影响 长期处于环境噪声下的女性,会出现月经不调现象,表现为月经周期异常、经期延长、经血量增多及痛经等,影响女性生理周期。在噪声环境中,很有可能会使孕妇体内的胎儿发育不良。这是因为长期受噪音的影响,孕妇烦躁、紧张,引起子宫收缩而无法给胎儿足够养料。此外,胎儿对噪音很敏感,抵抗力很弱,易受到噪声危害。

6. 对工作效率的影响 噪声对日常谈话、听广播、打电话、阅读、上课等会产生影响。人们在环境噪声下生活特别容易感到疲劳。在噪声干扰下,人会感到烦躁,注意力不集中,反应迟钝,不仅影响工作效率,而且降低工作质量。

(三)影响噪声对机体作用的因素

1. 噪声的强度和频谱特性 噪声的危害随噪声强度增加而增加,噪声强度越大则危害越大。声音频率与噪声对人体的影响程度也有关系,接触强度相同的情况下,高频噪声对人体的影响比低频噪声大。

2. 噪声的性质 脉冲噪声比稳态噪声危害大,如果接触噪声的声级、时间条件相同,暴露脉冲噪声的工人耳聋、高血压及中枢神经系统功能异常等发病率均高于接触稳态噪声的工人。

3. 接触时间和接触方式 同样强度噪声,接触时间越长对人体的影响越大,连续接触噪声比间断接触对人体影响更大。

4. 个体防护 个体防护是预防噪声危害的有效措施之一,在较强的噪声环境中工作,是否使用个体防护用品及使用方法是否正确与噪声的危害程度有直接关系。

5. 机体健康状况及个人敏感性 在同样条件下,对噪声敏感的个体或有某些疾病的人,特别是患有耳病者,对噪声比较敏感,可加重噪声的危害程度,即使接触时间不长,也可以出现明显的听力改变。

6. 联合作用 振动、高温、寒冷或毒物共同存在时,可加大噪声的不良作用,对听觉系统和心血管系统等方面的影响比噪声单独作用更加明显。

三、职业噪声

(一)噪声作业及噪声作业分级

存在有损听力、有害健康或其他危害的声音,且 8 h/d 或 40 h/周噪声暴露 A 等效声级≥80 dB 的作业称为噪声作业。噪声分级以国家职业卫生标准接触限值及测量方法为基础进行分级。表 15-7 即为噪声作业分级。

表 15-7　噪声作业分级

分级	等效声级 $L_{ex,8h}$/dB	危害程度
I	$85 \leqslant L_{ex,8h} < 90$	轻度危害
II	$90 \leqslant L_{ex,8h} < 94$	中度危害
III	$95 \leqslant L_{ex,8h} < 100$	重度危害
IV	$L_{ex,8h} \geqslant 100$	极重危害

注: $L_{ex,8h}$ 指的是 8 h 等效声级,即将一天实际工作时间内接触的噪声强度等效为工作 8 h 的等效声级。来源于《工作场所职业病危害作业分级第 4 部分:噪声》(GBZ/T 229.4—2012)。

(二)职业噪声分级管理原则

对于 8 h/d 或 40 h/周噪声暴露等效声级≥80 dB 但<85 dB 的作业人员,在目前的作业方式和防护措施不变的情况下,应进行健康监护,一旦作业方式或控制效果发生变化,应重新分级。

1.轻度危害(Ⅰ级)　在目前的作业条件下,可能对劳动者的听力产生不良影响。应改善工作环境,降低劳动者实际接触水平,设置噪声危害及防护标识,佩戴噪声防护用品,对劳动者进行职业卫生培训,采取职业健康监护、定期作业场所监测等措施。

2.中度危害(Ⅱ级)　在目前的作业条件下,很可能对劳动者的听力产生不良影响。针对企业特点,在采取上述措施的同时,采取纠正和管理行动,降低劳动者实际接触水平。

3.重度危害(Ⅲ级)　在目前的作业条件下,会对劳动者的健康产生不良影响。除了上述措施外,应尽可能采取工程技术措施,进行相应的整改,整改完成后,重新对作业场所进行职业卫生评价及噪声分级。

4.极重危害(Ⅳ级)　目前作业条件下,会对劳动者的健康产生不良影响,除了上述措施外,及时采取相应的工程技术措施进行整改。整改完成后,对控制及防护效果进行卫生评价及噪声分级。

四、实验室噪声

(一)实验室噪声的来源

实验室噪声产生的原因,除了有实验室里的仪器设备,也有一些人为制造出来的噪声,这些噪声有些可以避免,有些可以降低。因此,正确认识实验室内的噪声,才能有相应的应对方法,减少或避免噪声对实验室人员的影响。

1.实验室仪器所产生的噪声　实验室内的仪器多种多样,有的会产生较大的噪声,有的噪声很小,有的噪声一直存在,有的仅是工作时存在。实验室里常用的打印机,待机状态下不产生噪声,但是工作时候就会产生噪声,工作结束噪声即停止;实验室里使用的离心机,在工作状态下一般都会产生噪声;实验室里的冰箱则需要一直开着,超低温冰箱产生的噪声会更大一些。还有一些仪器,工作状态时间很长,比如进行抽真空实验时,真空泵需要一直不停地工作,同时也产生较大的噪声。表 15-8 是实验室里常见仪器的噪声。实验室噪声值因"室"而异,更多依赖于实验室里的仪器种类,比如安装有空气压缩机、循环水箱、真空泵的实验室,通常噪音均值区间在 80~95 dB。

表 15-8　实验室里部分常见仪器的噪声

仪器名称	型号	噪声值/dB(A)	备注
高速冷冻离心机	Eppendorf 5910 R	53	
台式高速冷冻离心机	湘仪 H2050R	65	
低速多管架自动平衡离心机	湘仪 TDZ5-WS	65	
超低温冰箱	海尔 DW-86L338(J)	50	
超低温冰箱	海尔 DW-86L626	50	
全自动凝胶成像分析系统	ZF-258	56	检测信噪比
生物安全柜	MSC-Advantage	57	
生物安全柜	HFsafe-1500 B2 型	60	

2. 实验室人为制造的噪声　在实验过程中,不可避免地会有一些人为制造的噪声。自己或他人使用移液器造成的哒哒声、自动进样器突然进针的噼啪声、实验过程中突然响起的手机铃声、正在使用的一些器皿或设备碰撞在一起产生的声音等;靠近马路边或是商业区的实验室,外界环境中传递过来的汽车声音、商品叫卖声等。有些噪声是不可避免,有些噪声则是可以事前进行预防的,突然出现的噪声会吓到专心做实验人员,其他的声音则会使得实验人员不能专心做实验。比如正在进行精密操作或是危害性较大的实验(调节液体 pH 或是配置某危险性试剂等),若有突然噪声的出现(比如手机铃声突然响起),就会打乱实验人员的操作,影响实验的进行,更严重的可能会影响实验人员的人身安全。

(二)噪声控制策略

要对噪声进行控制,就要找出噪声形成的条件。形成噪声污染须有 3 个必要的条件,首先需要声源,即发出声音的源头;其次需要传播介质;最后需要接收体,主要是人。上述 3 个因素同时存在时,就会产生噪声,并对接收者造成影响。在控制手段上分析,我们可以从这 3 个方面入手,通过降低声源、降噪,限制噪声传播介质,阻断噪声的接收,从而对接收者进行个体保护等手段进行控制。控制噪声的最终目的就是使人们不受噪声污染的影响。

1. 控制声源　常见的方法有选用无声或低噪声设备代替能发出强噪声的设备。在允许的情况下,将噪声源(如电机或空气压缩机等)移至较远的地方,合理配置声源,将噪声强度大小不同的机器设备分区放置,减少接触强噪声的人数。

2. 防止噪声传播　在噪声传播过程中,采用隔声的方法阻止噪声的传播,如隔声罩、隔声室等;也可以通过吸声和消声等技术降低噪声的强度,如各种消声器。这方面有许多成熟、有效的技术,具体方法要根据所处的实际情况进行合理选用。

3. 使用个体防护用品　正确使用个体防护用品,特别是那些采用工程技术措施暂时难以达到职业接触限值要求的工作场所,可以有效降低噪声对人体的影响。对于噪声的防护最常用的个人防护用品是耳塞,一般由橡胶或软塑料等材料制成,实际隔声效果15 dB 左右。此外,还有耳罩、帽盔等,隔声效果更好一些。某些特殊的工作环境,可将耳塞和耳罩合用,以保护劳动者的听力。

(三)实验室噪声控制措施

对于实验室里噪声的控制,除了日常生活中的一些措施,也要有一些特殊的办法。长时间在高强度的噪声环境中工作,会使听力受损,为了不干扰实验人员工作,因此一般实验室的噪声≤60 dB(A)。

1. 实验室建设或改造　实验室在建设或是改造阶段时就要对降噪进行考虑。安装有空气压缩机、循环水箱、真空泵的实验室,通常噪声均值区间在 80 ~ 95 dB。比如在质谱实验室,质谱需要配备抽真空机械泵,噪声非常恼人,如果实验室空间够大,通常会将质谱放于单独隔间,实验人员只有进样操作、分析数据才会短时间进入隔间,避免长期处于噪声环境。

2. 使用降噪设备　对于空间有限或者既有的实验室,可以采取其他减少噪声的办法,比如利用消声器、防震垫等。消声器内部存在很多孔洞,是消音多孔材料做成的,利用声音在多孔性材料传播会被吸收的特点,来降低噪音;防震垫是丁橡胶材质,能有吸震作用,垫上防震垫,也可以降低噪音,比如现在有些离心机底座,就垫的有防震垫;也可以给某些产生噪音的仪器安装降音罩,可降低噪音 15 ~ 40 dB。对于某些仪器,可将人机分离,某些泵和仪器是分开的,单独给泵弄个隔离间,噪音将会有所减弱,或者是机器运行的时候,人可以离开实验空间,去办公区或者其他噪音小的区域活动。

3. 仪器设备的放置　实验室里的仪器设备种类繁多,要进行科学有效的摆放,避免在某个位置上同时工作的仪器种类过多,对于某些噪声大的仪器,可以考虑单独房间或是隔离放置。比如在医学实验室,超低温冰箱可以进行较为统一放置,放置位置尽量远离平常的实验区域,只有需要时才使用超低温冰箱,平时就可避免超低温冰箱的噪声。

4. 实验室人员的噪声防治　实验室人员要重视噪声的预防与控制,除了关注实验室里仪器设备噪声的放置,也要关注自身。在实验室进行实验时,将自己的手机调为静音模式,以免影响自己或是他人进行实验;对于操作某些噪声比较大的仪器时,要佩戴相应的防护用品,比如耳塞、耳罩等;实验室人员多或噪声影响实验,可以错时进行较为精细的实验操作。

当然,实验室噪音对人的伤害不是立竿见影的,而是经过若干年后才会表现出来。但是营造舒适安静的实验室环境已刻不容缓,实验人员在懂得保护自己同时,也需要积极号召实验室管理人员行动起来,想办法为大家创造尽可能安静的实验室环境,把伤害降到更低。同时,实验室管理人员也要发动实验人员采取更加经济且有效的办法给实验室降噪,改善大家在实验室的体验感受。

五、超声波

(一)超声波概念及特性

超声波是一种频率高于 20 000 Hz 的声波,它的方向性好,反射能力强,在多个领域应用广泛。按超声振动辐射大小不同大致可分为:用超声波使物体或物性变化的功率应用,称功率超声;用超声波得到若干信息,获得通信应用,称检测超声。通常,从超声波的功率来看,前者比后者要高出一个数量级以上。通常用于医学诊断的超声波频率为 1 ~ 30 MHz。

超声波也属机械波,它具有声波的通性,它的传播速度和声波的相同,在传播过程中会发生反射和折射,也会因介质的吸收而衰减。方向性好,强度大,对固体、液体的穿透本领强。

(二)超声波对介质的作用

超声波在介质中传播时,对介质的作用主要表现在以下几个方面。

1.机械作用　超声波在通过介质时,使介质中的微小颗粒产生剧烈的高频振动,强烈的机械振动可破坏物体的力学结构。超声波的这种力学效应,称为超声波的机械作用。医学上,利用超声波的机械作用,可以对细胞进行按摩,能起到活血化瘀的作用,超声波碎石机可击碎人体脏器中的结石。

2.热作用　超声波在介质中传播时,有一部分能量被介质吸收,转化为介质的内能,使介质的局部温度升高。超声波的这种作用,称为热作用。医学上利用超声波的热作用,可用来治疗神经炎,坐骨神经痛,骨、关节、肌肉和软组织扭伤等疾病。

3.空化作用　当超声波在液体中以高频纵波形式传播时,极细微的气泡或固体颗粒可在局部产生高温、高压和放电现象,超声波的这种作用,称为空化作用。超声波的空化作用可以用来杀灭细菌,对食品进行消毒等。

(三)超声波的影响

超声在临床上按应用不同分为诊断性超声和治疗性超声,前者包括常见的 B 超、彩色超声多普勒等,后者即高强度聚集超声。妊娠期的诊断性超声照射可导致老鼠胎儿的生长发育迟缓,出生体重降低,对人类有待于进一步研究;在妊娠早期诊断性超声照射可能影响胚胎脑功能的发育,妊娠期胎儿照射可引起胎儿角膜上皮肿胀或是表层细胞坏死,诊断性超声照射离体细胞可观察到 DNA 断裂等异常情况。

(四)超声波的预防和防护

超声是一种机械能,在人体内是否产生作用,取决于仪器的功率和频率。但当超声能量达到一定强度时,不仅产生热效应,还可能产生引起细胞破坏变形的空化效应。大量研究数据表明,当超声输出声强超过 8.3 mW/cm 时,血液中染色体发生病变的可能性大大增加,这就意味着胎儿发生畸形和先天性障碍的概率大大增加。考虑到医用超声剂量关系到人体的安全,国际上推荐的安全剂量是 10 mW/cm。我国对于医用设备输出的超声安全剂量标准也作出了严格的规定。JJG 639—1998《医用超声诊断仪超声源》中就明确规定了超声诊断仪的剂量依据检定规程。

第三节　电磁辐射

"辐射"是指能量以电磁波或粒子(如阿尔法粒子、贝塔粒子等)的形式向外扩散。自然界中的一切物体,只要温度在绝对零度(−273.15 ℃)以上,都会产生辐射。

一、电磁辐射基本知识

(一)辐射的分类

辐射主要有两种分类方式,根据被辐射出的物质种类,可分为电磁辐射和粒子辐射;根据被辐射出的物质与其他物质的作用方式,可分为电离辐射和非电离辐射。

1. 电磁辐射　电场和磁场的交互变化产生的电磁波,电磁波向空中发射或泄漏的现象,叫电磁辐射。电磁辐射有一个电场和磁场分量的振荡,分别在两个相互垂直的方向传播能量。对于电磁辐射,它所辐射出的物质种类就是电磁波,根据电磁波频率,由低到高可分为无线电波、微波、红外线、可见光、紫外线、X 射线、γ 射线。其中,无线电波的波长最长而 γ 射线的波长最短,X 射线和 γ 射线电离能力很强,其他电磁辐射电离能力相对较弱,更低频的没有电离能力。

2. 粒子辐射　对于粒子辐射,它所辐射出的物质种类是电子、原子核等微观粒子,常见的粒子辐射放射性元素的两种衰变,即 α 衰变和 β 衰变,前者辐射出 α 粒子,后者辐射出电子或正电子,γ 射线即是伴随这两种衰变产生的。

3. 电离辐射　对于电离辐射,它辐射出的物质能使其他物质的电子离开原子核,即能使受作用物质发生电离现象。电离辐射是一切能引起物质电离的辐射的总称,包括粒子辐射和波长小于 100 nm 的电磁辐射,如 X 射线和 γ 射线等。

4. 非电离辐射　非电离辐射是指能量比较低,并不能使物质原子或分子产生电离的辐射。非电离辐射包括低能量的电磁辐射,如无线电波、微波、红外线、可见光、紫外线等。

(二)电磁辐射的分类

一般来说,我们将非电离辐射统称为电磁辐射,将波长小于 100 nm 的电磁辐射称为电离辐射,本节所描述的均为波长大于等于 100 nm 的电磁辐射。

1. 无线电波与微波　也称为射频波(RF-radio frequency),波长范围 1mm ~ 1 km,频率范围 300 kHz ~ 300 GHz。无线电波中频率较高部分(300 MHz ~ 300 GHz)也称为微波(microwave)。无线电波主要用途是通信。

2. 红外线　其波长在 760 nm ~ 1 mm 之间,频率则是 300 GHz ~ 430 THz,红外线更多地被用于监测热源。

3. 可见光　波长范围 380 ~ 780 nm。

4. 紫外线　又称紫外辐射,指波长为 100 ~ 400 nm 的电磁辐射。

（三）电磁场的远场区和近场区

电磁辐射的测量方法通常与测量点位置和辐射源的距离有关，在远场和近场的情况下，电磁场的性质有所不同。

1. 远场区和近场区的划分　近场与远场的划分界限与辐射源频率（波长）有关，一般而言，以场源为中心，在 3 个波长范围内的区域，通常称为近场区，也可称为感应场；在以场源为中心，半径为 3 个波长之外的空间范围称为远场区，也可称为辐射场。近场区的电磁场强度比远场区大得多，且近场区电磁场强度变化随距离的变化比较快。

2. 远场区和近场区的划分意义　通常，对于一个固定的可以产生一定强度的电磁辐射源来说，近场区辐射的电磁场强度较大，所以，应该格外注意对电磁辐射近场区的防护。对电磁辐射近场区的防护，首先是对作业人员及处在近场区环境内的人员的防护，其次是对位于近场区内的各种电子、电气设备的防护。而对于远场区，由于电磁场强较小，通常对人的危害较小。

（四）电磁辐射标准

1. 《电磁环境控制限值》（GB 8702—2014）　该标准于 2015 年 1 月 1 日起实施，规定了电磁环境中控制公众暴露的电场、磁场、电磁场的场量限值，适用于电磁辐射环境中控制公众暴露的评价和管理。表 15-9 即为公众暴露控制限值。对于 100 kHz 以下频率，需同时限制电场强度和磁感应强度；对于 100 kHz 以上频率，在远场区，可以只限制电场强度或磁场强度，或等效平面波功率密度，在近场区，需同时限制电场强度和磁场强度。当公众暴露在多个频率电场、磁场、电磁场时，应综合考虑多个频率的电场、磁场、电磁场所致的暴露。

表 15-9　公众暴露控制限值（部分）

频率范围	电场强度 E /（V/m）	磁场强度 H /（A/m）	磁感应强度 B /（μT）	等效平面波功率密度 S_{eq} /（W/m^2）
1~8 Hz	8 000	32 000/f	40 000/f	—
8~25 Hz	8 000	4 000/f	5 000/f	—
0.025~1.200 kHz	200/f	4/f	5/f	—
1.2~2.9 kHz	200/f	3.3	4.1	—
2.9~57.0 kHz	70	10/f	12/f	—
57~100 kHz	4 000/f	10/f	12/f	—
0.1~3 MHz	40	0.1	0.12	4
3~30 MHz	67/f	0.17/f	0.21/f	12/f
30~3 000 MHz	12	0.032	0.04	0.4
3 000~15 000 MHz	0.22f	0.000 59f	0.000 74f	f/7 500
15~300 GHz	27	0.073	0.092	2

注1：频率 f 的单位为所在行中第一栏的单位。

2.《工作场所有害因素职业接触限值第 2 部分:物理因素》(GB Z2.2—2007) 该标准规定了工作场所物理因素职业接触限值,包括超高频辐射、高频电磁场、激光辐射、微波辐射、紫外辐射等。根据 GB Z2.2—2007,工作场所紫外辐射职业接触限值与紫外光谱有关,见表 15-10;工作场所微波职业接触限值与接触部位、微波类型有关,见表 15-11,肢体局部辐射指手或脚部受辐射,全身微波辐射指除包含肢体局部外,还包括头、胸、腹等一处或几处受辐射。

表 15-10 工作场所紫外辐射职业接触限值

紫外光谱分类	8 h 职业接触限值	
	辐照度/($\mu W/cm^2$)	照射量/(mJ/cm^2)
中波紫外线(280 nm≤λ<315 nm)	0.26	3.7
短波紫外线(100 nm≤λ<280 nm)	0.13	1.8
电焊弧光	0.24	3.5

注:照射量指受照面积上光能的面密度,单位为 J/cm^2,1 mJ/cm^2 = 1 000 $\mu W/cm^2 \times 1s$(即 $1J = 1w \times 1s$)。

表 15-11 工作场所微波职业接触限值

类型		日剂量/($\mu W \cdot h/cm^2$)	8 h 平均功率密度/($\mu W/cm^2$)	非 8 h 平均功率密度/($\mu W/cm^2$)	短时间接触功率密度/(mW/cm^2)
全身辐射	连续微波	400	50	400/t	5
	脉冲微波	200	25	200/t	5
肢体局部辐射	连续微波或脉冲微波	4 000	500		5

注:t 为受辐射时间,单位为 h。

(五)相关物理量的定义

1.辐照度、辐射通量和辐射出射度 辐射照度又称辐照度,是受照面单位面积上的辐射通量,单位:瓦每平方米(W/m^2)。辐射通量,又称辐射功率,是对单位时间内通过某一面积的所有辐射能的多少,单位瓦特(W)。辐射出射度,是指辐射源在单位面积单位时间内辐射出的辐射能量的多少,即物体单位面积上发出的辐射通量,单位:瓦每平方米(W/m^2)。

辐射照度与辐射出射度都是表征辐射通量密度的物理量,区别在于,辐射照度是物体表面接收的辐射,辐射出射度则是物体表面发出的辐射。

2.电场强度、磁场强度、磁感应强度和功率密度 电场强度是用来表示电场的强弱和方向的物理量,常用 E 表示。电场强度的单位伏特每米(V/m)或牛(顿)每库(仑)(N/C)(1 $V/m = 1N/C$)。

磁场强度描写磁场性质的物理量。用 H 表示。磁场强度的单位是安每米（A/m）。

磁感应强度是指描述磁场强弱和方向的物理量，是矢量，常用符号 B 表示，国际通用单位为特斯拉（符号为 T）。

功率密度是指穿过与电磁波的能量传播方向垂直的面元的功率除以该面元的面积的值，用 S 表示，单位为瓦特每平方米（W/m^2）。

二、电磁辐射污染的主要来源

电磁辐射污染，是指人类使用产生电磁辐射的器具而泄漏的电磁能量流传播到社区的室内外空气中，其量超出本底值，且其性质、频率、强度和持续时间等综合影响而引起该区居民中一些人或众多人的不适感。电磁辐射的来源一般可以分为天然电磁辐射和人为电磁辐射两类。

（一）天然电磁辐射

来自自然界，是自然界某些自然现象引起的，如雷电、云层放电等，所以又叫宇宙辐射。这些自然现象会对广大地区产生严重的电磁干扰。雷电除了可以对电气设备、飞机、建筑物等造成直接破坏外，还会产生严重的电磁干扰。天然电辐射对短波通信干扰特别严重，普通收音机收听短波广播效果差，一定程度上就是因为这个原因。

（二）人为电磁辐射

产生于人工制造的若干系统，在正常工作时所产生的各种不同波长和频率的电磁波。影响较大的包括电力系统、广播电视发射系统、移动通信系统、交通运输系统、工业与医疗科研高频设备。

1. 电力系统　经济的发展促使各种用电设备日益增多，用电负荷急剧增大，电网规模快速膨胀，高压输电线路和变电站日益增多。由高压、超高压输配电线路、变电站和电力变压器等产生的交变磁场，在近区场会产生严重的电磁干扰。

2. 广播电视发射系统　广播电视发射塔是城市中最大的电磁辐射源，这些设备大多建在城市的中心地区，很多广播电视发射设备被居民区包围，在局部居民生活区形成强场区。

3. 移动通信系统　移动通信基站是主要的电磁辐射源。随着电信事业的飞速发展，移动基站的数目不断增加，为防止干扰，基站高度逐渐下降，发射的电磁波反射到居民楼的概率增大，基站和基站之间的距离逐渐减小，分布日渐广泛，使电磁辐射水平不断增加。

4. 交通运输系统　交通运输包括有轨电车、无轨电车、电气化铁路、汽车、地铁等。这种辐射源主要以传导、感应、辐射等形式产生电磁辐射，如汽车发动机的点火系统会产生很强的宽带电磁噪声。

5. 工业与医疗科技高频设备　工业与医疗科研高频设备产生的强辐射对环境及人体健康都将产生不良影响。

三、电磁辐射对社会所造成影响

电磁辐射可以穿透包括人体内的多种物质,同时人体生命活动包含一系列的生物电活动,这些生物电对环境的电磁波非常敏感,因此,较大能量电磁辐射可以对人体造成影响和损害。当然,电磁辐射对动植物产生影响,也会产生电磁干扰。

(一)电磁辐射对生物体的三种效应

1. 热效应 就是高频电磁波直接对生物机体细胞产生"加热"作用,由于它是穿越生物表层直接对内部组织"加热",而生物体内组织散热又困难,所以往往机体表面看不出什么,而内部组织已严重"烧伤"。由热效应引起的机体升温,会直接影响到人体器官的正常工作,对心血管系统、视觉系统、生育系统等都有一定的影响。体温升高引发各种症状,如心悸、头胀、失眠、心动过缓、白细胞减少、免疫功能下降、视力下降等。

2. 非热效应 是低频电磁波产生的影响。人体被电磁波辐照后,体温并未明显升高,但已干扰了人体固有的微弱电磁场,从而使人体处于平衡状态的微弱电磁场遭到破坏,使血液、淋巴液和细胞原生质发生变化造成细胞内的脱氧核糖核酸受损和遗传基因突变而畸形,进而引起系列疾病,如白血病、肿瘤、婴儿畸形等。非热效应包括物理效应(电效应)和化学效应。目前很多专家学者认为,电磁场对人体组织产生的化学效应远远大于热效应,由此可以看出非热效应的"杀伤力"。

3. 累积效应 这是上述两种效应作用于人体后,对人体的伤害还未来得及修复,在此受到电磁辐射的作用,其伤害程度发生累积。累积效应具有长期性,严重时可危及生命。

(二)电磁辐射对人体危害

电磁辐射对人体的危害是多个方面的,可以归纳为五大方面:电磁辐射是心血管疾病、癌突变的主要诱因;电磁辐射对人体生殖系统、神经系统和免疫系统造成直接伤害;电磁辐射是造成孕妇流产、不育、畸胎等病变的诱发因素;过量的电磁辐射直接影响儿童组织发育、骨骼发育、视力、肝造血功能,严重者可导致视网膜脱落;电磁辐射可使男性性功能下降,女性内分泌紊乱,月经失调。

1. 电磁辐射对中枢神经系统的影响 大量研究已经证明,神经系统尤其是中枢神经系统是电磁辐射的主要靶器官。胚胎早期的神经系统发育决定了认知功能和学习能力的发展,但这一时期是神经系统对环境电磁辐射的敏感阶段,其原因是因为胚胎发育过程中细胞呈高分化状态,组织电生理活动活跃,胚体形态发生复杂变化。电磁辐射对胚胎期神经系统产生的生物学效应可延续至成年期。

(1)神经衰弱症候群 长期接触电磁辐射会导致机体神经衰弱症候群的发生,引起头痛、头昏、失眠、多梦、疲乏、烦躁、耳鸣等神经功能紊乱症状。国内有学者研究显示,睡眠异常是电磁场所致精神紊乱的开始,严重者可出现精神抑郁、反应迟钝、头痛等症状,其脑电活动也有所变化,但也有学者指出这可能与有意识预期的心理因素影响有关。

(2)神经行为异常改变 神经行为异常改变包括行为、记忆、认知变化。认知记忆功能改变是电磁辐射损伤的敏感指标,其在脑的形态结构发生明显改变之前已发生异常,如空间参照记忆能力下降,空间学习效率降低和逆行性遗忘。国内有学者调查后发现,长期受手机电磁辐射(800~900 MHz)的人群数字译码测验成绩和选择反应正确反应次数随使用时间延长而下降。

(3)情感状况和心理运动异常 在情感状况和心理运动方面,有调查显示雷达微波辐射职业暴露会导致情绪波动,易激动及精神紧张等神经系统亚健康状态。心理问题在通信作业人员身上主要表现为强迫症状、抑郁、焦虑、恐怖和偏执等。一系列动物实验也证明,经微波辐照后动物可出现躁动不安、呼吸异常等异常神经行为表现。

(4)诱导相关神经变性疾病的发生 微波辐射可导致神经衰弱综合征、认知失常等症状,严重时还会引起神经变性疾病,如帕金森病、阿尔茨海默病等,这些疾病的发生与脑内氧化应激反应和活性氧(reactive oxygen speicies,ROS)的形成相关,辐射破坏了机体的抗氧化平衡与自由基平衡,从而造成神经元兴奋毒作用。

(5)诱发脑瘤 神经元受到辐照后损伤或死亡,神经胶质细胞大量增殖,增殖出来的异常胶质细胞导致癌变。长期暴露于辐射的人群脑瘤发生风险显著增加,且电磁场与脑瘤之间存在量效关系;国内外一些调查也发现,使用移动电话超过10年的人群患听神经瘤和神经胶质瘤的风险明显上升。在2011年,国际癌症研究机构(International Agency for Research on Cancer,IARC)将电磁辐射列为2B类致癌物(即人类可疑致癌物)。

2. 电磁辐射对心脑血管系统的影响 心血管系统是一个封闭的管道系统,血液循环是机体生存最重要的生理功能之一。电磁辐射可造成心脏组织结构改变和功能损伤,其原因可能是:增加了心肌细胞膜的通透性,心肌细胞膜上的多种生物活性结构被破坏,改变了心肌细胞对钙离子的吸收速率,引起细胞信号分子及激酶的变化,儿茶酚胺增高导致心肌细胞受损等。

3. 电磁辐射对内分泌、免疫系统的影响 内分泌系统是一个整合性的调节机制,电磁辐射可直接作用于内分泌器官,引起内分泌系统紊乱。不同的辐射方式、辐射强度和时间均可影响内分泌系统。许多流行病学调查报道,电磁场暴露会对机体免疫系统产生相应的影响,具体影响包括白细胞数量、血中白细胞介素的活性及相应受体表达、血清免疫球蛋白活性等的改变。

4. 电磁辐射对生殖健康的影响 生殖系统对电磁辐射比较敏感。睾丸由于其结构和生理功能的特殊性,更容易受到电磁辐射的影响,降低精子密度和活力,增加精子畸形率等。有学者研究表明,电磁场暴露对孕妇的畸胎、自然流产率等均有一定影响,电磁场职业暴露同样会对男性精子数量、质量和精子畸形率产生影响。

(三)电磁辐射对动植物的影响

电磁辐射除了对生物体个体造成影响和危害,还会对动植物等产生重大影响。已有资料显示,一些大型发射系统的设置,不仅对周围居民造成了严重污染,周围的绿化植物也受到严重影响,甚至发生大面积死亡;此外,一些动物的迁移也恰恰是为了避开电磁辐射的干扰,可能会使得原有基础上的食物链发生变化,最终导致生态平衡的破坏。

(四)电磁干扰

电磁干扰产生的原因为环境周围辐射源的个数、每个辐射源与该点的距离、各个辐射源的振幅、频率、波形、带宽、辐射持续时间等参数随机变化,很难预料,便形成了干扰电磁场(杂散电磁场)。电磁辐射主要干扰电子设备、仪器、仪表等,导致设备性能降低,产生不良后果,如信息不准确、信息需要重复或者出现延迟、系统可用性降低,导致任务不能完成等,严重会引发事故。

四、实验室里的电磁辐射及防护

每个实验室都有很多种仪器设备,正确认识实验室里的电磁辐射对于防护很有必要。

(一)认识实验室里电磁辐射

实验室里面的仪器设备种类复杂,每种类型的实验室所含有的设备也不尽相同,因此,为了能正确认识实验室里存在的电磁辐射,从常见、常用的仪器电器中来了解实验室环境中的电磁辐射。我们平时使用的笔记本电脑、空调、电水壶、加湿器等都属于 50 Hz 频率电器,国家《电磁环境控制限值》(GB 8702—2014)规定,50 Hz 频率电器的电磁辐射数值必须控制在 4 000 V/m 以内。2017 年,国内某媒体联合电力专家对一些家用电器进行了检测,如表 15-12 所示,这些家用电器的电场强度远低于 4 000 V/m 的国标限制数值,与电器保持一定的距离后,电场强度衰减很多,在正常的使用距离,电场强度只有安全标准值的 0.0001 ~ 0.001。

在很多的实验室里面,我们都能发现有微波炉,微波炉能够加热、消毒,使用比较频繁。微波炉属于 2 400 MHz 频率的电器,《电磁环境控制限值》(GB 8702—2014)规定,这一频率的电器电场强度数值必须在 12 V/m 以内,或电磁辐射功率密度不得超过 0.4 W/m^2。国家标准同样也规定,微波炉设备出厂前必须进行漏能鉴定,距设备外壳 5 cm 处,辐射值不得超过 1 000 μW/cm^2。同样由上述媒体对电磁炉检测后发现,在工作状态下,它的辐射电场强度最高已经达到 16 V/m,距离 3 cm 为 13 V/m,距离 50 cm 为 3 V/m。2017 年,国内另一媒体也对微波炉进行了详细的测试,结果显示,拉门四周的辐射泄漏最大,随着距离的增加,微波炉辐射强度几乎按指数方式下降、衰减得很厉害。图 15-1 所示,微波炉运行时,当距离微波炉 10 cm 时,辐射值还超过 500 μW/cm^2,而在 70 cm 处,却降到了 42.88 μW/cm^2。根据国家对于电磁辐射防护的规定,在生活环境中,电磁辐射的功率密度不得持续超过 40 μW/cm^2,因此在日常使用时,和微波炉要保持 70 cm 以上的距离。

表 15-12 部分电器的电场强度

频率	电器	电场强度/(V/m)
50 Hz	空调	13
	电冰箱	8(紧贴冰箱),15(打开冰箱)
	电热水壶	110
	笔记本电脑	7
2 400 MHz	微波炉	13(距离 3 cm),3(距离 50 cm)

注:《电磁环境控制限值》(GB 8702—2014)规定,50 Hz 频率电器的电磁辐射数值必须控制在 4 000 V/m 以内,2 400 MHz 频率电器的电场强度标准限值为 12 V/m。

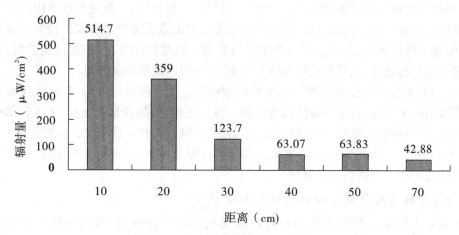

图 15-1 微波炉的辐射量与距离的关系

《电磁环境控制限值》（GB 8702—2014）规定，当公众暴露在多个频率的电场、磁场、电磁场中时，应综合考虑多个频率的电场、磁场、电磁场所致的暴露。在实验室里，我们有多种不同类型的仪器设备，尽管每个仪器设备的电磁强度均远低于国标限值，但多种仪器同时工作时，可能就会超过安全限值，因此，在实验室里，我们除了注意每个仪器可能造成的电磁辐射，更要注意多种仪器共同工作时所造成的影响。

（二）实验室电磁辐射产生的原因及预防措施

1. 实验室里仪器设备电磁辐射产生的原因　实验室里面的仪器设备大多数都会产生强度不等的电磁辐射，一般来说，电磁辐射有三大要素：辐射源的强度、受辐射的时间和与辐射源之间的距离。

（1）辐射源的强度　在实验室里，辐射源的强度除了单一的一台仪器设备所产生的强度，更多的是多种仪器同时工作时所产生的强度。一般来说，单一的仪器所造成的电磁强度有限，有个别的机器能产生较大的电磁强度，这种仪器在实验室里并不多见。实验室里常见的是多种仪器同时工作产生的电磁强度的叠加作用，这种强度还很难估计。

（2）受辐射的时间　电磁辐射一个特点就是存在累加效应，因此实验室里要减少受辐射的时间。对于单一的一台仪器，可以有效地控制接触时间，但是对于多台均处于工作中实验室仪器，接触的时间就很难控制。

（3）与辐射源的距离　在实验室里，对于单一的仪器，接触距离短的时间很少，大多数时间均能保持足够的距离，但是对于多台均在工作中的仪器设备，很难都保持在合理的有效距离。

因此，实验室里的电磁辐射的产生，除了单一的仪器所产生的电磁辐射，主要原因在于多台仪器设备同时工作时产生的强度叠加，接触时间的不确定和有效距离的保持。

2. 实验室里仪器设备电磁辐射的预防及控制措施　基于以上分析的原因，实验室里面的仪器设备电磁辐射的预防及控制措施主要有以下几条。

（1）设备仪器要可靠接地，减少设备仪器对外的辐射；要合理放置实验室里的仪器设备，不要把实验室仪器设备摆放得过于集中，或经常一起使用，尽量避免在常用位置上周围仪器设备同时工作，以免使自己暴露在超剂量辐射的危害之中。当仪器设备暂停使用时，避免处于待机状态，以免长时间产生辐射积累。通过这种方法，在进行实验时，就可以减少受辐射的强度，也尽可能地保持有效距离，也可以缩短接触时间。

（2）给辐射较大的设备仪器安装金属屏蔽网罩或是电磁辐射过滤器，屏蔽设备仪器或过滤线路产生的辐射；在设备仪器旁添加一些绿色植物，如盆景或花盆，来吸收部分辐射。通过这些措施，可以减少某些仪器的辐射强度，减少实验人员接触的辐射剂量。

（3）有条件的话，可定期请专业检测机构进行专业检测，看辐射是否超标，如超标需专业机构或生产厂家进行专业处理。

（三）实验室人员对电磁辐射的个人防护

实验室人员除了要有上述大众对电磁辐射的防护措施，还需要一些其他的防护方法。

（1）要提高自我保护意识，了解实验室内仪器设备的电磁辐射常识，加强安全防范，要严格按照仪器说明规范进行操作，保持安全的操作距离。

（2）要合理安排实验及作息时间，在进行实验操作时，要保持一定的安全距离，减少接触的时间，合理安排仪器的使用时间，在非工作时间内尽量远离正在工作的设备仪器。

（3）对于某些特殊的仪器，要做好个体防护，工作时最好穿上个体防护服装，减少电磁辐射。

（4）适当地做一些运动，增强个人免疫力，饮食上也要多食用富含维生素 A、维生素 C 和蛋白质的食物，增强机体的抵抗力，提高器官、组织的修复能力。

五、紫外辐射及防护

（一）紫外辐射的分类

紫外辐射是波长范围 10 ~ 400 nm 的光辐射。由于只有波长大于 100 nm 的紫外辐射，才能在空气中传播，所以人们通常讨论的紫外辐射效应及其应用，只涉及 100 ~ 400 nm 范围内的紫外辐射。在国标《紫外线消毒技术术语》（GB/T 32092—2015）中明确界定紫外线指的是波长 100 ~ 400 nm 的电磁波，因此，本节所研究的紫外辐射指的是波长为 100 ~ 400 nm 的电磁辐射。

为研究和应用之便，科学家们把紫外辐射划分为 A 波段（400 ~ 315 nm）、B 波段（315 ~ 280 nm）和 C 波段（280 ~ 100 nm），并分别称之为 UVA、UVB 和 UVC。根据 ISO 21348—2007，紫外辐射依据波长范围，又定义了近紫外线（NUV），中紫外线（MUV）和远紫外线（FUV）等。

（二）紫外线杀菌

紫外线在日常生活中非常的常见，其作用包括灭菌、保健、促进产生维生素、分解油烟及无机物等，尤其是灭菌作用在实验室、医疗机构中用途最为广泛。

紫外线杀菌是紫外线波长在 240 ~ 280 nm 范围内最具杀破坏细菌病毒中的 DNA（脱

氧核糖核酸)或 RNA(核糖核酸)的分子结构的能力,造成生长性细胞死亡和(或)再生性细胞死亡,达到杀菌消毒的效果。尤其在波长为 253.7 nm 时紫外线的杀菌作用最强。国标《紫外线杀菌灯》(GB 19258—2012)中规定的紫外线灯的紫外辐射峰值即为253.7 nm,符合规定的紫外线灯平均寿命不低于 5 000 h。按照国家标准《消毒技术规范》规定,一般按每立方米空间装紫外线灯瓦数≥1.5 W,一般安装在桌面上方 1 m 处,照射时间一般均应大于 30 min;另外新的 30 W 紫外线灯管在下方中央垂直 1 m 处测定辐射强度应≥90 μW/cm^2,使用中的灯管进行定期检测,辐射强度低于 70 μW/cm^2 的紫外线灯管要及时更换。

根据微生物种类不同,紫外杀菌时间和剂量也各不相同。不同的细菌种类对紫外线的吸收峰值不同。杀灭一般细菌繁殖体时,应使照射剂量达到 10 000(μW·s)/cm^2;杀灭细菌芽孢时应达到 100 000(μW·s)/cm^2;病毒对紫外线的抵抗力介于细菌繁殖体和芽孢之间;真菌孢子的抵抗力比细菌芽孢更强,有时需要照射到 600 000(μW·s)/cm^2;在消毒的目标微生物不详时,照射剂量不应低于 100 000(μW·s)/cm^2。因此,根据照射剂量[100 000(μW·s)/cm^2]和紫外线灯管的最低辐射强度(70 μW/cm^2),照射时间约为 24 min。

(三)紫外线对人体的危害

紫外线是一种具有杀菌作用的电磁波,接触过量的紫外线或者被人工紫外线光源照射,会损伤人体的皮肤和眼睛。尤其是在生物实验室或是医疗机构,紫外线消毒灯最常见,不正确使用会对人体产生危害。

1. 紫外线对皮肤的伤害　人体暴露在紫外线消毒灯下,短期照射皮肤可引起红肿、疼痛、脱屑等改变,长时间照射可能会引起皮肤的癌变和发生皮肤的肿瘤。UVA 波长的紫外线有非常强的穿透力,可以直接深入皮肤,导致脂质和胶原蛋白受损,使皮肤晒黑,造成皮肤老化。UVB 波长的紫外线具有中等穿透力,短时间照射即可引起皮肤光敏反应,导致皮肤出现红斑、炎症等损害。UVC 波长的紫外线穿透力最弱,但一旦接触皮肤即可造成非常大的损伤,短时间照射即可灼伤皮肤,长期照射甚至会引发癌变。

2. 紫外线对眼睛的伤害　不能使紫外线光源照射到人或者动物的眼睛,大剂量紫外线会引起眼部炎症,如发红、疼痛、流泪等。紫外线消毒灯可引起眼睛的结膜炎、角膜炎,眼睛出现红肿、疼痛、流泪的现象,长时间照射很可能会诱发白内障,甚至导致失明。因此,日常使用中要远离紫外线,不要让眼睛直视光线。

(四)紫外线的防护

紫外线防护的重点是中波紫外线(UVB)和短波紫外线(UVC),过量照射将有皮肤癌的风险。减少暴露是预防紫外线不良生物效应发生的根本措施。紫外线的风险防控措施如下:

1. 健康教育　向实验室工作人员进行紫外线危害及其防护方法的健康教育,减少紫外线的暴露,尤其是熟练掌握实验操作规程。

2. 使用防护用品　在工作环境中,尤其是处于强紫外线照射环境,需要配备紫外线防护装备,如紫外线防护服、紫外线防护面罩、紫外线防护眼镜和紫外线防护手套等。有条件情况下,涂抹防晒霜,减少紫外线穿透皮肤的量。

3.健康检查　对接触紫外线的工作人员,要定期进行眼部检查和皮肤科检查,发现异常者及时调离、治疗。

第四节　核辐射

核辐射,存在于所有的物质之中,是亿万年来存在的客观事实,是正常现象。少量的辐射照射不会危及人类的健康,过量的放射性射线对人体会造成伤害,使人致病、致死。剂量越大,危害越大。人类的很多活动都离不开放射性,因此要认识核辐射、知道核辐射,了解对人体可能造成的危害,也更要注意防护。

一、核辐射概念及分类

(一)核辐射的概念

核辐射是某些物质的原子在不稳定状态下释放的能量,这一现象被称之为放射性。具有这种不稳定状态的原子的物质被称之为放射性核素。核辐射是以波、粒子或光子能量束形式(主要为 α、β、γ 3 种辐射形式)传播的一种能量。辐射的剂量以毫西弗或微西弗来表示。

核辐射属于电离辐射,电离辐射是指它辐射出的物质能使其他物质的电子离开原子核,即能使受作用物质发生电离现象。电离辐射是一切能引起物质电离的辐射的总称,包括粒子辐射和波长小于 100 nm 的电磁辐射,如 X 射线和 γ 射线等。

(二)辐射剂量单位

常见的辐射剂量单位为照射量、吸收剂量、当量剂量和放射性活度,具体的换算关系见表 15-13。

1.照射量　照射量(exposure)是表示射线空间分布的辐射剂量,即在离放射源一定距离的物质受照射线的多少,以 X 射线或者 γ 射线在空气中全部停留下来所产生的电荷量来计算。照射量传统单位是伦琴(roentgen,R),照射量除与放射源的活性大小有关,还与被照物体与放射源的相对位置有关。国际单位是库仑/千克(C/kg),两者换算关系见表 15-13。离放射源越远,受照的照射量越小。

2.吸收剂量　吸收剂量(absorbed dose)为单位质量的受照物质吸收射线的平均能量,单位是戈瑞(gray,Gy),传统单位是拉德(rad),1 Gy 等于 100 rad。一般来说,吸收剂量比较难以测量,多测定照射量来计算,在放射性核素治疗和放射治疗中处方剂量使用的即为吸收剂量。

3.当量剂量　当量剂量 H_{TR}(equivalent dose)表示经辐射的权重因子 W_R 加权的吸收剂量,国际单位是希沃特(sievert,Sv),旧制单位是雷姆(rem),1 Sv = 100 rem。当量剂量不仅与核射线辐射所产生的吸收剂量有关,还与辐射本身的性质如射线的电荷、动能和质量等有关。γ射线、X射线、β射线,正电子的 $W_R=1$,即 1 Sv=1 Gy。

4. 放射性活度　通常把放射源在单位时间内发生衰变的核的数目称之为放射源的放射性活度,单位是贝可(Bq),为了表示活度浓度,固体为每千克贝可(Bq/kg),液体或气体为每升贝可或每立方米贝可(Bq/L 或 Bq/m³)。

表 15-13　常用辐射单位物理量之间的换算关系

物理量	老单位	新单位	换算关系
照射量	伦琴(R)	库仑/千克(C/kg)	$1R=2.58\times10^{-4}$ C/kg
吸收剂量	拉德(rad)	戈瑞(Gy)	1 Gy=100 rad
当量剂量	雷姆(rem)	希[沃特](Sv)	1Sv=100 rem
活度	居里(Ci)	贝克勒尔(Bq)	1Ci=3.7E+10 Bq

(三)作用于人体的核辐射分类

1. 天然本底辐射　天然本底辐射指自然环境中存在的多种射线和放射性物质,包括宇宙射线、放射性核素和地球辐射。宇宙射线是指宇宙空气磁场下高能粒子流进入大气层形成的对地球的天然辐射,其特点是能量范围宽,强度随海拔高度、纬度不同而变化,海拔越高,强度越大,宇宙射线对人体主要产生外照射。宇宙射线进入大气层后产生的放射性核素对人体同样产生影响,他们随尘埃或雨水降落到地面对人体产生内照射。地球辐射指地球中天然存在的放射性核素对人体产生的辐射,其对人体影响有外照射也有内照射。天然本底辐射在正常情况下对人体无害,世界上多数地区的一年平均天然本底辐射剂量为 1~6 mSv,一般患者在一次普通的核医学显像过程中全身接受的平均辐射剂量约为 3.6 mSv。据报道,美国和加拿大地区居民一年受到天然本底辐射剂量约为 3.0 mSv,吸烟者可增至 3.6 mSv。各种天然辐射源对我国公众所致内外照射剂量水平,天然辐射所致剂量总和为 2.26 mSv,波动在 2~3 mSv。

2. 医疗辐射　我国公众所受的各种电离辐射所致照射剂量以天然辐射为主,约占 91.9%,其次为医疗活动带来的辐射,约为 4.9%。医疗辐射总的变化趋势为:一方面接受诊治的人数逐年增加,另一方面技术装备和治疗方式的不断革新使得医疗辐射逐年降低。一般来说,在达到诊疗目标的前提下,降低医疗辐射,杜绝不必要的照射。

3. 其他人工辐射　包括火力发电站释放出来的放射性核素,某些消费产品中掺入放射性核素等,这类虽然当量小,但运用广泛,因此要严格限制。

(四)放射诊断和核医学诊断的医疗照射剂量水平

1. 放射诊断的医疗照射剂量水平　典型的成年人受检者的 X 射线摄影、CT 检查和 X 射线透视的剂量水平在不同检查部位、不同投射方位等均有所不同,见表 15-14。另外,不同的 X 射线机的透视剂量水平也有所差异,普通的医用诊断 X 射线机,其入射体表剂量率为 50 mGy/min,有影像增强器的 X 射线机,其入射体表剂量率为 25 mGy/min,有影像增强器并有自动亮度控制系统的 X 射线机,其入射体表剂量率为 100 mGy/min。

表 15-14　典型成年受检者 X 射线摄影和 CT 检查的剂量水平(部分)

类别	检查部位	投射方位	X 射线:每次摄影入射体表剂量/mGy CT 检查:多层扫描平均剂量/mGy
X 射线摄影	胸	后前位投照(PA)	0.4
		侧位投照(LAT)	1.5
	腰椎	前后位投照(AP)	10
		侧位投照(LAT)	30
		腰骶关节投照(LSJ)	40
CT 检查	头		50
	腰椎		35
	腹部		25

注:参照《电离辐射防护与辐射源安全基本标准》(GB 18871—2002)。

随着多模式显像(PET/CT、SPECT/CT)在临床上的应用,其辐射医疗也引起关注,一项对多家医疗机构研究显示(表 15-15),尽管行全身 PET/CT 检查,其当量剂量仍然较低。

表 15-15　全身 PET/CT 检查的有效当量剂量

检查种类	有效当量剂量/mSv			
	医院 1	医院 2	医院 3	医院 4
PET	7.0	10.2	7.0	7.0
局部增强 CT	18.6	14.1	17.6	14.1

注:PET/CT 的 CT 剂量为低剂量:30～60 mA。

2. 核医学诊断中的活度指导水平　随着分子核医学发展,核医学诊断技术和应用逐渐增多,也提出了加强患者防护的基本要求,也总结出常用核医学检查项目活度指导水平,还提出了对育龄妇女、孕妇、哺乳妇女和儿童患者的防护措施等,在 GB 18871—2002中也首次给出典型成年受检者各种常用核医学诊断的活度指导水平(表 15-16),由此表可见,核医学显像所受的辐射剂量均较低。

表 15-16　典型成年受检者常用核医学诊断的活度指导水平(部分)

检查项目	放射性核素	化学形态	每次检查常用的最大活度/MBq
肺通气显像	^{99m}Tc	DTPA 气溶胶	80
肺灌注显像	^{99m}Tc	HAM(人血清白蛋白)	100
	^{99m}Tc	MAA(大颗粒聚集白蛋白)	185
肺断层显像	^{99m}Tc	MAA	200

(五)医疗治疗中放射性核素的使用

内分泌疾病的中使用^{131}I治疗甲状腺功能亢进症,^{131}I治疗分化型甲状腺癌,属于放射性核素的靶向治疗,我国治疗 Graves 病(GD)的常用^{131}I活度为 2.59～4.44 MBq(70～120 μCi)/g,^{131}I清除分化型甲状腺癌(DTC)术后残留甲状腺组织,一般给予^{131}I活度为 1.11～3.7 GBq(30～100 mCi)。转移性骨肿瘤中使用不同的放射性核素做靶向治疗,见表 15-17,这几种常用的放射性药物均采用静脉缓慢注射。血液疾病的^{32}P生物靶向治疗可治疗真性红细胞增多症、原发性血小板增多症、慢性白血病。放射性核素介入治疗也是当前运用较多的方法,因为放射源可直达病灶部位进行近距离放射治疗,比如癌性胸腹水腔内注射介入治疗、放射性粒子植入治疗、肝癌动脉导管介入治疗等。放射性药物生物靶向治疗也提高了肿瘤局部的放射治疗剂量,减少了对周围正常组织的损伤,如放射免疫治疗、受体介导治疗、基因靶向治疗等。

表 15-17　骨转移常用治疗放射性药物特点

	半衰期	β能量/MeV	γ能量/KeV	常用剂量
^{89}SrCl$_2$	50.5 d	1.5		4 mCi
^{153}Sm-EDTMP	1.9 d	0.8	103	1 mCi/kg
^{186}Re-HEDP	3.8 d	101	137	35 mCi
^{188}Re-HEDP	17 h	2.12	155	0.4～0.6 mCi/kg

(六)核辐射相关国家标准

我国发布的核辐射相关国家标准有:《临床核医学放射卫生防护标准》(GBZ 120—2006),《X射线计算机断层摄影放射防护要求》(GBZ 165—2012),《医用X射线诊断受检者放射卫生防护标准》(GB 16348—2010),《医用X射线诊断放射防护要求》(GBZ 130—2013),《电离辐射防护与辐射源安全基本标准》(GB 18871—2002),《临床核医学的患者防护与质量控制规范》(GB 16361—2012),《医用放射性废物管理卫生防护标准》(GBZ 133—2009),《放射性核素敷贴治疗卫生防护标准》(GBZ 134—2002),《食品中放射性物质限制浓度标准》(GB 14882—1994)等。《电离辐射防护与辐射源安全基本标准》(GB 18871—2002)规定了电离辐射防护和辐射源安全的基本要求,适用于实践和干预中人员所受电离辐射照射的防护和实践中辐射源的安全。表 15-18 则是实践中所引起的照射所要遵循的剂量限值。

表 15-18 剂量限值

接触人员	分类	剂量限值/mSv
职业照射	由审管部门决定的连续 5 年的年平均有效剂量	20
	任何 1 年中的有效剂量	50(6)*
	眼晶体的年当量剂量	150(50)*
	四肢(手和足)或皮肤的年当量剂量	500(150)*
公众照射	年有效剂量	1(5)#
	眼晶体的年当量剂量	15
	皮肤的年当量剂量	50

注:*指年龄为 16~18 岁接受涉及辐射照射就业培训的徒工和在学习过程中需要使用放射源的学生所遵循的限值。#指特殊情况下,如果 5 个连续年的年平均剂量不超过 1 mSv,则某一单一年份的有效剂量可提高到 5 mSv。该数据来自《电离辐射防护与辐射源安全基本标准》(GB 18871—2002)。

二、核辐射对人身造成的危害

核辐射对于人体的影响包括外照射和内照射两种。外照射是指放射性物质直接照射在人体上;内照射是放射性物质进入空气、水、植物,通过呼吸、饮水、吃饭等方式进入人体。大剂量的核辐射致人患病、死亡,辐射也是癌症发病率增加的潜在诱因。核辐射对人体的损害分为确定性效应和随机性效应。确定性效应是接受的辐射剂量超过一定阈值才会出现的效应,其临床表现是脱发、白内障、性欲减退、白细胞降低、各种类型放射病直至死亡。随机性效应是指辐射剂量引起的癌症发病率增加,没有剂量阈值。原则上接受任何小剂量的辐射,都会引起癌症发病率增加。一旦诱发癌症,其严重程度就与接受的辐射量无关。

(一)核辐射后身体表现的症状

1. 恶心和呕吐 恶心和呕吐是典型的辐射病的最早症状。辐射剂量越多,这些症状出现越早。受到辐射后一个小时开始呕吐的人极有可能会死亡。放射病通常会"潜伏"几小时、几天,甚至在接下来的几个星期里都会伴有新的、更严重的症状。

2. 自发性出血 放射病可引起鼻腔、口腔、牙龈和肛门出血。它可以很容易引起人体的挫伤和内部出血,甚至吐血。这些问题发生的原因是辐射耗尽了体内控制出血的血小板。

3. 出血性腹泻 辐射"瞄准"体内细胞迅速繁殖,放射病的原因主要是刺激肠壁,严重时会引起出血性腹泻。

4. 皮肤脱落 暴露于辐射中的皮肤区域可能会形成水疱、变红,像严重的晒伤症状。有时会形成开放性溃疡,甚至皮肤脱落。放射病起初让人感觉不适,然后慢慢感觉好转。但更严重的症状通常将出现在几小时、几天,甚至"潜伏"几个星期。

5. 脱发 辐射伤害毛囊。因此,遭遇大剂量辐射的人往往会在 2~3 周内持续脱发。有时,这种脱发是永久性的。

6.失眠　辐射会令神经系统功能紊乱,导致神经功能兴奋或抑制,突出表现为自主神经功能紊乱,临床症状为头痛、头晕、头胀、失眠、多梦、疲劳无力、四肢酸痛等。

7.贫血　放射病会使人感到虚弱和不舒服,就像严重的流感。红血细胞明显减少,导致贫血并增加了昏厥的危险。

8.口腔溃疡　放射病会导致口腔溃疡。此外,溃疡还可能发生在食管、胃和肠里。

9.感染　随着红细胞减少,可扼制放射性疾病的抗感染的白细胞也跟着减少。因此,增加了细菌、病毒和真菌感染的风险。

根据资料显示,目前国外发生的核辐射致病事件中,患者多表现为疲劳、头昏、失眠、皮肤发红、溃疡、出血、脱发、白血病、呕吐、腹泻等。一般来讲,身体接受的辐射能量越多,其放射病症状越严重,致癌、致畸风险也越大。其中,核辐射者最容易发生白血病、淋巴癌、皮肤癌、甲状腺癌等癌症。受照射时间越长,受到的辐射剂量就越大,危害也越大。各个年龄层人群受核辐射影响排序:①胎儿:细胞分裂最快,辐射影响最明显。②儿童:受辐射较大的儿童若干年后得甲状腺癌的概率要比普通儿童高出 3~5 倍。③青壮年:甲状腺功能正常,代谢活跃。④老人:甲状腺功能相对青壮年不活跃,代谢较迟缓。孕妇和儿童尤其注意避免受到核辐射污染。

(二)核辐射对人体的损伤类型

1.急性核辐射损伤　急性损伤多见于核辐射事故。照射剂量超过 1 Gy(单位:戈)时可引起急性放射病或局部急性损伤;在剂量低于 1 Gy 时,少数人可出现头晕、乏力、食欲减退等轻微症状;剂量在 1~10 Gy 时,出现以造血系统损伤为主的表现;剂量在 10~50 Gy 时,出现以消化道为主症状,若不经治疗,在两周内 100% 死亡;50 Gy 以上出现脑损伤为主症状,可在 2 d 死亡。

2.慢性核辐射损伤　全身长期超剂量慢性照射,可引起慢性放射性病。局部大剂量照射,可产生局部慢性损伤,如慢性皮肤损伤、造血障碍、白内障等。慢性损伤常见于核辐射工作的职业人群。

3.胚胎与胎儿的损伤　胚胎和胎儿对辐射比较敏感,接触辐射可能使死胎率或胎儿畸形率升高,新生儿死亡率也相应升高。据流行病学调查显示,在胎儿期受核辐射照射的儿童中,白血病和某些癌症的发生率较对照组高。

4.远期效应　在中等或大剂量范围内,核辐射致癌已为动物实验和流行病学调查所证实。在受到急慢性照射的人群中,白细胞严重下降,肺癌、甲状腺癌、乳腺癌和骨癌等各种癌症的发生率随照射剂量增加而增高。

5.受核辐射污染后的后遗症问题　受辐射污染后 6 个月会发生的机体变化,包括晶状体浑浊、白内障、男性睾丸和女性卵巢受影响导致永久不育、骨髓受损出现造血功能障碍,以及出现各种癌症。另外也会有遗传效应,令生殖细胞基因或染色体发生变异,导致畸胎等问题。

当然,这些危害虽然可怕,但要造成这些危害,必须达到一定的剂量才行。当辐射剂量小于 100 mSv 时,对人体基本没有影响;100~500 mSv 时,人体也不会产生明显的疾病感觉,但血液中对人体免疫非常关键的白细胞数量会减少;1 000~2 000 mSv 时,会发生轻微的射线疾病,产生疲劳、呕吐、食欲减退、暂时性脱发等,血液中的红细胞减少且不可恢复;2 000~4 000 mSv 时,则会发生严重的射线疾病,如骨骼和骨密度遭到破坏,血液中的红细胞和白细胞数量极度减少,并伴随内出血、呕吐、腹泻等症状;当辐射剂量大于4 000 mSv,将直接导致人的死亡。国际放射防护委员会对人体接受的辐射剂量限值规定,对于从事辐射相关行业人员,所受职业照射为 5 年平均剂量不超过 20 mSv/年,1 年内不超过 50 mSv;对于普通公众,要求 1 年内不超过 5 mSv。

三、核辐射防护

在临床、科研实践中,放射性核素,尤其是开放型放射性核素是完成每一项诊疗或科研成果最基本最重要的要素,要充分认识到核医学辐射防护的重要性,在遵循辐射防护总的原则和措施下,更要注意防止一切有害的确定性效应、限制随机效应的发生率。对于工作人员做好上岗前培训和考核,严格按要求熟练操作,做好外照射防护的同时,也要必须注意预防内照射。

(一)辐射防护基本原则和措施

放射防护应遵从"可合理达到尽量低"剂量的原则,即采用辐射优化的方法,综合考虑社会、经济和其他相关条件,使机体可能遭受的核辐射保持在"可合理达到尽量低"的水平。

1. 放射防护基本原则

(1)核辐射实践的正当化 产生核辐射的任何实践均应经过论证,或确认该项实践是否值得进行,其所致的核辐射危害同社会和个人从中获得的利益相比是可以接受的。即确定该医疗实践是否应该进行。

(2)核辐射防护的最优化 应避免一切不必要的核辐射,用最小的代价,获得最大的净利益,使一切必要的核辐射保持在可合理达到的最低水平。

(3)个体剂量的限值 个体所受到的剂量不应超过规定的剂量限值。在正当化和最优化原则指导下的医疗实践能有力保障参与者获益和安全情况下,《电离辐射防护与辐射源安全基本标准》(GB 18871—2002)明确了我国放射工作人员和公众个人剂量的限值。《X 射线计算机断层摄影放射防护要求》(GBZ 165—2012)公布了针对不同人群、不同部位 CT 检查的诊断参考水平。

2. 外照射防护的措施

(1)时间 应控制受照射的时间,通过熟练的操作、科学有效的工作流程和工作场所分区分流,尽可能缩短接触时间。

(2)距离 应尽量增大与辐射源间的距离,距离越远,人体受到的辐射剂量率就越小。在放射性核素生产、临床和科研中,可用机械手、长柄钳等取用、分装放射源等措施。

(3)设置屏蔽 在放射源和人体之间设置屏蔽措施,使得射线衰减和被吸收是安全有效的一种措施。X 射线、γ 射线通过屏蔽材料时辐射剂量可呈指数衰减,屏蔽 X、γ 射线常用铅、钨等重元素物质作屏蔽材料,墙壁可用钢筋混凝土。β 射线常用有机玻璃、铅、塑料等低原子序数物质作屏蔽材料,能量较高的 β 射线还要注意防护轫致辐射。轫致辐射是指带电粒子通过物质时,因受到原子核电场的作用,其速度突然减小,损失的能量以电磁波的形式辐射出来。β射线防护应采用复合屏蔽的方法。

3. 内照射防护措施　内照射防护要依据以下原则:①要尽可能防止放射性核素进入体内,把放射性核素的年摄入量控制在国家规定的限值内。②在规定区域内进行放射性操作,避免场所及环境污染,定期进行放射性污染检查和监测,对放射性物品进行屏蔽储藏。③要围封、隔离放射性物质防止扩散,除污保洁防止污染,讲究个人防护。

4. α、β和γ射线的防护

(1)α射线的防护　由于α粒子的本质为氦原子核,故而其穿透能力最弱而电离能力最强,因此,对于α射线应注意内照射,其进入体内的主要途径是呼吸和进食时,其防护方法主要是:防止吸入被污染的空气和食入被污染的食物;防止伤口被污染。

(2)β射线的防护　β粒子射线的本质是电子流。其穿透能力比α射线强,比γ射线弱。β射线是比较容易阻挡的,用一般的金属就可以阻挡。β射线容易被表层组织吸收,引起组织表层的辐射损伤,既造成内照射又造成外照射,故其防护较为复杂:避免直接接触被污染的物品,以防皮肤表面的污染和辐射危害;防止吸入被污染的空气和食入被污染的食物;防止伤口被污染;必要时应采用屏蔽措施。

(3)γ射线的防护　γ射线波长很短,穿透力最强而电离能力最弱,可以造成外照射,对人危害很大。其防护的方法主要有以下3种:尽可能减少受照射的时间;增大与辐射源间的距离,因为受照剂量与辐射源的距离的平方成反比;采取屏蔽措施,在人与辐射源之间加一层足够厚的屏蔽物,可以降低外照射剂量,屏蔽的主要材料有铅、钢筋混凝土、水等,我们住的楼房对外部照射来说是很好的屏蔽体。

(二)核医学放射防护与放射性废物处理

放射性核素对于人体危害程度不同,依据核素半衰期、射线种类等,将放射性核素分为4个毒性级别:极毒组,高毒组,中毒组和低毒组。对于核医学工作场所,要按照GB 1887开放型放射性工作场所分级规定进行分级,并采取相应的放射防护措施。放射性药物操作要有专门场所,符合国标GB 18871的规定,做好登记建档等工作。对于工作人员,要做好个人健康监测,在就业前、就业中均需要进行健康检测。

放射性废物不同于普通生活垃圾,应按照特殊垃圾处理。核医学产生的固体废物均属于较短半衰期核素等,半衰期小于15 d的固体废物可采用放置衰变法。在核医学的诊断、治疗过程中,液体放射性废物主要是来自对医疗器械的清洗和核素治疗住院病员产生的放射性排泄物。遵循以储存为主的原则,采用多级放射性污水储存池,衰变处理。放射性药物的分装、标记通常都在密闭通风橱内操作。

(三)医疗照射放射防护要求

国家标准《医疗照射放射防护的基本要求》(GBZ 179—2006)规定了医疗照射的放射防护基本要求,医疗照射事前均需要进行正当性判断,其一般原则是:医疗照射均应有足够的净利益,在能取得相同净利益的情况下,应尽可能采取不涉及医疗照射的替代方法,在无替代方法时也应权衡利弊,证明医疗照射给受诊断或治疗的个人或社会所带来的利益大于可能引起的辐射危害时,医疗照射才是正当的。医疗照射防护的最优化的一般要求如下。

（1）诊疗过程中患者防护最优化的基本目标是使利益最大程度地超过危害。

（2）医疗照射最优化过程应包括设备选择，除经济和社会因素外，应对便于使用、质量保证、患者剂量评价和估算等诸多方面进行考察。

（3）在放射治疗中，应逐例制定对治疗靶区的照射计划。

（4）在儿童检查、群体检查、CT诊断等可能引起患者高剂量照射情况下，应确保适当设备、技术和辅助设备、质量控制等保证。

（5）对帮助和安慰患者的志愿者所受的照射应制定剂量约束值，以便于对他们进行剂量控制。

（6）应给接受核医学诊治的患者提供合法的指导或说明书。

（四）X射线使用过程中的辐射安全防护

X射线设备机房防护设施按照国家建筑标准进行建造，具体到X射线设备，根据工作需要，要用到不同的个人防护用品和辅助防护设施（表15-19）。在医用X射线诊断防护安全操作上，不同的操作类型，安全操作仍有些不同。X射线设备及场所还要按照卫生部门的要求进行定期的状态检测。

表15-19　个人防护用品和辅助防护设施配置要求（部分）

放射检查类型	工作人员		患者和受检者	
	个人防护用品	辅助防护设施	个人防护用品	辅助防护设施
放射诊断学用X射线设备隔室透视、摄影	—	—	铅橡胶性腺防护围裙（方形）或方巾、铅橡胶颈套、铅橡胶帽子	或可调节防护窗口的立体防护屏；固定特殊受检者体位的各种设备
放射诊断学用X射线设备同室透视、摄影	铅橡胶围裙 选配：铅橡胶帽子、铅橡胶颈套、铅橡胶手套、铅防护眼镜	或铅防护屏风	铅橡胶性腺防护围裙（方形）或方巾、铅橡胶颈套、铅橡胶帽子	或可调节防护窗口的立体防护屏；固定特殊受检者体位的各种设备
CT体层扫描（隔室）	—	—	铅橡胶性腺防护围裙（方形）或方巾、铅橡胶颈套、铅橡胶帽子	—
床旁摄影	铅橡胶围裙 选配：铅橡胶帽子、铅橡胶颈套	或铅防护屏风	铅橡胶性腺防护围裙（方形）或方巾、铅橡胶颈套、铅橡胶帽子	—

注：来自GBZ 130—2013，"—"表示无须要求。

1. 医用 X 射线诊断防护安全操作一般要求　①掌握业务技术,接受相关知识培训。②根据不同检查类型和需要,选择使用合适设备、照射条件及相应的防护用品。③按照要求,选择合适参数,在满足医疗诊断条件下,确保能达到预期诊断目标情况下,患者和受检者所受到的照射剂量最低。④尽量不使用普通荧光屏透视,避免卧位透视。⑤X 射线机曝光时关闭与机房相通的门。⑥放射人员接受个人剂量监测等。

2. 透视检查用 X 射线设备防护安全操作要求　①尽量避免使用普通荧光屏检查。②消化道造影检查时要严格控制照射条件和避免重复照射,对工作人员和受检者都应采取有效防护措施。

3. 摄影检查用 X 射线设备防护安全操作要求　①使用不同 X 射线管电压更换附加滤过板。②严格按所需的投照部位调节照射野。③定期对 IP 板进行维护保养。④曝光操作时密切观察受检者状态。

(五)X 射线计算机断层摄影(简称 CT)放射防护要求

按照国家标准 GBZ 165—2012 的要求,CT 机房外人员可能受到照射的年有效剂量小于 0.25 mSv(相应的周有效剂量小于 5 μSv)。另外,要特别注意 CT 操作中的防护要求:①接受相关培训取得资格,掌握专业技能及防护知识。②工作人员和受检者均按要求做好放射防护和辐射安全。③针对临床需要,在满足医疗诊断条件下,尽可能减少受检者所受的照射剂量。④要定期检查控制台上显示患者的剂量指示值。⑤开展 CT 检查,做好非检查部位的防护,无关人员不得滞留在机房内,有必要的则做好防护措施。

四、实验室核辐射的防护

(一)实验室里的辐射安全

(1)使用放射性同位素和射线装置的单位须经报政府环保部门审批,获得《辐射安全许可证》。涉辐场所需设置明显的放射性标识,并对放射源实行专人管理和记录,时常检查,做到账物相符。

(2)涉辐人员必须通过环保部门组织的培训,取得《辐射安全与防护培训合格证书》,超过有效期的需接受复训。

(3)涉辐人员在从事涉辐实验时,必须采取必要的防护措施,规范操作,避免空气污染、表面污染及外照射事故的发生;并正确戴带个人剂量计,接受个人剂量监测。

(4)涉辐人员必须参加职业健康体检。

(5)学生在从事涉辐实验前,应接受指导教师提供的防护知识培训和安全教育,指导教师对学生负有监督和检查的责任。

(6)放射性物品的购买须报批,通过批准方可购买。

(7)若遇到放射源跌落、封装破裂等意外事故,应及时关闭门窗和所有的通风系统,立即向单位领导和上级有关部门报告,启动应急响应,并通知邻近工作人员迅速离开,严密管制现场,严禁无关人员进入,控制事故影响的区域,减少和控制事故的危害和影响。

(8)放射性废弃物需分类收集,并委托具有处置资质的机构进行处置或按照有关要求进行处置。

（二）实验室里的核辐射的预防策略和措施。

1. 做好实验室人员的教育和培训　随着当前核能核技术事业的发展，该技术在工业、农业、医疗和科研领域得到广泛应用。但是对核能与核技术认知度低，对辐射与健康认识存在误区，缺乏必要的辐射防护知识，可以说是谈"核"色变。实验室是人员更要加强相关的健康教育，相比普通民众，实验室人员可能需要长期接触核辐射，因此要加强核辐射相关的教育和培训。通过针对性的教育和培训，使实验室人员，尤其是新进入实验室人员了解本实验室相关辐射源运行的基本知识，掌握基本的应对核辐射突发事件的技能，提高防护意识，增强自我保护能力。

2. 做好实验室里的安全防护工作　在平时的实验工作过程中，要按章操作，切不可急躁，更不能违章操作；工作要按要求穿着工作服，佩戴好防护用品；要在关键的位置做好操作指导牌和警示牌；要在实验室配备核辐射检测仪，一旦核辐射的检测指标超过规定标准，工作人员要及时报告，并且积极地做出相应的补救措施或安全撤离。

3. 做好辐射源的日常维护工作　对于实验室里的辐射源，应做到专人负责管理，要定期联系专业人士进行设备的日常维护工作，平时出现故障要及时报修。对于辐射源，应做好屏蔽防护，屏蔽防护主要是指通过在辐射源和人体之间设置一定厚度的屏蔽物质来达到减少射线辐射的强度目的的方法，因为射线在穿透物质的时候，它的辐射强度会在一定程度上被削弱。屏蔽辐射能够使工作人员在工作时所受到的辐射尽可能地保持在最高剂量以下，以确保相关工作人员的人身安全，从而起到一定的辐射防护目的。

4. 实验室人员的个人防护　实验室人员，尤其是辐射源操作人员需要经常性接触核辐射，因此加强自身的防护尤为重要。除了上述基本的安全防护以外，相关人员要尽量减少与辐射源的接触时间，这就要求相关的工作人员加强工作效率，限制工作时间，相关工作人员就应该在工作之前做好相关的计划，熟练地掌握操作技术，从而减少不必要的时间浪费，达到降低人体受到辐射的目的；尽可能加大人体与操作仪器之间的距离，通过远程操作，降低相关行业工作人员所受到的辐射危害；在平时，要做好食物防护，很多食物都能抗辐射，因此可以经常吃些海带，多喝茶、蜂蜜等抗辐射食品，以增加自身免疫力。

（三）实验室电离辐射保护原则

为了限制电离辐射对人体的有害影响，应该控制使用放射性同位素，并遵守相应的国家标准。辐射防护的管理需要遵循以下 4 项原则：尽可能减少辐射暴露的时间、尽可能增大与辐射源之间的距离、隔离辐射源、用非放射测量技术来取代放射性核素。保护性措施包括以下几个方面。

1. 时间　可以通过下列方法来减少放射性物质操作过程中实验暴露的时间。

（1）不使用放射性核素来进行新的技术和不熟悉的技术工作，直到操作熟练为止。

（2）操作放射性核素要从容、适时，不能急躁。

（3）确保在使用完毕后立即将所有放射源回收并储藏好。

（4）清除实验室内放射性废弃物的周期要短。

（5）在辐射区或实验室停留尽可能少的时间。

（6）进行必要的训练以最有效地安排时间，并对与放射性材料有关的实验操作进行适当计划。根据下述公式,在辐射区域所花的时间愈少,个人受照射剂量就愈小:剂量 = 剂量率×时间。

2.距离 对于大多数 γ 和 X 射线来讲,剂量率与同辐射源之间的距离的平方成反比:剂量率=常数/距离^2,与辐射源之间的距离增大 1 倍,相同时间内的暴露将减少为 1/4。采用各种不同的装置和机械方法来增加操作人员与辐射源之间的距离,例如长柄的钳子、镊子、螺丝钳以及远程移液器。要注意距离的少量增加就可能造成剂量率的显著降低。

3.屏蔽 在辐射源与实验室的操作人员或其他人员之间放置用于吸收或减弱辐射能量的防辐射屏蔽,有助于控制人员的辐射暴露。防辐射装置材料和厚度的选择取决于辐射的穿透能力(类型和能量)。1.3 ~ 1.5 cm 厚的丙烯酸树脂屏障、木板或轻金属可以对高能量的 β 粒子提供屏障保护,而高能量的 γ 射线和 X 射线则需要高密度铅才能提供保护。

4.替代方法 当有其他技术可用时,不应使用放射性核素物质。如果没有替代方法,则应使用穿透力或能量最低的放射性核素。

(四)实验室放射性核素工作的安全操作规范

从事放射性物质工作的规则应包括以下 4 个方面的考虑:辐射区域、实验区域、放射性废弃物区域、记录和应急反应。一些最重要的规则包括以下几个方面。

1.辐射区域

(1)只能在指定区域使用放射活性物质。

(2)只允许必要的工作人员参与。

(3)使用个体防护装备(包括实验室工作服、安全眼镜以及一次性手套)。

(4)监测实验人员的辐射暴露。

使用放射性核素的实验室应便于防护、清洁和清除污染。放射性核素的操作区域应位于与主实验室邻接的小房间里,或位于远离其他设施的实验室指定区域。辐射区域的入口处应张贴国际辐射标志(图 15-2)。

图 15-2 国际辐射标志

2. 实验区域

（1）使用溢出盘，内衬一次性吸收材料。

（2）限制放射性核素的用量。

（3）在辐射区域、工作区域及放射性废弃物区域设置辐射源的隔离防护装置。

（4）辐射容器用辐射标志标示（包括放射性核素种类、活性及检测日期）。

（5）工作结束后，用辐射计测量工作区域、防护服和手的辐射情况。

（6）使用经适当保护的运输容器。

3. 放射性废弃物区域

（1）要经常从工作区域清除放射性废弃物。

（2）要正确记录放射性物质的使用和处理情况。

（3）要筛查超过剂量限度物质的剂量测定记录。

（4）要制订并经常性操练应急反应计划。

（5）应急反应中首先要帮助受伤人员。

（6）要彻底清洁受污染区域。

（7）如果可能，从安全办公室请求协助。

（8）书写并保存事故报告。

参考文献

[1] 叶冬青. 实验室生物安全[M]. 北京：人民卫生出版社，2008.

[2] 世界卫生组织. 实验室生物安全手册[M]. 3版. 北京：中国疾病预防控制中心，2004.

[3] 李少林，王荣福. 核医学[M]. 8版. 北京：人民卫生出版社，2013.

[4] 环境保护部，国家质量监督检验检疫总局. 电磁环境控制限值：GB 8702—2014[S/OL]. 北京：中国环境科学出版社，2014：9. http://www.mee.gov.cn/gkml/hbb/bgg/201410/t20141022_290444.htm.

[5] 中国国家卫生和计划生育委员会. 医用X射线诊断放射防护要求：GBZ 130—2013[S/OL]. (2013-12). http://www.huaian.gov.cn/wap/public/content/1258451131.

[6] 国家质量监督检验检疫总局. 电离辐射防护与辐射源安全基本标准：GB 18871—2002[S/OL]. (2002-10). http://sbc.jiangnan.edu.cn/info/1092/2981.htm.

[7] 国家质量监督检验检疫总局，国家标准化管理委员会. 实验室生物安全通用要求：GB 19489—2008[S/OL]. (2008-12). https://sbc.sxnu.edu.cn/info/1046/1361.htm.

[8] 中国国家卫生和计划生育委员会. 病原微生物实验室生物安全通用准则：WS 233-2017[S/OL]. (2017-07). https://www.cmu.edu.cn/gac/info/1726/3450.htm.

[9] 中华人民共和国卫生部. 工作场所有害因素职业接触限值第2部分：物理因素：GBZ 2.2—2007[S/OL]. (2007-04). https://wenku.baidu.com/view/d3f2b5c8d0f34693daef5ef7ba0d4a7302766c2f.html.

（王鹏飞）

附录一
中华人民共和国生物安全法

（2020 年 10 月 17 日第十三届全国人民代表大会常务委员会第二十二次会议通过）

目　录

第 一 章　总　　则

第一条　为了维护国家安全,防范和应对生物安全风险,保障人民生命健康,保护生物资源和生态环境,促进生物技术健康发展,推动构建人类命运共同体,实现人与自然和谐共生,制定本法。

第二条　本法所称生物安全,是指国家有效防范和应对危险生物因子及相关因素威胁,生物技术能够稳定健康发展,人民生命健康和生态系统相对处于没有危险和不受威胁的状态,生物领域具备维护国家安全和持续发展的能力。

从事下列活动,适用本法:

（一）防控重大新发突发传染病、动植物疫情;

（二）生物技术研究、开发与应用;

（三）病原微生物实验室生物安全管理;

（四）人类遗传资源与生物资源安全管理;

（五）防范外来物种入侵与保护生物多样性;

（六）应对微生物耐药;

（七）防范生物恐怖袭击与防御生物武器威胁;

（八）其他与生物安全相关的活动。

第三条　生物安全是国家安全的重要组成部分。维护生物安全应当贯彻总体国家安全观,统筹发展和安全,坚持以人为本、风险预防、分类管理、协同配合的原则。

第四条　坚持中国共产党对国家生物安全工作的领导,建立健全国家生物安全领导体制,加强国家生物安全风险防控和治理体系建设,提高国家生物安全治理能力。

第五条　国家鼓励生物科技创新,加强生物安全基础设施和生物科技人才队伍建设,支持生物产业发展,以创新驱动提升生物科技水平,增强生物安全保障能力。

第六条　国家加强生物安全领域的国际合作,履行中华人民共和国缔结或者参加的国际条约规定的义务,支持参与生物科技交流合作与生物安全事件国际救援,积极参与生物安全国际规则的研究与制定,推动完善全球生物安全治理。

第七条　各级人民政府及其有关部门应当加强生物安全法律法规和生物安全知识宣传普及工作,引导基层群众性自治组织、社会组织开展生物安全法律法规和生物安全知识宣传,促进全社会生物安全意识的提升。

相关科研院校、医疗机构以及其他企业事业单位应当将生物安全法律法规和生物安全知识纳入教育培训内容,加强学生、从业人员生物安全意识和伦理意识的培养。

新闻媒体应当开展生物安全法律法规和生物安全知识公益宣传,对生物安全违法行为进行舆论监督,增强公众维护生物安全的社会责任意识。

第八条　任何单位和个人不得危害生物安全。

任何单位和个人有权举报危害生物安全的行为;接到举报的部门应当及时依法处理。

第九条　对在生物安全工作中做出突出贡献的单位和个人,县级以上人民政府及其有关部门按照国家规定予以表彰和奖励。

第二章　生物安全风险防控体制

第十条　中央国家安全领导机构负责国家生物安全工作的决策和议事协调,研究制定、指导实施国家生物安全战略和有关重大方针政策,统筹协调国家生物安全的重大事项和重要工作,建立国家生物安全工作协调机制。

省、自治区、直辖市建立生物安全工作协调机制,组织协调、督促推进本行政区域内生物安全相关工作。

第十一条　国家生物安全工作协调机制由国务院卫生健康、农业农村、科学技术、外交等主管部门和有关军事机关组成,分析研判国家生物安全形势,组织协调、督促推进国家生物安全相关工作。国家生物安全工作协调机制设立办公室,负责协调机制的日常工作。

国家生物安全工作协调机制成员单位和国务院其他有关部门根据职责分工,负责生物安全相关工作。

第十二条　国家生物安全工作协调机制设立专家委员会,为国家生物安全战略研究、政策制定及实施提供决策咨询。

国务院有关部门组织建立相关领域、行业的生物安全技术咨询专家委员会,为生物安全工作提供咨询、评估、论证等技术支撑。

第十三条　地方各级人民政府对本行政区域内生物安全工作负责。

县级以上地方人民政府有关部门根据职责分工,负责生物安全相关工作。

基层群众性自治组织应当协助地方人民政府以及有关部门做好生物安全风险防控、应急处置和宣传教育等工作。

有关单位和个人应当配合做好生物安全风险防控和应急处置等工作。

第十四条　国家建立生物安全风险监测预警制度。国家生物安全工作协调机制组织建立国家生物安全风险监测预警体系,提高生物安全风险识别和分析能力。

第十五条　国家建立生物安全风险调查评估制度。国家生物安全工作协调机制应当根据风险监测的数据、资料等信息,定期组织开展生物安全风险调查评估。

有下列情形之一的,有关部门应当及时开展生物安全风险调查评估,依法采取必要的风险防控措施:

(一)通过风险监测或者接到举报发现可能存在生物安全风险;

(二)为确定监督管理的重点领域、重点项目,制定、调整生物安全相关名录或者清单;

(三)发生重大新发突发传染病、动植物疫情等危害生物安全的事件;

(四)需要调查评估的其他情形。

第十六条　国家建立生物安全信息共享制度。国家生物安全工作协调机制组织建立统一的国家生物安全信息平台,有关部门应当将生物安全数据、资料等信息汇交国家生物安全信息平台,实现信息共享。

第十七条　国家建立生物安全信息发布制度。国家生物安全总体情况、重大生物安全风险警示信息、重大生物安全事件及其调查处理信息等重大生物安全信息,由国家生物安全工作协调机制成员单位根据职责分工发布;其他生物安全信息由国务院有关部门和县级以上地方人民政府及其有关部门根据职责权限发布。

任何单位和个人不得编造、散布虚假的生物安全信息。

第十八条　国家建立生物安全名录和清单制度。国务院及其有关部门根据生物安全工作需要,对涉及生物安全的材料、设备、技术、活动、重要生物资源数据、传染病、动植物疫病、外来入侵物种等制定、公布名录或者清单,并动态调整。

第十九条　国家建立生物安全标准制度。国务院标准化主管部门和国务院其他有关部门根据职责分工,制定和完善生物安全领域相关标准。

国家生物安全工作协调机制组织有关部门加强不同领域生物安全标准的协调和衔接,建立和完善生物安全标准体系。

第二十条　国家建立生物安全审查制度。对影响或者可能影响国家安全的生物领域重大事项和活动,由国务院有关部门进行生物安全审查,有效防范和化解生物安全风险。

第二十一条　国家建立统一领导、协同联动、有序高效的生物安全应急制度。

国务院有关部门应当组织制定相关领域、行业生物安全事件应急预案,根据应急预案和统一部署开展应急演练、应急处置、应急救援和事后恢复等工作。

县级以上地方人民政府及其有关部门应当制定并组织、指导和督促相关企业事业单位制定生物安全事件应急预案,加强应急准备、人员培训和应急演练,开展生物安全事件应急处置、应急救援和事后恢复等工作。

中国人民解放军、中国人民武装警察部队按照中央军事委员会的命令,依法参加生物安全事件应急处置和应急救援工作。

第二十二条 国家建立生物安全事件调查溯源制度。发生重大新发突发传染病、动植物疫情和不明原因的生物安全事件,国家生物安全工作协调机制应当组织开展调查溯源,确定事件性质,全面评估事件影响,提出意见建议。

第二十三条 国家建立首次进境或者暂停后恢复进境的动植物、动植物产品、高风险生物因子国家准入制度。

进出境的人员、运输工具、集装箱、货物、物品、包装物和国际航行船舶压舱水排放等应当符合我国生物安全管理要求。

海关对发现的进出境和过境生物安全风险,应当依法处置。经评估为生物安全高风险的人员、运输工具、货物、物品等,应当从指定的国境口岸进境,并采取严格的风险防控措施。

第二十四条 国家建立境外重大生物安全事件应对制度。境外发生重大生物安全事件的,海关依法采取生物安全紧急防控措施,加强证件核验,提高查验比例,暂停相关人员、运输工具、货物、物品等进境。必要时经国务院同意,可以采取暂时关闭有关口岸、封锁有关国境等措施。

第二十五条 县级以上人民政府有关部门应当依法开展生物安全监督检查工作,被检查单位和个人应当配合,如实说明情况,提供资料,不得拒绝、阻挠。

涉及专业技术要求较高、执法业务难度较大的监督检查工作,应当有生物安全专业技术人员参加。

第二十六条 县级以上人民政府有关部门实施生物安全监督检查,可以依法采取下列措施:

(一)进入被检查单位、地点或者涉嫌实施生物安全违法行为的场所进行现场监测、勘查、检查或者核查;

(二)向有关单位和个人了解情况;

(三)查阅、复制有关文件、资料、档案、记录、凭证等;

(四)查封涉嫌实施生物安全违法行为的场所、设施;

(五)扣押涉嫌实施生物安全违法行为的工具、设备以及相关物品;

(六)法律法规规定的其他措施。

有关单位和个人的生物安全违法信息应当依法纳入全国信用信息共享平台。

第三章 防控重大新发突发传染病、动植物疫情

第二十七条 国务院卫生健康、农业农村、林业草原、海关、生态环境主管部门应当建立新发突发传染病、动植物疫情、进出境检疫、生物技术环境安全监测网络,组织监测站点布局、建设,完善监测信息报告系统,开展主动监测和病原检测,并纳入国家生物安全风险监测预警体系。

第二十八条　疾病预防控制机构、动物疫病预防控制机构、植物病虫害预防控制机构(以下统称专业机构)应当对传染病、动植物疫病和列入监测范围的不明原因疾病开展主动监测,收集、分析、报告监测信息,预测新发突发传染病、动植物疫病的发生、流行趋势。

国务院有关部门、县级以上地方人民政府及其有关部门应当根据预测和职责权限及时发布预警,并采取相应的防控措施。

第二十九条　任何单位和个人发现传染病、动植物疫病的,应当及时向医疗机构、有关专业机构或者部门报告。

医疗机构、专业机构及其工作人员发现传染病、动植物疫病或者不明原因的聚集性疾病的,应当及时报告,并采取保护性措施。

依法应当报告的,任何单位和个人不得瞒报、谎报、缓报、漏报,不得授意他人瞒报、谎报、缓报,不得阻碍他人报告。

第三十条　国家建立重大新发突发传染病、动植物疫情联防联控机制。

发生重大新发突发传染病、动植物疫情,应当依照有关法律法规和应急预案的规定及时采取控制措施;国务院卫生健康、农业农村、林业草原主管部门应当立即组织疫情会商研判,将会商研判结论向中央国家安全领导机构和国务院报告,并通报国家生物安全工作协调机制其他成员单位和国务院其他有关部门。

发生重大新发突发传染病、动植物疫情,地方各级人民政府统一履行本行政区域内疫情防控职责,加强组织领导,开展群防群控、医疗救治,动员和鼓励社会力量依法有序参与疫情防控工作。

第三十一条　国家加强国境、口岸传染病和动植物疫情联合防控能力建设,建立传染病、动植物疫情防控国际合作网络,尽早发现、控制重大新发突发传染病、动植物疫情。

第三十二条　国家保护野生动物,加强动物防疫,防止动物源性传染病传播。

第三十三条　国家加强对抗生素药物等抗微生物药物使用和残留的管理,支持应对微生物耐药的基础研究和科技攻关。

县级以上人民政府卫生健康主管部门应当加强对医疗机构合理用药的指导和监督,采取措施防止抗微生物药物的不合理使用。县级以上人民政府农业农村、林业草原主管部门应当加强对农业生产中合理用药的指导和监督,采取措施防止抗微生物药物的不合理使用,降低在农业生产环境中的残留。

国务院卫生健康、农业农村、林业草原、生态环境等主管部门和药品监督管理部门应当根据职责分工,评估抗微生物药物残留对人体健康、环境的危害,建立抗微生物药物污染物指标评价体系。

第四章　生物技术研究、开发与应用安全

第三十四条　国家加强对生物技术研究、开发与应用活动的安全管理,禁止从事危及公众健康、损害生物资源、破坏生态系统和生物多样性等危害生物安全的生物技术研究、开发与应用活动。

从事生物技术研究、开发与应用活动,应当符合伦理原则。

第三十五条　从事生物技术研究、开发与应用活动的单位应当对本单位生物技术研究、开发与应用的安全负责,采取生物安全风险防控措施,制定生物安全培训、跟踪检查、定期报告等工作制度,强化过程管理。

第三十六条　国家对生物技术研究、开发活动实行分类管理。根据对公众健康、工业农业、生态环境等造成危害的风险程度,将生物技术研究、开发活动分为高风险、中风险、低风险三类。

生物技术研究、开发活动风险分类标准及名录由国务院科学技术、卫生健康、农业农村等主管部门根据职责分工,会同国务院其他有关部门制定、调整并公布。

第三十七条　从事生物技术研究、开发活动,应当遵守国家生物技术研究开发安全管理规范。

从事生物技术研究、开发活动,应当进行风险类别判断,密切关注风险变化,及时采取应对措施。

第三十八条　从事高风险、中风险生物技术研究、开发活动,应当由在我国境内依法成立的法人组织进行,并依法取得批准或者进行备案。

从事高风险、中风险生物技术研究、开发活动,应当进行风险评估,制定风险防控计划和生物安全事件应急预案,降低研究、开发活动实施的风险。

第三十九条　国家对涉及生物安全的重要设备和特殊生物因子实行追溯管理。购买或者引进列入管控清单的重要设备和特殊生物因子,应当进行登记,确保可追溯,并报国务院有关部门备案。

个人不得购买或者持有列入管控清单的重要设备和特殊生物因子。

第四十条　从事生物医学新技术临床研究,应当通过伦理审查,并在具备相应条件的医疗机构内进行;进行人体临床研究操作的,应当由符合相应条件的卫生专业技术人员执行。

第四十一条　国务院有关部门依法对生物技术应用活动进行跟踪评估,发现存在生物安全风险的,应当及时采取有效补救和管控措施。

第五章　病原微生物实验室生物安全

第四十二条　国家加强对病原微生物实验室生物安全的管理,制定统一的实验室生物安全标准。病原微生物实验室应当符合生物安全国家标准和要求。

从事病原微生物实验活动,应当严格遵守有关国家标准和实验室技术规范、操作规程,采取安全防范措施。

第四十三条　国家根据病原微生物的传染性、感染后对人和动物的个体或者群体的危害程度,对病原微生物实行分类管理。

从事高致病性或者疑似高致病性病原微生物样本采集、保藏、运输活动,应当具备相应条件,符合生物安全管理规范。具体办法由国务院卫生健康、农业农村主管部门制定。

第四十四条　设立病原微生物实验室,应当依法取得批准或者进行备案。

个人不得设立病原微生物实验室或者从事病原微生物实验活动。

第四十五条　国家根据对病原微生物的生物安全防护水平,对病原微生物实验室实行分等级管理。

从事病原微生物实验活动应当在相应等级的实验室进行。低等级病原微生物实验室不得从事国家病原微生物目录规定应当在高等级病原微生物实验室进行的病原微生物实验活动。

第四十六条 高等级病原微生物实验室从事高致病性或者疑似高致病性病原微生物实验活动,应当经省级以上人民政府卫生健康或者农业农村主管部门批准,并将实验活动情况向批准部门报告。

对我国尚未发现或者已经宣布消灭的病原微生物,未经批准不得从事相关实验活动。

第四十七条 病原微生物实验室应当采取措施,加强对实验动物的管理,防止实验动物逃逸,对使用后的实验动物按照国家规定进行无害化处理,实现实验动物可追溯。禁止将使用后的实验动物流入市场。

病原微生物实验室应当加强对实验活动废弃物的管理,依法对废水、废气以及其他废弃物进行处置,采取措施防止污染。

第四十八条 病原微生物实验室的设立单位负责实验室的生物安全管理,制定科学、严格的管理制度,定期对有关生物安全规定的落实情况进行检查,对实验室设施、设备、材料等进行检查、维护和更新,确保其符合国家标准。

病原微生物实验室设立单位的法定代表人和实验室负责人对实验室的生物安全负责。

第四十九条 病原微生物实验室的设立单位应当建立和完善安全保卫制度,采取安全保卫措施,保障实验室及其病原微生物的安全。

国家加强对高等级病原微生物实验室的安全保卫。高等级病原微生物实验室应当接受公安机关等部门有关实验室安全保卫工作的监督指导,严防高致病性病原微生物泄漏、丢失和被盗、被抢。

国家建立高等级病原微生物实验室人员进入审核制度。进入高等级病原微生物实验室的人员应当经实验室负责人批准。对可能影响实验室生物安全的,不予批准;对批准进入的,应当采取安全保障措施。

第五十条 病原微生物实验室的设立单位应当制定生物安全事件应急预案,定期组织开展人员培训和应急演练。发生高致病性病原微生物泄漏、丢失和被盗、被抢或者其他生物安全风险的,应当按照应急预案的规定及时采取控制措施,并按照国家规定报告。

第五十一条 病原微生物实验室所在地省级人民政府及其卫生健康主管部门应当加强实验室所在地感染性疾病医疗资源配置,提高感染性疾病医疗救治能力。

第五十二条 企业对涉及病原微生物操作的生产车间的生物安全管理,依照有关病原微生物实验室的规定和其他生物安全管理规范进行。

涉及生物毒素、植物有害生物及其他生物因子操作的生物安全实验室的建设和管理,参照有关病原微生物实验室的规定执行。

第六章 人类遗传资源与生物资源安全

第五十三条 国家加强对我国人类遗传资源和生物资源采集、保藏、利用、对外提供等活动的管理和监督,保障人类遗传资源和生物资源安全。

国家对我国人类遗传资源和生物资源享有主权。

第五十四条 国家开展人类遗传资源和生物资源调查。

国务院科学技术主管部门组织开展我国人类遗传资源调查,制定重要遗传家系和特定地区人类遗传资源申报登记办法。

国务院科学技术、自然资源、生态环境、卫生健康、农业农村、林业草原、中医药主管部门根据职责分工,组织开展生物资源调查,制定重要生物资源申报登记办法。

第五十五条 采集、保藏、利用、对外提供我国人类遗传资源,应当符合伦理原则,不得危害公众健康、国家安全和社会公共利益。

第五十六条 从事下列活动,应当经国务院科学技术主管部门批准:

(一)采集我国重要遗传家系、特定地区人类遗传资源或者采集国务院科学技术主管部门规定的种类、数量的人类遗传资源;

(二)保藏我国人类遗传资源;

(三)利用我国人类遗传资源开展国际科学研究合作;

(四)将我国人类遗传资源材料运送、邮寄、携带出境。

前款规定不包括以临床诊疗、采供血服务、查处违法犯罪、兴奋剂检测和殡葬等为目的采集、保藏人类遗传资源及开展的相关活动。

为了取得相关药品和医疗器械在我国上市许可,在临床试验机构利用我国人类遗传资源开展国际合作临床试验、不涉及人类遗传资源出境的,不需要批准;但是,在开展临床试验前应当将拟使用的人类遗传资源种类、数量及用途向国务院科学技术主管部门备案。

境外组织、个人及其设立或者实际控制的机构不得在我国境内采集、保藏我国人类遗传资源,不得向境外提供我国人类遗传资源。

第五十七条 将我国人类遗传资源信息向境外组织、个人及其设立或者实际控制的机构提供或者开放使用的,应当向国务院科学技术主管部门事先报告并提交信息备份。

第五十八条 采集、保藏、利用、运输出境我国珍贵、濒危、特有物种及其可用于再生或者繁殖传代的个体、器官、组织、细胞、基因等遗传资源,应当遵守有关法律法规。

境外组织、个人及其设立或者实际控制的机构获取和利用我国生物资源,应当依法取得批准。

第五十九条 利用我国生物资源开展国际科学研究合作,应当依法取得批准。

利用我国人类遗传资源和生物资源开展国际科学研究合作,应当保证中方单位及其研究人员全过程、实质性地参与研究,依法分享相关权益。

第六十条 国家加强对外来物种入侵的防范和应对,保护生物多样性。国务院农业农村主管部门会同国务院其他有关部门制定外来入侵物种名录和管理办法。

国务院有关部门根据职责分工,加强对外来入侵物种的调查、监测、预警、控制、评估、清除以及生态修复等工作。

任何单位和个人未经批准,不得擅自引进、释放或者丢弃外来物种。

第七章　　防范生物恐怖与生物武器威胁

第六十一条　国家采取一切必要措施防范生物恐怖与生物武器威胁。

禁止开发、制造或者以其他方式获取、储存、持有和使用生物武器。

禁止以任何方式唆使、资助、协助他人开发、制造或者以其他方式获取生物武器。

第六十二条　国务院有关部门制定、修改、公布可被用于生物恐怖活动、制造生物武器的生物体、生物毒素、设备或者技术清单,加强监管,防止其被用于制造生物武器或者恐怖目的。

第六十三条　国务院有关部门和有关军事机关根据职责分工,加强对可被用于生物恐怖活动、制造生物武器的生物体、生物毒素、设备或者技术进出境、进出口、获取、制造、转移和投放等活动的监测、调查,采取必要的防范和处置措施。

第六十四条　国务院有关部门、省级人民政府及其有关部门负责组织遭受生物恐怖袭击、生物武器攻击后的人员救治与安置、环境消毒、生态修复、安全监测和社会秩序恢复等工作。

国务院有关部门、省级人民政府及其有关部门应当有效引导社会舆论科学、准确报道生物恐怖袭击和生物武器攻击事件,及时发布疏散、转移和紧急避难等信息,对应急处置与恢复过程中遭受污染的区域和人员进行长期环境监测和健康监测。

第六十五条　国家组织开展对我国境内战争遗留生物武器及其危害结果、潜在影响的调查。

国家组织建设存放和处理战争遗留生物武器设施,保障对战争遗留生物武器的安全处置。

第八章　　生物安全能力建设

第六十六条　国家制定生物安全事业发展规划,加强生物安全能力建设,提高应对生物安全事件的能力和水平。

县级以上人民政府应当支持生物安全事业发展,按照事权划分,将支持下列生物安全事业发展的相关支出列入政府预算:

(一)监测网络的构建和运行;

(二)应急处置和防控物资的储备;

(三)关键基础设施的建设和运行;

(四)关键技术和产品的研究、开发;

(五)人类遗传资源和生物资源的调查、保藏;

(六)法律法规规定的其他重要生物安全事业。

第六十七条　国家采取措施支持生物安全科技研究,加强生物安全风险防御与管控技术研究,整合优势力量和资源,建立多学科、多部门协同创新的联合攻关机制,推动生物安全核心关键技术和重大防御产品的成果产出与转化应用,提高生物安全的科技保障能力。

第六十八条　国家统筹布局全国生物安全基础设施建设。国务院有关部门根据职责分工,加快建设生物信息、人类遗传资源保藏、菌(毒)种保藏、动植物遗传资源保藏、高等级病原微生物实验室等方面的生物安全国家战略资源平台,建立共享利用机制,为生物安全科技创新提供战略保障和支撑。

第六十九条　国务院有关部门根据职责分工,加强生物基础科学研究人才和生物领域专业技术人才培养,推动生物基础科学学科建设和科学研究。

国家生物安全基础设施重要岗位的从业人员应当具备符合要求的资格,相关信息应当向国务院有关部门备案,并接受岗位培训。

第七十条　国家加强重大新发突发传染病、动植物疫情等生物安全风险防控的物资储备。

国家加强生物安全应急药品、装备等物资的研究、开发和技术储备。国务院有关部门根据职责分工,落实生物安全应急药品、装备等物资研究、开发和技术储备的相关措施。

国务院有关部门和县级以上地方人民政府及其有关部门应当保障生物安全事件应急处置所需的医疗救护设备、救治药品、医疗器械等物资的生产、供应、调配;交通运输主管部门应当及时组织协调运输经营单位优先运送。

第七十一条　国家对从事高致病性病原微生物实验活动、生物安全事件现场处置等高风险生物安全工作的人员,提供有效的防护措施和医疗保障。

第九章　法 律 责 任

第七十二条　违反本法规定,履行生物安全管理职责的工作人员在生物安全工作中滥用职权、玩忽职守、徇私舞弊或者有其他违法行为的,依法给予处分。

第七十三条　违反本法规定,医疗机构、专业机构或者其工作人员瞒报、谎报、缓报、漏报,授意他人瞒报、谎报、缓报,或者阻碍他人报告传染病、动植物疫病或者不明原因的聚集性疾病的,由县级以上人民政府有关部门责令改正,给予警告;对法定代表人、主要负责人、直接负责的主管人员和其他直接责任人员,依法给予处分,并可以依法暂停一定期限的执业活动直至吊销相关执业证书。

违反本法规定,编造、散布虚假的生物安全信息,构成违反治安管理行为的,由公安机关依法给予治安管理处罚。

第七十四条　违反本法规定,从事国家禁止的生物技术研究、开发与应用活动的,由县级以上人民政府卫生健康、科学技术、农业农村主管部门根据职责分工,责令停止违法行为,没收违法所得、技术资料和用于违法行为的工具、设备、原材料等物品,处一百万元以上一千万元以下的罚款,违法所得在一百万元以上的,处违法所得十倍以上二十倍以下的罚款,并可以依法禁止一定期限内从事相应的生物技术研究、开发与应用活动,吊销相关许可证件;对法定代表人、主要负责人、直接负责的主管人员和其他直接责任人员,依法给予处分,处十万元以上二十万元以下的罚款,十年直至终身禁止从事相应的生物技术研究、开发与应用活动,依法吊销相关执业证书。

第七十五条　违反本法规定,从事生物技术研究、开发活动未遵守国家生物技术研究开发安全管理规范的,由县级以上人民政府有关部门根据职责分工,责令改正,给予警告,可以并处二万元以上二十万元以下的罚款;拒不改正或者造成严重后果的,责令停止研究、开发活动,并处二十万元以上二百万元以下的罚款。

第七十六条　违反本法规定,从事病原微生物实验活动未在相应等级的实验室进行,或者高等级病原微生物实验室未经批准从事高致病性、疑似高致病性病原微生物实验活动的,由县级以上地方人民政府卫生健康、农业农村主管部门根据职责分工,责令停止违法行为,监督其将用于实验活动的病原微生物销毁或者送交保藏机构,给予警告;造成传染病传播、流行或者其他严重后果的,对法定代表人、主要负责人、直接负责的主管人员和其他直接责任人员依法给予撤职、开除处分。

第七十七条　违反本法规定,将使用后的实验动物流入市场的,由县级以上人民政府科学技术主管部门责令改正,没收违法所得,并处二十万元以上一百万元以下的罚款,违法所得在二十万元以上的,并处违法所得五倍以上十倍以下的罚款;情节严重的,由发证部门吊销相关许可证件。

第七十八条　违反本法规定,有下列行为之一的,由县级以上人民政府有关部门根据职责分工,责令改正,没收违法所得,给予警告,可以并处十万元以上一百万元以下的罚款:

(一)购买或者引进列入管控清单的重要设备、特殊生物因子未进行登记,或者未报国务院有关部门备案;

(二)个人购买或者持有列入管控清单的重要设备或者特殊生物因子;

(三)个人设立病原微生物实验室或者从事病原微生物实验活动;

(四)未经实验室负责人批准进入高等级病原微生物实验室。

第七十九条　违反本法规定,未经批准,采集、保藏我国人类遗传资源或者利用我国人类遗传资源开展国际科学研究合作的,由国务院科学技术主管部门责令停止违法行为,没收违法所得和违法采集、保藏的人类遗传资源,并处五十万元以上五百万元以下的罚款,违法所得在一百万元以上的,并处违法所得五倍以上十倍以下的罚款;情节严重的,对法定代表人、主要负责人、直接负责的主管人员和其他直接责任人员,依法给予处分,五年内禁止从事相应活动。

第八十条　违反本法规定,境外组织、个人及其设立或者实际控制的机构在我国境内采集、保藏我国人类遗传资源,或者向境外提供我国人类遗传资源的,由国务院科学技术主管部门责令停止违法行为,没收违法所得和违法采集、保藏的人类遗传资源,并处一百万元以上一千万元以下的罚款;违法所得在一百万元以上的,并处违法所得十倍以上二十倍以下的罚款。

第八十一条　违反本法规定,未经批准,擅自引进外来物种的,由县级以上人民政府有关部门根据职责分工,没收引进的外来物种,并处五万元以上二十五万元以下的罚款。

违反本法规定,未经批准,擅自释放或者丢弃外来物种的,由县级以上人民政府有关部门根据职责分工,责令限期捕回、找回释放或者丢弃的外来物种,处一万元以上五万元以下的罚款。

第八十二条　违反本法规定,构成犯罪的,依法追究刑事责任;造成人身、财产或者其他损害的,依法承担民事责任。

第八十三条　违反本法规定的生物安全违法行为,本法未规定法律责任,其他有关法律、行政法规有规定的,依照其规定。

第八十四条　境外组织或者个人通过运输、邮寄、携带危险生物因子入境或者以其他方式危害我国生物安全的,依法追究法律责任,并可以采取其他必要措施。

第十章　附　则

第八十五条　本法下列术语的含义:

(一)生物因子,是指动物、植物、微生物、生物毒素及其他生物活性物质。

(二)重大新发突发传染病,是指我国境内首次出现或者已经宣布消灭再次发生,或者突然发生,造成或者可能造成公众健康和生命安全严重损害,引起社会恐慌,影响社会稳定的传染病。

(三)重大新发突发动物疫情,是指我国境内首次发生或者已经宣布消灭的动物疫病再次发生,或者发病率、死亡率较高的潜伏动物疫病突然发生并迅速传播,给养殖业生产安全造成严重威胁、危害,以及可能对公众健康和生命安全造成危害的情形。

(四)重大新发突发植物疫情,是指我国境内首次发生或者已经宣布消灭的严重危害植物的真菌、细菌、病毒、昆虫、线虫、杂草、害鼠、软体动物等再次引发病虫害,或者本地有害生物突然大范围发生并迅速传播,对农作物、林木等植物造成严重危害的情形。

(五)生物技术研究、开发与应用,是指通过科学和工程原理认识、改造、合成、利用生物而从事的科学研究、技术开发与应用等活动。

(六)病原微生物,是指可以侵犯人、动物引起感染甚至传染病的微生物,包括病毒、细菌、真菌、立克次体、寄生虫等。

(七)植物有害生物,是指能够对农作物、林木等植物造成危害的真菌、细菌、病毒、昆虫、线虫、杂草、害鼠、软体动物等生物。

(八)人类遗传资源,包括人类遗传资源材料和人类遗传资源信息。人类遗传资源材料是指含有人体基因组、基因等遗传物质的器官、组织、细胞等遗传材料。人类遗传资源信息是指利用人类遗传资源材料产生的数据等信息资料。

(九)微生物耐药,是指微生物对抗微生物药物产生抗性,导致抗微生物药物不能有效控制微生物的感染。

(十)生物武器,是指类型和数量不属于预防、保护或者其他和平用途所正当需要的、任何来源或者任何方法产生的微生物剂、其他生物剂以及生物毒素;也包括为将上述生物剂、生物毒素使用于敌对目的或者武装冲突而设计的武器、设备或者运载工具。

(十一)生物恐怖,是指故意使用致病性微生物、生物毒素等实施袭击,损害人类或者动植物健康,引起社会恐慌,企图达到特定政治目的的行为。

第八十六条　生物安全信息属于国家秘密的,应当依照《中华人民共和国保守国家秘密法》和国家其他有关保密规定实施保密管理。

第八十七条　中国人民解放军、中国人民武装警察部队的生物安全活动,由中央军事委员会依照本法规定的原则另行规定。

第八十八条　本法自 2021 年 4 月 15 日起施行。

(臧文巧)

附录二
病原微生物实验室生物安全管理条例

(2004 年 11 月 12 日中华人民共和国国务院令第 424 号公布 根据 2016 年 2 月 6 日《国务院关于修改部分行政法规的决定》第一次修订 根据 2018 年 3 月 19 日《国务院关于修改和废止部分行政法规的决定》第二次修订)

第一章 总 则

第一条 为了加强病原微生物实验室(以下称实验室)生物安全管理,保护实验室工作人员和公众的健康,制定本条例。

第二条 对中华人民共和国境内的实验室及其从事实验活动的生物安全管理,适用本条例。

本条例所称病原微生物,是指能够使人或者动物致病的微生物。

本条例所称实验活动,是指实验室从事与病原微生物菌(毒)种、样本有关的研究、教学、检测、诊断等活动。

第三条 国务院卫生主管部门主管与人体健康有关的实验室及其实验活动的生物安全监督工作。

国务院兽医主管部门主管与动物有关的实验室及其实验活动的生物安全监督工作。

国务院其他有关部门在各自职责范围内负责实验室及其实验活动的生物安全管理工作。

县级以上地方人民政府及其有关部门在各自职责范围内负责实验室及其实验活动的生物安全管理工作。

第四条 国家对病原微生物实行分类管理,对实验室实行分级管理。

第五条 国家实行统一的实验室生物安全标准。实验室应当符合国家标准和要求。

第六条 实验室的设立单位及其主管部门负责实验室日常活动的管理,承担建立健全安全管理制度,检查、维护实验设施、设备,控制实验室感染的职责。

第二章 病原微生物的分类和管理

第七条 国家根据病原微生物的传染性、感染后对个体或者群体的危害程度,将病原微生物分为四类:

第一类病原微生物,是指能够引起人类或者动物非常严重疾病的微生物,以及我国尚未发现或者已经宣布消灭的微生物。

第二类病原微生物,是指能够引起人类或者动物严重疾病,比较容易直接或者间接在人与人、动物与人、动物与动物间传播的微生物。

第三类病原微生物,是指能够引起人类或者动物疾病,但一般情况下对人、动物或者环境不构成严重危害,传播风险有限,实验室感染后很少引起严重疾病,并且具备有效治疗和预防措施的微生物。

第四类病原微生物,是指在通常情况下不会引起人类或者动物疾病的微生物。

第一类、第二类病原微生物统称为高致病性病原微生物。

第八条　人间传染的病原微生物名录由国务院卫生主管部门商国务院有关部门后制定、调整并予以公布;动物间传染的病原微生物名录由国务院兽医主管部门商国务院有关部门后制定、调整并予以公布。

第九条　采集病原微生物样本应当具备下列条件:

(一)具有与采集病原微生物样本所需要的生物安全防护水平相适应的设备;

(二)具有掌握相关专业知识和操作技能的工作人员;

(三)具有有效的防止病原微生物扩散和感染的措施;

(四)具有保证病原微生物样本质量的技术方法和手段。

采集高致病性病原微生物样本的工作人员在采集过程中应当防止病原微生物扩散和感染,并对样本的来源、采集过程和方法等作详细记录。

第十条　运输高致病性病原微生物菌(毒)种或者样本,应当通过陆路运输;没有陆路通道,必须经水路运输的,可以通过水路运输;紧急情况下或者需要将高致病性病原微生物菌(毒)种或者样本运往国外的,可以通过民用航空运输。

第十一条　运输高致病性病原微生物菌(毒)种或者样本,应当具备下列条件:

(一)运输目的、高致病性病原微生物的用途和接收单位符合国务院卫生主管部门或者兽医主管部门的规定;

(二)高致病性病原微生物菌(毒)种或者样本的容器应当密封,容器或者包装材料还应当符合防水、防破损、防外泄、耐高(低)温、耐高压的要求;

(三)容器或者包装材料上应当印有国务院卫生主管部门或者兽医主管部门规定的生物危险标识、警告用语和提示用语。

运输高致病性病原微生物菌(毒)种或者样本,应当经省级以上人民政府卫生主管部门或者兽医主管部门批准。在省、自治区、直辖市行政区域内运输的,由省、自治区、直辖市人民政府卫生主管部门或者兽医主管部门批准;需要跨省、自治区、直辖市运输或者运往国外的,由出发地的省、自治区、直辖市人民政府卫生主管部门或者兽医主管部门进行初审后,分别报国务院卫生主管部门或者兽医主管部门批准。

出入境检验检疫机构在检验检疫过程中需要运输病原微生物样本的,由国务院出入境检验检疫部门批准,并同时向国务院卫生主管部门或者兽医主管部门通报。

通过民用航空运输高致病性病原微生物菌(毒)种或者样本的,除依照本条第二款、第三款规定取得批准外,还应当经国务院民用航空主管部门批准。

有关主管部门应当对申请人提交的关于运输高致病性病原微生物菌(毒)种或者样本的申请材料进行审查,对符合本条第一款规定条件的,应当即时批准。

第十二条　运输高致病性病原微生物菌(毒)种或者样本,应当由不少于2人的专人护送,并采取相应的防护措施。

有关单位或者个人不得通过公共电(汽)车和城市铁路运输病原微生物菌(毒)种或者样本。

第十三条　需要通过铁路、公路、民用航空等公共交通工具运输高致病性病原微生物菌(毒)种或者样本的,承运单位应当凭本条例第十一条规定的批准文件予以运输。

承运单位应当与护送人共同采取措施,确保所运输的高致病性病原微生物菌(毒)种或者样本的安全,严防发生被盗、被抢、丢失、泄漏事件。

第十四条　国务院卫生主管部门或者兽医主管部门指定的菌(毒)种保藏中心或者专业实验室(以下称保藏机构),承担集中储存病原微生物菌(毒)种和样本的任务。

保藏机构应当依照国务院卫生主管部门或者兽医主管部门的规定,储存实验室送交的病原微生物菌(毒)种和样本,并向实验室提供病原微生物菌(毒)种和样本。

保藏机构应当制定严格的安全保管制度,作好病原微生物菌(毒)种和样本进出和储存的记录,建立档案制度,并指定专人负责。对高致病性病原微生物菌(毒)种和样本应当设专库或者专柜单独储存。

保藏机构储存、提供病原微生物菌(毒)种和样本,不得收取任何费用,其经费由同级财政在单位预算中予以保障。

保藏机构的管理办法由国务院卫生主管部门会同国务院兽医主管部门制定。

第十五条　保藏机构应当凭实验室依照本条例的规定取得的从事高致病性病原微生物相关实验活动的批准文件,向实验室提供高致病性病原微生物菌(毒)种和样本,并予以登记。

第十六条　实验室在相关实验活动结束后,应当依照国务院卫生主管部门或者兽医主管部门的规定,及时将病原微生物菌(毒)种和样本就地销毁或者送交保藏机构保管。

保藏机构接受实验室送交的病原微生物菌(毒)种和样本,应当予以登记,并开具接收证明。

第十七条　高致病性病原微生物菌(毒)种或者样本在运输、储存中被盗、被抢、丢失、泄漏的,承运单位、护送人、保藏机构应当采取必要的控制措施,并在 2 小时内分别向承运单位的主管部门、护送人所在单位和保藏机构的主管部门报告,同时向所在地的县级人民政府卫生主管部门或者兽医主管部门报告,发生被盗、被抢、丢失的,还应当向公安机关报告;接到报告的卫生主管部门或者兽医主管部门应当在 2 小时内向本级人民政府报告,并同时向上级人民政府卫生主管部门或者兽医主管部门和国务院卫生主管部门或者兽医主管部门报告。

县级人民政府应当在接到报告后 2 小时内向设区的市级人民政府或者上一级人民政府报告;设区的市级人民政府应当在接到报告后 2 小时内向省、自治区、直辖市人民政府报告。省、自治区、直辖市人民政府应当在接到报告后 1 小时内,向国务院卫生主管部门或者兽医主管部门报告。

任何单位和个人发现高致病性病原微生物菌(毒)种或者样本的容器或者包装材料,应当及时向附近的卫生主管部门或者兽医主管部门报告;接到报告的卫生主管部门或者兽医主管部门应当及时组织调查核实,并依法采取必要的控制措施。

第三章　实验室的设立与管理

第十八条　国家根据实验室对病原微生物的生物安全防护水平,并依照实验室生物安全国家标准的规定,将实验室分为一级、二级、三级、四级。

第十九条　新建、改建、扩建三级、四级实验室或者生产、进口移动式三级、四级实验室应当遵守下列规定:

(一)符合国家生物安全实验室体系规划并依法履行有关审批手续;

(二)经国务院科技主管部门审查同意;

(三)符合国家生物安全实验室建筑技术规范;

(四)依照《中华人民共和国环境影响评价法》的规定进行环境影响评价并经环境保护主管部门审查批准;

(五)生物安全防护级别与其拟从事的实验活动相适应。

前款规定所称国家生物安全实验室体系规划,由国务院投资主管部门会同国务院有关部门制定。制定国家生物安全实验室体系规划应当遵循总量控制、合理布局、资源共享的原则,并应当召开听证会或者论证会,听取公共卫生、环境保护、投资管理和实验室管理等方面专家的意见。

第二十条　三级、四级实验室应当通过实验室国家认可。

国务院认证认可监督管理部门确定的认可机构应当依照实验室生物安全国家标准以及本条例的有关规定,对三级、四级实验室进行认可;实验室通过认可的,颁发相应级别的生物安全实验室证书。证书有效期为 5 年。

第二十一条　一级、二级实验室不得从事高致病性病原微生物实验活动。三级、四级实验室从事高致病性病原微生物实验活动,应当具备下列条件:

(一)实验目的和拟从事的实验活动符合国务院卫生主管部门或者兽医主管部门的规定;

(二)通过实验室国家认可;

(三)具有与拟从事的实验活动相适应的工作人员;

(四)工程质量经建筑主管部门依法检测验收合格。

第二十二条　三级、四级实验室,需要从事某种高致病性病原微生物或者疑似高致病性病原微生物实验活动的,应当依照国务院卫生主管部门或者兽医主管部门的规定报省级以上人民政府卫生主管部门或者兽医主管部门批准。实验活动结果以及工作情况应当向原批准部门报告。

实验室申报或者接受与高致病性病原微生物有关的科研项目,应当符合科研需要和生物安全要求,具有相应的生物安全防护水平。与动物间传染的高致病性病原微生物有关的科研项目,应当经国务院兽医主管部门同意;与人体健康有关的高致病性病原微生物科研项目,实验室应当将立项结果告知省级以上人民政府卫生主管部门。

第二十三条　出入境检验检疫机构、医疗卫生机构、动物防疫机构在实验室开展检测、诊断工作时,发现高致病性病原微生物或者疑似高致病性病原微生物,需要进一步从事这类高致病性病原微生物相关实验活动的,应当依照本条例的规定经批准同意,并在具备相应条件的实验室中进行。

专门从事检测、诊断的实验室应当严格依照国务院卫生主管部门或者兽医主管部门的规定,建立健全规章制度,保证实验室生物安全。

第二十四条　省级以上人民政府卫生主管部门或者兽医主管部门应当自收到需要从事高致病性病原微生物相关实验活动的申请之日起 15 日内作出是否批准的决定。

对出入境检验检疫机构为了检验检疫工作的紧急需要,申请在实验室对高致病性病原微生物或者疑似高致病性病原微生物开展进一步实验活动的,省级以上人民政府卫生主管部门或者兽医主管部门应当自收到申请之时起 2 小时内作出是否批准的决定;2 小时内未作出决定的,实验室可以从事相应的实验活动。

省级以上人民政府卫生主管部门或者兽医主管部门应当为申请人通过电报、电传、传真、电子数据交换和电子邮件等方式提出申请提供方便。

第二十五条　新建、改建或者扩建一级、二级实验室,应当向设区的市级人民政府卫生主管部门或者兽医主管部门备案。设区的市级人民政府卫生主管部门或者兽医主管部门应当每年将备案情况汇总后报省、自治区、直辖市人民政府卫生主管部门或者兽医主管部门。

第二十六条　国务院卫生主管部门和兽医主管部门应当定期汇总并互相通报实验室数量和实验室设立、分布情况,以及三级、四级实验室从事高致病性病原微生物实验活动的情况。

第二十七条　已经建成并通过实验室国家认可的三级、四级实验室应当向所在地的县级人民政府环境保护主管部门备案。环境保护主管部门依照法律、行政法规的规定对实验室排放的废水、废气和其他废物处置情况进行监督检查。

第二十八条　对我国尚未发现或者已经宣布消灭的病原微生物,任何单位和个人未经批准不得从事相关实验活动。

为了预防、控制传染病,需要从事前款所指病原微生物相关实验活动的,应当经国务院卫生主管部门或者兽医主管部门批准,并在批准部门指定的专业实验室中进行。

第二十九条　实验室使用新技术、新方法从事高致病性病原微生物相关实验活动的,应当符合防止高致病性病原微生物扩散、保证生物安全和操作者人身安全的要求,并经国家病原微生物实验室生物安全专家委员会论证;经论证可行的,方可使用。

第三十条　需要在动物体上从事高致病性病原微生物相关实验活动的,应当在符合动物实验室生物安全国家标准的三级以上实验室进行。

第三十一条　实验室的设立单位负责实验室的生物安全管理。

实验室的设立单位应当依照本条例的规定制定科学、严格的管理制度,并定期对有关生物安全规定的落实情况进行检查,定期对实验室设施、设备、材料等进行检查、维护和更新,以确保其符合国家标准。

实验室的设立单位及其主管部门应当加强对实验室日常活动的管理。

第三十二条　实验室负责人为实验室生物安全的第一责任人。

实验室从事实验活动应当严格遵守有关国家标准和实验室技术规范、操作规程。实验室负责人应当指定专人监督检查实验室技术规范和操作规程的落实情况。

第三十三条 从事高致病性病原微生物相关实验活动的实验室的设立单位,应当建立健全安全保卫制度,采取安全保卫措施,严防高致病性病原微生物被盗、被抢、丢失、泄漏,保障实验室及其病原微生物的安全。实验室发生高致病性病原微生物被盗、被抢、丢失、泄漏的,实验室的设立单位应当依照本条例第十七条的规定进行报告。

从事高致病性病原微生物相关实验活动的实验室应当向当地公安机关备案,并接受公安机关有关实验室安全保卫工作的监督指导。

第三十四条 实验室或者实验室的设立单位应当每年定期对工作人员进行培训,保证其掌握实验室技术规范、操作规程、生物安全防护知识和实际操作技能,并进行考核。工作人员经考核合格的,方可上岗。

从事高致病性病原微生物相关实验活动的实验室,应当每半年将培训、考核其工作人员的情况和实验室运行情况向省、自治区、直辖市人民政府卫生主管部门或者兽医主管部门报告。

第三十五条 从事高致病性病原微生物相关实验活动应当有 2 名以上的工作人员共同进行。

进入从事高致病性病原微生物相关实验活动的实验室的工作人员或者其他有关人员,应当经实验室负责人批准。实验室应当为其提供符合防护要求的防护用品并采取其他职业防护措施。从事高致病性病原微生物相关实验活动的实验室,还应当对实验室工作人员进行健康监测,每年组织对其进行体检,并建立健康档案;必要时,应当对实验室工作人员进行预防接种。

第三十六条 在同一个实验室的同一个独立安全区域内,只能同时从事一种高致病性病原微生物的相关实验活动。

第三十七条 实验室应当建立实验档案,记录实验室使用情况和安全监督情况。实验室从事高致病性病原微生物相关实验活动的实验档案保存期,不得少于 20 年。

第三十八条 实验室应当依照环境保护的有关法律、行政法规和国务院有关部门的规定,对废水、废气以及其他废物进行处置,并制定相应的环境保护措施,防止环境污染。

第三十九条 三级、四级实验室应当在明显位置标示国务院卫生主管部门和兽医主管部门规定的生物危险标识和生物安全实验室级别标志。

第四十条 从事高致病性病原微生物相关实验活动的实验室应当制定实验室感染应急处置预案,并向该实验室所在地的省、自治区、直辖市人民政府卫生主管部门或者兽医主管部门备案。

第四十一条 国务院卫生主管部门和兽医主管部门会同国务院有关部门组织病原学、免疫学、检验医学、流行病学、预防兽医学、环境保护和实验室管理等方面的专家,组成国家病原微生物实验室生物安全专家委员会。该委员会承担从事高致病性病原微生物相关实验活动的实验室的设立与运行的生物安全评估和技术咨询、论证工作。

省、自治区、直辖市人民政府卫生主管部门和兽医主管部门会同同级人民政府有关部门组织病原学、免疫学、检验医学、流行病学、预防兽医学、环境保护和实验室管理等方面的专家,组成本地区病原微生物实验室生物安全专家委员会。该委员会承担本地区实验室设立和运行的技术咨询工作。

第四章　实验室感染控制

第四十二条　实验室的设立单位应当指定专门的机构或者人员承担实验室感染控制工作,定期检查实验室的生物安全防护、病原微生物菌(毒)种和样本保存与使用、安全操作、实验室排放的废水和废气以及其他废物处置等规章制度的实施情况。

负责实验室感染控制工作的机构或者人员应当具有与该实验室中的病原微生物有关的传染病防治知识,并定期调查、了解实验室工作人员的健康状况。

第四十三条　实验室工作人员出现与本实验室从事的高致病性病原微生物相关实验活动有关的感染临床症状或者体征时,实验室负责人应当向负责实验室感染控制工作的机构或者人员报告,同时派专人陪同及时就诊;实验室工作人员应当将近期所接触的病原微生物的种类和危险程度如实告知诊治医疗机构。接诊的医疗机构应当及时救治;不具备相应救治条件的,应当依照规定将感染的实验室工作人员转诊至具备相应传染病救治条件的医疗机构;具备相应传染病救治条件的医疗机构应当接诊治疗,不得拒绝救治。

第四十四条　实验室发生高致病性病原微生物泄漏时,实验室工作人员应当立即采取控制措施,防止高致病性病原微生物扩散,并同时向负责实验室感染控制工作的机构或者人员报告。

第四十五条　负责实验室感染控制工作的机构或者人员接到本条例第四十三条、第四十四条规定的报告后,应当立即启动实验室感染应急处置预案,并组织人员对该实验室生物安全状况等情况进行调查;确认发生实验室感染或者高致病性病原微生物泄漏的,应当依照本条例第十七条的规定进行报告,并同时采取控制措施,对有关人员进行医学观察或者隔离治疗,封闭实验室,防止扩散。

第四十六条　卫生主管部门或者兽医主管部门接到关于实验室发生工作人员感染事故或者病原微生物泄漏事件的报告,或者发现实验室从事病原微生物相关实验活动造成实验室感染事故的,应当立即组织疾病预防控制机构、动物防疫监督机构和医疗机构以及其他有关机构依法采取下列预防、控制措施:

(一)封闭被病原微生物污染的实验室或者可能造成病原微生物扩散的场所;

(二)开展流行病学调查;

(三)对病人进行隔离治疗,对相关人员进行医学检查;

(四)对密切接触者进行医学观察;

(五)进行现场消毒;

(六)对染疫或者疑似染疫的动物采取隔离、扑杀等措施;

(七)其他需要采取的预防、控制措施。

第四十七条　医疗机构或者兽医医疗机构及其执行职务的医务人员发现由于实验室感染而引起的与高致病性病原微生物相关的传染病病人、疑似传染病病人或者患有疫病、疑似患有疫病的动物,诊治的医疗机构或者兽医医疗机构应当在2小时内报告所在地的县级人民政府卫生主管部门或者兽医主管部门;接到报告的卫生主管部门或者兽医主管部门应当在2小时内通报实验室所在地的县级人民政府卫生主管部门或者兽医主管部门。接到通报的卫生主管部门或者兽医主管部门应当依照本条例第四十六条的规定采取预防、控制措施。

第四十八条　发生病原微生物扩散,有可能造成传染病暴发、流行时,县级以上人民政府卫生主管部门或者兽医主管部门应当依照有关法律、行政法规的规定以及实验室感染应急处置预案进行处理。

第五章　监督管理

第四十九条　县级以上地方人民政府卫生主管部门、兽医主管部门依照各自分工,履行下列职责:

(一)对病原微生物菌(毒)种、样本的采集、运输、储存进行监督检查;

(二)对从事高致病性病原微生物相关实验活动的实验室是否符合本条例规定的条件进行监督检查;

(三)对实验室或者实验室的设立单位培训、考核其工作人员以及上岗人员的情况进行监督检查;

(四)对实验室是否按照有关国家标准、技术规范和操作规程从事病原微生物相关实验活动进行监督检查。

县级以上地方人民政府卫生主管部门、兽医主管部门,应当主要通过检查反映实验室执行国家有关法律、行政法规以及国家标准和要求的记录、档案、报告,切实履行监督管理职责。

第五十条　县级以上人民政府卫生主管部门、兽医主管部门、环境保护主管部门在履行监督检查职责时,有权进入被检查单位和病原微生物泄漏或者扩散现场调查取证、采集样品,查阅复制有关资料。需要进入从事高致病性病原微生物相关实验活动的实验室调查取证、采集样品的,应当指定或者委托专业机构实施。被检查单位应当予以配合,不得拒绝、阻挠。

第五十一条　国务院认证认可监督管理部门依照《中华人民共和国认证认可条例》的规定对实验室认可活动进行监督检查。

第五十二条　卫生主管部门、兽医主管部门、环境保护主管部门应当依据法定的职权和程序履行职责,做到公正、公平、公开、文明、高效。

第五十三条　卫生主管部门、兽医主管部门、环境保护主管部门的执法人员执行职务时,应当有 2 名以上执法人员参加,出示执法证件,并依照规定填写执法文书。

现场检查笔录、采样记录等文书经核对无误后,应当由执法人员和被检查人、被采样人签名。被检查人、被采样人拒绝签名的,执法人员应当在自己签名后注明情况。

第五十四条　卫生主管部门、兽医主管部门、环境保护主管部门及其执法人员执行职务,应当自觉接受社会和公民的监督。公民、法人和其他组织有权向上级人民政府及其卫生主管部门、兽医主管部门、环境保护主管部门举报地方人民政府及其有关主管部门不依照规定履行职责的情况。接到举报的有关人民政府或者其卫生主管部门、兽医主管部门、环境保护主管部门,应当及时调查处理。

第五十五条　上级人民政府卫生主管部门、兽医主管部门、环境保护主管部门发现属于下级人民政府卫生主管部门、兽医主管部门、环境保护主管部门职责范围内需要处理的事项的,应当及时告知该部门处理;下级人民政府卫生主管部门、兽医主管部门、环境保护主管部门不及时处理或者不积极履行本部门职责的,上级人民政府卫生主管部门、兽医主管部门、环境保护主管部门应当责令其限期改正;逾期不改正的,上级人民政府卫生主管部门、兽医主管部门、环境保护主管部门有权直接予以处理。

第六章 法律责任

第五十六条 三级、四级实验室未经批准从事某种高致病性病原微生物或者疑似高致病性病原微生物实验活动的,由县级以上地方人民政府卫生主管部门、兽医主管部门依照各自职责,责令停止有关活动,监督其将用于实验活动的病原微生物销毁或者送交保藏机构,并给予警告;造成传染病传播、流行或者其他严重后果的,由实验室的设立单位对主要负责人、直接负责的主管人员和其他直接责任人员,依法给予撤职、开除的处分;构成犯罪的,依法追究刑事责任。

第五十七条 卫生主管部门或者兽医主管部门违反本条例的规定,准予不符合本条例规定条件的实验室从事高致病性病原微生物相关实验活动的,由作出批准决定的卫生主管部门或者兽医主管部门撤销原批准决定,责令有关实验室立即停止有关活动,并监督其将用于实验活动的病原微生物销毁或者送交保藏机构,对直接负责的主管人员和其他直接责任人员依法给予行政处分;构成犯罪的,依法追究刑事责任。

因违法作出批准决定给当事人的合法权益造成损害的,作出批准决定的卫生主管部门或者兽医主管部门应当依法承担赔偿责任。

第五十八条 卫生主管部门或者兽医主管部门对出入境检验检疫机构为了检验检疫工作的紧急需要,申请在实验室对高致病性病原微生物或者疑似高致病性病原微生物开展进一步检测活动,不在法定期限内作出是否批准决定的,由其上级行政机关或者监察机关责令改正,给予警告;造成传染病传播、流行或者其他严重后果的,对直接负责的主管人员和其他直接责任人员依法给予撤职、开除的行政处分;构成犯罪的,依法追究刑事责任。

第五十九条 违反本条例规定,在不符合相应生物安全要求的实验室从事病原微生物相关实验活动的,由县级以上地方人民政府卫生主管部门、兽医主管部门依照各自职责,责令停止有关活动,监督其将用于实验活动的病原微生物销毁或者送交保藏机构,并给予警告;造成传染病传播、流行或者其他严重后果的,由实验室的设立单位对主要负责人、直接负责的主管人员和其他直接责任人员,依法给予撤职、开除的处分;构成犯罪的,依法追究刑事责任。

第六十条 实验室有下列行为之一的,由县级以上地方人民政府卫生主管部门、兽医主管部门依照各自职责,责令限期改正,给予警告;逾期不改正的,由实验室的设立单位对主要负责人、直接负责的主管人员和其他直接责任人员,依法给予撤职、开除的处分;有许可证件的,并由原发证部门吊销有关许可证件:

(一)未依照规定在明显位置标示国务院卫生主管部门和兽医主管部门规定的生物危险标识和生物安全实验室级别标志的;

（二）未向原批准部门报告实验活动结果以及工作情况的；

（三）未依照规定采集病原微生物样本，或者对所采集样本的来源、采集过程和方法等未作详细记录的；

（四）新建、改建或者扩建一级、二级实验室未向设区的市级人民政府卫生主管部门或者兽医主管部门备案的；

（五）未依照规定定期对工作人员进行培训，或者工作人员考核不合格允许其上岗，或者批准未采取防护措施的人员进入实验室的；

（六）实验室工作人员未遵守实验室生物安全技术规范和操作规程的；

（七）未依照规定建立或者保存实验档案的；

（八）未依照规定制定实验室感染应急处置预案并备案的。

第六十一条　经依法批准从事高致病性病原微生物相关实验活动的实验室的设立单位未建立健全安全保卫制度，或者未采取安全保卫措施的，由县级以上地方人民政府卫生主管部门、兽医主管部门依照各自职责，责令限期改正；逾期不改正，导致高致病性病原微生物菌（毒）种、样本被盗、被抢或者造成其他严重后果的，责令停止该项实验活动，该实验室2年内不得申请从事高致病性病原微生物实验活动；造成传染病传播、流行的，该实验室设立单位的主管部门还应当对该实验室的设立单位的直接负责的主管人员和其他直接责任人员，依法给予降级、撤职、开除的处分；构成犯罪的，依法追究刑事责任。

第六十二条　未经批准运输高致病性病原微生物菌（毒）种或者样本，或者承运单位经批准运输高致病性病原微生物菌（毒）种或者样本未履行保护义务，导致高致病性病原微生物菌（毒）种或者样本被盗、被抢、丢失、泄漏的，由县级以上地方人民政府卫生主管部门、兽医主管部门依照各自职责，责令采取措施，消除隐患，给予警告；造成传染病传播、流行或者其他严重后果的，由托运单位和承运单位的主管部门对主要负责人、直接负责的主管人员和其他直接责任人员，依法给予撤职、开除的处分；构成犯罪的，依法追究刑事责任。

第六十三条　有下列行为之一的，由实验室所在地的设区的市级以上地方人民政府卫生主管部门、兽医主管部门依照各自职责，责令有关单位立即停止违法活动，监督其将病原微生物销毁或者送交保藏机构；造成传染病传播、流行或者其他严重后果的，由其所在单位或者其上级主管部门对主要负责人、直接负责的主管人员和其他直接责任人员，依法给予撤职、开除的处分；有许可证件的，并由原发证部门吊销有关许可证件；构成犯罪的，依法追究刑事责任：

（一）实验室在相关实验活动结束后，未依照规定及时将病原微生物菌（毒）种和样本就地销毁或者送交保藏机构保管的；

（二）实验室使用新技术、新方法从事高致病性病原微生物相关实验活动未经国家病原微生物实验室生物安全专家委员会论证的；

（三）未经批准擅自从事在我国尚未发现或者已经宣布消灭的病原微生物相关实验活动的；

（四）在未经指定的专业实验室从事在我国尚未发现或者已经宣布消灭的病原微生

物相关实验活动的;

(五)在同一个实验室的同一个独立安全区域内同时从事两种或者两种以上高致病性病原微生物的相关实验活动的。

第六十四条 认可机构对不符合实验室生物安全国家标准以及本条例规定条件的实验室予以认可,或者对符合实验室生物安全国家标准以及本条例规定条件的实验室不予认可的,由国务院认证认可监督管理部门责令限期改正,给予警告;造成传染病传播、流行或者其他严重后果的,由国务院认证认可监督管理部门撤销其认可资格,有上级主管部门的,由其上级主管部门对主要负责人、直接负责的主管人员和其他直接责任人员依法给予撤职、开除的处分;构成犯罪的,依法追究刑事责任。

第六十五条 实验室工作人员出现该实验室从事的病原微生物相关实验活动有关的感染临床症状或者体征,以及实验室发生高致病性病原微生物泄漏时,实验室负责人、实验室工作人员、负责实验室感染控制的专门机构或者人员未依照规定报告,或者未依照规定采取控制措施的,由县级以上地方人民政府卫生主管部门、兽医主管部门依照各自职责,责令限期改正,给予警告;造成传染病传播、流行或者其他严重后果的,由其设立单位对实验室主要负责人、直接负责的主管人员和其他直接责任人员,依法给予撤职、开除的处分;有许可证件的,并由原发证部门吊销有关许可证件;构成犯罪的,依法追究刑事责任。

第六十六条 拒绝接受卫生主管部门、兽医主管部门依法开展有关高致病性病原微生物扩散的调查取证、采集样品等活动或者依照本条例规定采取有关预防、控制措施的,由县级以上人民政府卫生主管部门、兽医主管部门依照各自职责,责令改正,给予警告;造成传染病传播、流行以及其他严重后果的,由实验室的设立单位对实验室主要负责人、直接负责的主管人员和其他直接责任人员,依法给予降级、撤职、开除的处分;有许可证件的,并由原发证部门吊销有关许可证件;构成犯罪的,依法追究刑事责任。

第六十七条 发生病原微生物被盗、被抢、丢失、泄漏,承运单位、护送人、保藏机构和实验室的设立单位未依照本条例的规定报告的,由所在地的县级人民政府卫生主管部门或者兽医主管部门给予警告;造成传染病传播、流行或者其他严重后果的,由实验室的设立单位或者承运单位、保藏机构的上级主管部门对主要负责人、直接负责的主管人员和其他直接责任人员,依法给予撤职、开除的处分;构成犯罪的,依法追究刑事责任。

第六十八条 保藏机构未依照规定储存实验室送交的菌(毒)种和样本,或者未依照规定提供菌(毒)种和样本的,由其指定部门责令限期改正,收回违法提供的菌(毒)种和样本,并给予警告;造成传染病传播、流行或者其他严重后果的,由其所在单位或者其上级主管部门对主要负责人、直接负责的主管人员和其他直接责任人员,依法给予撤职、开除的处分;构成犯罪的,依法追究刑事责任。

第六十九条 县级以上人民政府有关主管部门,未依照本条例的规定履行实验室及其实验活动监督检查职责的,由有关人民政府在各自职责范围内责令改正,通报批评;造成传染病传播、流行或者其他严重后果的,对直接负责的主管人员,依法给予行政处分;构成犯罪的,依法追究刑事责任。

第七章 附 则

第七十条 军队实验室由中国人民解放军卫生主管部门参照本条例负责监督管理。

第七十一条 本条例施行前设立的实验室,应当自本条例施行之日起 6 个月内,依照本条例的规定,办理有关手续。

第七十二条 本条例自公布之日起施行。

（臧文巧）

附录三

《人间传染的病原微生物名录》

附表1　病毒分类名录

序号	病毒名称 英文名	病毒名称 中文名	分类学地位	危害程度分类	病毒培养 a	动物感染实验 b	未经培养的感染材料的操作 c	灭活材料的操作 d	无感染性材料的操作 e	A/B	UN编号	备注
1	Alastrim virus	类天花病毒	痘病毒科	第一类	BSL-4	ABSL-4	BSL-3	BSL-2	BSL-1	A	UN2814	
2	Crimean-Congo hemorrhagic fever virus(Xinjiang hemorrhagic fever virus)	克里米亚—刚果出血热病毒（新疆出血热病毒）	布尼亚病毒科	第一类	BSL-3	ABSL-3	BSL-3	BSL-2	BSL-1	A	UN2814	
3	Eastern equine encephalitis virus	东方马脑炎病毒	披膜病毒科	第一类	BSL-3	ABSL-3	BSL-3	BSL-2	BSL-1	A	UN2814	仅培养物A类
4	Ebola virus	埃博拉病毒	丝状病毒科	第一类	BSL-4	ABSL-4	BSL-3	BSL-2	BSL-1	A	UN2814	
5	Flexal virus	Flexal病毒	沙粒病毒科	第一类	BSL-4	ABSL-4	BSL-3	BSL-2	BSL-1	A	UN2814	
6	Guanarito virus	瓜纳瑞托病毒	沙粒病毒科	第一类	BSL-4	ABSL-4	BSL-3	BSL-2	BSL-1	A	UN2814	
7	Hanzalova virus	Hanzalova病毒	黄病毒科	第一类	BSL-4	ABSL-4	BSL-3	BSL-2	BSL-1	A	UN2814	
8	Hendra virus	亨德拉病毒	副粘病毒科	第一类	BSL-4	ABSL-4	BSL-3	BSL-2	BSL-1	A	UN2814	

序号	病毒名称			危害程度分类	实验活动所需生物安全实验室级别					运输包装分类 f		备注
	英文名	中文名	分类学地位		病毒培养 a	动物感染实验 b	未经培养的感染材料的操作 c	灭活材料的操作 d	无感染性材料的操作 e	A/B	UN编号	
9	Herpesvirus simiae	猿疱疹病毒	疱疹病毒科 B	第一类	BSL-3	ABSL-3	BSL-2	BSL-2	BSL-1	A	UN2814	仅病毒培养物为 A 类
10	Hypr virus	Hypr 病毒	黄病毒科	第一类	BSL-4	ABSL-4	BSL-3	BSL-2	BSL-1	A	UN2814	
11	Junin virus	鸠宁病毒	沙粒病毒科	第一类	BSL-4	ABSL-4	BSL-3	BSL-2	BSL-1	A	UN2814	
12	Kumlinge virus	Kumlinge 病毒	黄病毒科	第一类	BSL-4	ABSL-4	BSL-3	BSL-2	BSL-1	A	UN2814	
13	Kyasanur Forest disease virus	卡萨诺尔森林病病毒	黄病毒科	第一类	BSL-4	ABSL-4	BSL-3	BSL-2	BSL-1	A	UN2814	
14	Lassa fever virus	拉沙热病毒	沙粒病毒科	第一类	BSL-4	ABSL-4	BSL-3	BSL-2	BSL-1	A	UN2814	
15	Louping ill virus	跳跃病病毒	黄病毒科	第一类	BSL-4	ABSL-4	BSL-3	BSL-2	BSL-1	A	UN2814	
16	Machupo virus	马秋波病毒	沙粒病毒科	第一类	BSL-4	ABSL-4	BSL-3	BSL-2	BSL-1	A	UN2814	
17	Marburg virus	马尔堡病毒	丝状病毒科	第一类	BSL-4	ABSL-4	BSL-3	BSL-2	BSL-1	A	UN2814	
18	Monkeypox virus	猴痘病毒	痘病毒科	第一类	BSL-3	BSL-3	BSL-3	BSL-2	BSL-1	A	UN2814	
19	Mopeia virus（and other Tacaribe viruses）	Mopeia 病毒（和其他 Tacaribe 病毒）	沙粒病毒科	第一类	BSL-4	ABSL-4	BSL-3	BSL-2	BSL-1	A	UN2814	

| 序号 | 病毒名称 | | 分类学地位 | 危害程度分类 | 实验活动所需生物安全实验室级别 | | | | | 运输包装分类 f | | 备注 |
	英文名	中文名			病毒培养 a	动物感染实验 b	未经培养的感染材料的操作 c	灭活材料的操作 d	无感染性材料的操作 e	A/B	UN编号	
20	Nipah virus	尼巴病毒	副粘病毒科	第一类	BSL-4	ABSL-4	BSL-3	BSL-2	BSL-1	A	UN2814	
21	Omsk hemorrhagic fever virus	鄂木斯克出血热病毒	黄病毒科	第一类	BSL-4	ABSL-4	BSL-3	BSL-2	BSL-1	A	UN2814	
22	Sabia virus	Sabia病毒	沙粒病毒科	第一类	BSL-4	ABSL-4	BSL-3	BSL-2	BSL-1	A	UN2814	
23	St. Louis encephalitis virus	圣路易斯脑炎病毒	黄病毒科	第一类	BSL-3	ABSL-3	BSL-2	BSL-1	BSL-1	A	UN2814	
24	Tacaribe virus	Tacaribe病毒	沙粒病毒科	第一类	BSL-4	ABSL-4	BSL-2	BSL-2	BSL-1	A	UN2814	
25	Variola virus	天花病毒	痘病毒科	第一类	BSL-4	ABSL-4	BSL-2	BSL-1	BSL-1	A	UN2814	有疫苗
26	Venezuelan equine encephalitis virus	委内瑞拉马脑炎病毒	披膜病毒科	第一类	BSL-3	ABSL-3	BSL-2	BSL-1	BSL-1	A	UN2814	
27	Western equine encephalomyelitis virus	西方马脑炎病毒	披膜病毒科	第一类	BSL-3	ABSL-3	BSL-2	BSL-1	BSL-1	A	UN2814	
28	Yellow fever virus	黄热病毒	黄病毒科	第一类	BSL-3	ABSL-3	BSL-2	BSL-1	BSL-1	A	UN2814	仅病毒培养物为A类,有疫苗
29	Tick-borne encephalitis virus g	蜱传脑炎病毒 g	黄病毒科	第一类	BSL-3	ABSL-3	BSL-3	BSL-1	BSL-1	A	UN2814	仅病毒培养物为A类,有疫苗
30	Bunyamwera virus	布尼亚维拉病毒	布尼亚病毒科	第二类	BSL-3	ABSL-3	BSL-2	BSL-1	BSL-1	A	UN2814	

| 序号 | 病毒名称 | | | 危害程度分类 | 实验活动所需生物安全实验室级别 | | | | | 运输包装分类 f | | 备注 |
	英文名	中文名	分类学地位		病毒培养 a	动物感染实验 b	未经培养的感染材料的操作 c	灭活材料的操作 d	无感染性材料的操作 e	A/B	UN编号	
31	California encephalitis virus	加利福利亚脑炎病毒	布尼亚病毒科	第二类	BSL-3	ABSL-3	BSL-2	BSL-1	BSL-1	A	UN2814	
32	Chikungunya virus	基孔肯尼雅病毒	披膜病毒科	第二类	BSL-3	ABSL-3	BSL-2	BSL-1	BSL-1	A	UN2814	
33	Dhori virus	多里病毒	正粘病毒科	第二类	BSL-3	ABSL-3	BSL-2	BSL-1	BSL-1	A	UN2814	
34	Everglades virus	Everglades 病毒	披膜病毒科	第二类	BSL-3	ABSL-3	BSL-2	BSL-1	BSL-1	A	UN2814	
35	Foot-and-mouth disease virus	口蹄疫病毒	小RNA病毒科	第二类	BSL-3	ABSL-3	BSL-2	BSL-1	BSL-1	A	UN2814	
36	Garba virus	Garba 病毒	弹状病毒科	第二类	BSL-3	ABSL-3	BSL-2	BSL-1	BSL-1	A	UN2814	
37	Germiston virus	Germiston 病毒	布尼亚病毒科	第二类	BSL-3	ABSL-3	BSL-2	BSL-1	BSL-1	A	UN2814	
38	Getah virus	Getah 病毒	披膜病毒科	第二类	BSL-3	ABSL-3	BSL-2	BSL-1	BSL-1	A	UN2814	
39	Gordil virus	Gordil 病毒	布尼亚病毒科	第二类	BSL-3	ABSL-3	BSL-2	BSL-1	BSL-1	A	UN2814	
40	Hantaviruses, other	其他汉坦病毒	布尼亚病毒科	第二类	BSL-3	ABSL-3	BSL-2	BSL-1	BSL-1	A	UN2814	仅病毒培养物为A类
41	Hantaviruses cause pulmonary syndrome	引起肺综合征的汉坦病毒	布尼亚病毒科	第二类	BSL-3	ABSL-3	BSL-2	BSL-1	BSL-1	A	UN2814	仅病毒培养物为A类

序号	病毒名称			危害程度分类	实验活动所需生物安全实验室级别					运输包装分类 f		备注
	英文名	中文名	分类学地位		病毒培养 a	动物感染实验 b	未经培养的感染材料的操作 c	灭活材料的操作 d	无感染性材料的操作 e	A/B	UN编号	
42	Hantaviruses cause hemorrhagic fever with renal syndrome	引起肾综合征出血热的汉坦病毒	布尼亚病毒科	第二类	BSL-2	ABSL-3	BSL-2	BSL-1	BSL-1	A	UN2814	有疫苗。仅病毒培养物为A类
43	Herpesvirus saimiri	松鼠猴疱疹病毒	疱疹病毒科	第二类	BSL-3	ABSL-3	BSL-2	BSL-1	BSL-1	A	UN2814	
44	High pathogenic avian influenza virus	高致病性禽流感病毒	正粘病毒科	第二类	BSL-3	ABSL-3	BSL-2	BSL-1	BSL-1	A	UN2814	仅病毒培养物为A类
45	Human immunode-ficiency virus(HIV)typy 1 and 2 virus	艾滋病毒（I型和II型）	逆转录病毒科	第二类	BSL-3	ABSL-3	BSL-2	BSL-1	BSL-1	A	UN2814	仅病毒培养物为A类
46	Inhangapi virus	Inhangapi病毒	弹状病毒科	第二类	BSL-3	ABSL-3	BSL-2	BSL-1	BSL-1	A	UN2814	
47	Inini virus	Inini病毒	布尼亚病毒科	第二类	BSL-3	ABSL-3	BSL-2	BSL-1	BSL-1	A	UN2814	
48	Issyk-Kul virus	Issyk-Kul病毒	布尼亚病毒科	第二类	BSL-3	ABSL-3	BSL-2	BSL-1	BSL-1	A	UN2814	
49	Itaituba virus	Itaituba病毒	布尼亚病毒科	第二类	BSL-3	ABSL-3	BSL-2	BSL-1	BSL-1	A	UN2814	
50	Japanese encephalitis virus	乙型脑炎病毒	黄病毒科	第二类	BSL-2	ABSL-2	BSL-2	BSL-1	BSL-1	A	UN2814	有疫苗。仅病毒培养物为A类
51	Khasan virus	Khasan病毒	布尼亚病毒科	第二类	BSL-3	ABSL-3	BSL-2	BSL-1	BSL-1	A	UN2814	
52	Kyzylagach virus	Kyz病毒	披膜病毒科	第二类	BSL-3	ABSL-3	BSL-2	BSL-1	BSL-1	A	UN2814	

| 序号 | 病毒名称 | | | 危害程度分类 | 实验活动所需生物安全实验室级别 | | | | | 运输包装分类 f | | 备注 |
	英文名	中文名	分类学地位		病毒培养 a	动物感染实验 b	未经培养的感染材料的操作 c	灭活材料的操作 d	无感染性材料的操作 e	A/B	UN编号	
53	Lymphocytic choriomeningitis (neurotropic) virus	淋巴细胞性脉络丛脑膜炎（嗜神经性的）病毒	沙粒病毒科	第二类	BSL-3	ABSL-3	BSL-2	BSL-1	BSL-1	A	UN2814	
54	Mayaro virus	Mayaro病毒	披膜病毒科	第二类	BSL-3	ABSL-3	BSL-2	BSL-1	BSL-1	A	UN2814	
55	Middelburg virus	米德尔堡病毒	披膜病毒科	第二类	BSL-3	ABSL-3	BSL-2	BSL-1	BSL-1	A	UN2814	
56	Milker's nodule virus	挤奶工结节病毒	痘病毒科	第二类	BSL-3	ABSL-3	BSL-2	BSL-1	BSL-1	A	UN2814	
57	Mucambo virus	Murcambo病毒	披膜病毒科	第二类	BSL-3	ABSL-3	BSL-2	BSL-1	BSL-1	A	UN2814	
58	Murray valley encephalitis virus (Australia encephalitis virus)	墨累谷脑炎病毒（澳大利亚脑炎病毒）	黄病毒科	第二类	BSL-3	ABSL-3	BSL-2	BSL-1	BSL-1	A	UN2814	
59	Nairobi sheep disease virus	内罗毕绵羊病病毒	布尼亚病毒科	第二类	BSL-3	ABSL-3	BSL-2	BSL-1	BSL-1	A	UN2814	
60	Ndumu virus	恩杜姆病毒	披膜病毒科	第二类	BSL-3	ABSL-3	BSL-2	BSL-1	BSL-1	A	UN2814	
61	Negishi virus	Negishi病毒	黄病毒科	第二类	BSL-3	ABSL-3	BSL-2	BSL-1	BSL-1	A	UN2814	
62	Newcastle disease virus	新城疫病毒	副粘病毒科	第二类	BSL-3	ABSL-3	BSL-2	BSL-1	BSL-1	A	UN2900	
63	Orf virus	口疮病毒	痘病毒科	第二类	BSL-3	ABSL-3	BSL-2	BSL-1	BSL-1	A	UN2814	

序号	病毒名称			危害程度分类	实验活动所需生物安全实验室级别					运输包装分类 f		备注
	英文名	中文名	分类学地位		病毒培养 a	动物感染实验 b	未经培养的感染材料的操作 c	灭活材料的操作 d	无感染性材料的操作 e	A/B	UN编号	
64	Oropouche virus	Oropouche 病毒	布尼亚病毒科	第二类	BSL-3	ABSL-3	BSL-2	BSL-1	BSL-1	A	UN2814	
65	Other pathogenic orthopoxviruses not in BL 1, 3 or 4	不属于危害程度第一或三、四类的其他正痘病毒属病毒	痘病毒科	第二类	BSL-3	ABSL-3	BSL-2	BSL-1	BSL-1	A	UN2814	
66	Paramushir virus	Paramushir 病毒	布尼亚病毒科	第二类	BSL-3	ABSL-3	BSL-2	BSL-1	BSL-1	A	UN2814	
67	Poliovirus h	脊髓灰质炎病毒 h	小RNA病毒科	第二类	BSL-3	ABSL-3	BSL-2	BSL-1	BSL-1	A	UN2814	见注
68	Powassan virus	Powassan 病毒	黄病毒科	第二类	BSL-3	ABSL-3	BSL-2	BSL-1	BSL-1	A	UN2814	
69	Rabbitpox virus (vaccinia variant)	兔痘病毒（痘苗病毒变种）	痘病毒科	第二类	BSL-3	ABSL-3	BSL-2	BSL-1	BSL-1	A	UN2814	
70	Rabies virus (street virus)	狂犬病毒（街毒）	弹状病毒科	第二类	BSL-3	ABSL-3	BSL-2	BSL-1	BSL-1	A	UN2814	
71	Razdan virus	Razdan 病毒	布尼亚病毒科	第二类	BSL-3	ABSL-3	BSL-2	BSL-1	BSL-1	A	UN2814	
72	Rift valley fever virus	立夫特谷热病毒	布尼亚病毒科	第二类	BSL-3	ABSL-3	BSL-2	BSL-1	BSL-1	A	UN2814	
73	Rochambeau virus	Rochambeau 病毒	弹状病毒科	第二类	BSL-3	ABSL-3	BSL-2	BSL-1	BSL-1	A	UN2814	
74	Rocio virus	罗西奥病毒	黄病毒科	第二类	BSL-3	ABSL-3	BSL-2	BSL-1	BSL-1	A	UN2814	

| 序号 | 病毒名称 | | | 危害程度分类 | 实验活动所需生物安全实验室级别 | | | | | 运输包装分类 f | | 备注 |
	英文名	中文名	分类学地位		病毒培养 a	动物感染实验 b	未经培养的感染材料的操作 c	灭活材料的操作 d	无感染性材料的操作 e	A/B	UN编号	
75	Sagiyama virus	Sagiyama 病毒	披膜病毒科	第二类	BSL-3	ABSL-3	BSL-2	BSL-1	BSL-1	A	UN2814	
76	SARS – associatedcoronavirus（SARS-CoV）	SARS 冠状病毒	冠状病毒科	第二类	BSL-3	ABSL-3	BSL-3	BSL-2	BSL-1	A	UN2814	
77	Sepik virus	塞皮克病毒	黄病毒科	第二类	BSL-3	ABSL-3	BSL-2	BSL-1	BSL-1	A	UN2814	
78	Simian immunodeficiency virus（SIV）	猴免疫缺陷病毒	逆转录病毒科	第二类	BSL-3	ABSL-3	BSL-2	BSL-1	BSL-1	A	UN2814	
79	Tamdy virus	Tamdy 病毒	布尼亚病毒科	第二类	BSL-3	ABSL-3	BSL-2	BSL-1	BSL-1	A	UN2814	
80	West Nile virus	西尼罗病毒	黄病毒科	第二类	BSL-3	ABSL-3	BSL-2	BSL-1	BSL-1	A	UN2814	仅病毒培养物为 A 类
81	Acute hemorrhagic conjunctivitis virus	急性出血性结膜炎病毒	小RNA病毒科	第三类	BSL-2	ABSL-2	BSL-2	BSL-1	BSL-1	B	UN3373	
82	Adenovirus	腺病毒	腺病毒科	第三类	BSL-2	ABSL-2	BSL-2	BSL-1	BSL-1	B	UN3373	
83	Adeno-associated virus	腺病毒伴随病毒	细小病毒科	第三类	BSL-2	ABSL-2	BSL-2	BSL-1	BSL-1	B	UN3373	
84	Alphaviruses,other known	其他已知的甲病毒	披膜病毒科	第三类	BSL-2	ABSL-2	BSL-2	BSL-1	BSL-1	B	UN3373	
85	Astrovirus	星状病毒	星状病毒科	第三类	BSL-2	ABSL-2	BSL-2	BSL-1	BSL-1	B	UN3373	

序号	病毒名称			危害程度分类	实验活动所需生物安全实验室级别					运输包装分类f		备注
	英文名	中文名	分类学地位		病毒培养 a	动物感染实验 b	未经培养的感染材料的操作 c	灭活材料的操作 d	无感染性材料的操作 e	A/B	UN编号	
86	Barmah forest virus	Barmah 森林病毒	披膜病毒科	第三类	BSL-2	ABSL-2	BSL-2	BSL-1	BSL-1	B	UN3373	
87	Bebaru virus	Bebaru 病毒	披膜病毒科	第三类	BSL-2	ABSL-2	BSL-2	BSL-1	BSL-1	B	UN3373	
88	Buffalo pox virus: 2 viruses (1 a vaccinia variant)	水牛正痘病毒:2种(1种是牛痘变种)	痘病毒科	第三类	BSL-2	ABSL-2	BSL-2	BSL-1	BSL-1	B	UN3373	
89	Bunyavirus	布尼亚病毒	布尼亚病毒科	第三类	BSL-2	ABSL-2	BSL-2	BSL-1	BSL-1	B	UN3373	
90	Calicivirus	杯状病毒	杯状病毒科	第三类	BSL-2	ABSL-2	BSL-2	BSL-1	BSL-1	B	UN3373	目前人类病毒不能培养
91	Camel pox virus	骆驼痘病毒	痘病毒科	第三类	BSL-2	ABSL-2	BSL-2	BSL-1	BSL-1	B	UN2814	
92	Coltivirus	Colti 病毒	呼肠病毒科	第三类	BSL-2	ABSL-2	BSL-2	BSL-1	BSL-1	B	UN3373	
93	Coronavirus	冠状病毒	冠状病毒科	第三类	BSL-2	ABSL-2	BSL-2	BSL-1	BSL-1	B	UN3373	除了 SARS-CoV 以外,如 NL-63, OC-43, 229E 等
94	Cowpox virus	牛痘病毒	痘病毒科	第三类	BSL-2	ABSL-2	BSL-2	BSL-1	BSL-1	B	UN3373	
95	Coxsakie virus	柯萨奇病毒	小RNA病毒科	第三类	BSL-2	ABSL-2	BSL-2	BSL-1	BSL-1	B	UN3373	
96	Cytomegalovirus	巨细胞病毒	疱疹病毒科	第三类	BSL-2	ABSL-2	BSL-2	BSL-1	BSL-1	B	UN3373	

| 序号 | 病毒名称 | | | 危害程度分类 | 实验活动所需生物安全实验室级别 | | | | | 运输包装分类 f | | 备注 |
	英文名	中文名	分类学地位		病毒培养 a	动物感染实验 b	未经培养的感染材料的操作 c	灭活材料的操作 d	无感染性材料的操作 e	A/B	UN编号	
97	Dengue virus	登革病毒	黄病毒科	第三类	BSL-2	ABSL-2	BSL-2	BSL-1	BSL-1	A	UN2814	仅培养物为 A 类
98	ECHO virus	埃可病毒	小RNA病毒科	第三类	BSL-2	ABSL-2	BSL-2	BSL-1	BSL-1	B	UN3373	
99	Enterovirus	肠道病毒	小RNA病毒科	第三类	BSL-2	ABSL-2	BSL-2	BSL-1	BSL-1	B	UN3373	系指目前分类未定的肠道病毒
100	Enterovirus 71	肠道病毒-71型	小RNA病毒科	第三类	BSL-2	ABSL-2	BSL-2	BSL-1	BSL-1	B	UN3373	
101	Epstein~Barr virus	EB 病毒	疱疹病毒科	第三类	BSL-2	ABSL-2	BSL-2	BSL-1	BSL-1	B	UN3373	
102	Flanders virus	费兰杜病毒	弹状病毒科	第三类	BSL-2	ABSL-2	BSL-2	BSL-1	BSL-1	B	UN3373	
103	Flaviviruses known to be pathogenic, other	其他的致病性黄病毒	黄病毒科	第三类	BSL-2	ABSL-2	BSL-2	BSL-1	BSL-1	B	UN3373	
104	Guaratuba virus	瓜纳图巴病毒	布尼亚病毒科	第三类	BSL-2	ABSL-2	BSL-2	BSL-1	BSL-1	B	UN3373	
105	Hart Park virus	Hart Park 病毒	弹状病毒科	第三类	BSL-2	ABSL-2	BSL-2	BSL-1	BSL-1	B	UN3373	
106	Hazara virus	Hazara 病毒	布尼亚病毒科	第三类	BSL-2	ABSL-2	BSL-2	BSL-1	BSL-1	B	UN3373	
107	Hepatitis A virus	甲型肝炎病毒	小RNA病毒科	第三类	BSL-2	ABSL-2	BSL-2	BSL-1	BSL-1	B	UN3373	

| 序号 | 病毒名称 | | 分类学地位 | 危害程度分类 | 实验活动所需生物安全实验室级别 | | | | | 运输包装分类 f | | 备注 |
	英文名	中文名			病毒培养 a	动物感染实验 b	未经培养的感染材料的操作 c	灭活材料的操作 d	无感染性材料的操作 e	A/B	UN编号	
108	Hepatitis B virus	乙型肝炎病毒	嗜肝DNA病毒科	第三类	BSL-2	ABSL-2	BSL-2	BSL-1	BSL-1	A	UN2814	目前不能培养,但有产毒细胞系。仅细胞培养物为A类
109	Hepatitis C virus	丙型肝炎病毒	黄病毒科	第三类	BSL-2	ABSL-2	BSL-2	BSL-1	BSL-1	B	UN3373	目前不能培养
110	Hepatitis D virus	丁型肝炎病毒	卫星病毒	第三类	BSL-2	ABSL-2	BSL-2	BSL-1	BSL-1	B	UN3373	目前不能培养
111	Hepatitis E virus	戊型肝炎病毒	嵌杯病毒科	第三类	BSL-2	ABSL-2	BSL-2	BSL-1	BSL-1	B	UN3373	目前不能培养
112	Herpes simplex virus	单纯疱疹病毒	疱疹病毒科	第三类	BSL-2	ABSL-2	BSL-2	BSL-1	BSL-1	B	UN3373	
113	Human herpes virus-6	人疱疹病毒6型	疱疹病毒科	第三类	BSL-2	ABSL-2	BSL-2	BSL-1	BSL-1	B	UN3373	
114	Human herpes virus-7	人疱疹病毒7型	疱疹病毒科	第三类	BSL-2	ABSL-2	BSL-2	BSL-1	BSL-1	B	UN3373	
115	Human herpes virus-8	人疱疹病毒8型	疱疹病毒科	第三类	BSL-2	ABSL-2	BSL-2	BSL-1	BSL-1	B	UN3373	
116	Human T-lymphotropic virus	人T细胞白血病病毒	逆转录病毒科	第三类	BSL-2	ABSL-2	BSL-2	BSL-1	BSL-1	B	UN3373	
117	Influenza virus	流行性感冒病毒(非 H_2N_2 亚型)	正粘病毒科	第三类	BSL-2	ABSL-2	BSL-2	BSL-1	BSL-1	B	UN3373	包括甲、乙和丙型。A/PR8/34,A/WS/33 可在BSL-1操作。根据WHO最新建议,H_2N_2 亚型病毒应提高防护等级
		甲型流行性感冒病毒 H_2N_2 亚型	正粘病毒科	第三类	BSL-3	ABSL-3	BSL-2	BSL-1	BSL-1	B	UN2814	
118	Kunjin virus	Kunjin病毒	黄病毒科	第三类	BSL-2	ABSL-2	BSL-2	BSL-1	BSL-1	B	UN3373	

| 序号 | 病毒名称 | | | 危害程度分类 | 实验活动所需生物安全实验室级别 | | | | | 运输包装分类 f | | 备注 |
	英文名	中文名	分类学地位		病毒培养 a	动物感染实验 b	未经培养的感染材料的操作 c	灭活材料的操作 d	无感染性材料的操作 e	A/B	UN编号	
119	La Crosse virus	La Crosse 病毒	布尼亚病毒科	第三类	BSL-2	ABSL-2	BSL-2	BSL-1	BSL-1	B	UN3373	
120	Langat virus	Langat 病毒	黄病毒科	第三类	BSL-2	ABSL-2	BSL-2	BSL-1	BSL-1	B	UN3373	
121	Lentivirus, except HIV	慢病毒,除HIV外	逆转录病毒科	第三类	BSL-2	ABSL-2	BSL-2	BSL-1	BSL-1	B	UN3373	
122	Lymphocytic choriomen-ingitisvirus	淋巴细胞性脉络丛脑膜炎病毒	沙粒病毒科	第三类:其他亲内脏性的	BSL-2	ABSL-2	BSL-2	BSL-1	BSL-1	B	UN3373	
123	Measles virus	麻疹病毒	副粘病毒科	第三类	BSL-2	ABSL-2	BSL-2	BSL-1	BSL-1	B	UN3373	
124	Metapneumo virus	Meta 肺炎病毒	副粘病毒科	第三类	BSL-2	ABSL-2	BSL-2	BSL-1	BSL-1	B	UN3373	
125	Molluscum contagiosum virus	传染性软疣病毒	痘病毒科	第三类	BSL-2	ABSL-2	BSL-2	BSL-1	BSL-1	B	UN3373	
126	Mumps virus	流行性腮腺炎病毒	副粘病毒科	第三类	BSL-2	ABSL-2	BSL-2	BSL-1	BSL-1	B	UN3373	
127	O'nyong-nyong virus	阿尼昂-尼昂病毒	披膜病毒科	第三类	BSL-2	ABSL-2	BSL-2	BSL-1	BSL-1	B	UN3373	
128	Oncogenic RNA virus B	致癌 RNA 病毒 B	逆转录病毒科	第三类	BSL-2	ABSL-2	BSL-2	BSL-1	BSL-1	B	UN3373	
129	Oncogenic RNA virus C, except HTLV Ⅰ and Ⅱ	除 HTLV Ⅰ和Ⅱ外的致癌 RNA 病毒C	逆转录病毒科	第三类	BSL-2	ABSL-2	BSL-2	BSL-1	BSL-1	B	UN3373	
130	Other bunyaviridae known to be pathogenic	其他已知致病的布尼亚病毒科病毒	布尼亚病毒科	第三类	BSL-2	ABSL-2	BSL-2	BSL-1	BSL-1	B	UN3373	
131	Papillomavirus(human)	人乳头瘤病毒	乳多空病毒科	第三类	BSL-2	ABSL-2	BSL-2	BSL-1	BSL-1	B	UN3373	目前不能培养

序号	病毒名称			危害程度分类	实验活动所需生物安全实验室级别					运输包装分类 f		备注
	英文名	中文名	分类学地位		病毒培养 a	动物感染实验 b	未经培养的感染材料的操作 c	灭活材料的操作 d	无感染性材料的操作 e	A/B	UN编号	
132	Parainfluenza virus	副流感病毒	副粘病毒科	第三类	BSL-2	ABSL-2	BSL-2	BSL-1	BSL-1	B	UN3373	
133	Paravaccinia virus	副牛痘病毒	痘病毒科	第三类	BSL-2	ABSL-2	BSL-2	BSL-1	BSL-1	B	UN3373	
134	Parvovirus B19	细小病毒 B19	细小病毒科	第三类	BSL-2	ABSL-2	BSL-2	BSL-1	BSL-1	B	UN3373	
135	Polyoma virus, BK and JC viruses	多瘤病毒、BK 和 JC 病毒	乳多空病毒科	第三类	BSL-2	ABSL-2	BSL-2	BSL-1	BSL-1	B	UN3373	
136	Rabies virus (fixed virus)	狂犬病毒（固定毒）	弹状病毒科	第三类	BSL-2	ABSL-2	BSL-2	BSL-1	BSL-1	B	UN3373	
137	Respiratory syncytial virus	呼吸道合胞病毒	副粘病毒科	第三类	BSL-2	ABSL-2	BSL-2	BSL-1	BSL-1	B	UN3373	
138	Rhinovirus	鼻病毒	小RNA病毒科	第三类	BSL-2	ABSL-2	BSL-2	BSL-1	BSL-1	B	UN3373	
139	Ross river virus	罗斯河病毒	披膜病毒科	第三类	BSL-2	ABSL-2	BSL-2	BSL-1	BSL-1	B	UN3373	
140	Rotavirus	轮状病毒	呼肠孤病毒科	第三类	BSL-2	ABSL-2	BSL-2	BSL-1	BSL-1	B	UN3373	部分（如B组）不能培养
141	Rubivirus (Rubella)	风疹病毒	披膜病毒科	第三类	BSL-2	ABSL-2	BSL-2	BSL-1	BSL-1	B	UN3373	
142	Sammarez Reef virus	Sammarez Reef 病毒	黄病毒科	第三类	BSL-2	ABSL-2	BSL-2	BSL-1	BSL-1	B	UN3373	
143	Sandfly fever virus	白蛉热病毒	布尼亚病毒科	第三类	BSL-2	ABSL-2	BSL-2	BSL-1	BSL-1	B	UN3373	
144	Semliki forest virus	塞姆利基森林病毒	披膜病毒科	第三类	BSL-2	ABSL-2	BSL-2	BSL-1	BSL-1	A	UN2814	

序号	病毒名称			危害程度分类	实验活动所需生物安全实验室级别					运输包装分类 f		备注
	英文名	中文名	分类学地位		病毒培养 a	动物感染实验 b	未经培养的感染材料的操作 c	灭活材料的操作 d	无感染性材料的操作 e	A/B	UN编号	
145	Sendai virus（murine parainfluenza virus type 1）	仙台病毒（鼠副流感病毒1型）	副粘病毒科	第三类	BSL-2	ABSL-2	BSL-2	BSL-1	BSL-1	B	UN3373	
146	Simian virus 40	猴病毒40	乳多空病毒科	第三类	BSL-2	ABSL-2	BSL-2	BSL-1	BSL-1	B	UN3373	
147	Sindbis virus	辛德毕斯病毒	披膜病毒科	第三类	BSL-2	ABSL-2	BSL-2	BSL-1	BSL-1	B	UN3373	
148	Tanapox virus	塔那痘病毒	痘病毒科	第三类	BSL-2	ABSL-2	BSL-2	BSL-1	BSL-1	B	UN3373	
149	Tensaw virus	Tensaw 病毒	布尼亚病毒科	第三类	BSL-2	ABSL-2	BSL-2	BSL-1	BSL-1	B	UN3373	
150	Turlock virus	Turlock 病毒	布尼亚病毒科	第三类	BSL-2	ABSL-2	BSL-2	BSL-1	BSL-1	B	UN3373	
151	Vaccinia virus	痘苗病毒	痘病毒科	第三类	BSL-2	ABSL-2	BSL-2	BSL-1	BSL-1	B	UN3373	
152	Varicella-Zoster virus	水痘-带状疱疹病毒	疱疹病毒科	第三类	BSL-2	ABSL-2	BSL-2	BSL-1	BSL-1	B	UN3373	
153	Vesicular stomatitis virus	水疱性口炎病毒	弹状病毒科	第三类	BSL-2	ABSL-2	BSL-2	BSL-1	BSL-1	A	UN2900	
154	Yellow fever virus，（vaccine strain,17D）	黄热病毒（疫苗株,17D）	黄病毒科	第三类	BSL-2	ABSL-2	BSL-2	BSL-1	BSL-1	B	UN3373	
155	Guinea pig herpes virus	豚鼠疱疹病毒	疱疹病毒科	第四类	BSL-1	ABSL-1	BSL-1	BSL-1	BSL-1			
156	Hamster leukemia virus	金黄地鼠白血病病毒	逆转录病毒科	第四类	BSL-1	ABSL-1	BSL-1	BSL-1	BSL-1			
157	Herpesvirus saimiri, Genus Rhadinovirus	松鼠猴疱疹病毒，猴病毒属	疱疹病毒科	第四类	BSL-1	ABSL-1	BSL-1	BSL-1	BSL-1			

| 序号 | 病毒名称 | | | 危害程度分类 | 实验活动所需生物安全实验室级别 | | | | | 运输包装分类 f | | 备注 |
	英文名	中文名	分类学地位		病毒培养 a	动物感染实验 b	未经培养的感染性材料的操作 c	灭活材料的操作 d	无感染性材料的操作 e	A/B	UN编号	
158	Mouse leukemia virus	小鼠白血病病毒	逆转录病毒科	第四类	BSL-1	ABSL-1	BSL-1	BSL-1	BSL-1			
159	Mouse mammary tumor virus	小鼠乳腺瘤病毒	逆转录病毒科	第四类	BSL-1	ABSL-1	BSL-1	BSL-1	BSL-1			
160	Rat leukemia virus	大鼠白血病病毒	逆转录病毒科	第四类	BSL-1	ABSL-1	BSL-1	BSL-1	BSL-1			

附表2 朊病毒(Prion)

| 序号 | 疾病英文名 | 疾病中文名 | 危害分类 | 不同实验活动所需实验室生物安全级别 | | | 运输包装分类 f | | 备注 |
				组织培养	动物感染	感染性材料的检测	A/B	UN编号	
1	Bovine spongiform encephalopathy (BSE)	疯牛病	第二类	BSL-3	ABSL-3	BSL-2	B	UN3373	需要有134 ℃高压灭菌条件
2	Creutzfeldt-Jacob disease (CJD)	人克-雅氏病	第二类	BSL-2	ABSL-3	BSL-2	B	UN3373	需要有134 ℃高压灭菌条件
3	Gerstmann-Straussler-Scheinker syndrome (GSS)	吉斯特曼-斯召斯列综合征	第二类	BSL-2	ABSL-3	BSL-2	B	UN3373	需要有134 ℃高压灭菌条件
4	Kuru disease	Kuru病	第二类	BSL-3	ABSL-3	BSL-2	B	UN3373	需要有134 ℃高压灭菌条件
5	Scrapie	瘙痒病因子	第三类	BSL-2	ABSL-3	BSL-2	B	UN3373	需要有134 ℃高压灭菌条件
6	New variance Creutzfeldt-Jacob disease (nvCJD)	变异型克-雅氏病	第二类	BSL-3	ABSL-3	BSL-2	B	UN3373	需要有134 ℃高压灭菌条件

注:BSL-n/ABSL-n:不同生物安全级别的实验室/动物实验室。

a. 病毒培养:指病毒的分离、培养、滴定、中和试验、活病毒及其蛋白纯化、病毒冻干以及产生活病毒的重组试验等操作。利用活病毒或其感染细胞(或细胞提取物),不经灭活进行的生化分析、血清学检测、免疫学检测等操作视同病毒培养。使用病毒培养物提取核酸,裂解剂或灭活剂的加入必须在与病毒培养等同级别的实验室和防护条件下进行,裂解剂或灭活剂加入后可比照未经培养的感染性材料的防护等级进行操作。

b. 动物感染实验:指以活病毒感染动物的实验。

c. 未经培养的感染性材料的操作:指未经培养的感染性材料在采用可靠的方法灭活前进行的病毒抗原检测、血清学检测、核酸检测、生化分析等操作。未经可靠灭活或固定的人和动物组织标本因含病毒量较高,其操作的防护级别应比照病毒培养。

　　d. 灭活材料的操作:指感染性材料或活病毒在采用可靠的方法灭活后进行的病毒抗原检测、血清学检测、核酸检测、生化分析、分子生物学实验等不含致病性活病毒的操作。

　　e. 无感染性材料的操作:指针对确认无感染性的材料的各种操作,包括但不限于无感染性的病毒 DNA 或 cDNA 操作。

　　f. 运输包装分类:按国际民航组织文件 Doc9284《危险品航空安全运输技术细则》的分类包装要求,将相关病原和标本分为 A、B 两类,对应的联合国编号分别为 UN2814(动物病毒为 UN2900)和 UN3373。对于 A 类感染性物质,若表中未注明"仅限于病毒培养物",则包括涉及该病毒的所有材料;对于注明"仅限于病毒培养物"的 A 类感染性物质,则病毒培养物按 UN2814 包装,其他标本按 UN3373 要求进行包装。凡标明 B 类的病毒和相关样本均按 UN3373 的要求包装和空运。通过其他交通工具运输的可参照以上标准进行包装。

　　g. 这里特指亚欧地区传播的蜱传脑炎、俄罗斯春夏脑炎和中欧型蜱传脑炎。

　　h. 脊髓灰质炎病毒:这里只是列出一般指导性原则。目前对于脊髓灰质炎病毒野毒株的操作应遵从卫生部有关规定。对于疫苗株按 3 类病原微生物的防护要求进行操作,病毒培养的防护条件为 BSL-2,动物感染为 ABSL-2,未经培养的感染性材料的操作在 BSL-2,灭活和无感染性材料的操作均为 BSL-1。疫苗衍生毒株(VDPV)病毒培养的防护条件为 BSL-2,动物感染为 ABSL-3,未经培养的感染性材料的操作在 BSL-2,灭活和无感染性材料的操作均为 BSL-1。上述指导原则会随着全球消灭脊髓灰质炎病毒的进展状况而有所改变,新的指导原则按新规定执行。

　　说明:

　　1. 在保证安全的前提下,对临床和现场的未知样本检测操作可在生物安全二级或以上防护级别的实验室进行,涉及病毒分离培养的操作,应加强个体防护和环境保护。要密切注意流行病学动态和临床表现,判断是否存在高致病性病原体,若判定为疑似高致病性病原体,应在相应生物安全级别的实验室开展工作。

　　2. 本表未列出之病毒和实验活动,由各单位的生物安全委员会负责危害程度评估,确定相应的生物安全防护级别。如涉及高致病性病毒及其相关实验的应经国家病原微生物实验室生物安全专家委员会论证。

　　3. Prion 为特殊病原体,其危害程度分类及相应实验活动的生物安全防护水平单独列出。

　　4. 关于使用人类病毒的重组体:在卫生部发布有关的管理规定之前,对于人类病毒的重组体(包括对病毒的基因缺失、插入、突变等修饰以及将病毒作为外源基因的表达载体)暂时遵循以下原则:(1)严禁两个不同病原体之间进行完整基因组的重组;(2)对于对人类致病的病毒,如存在疫苗株,只允许用疫苗株为外源基因表达载体,如脊髓灰质炎病毒、麻疹病毒、乙型脑炎病毒等;(3)对于一般情况下即具有复制能力的重组活病毒(复制型重组病毒),其操作时的防护条件应不低于其母本病毒;对于条件复制型或复制缺陷型病毒可降低防护条件,但不得低于 BSL-2 的防护条件,例如来源于 HIV 的慢病毒载体,为双基因缺失载体,可在 BSL-2 实验室操作;(4)对于病毒作为表达载体,其防护水平总体上应根据其母本病毒的危害等级及防护要求进行操作,但是将高致病性病毒的基因重组入具有复制能力的同科低致病性病毒载体时,原则上应根据高致病性病原体的危害等级和防护条件进行操作,在证明重组体无危害后,可视情降低防护等级;(5)对于复制型重组病毒的制作事先要进行危险性评估,并得到所在单位生物安全委员会的批准。对于高致病性病原体重组体或有可能制造出高致病性病原体的操作应经国家病原微生物实验室生物安全专家委员会论证。

　　5. 国家正式批准的生物制品疫苗生产用减毒、弱毒毒种的分类地位另行规定。

附表3　细菌、放线菌、衣原体、支原体、立克次体、螺旋体分类名录

序号	病原菌名称 学名	病原菌名称 中文名	危害程度分类	实验活动所需生物安全实验室级别 大量活菌操作a	实验活动所需生物安全实验室级别 动物感染实验b	实验活动所需生物安全实验室级别 样本检测c	实验活动所需生物安全实验室级别 非感染性材料的实验d	运输包装分类e A/B	运输包装分类e UN编号	备注
1	Bacillus anthracis	炭疽芽孢杆菌	第二类	BSL-3	ABSL-3	BSL-2	BSL-1	A	UN 2814	
2	Brucella spp	布鲁氏菌属	第二类	BSL-3	ABSL-3	BSL-2	BSL-1	A	UN 2814	其中弱毒株或疫苗株可在BSL-2实验室操作
3	Burkholderia mallei	鼻疽伯克菌	第二类	BSL-3	ABSL-3	BSL-2	BSL-1	A	UN 2814	
4	Coxiella burnetii	伯氏考克斯体	第二类	BSL-3	ABSL-3	BSL-2	BSL-1	A	UN 2814	
5	Francisella tularensis	土拉热弗朗西丝菌	第二类	BSL-3	ABSL-3	BSL-2	BSL-1	A	UN 2814	
6	Mycobacterium bovis	牛型分枝杆菌	第二类	BSL-3	ABSL-3	BSL-2	BSL-1	A	UN 2814	
7	Mycobacterium tuberculosis	结核分枝杆菌	第二类	BSL-3	ABSL-3	BSL-2	BSL-1	A	UN 2814	
8	Rickettsia spp	立克次体属	第二类	BSL-3	ABSL-3	BSL-2	BSL-1	A	UN 2814	
9	Vibrio cholerae	霍乱弧菌f	第二类	BSL-2	ABSL-2	BSL-2	BSL-1	A	UN 2814	
10	Yersinia pestis	鼠疫耶尔森菌	第二类	BSL-3	ABSL-3	BSL-2	BSL-1	A	UN 2814	
11	Acinetobacter lwoffi	鲁氏不动杆菌	第三类	BSL-2	ABSL-2	BSL-2	BSL-1	B	UN 3373	

序号	病原菌名称 学名	中文名	危害程度分类	实验活动所需生物安全实验室级别 大量活菌操作 a	动物感染实验 b	样本检测 c	非感染性材料的实验 d	运输包装分类 e A/B	UN编号	备注
12	Acinetobacter baumannii	鲍氏不动杆菌	第三类	BSL-2	ABSL-2	BSL-2	BSL-1	B	UN 3373	
13	Mycobacterium cheloei	龟分枝杆菌	第三类	BSL-2	ABSL-2	BSL-2	BSL-1	B	UN 3373	
14	Actinobacillus actinomy-cetemcomitans	伴放线放线杆菌	第三类	BSL-2	ABSL-2	BSL-2	BSL-1	B	UN 3373	
15	Actinomadura madurae	马杜拉放线菌	第三类	BSL-2	ABSL-2	BSL-2	BSL-1	B	UN 3373	
16	Actinomadura pelletieri	白乐杰马杜拉放线菌	第三类	BSL-2	ABSL-2	BSL-2	BSL-1	B	UN 3373	
17	Actinomyces bovis	牛型放线菌	第三类	BSL-2	ABSL-2	BSL-2	BSL-1	B	UN 3373	
18	Actinomyces gerencseri-ae	戈氏放线菌	第三类	BSL-2	ABSL-2	BSL-2	BSL-1	B	UN 3373	
19	Actinomyces israelii	衣氏放线菌	第三类	BSL-2	ABSL-2	BSL-2	BSL-1	B	UN 3373	
20	Actinomyces naeslundii	内氏放线菌	第三类	BSL-2	ABSL-2	BSL-2	BSL-1	B	UN 3373	
21	Actinomyces pyogenes	酿(化)脓放线菌	第三类	BSL-2	ABSL-2	BSL-2	BSL-1	B	UN 3373	

序号	病原菌名称		危害程度分类	实验活动所需生物安全实验室级别				运输包装分类 e		备注
	学名	中文名		大量活菌操作 a	动物感染实验 b	样本检测 c	非感染性材料的实验 d	A/B	UN编号	
22	Aeromonas hydrophila	嗜水气单胞菌/杜氏气单胞菌/嗜水变形菌	第三类	BSL-2	ABSL-2	BSL-2	BSL-1	B	UN 3373	
23	Aeromonas punctata	斑点气单胞菌	第三类	BSL-2	ABSL-2	BSL-2	BSL-1	B	UN 3373	
24	Afipia spp	阿菲波菌属	第三类	BSL-2	ABSL-2	BSL-2	BSL-1	B	UN 3373	
25	Amycolata autotrophica	自养无枝酸菌	第三类	BSL-2	ABSL-2	BSL-2	BSL-1	B	UN 3373	
26	Arachnia propionica	丙酸蛛菌/丙酸蛛网菌	第三类	BSL-2	ABSL-2	BSL-2	BSL-1	B	UN 3373	
27	Arcanobacterium equi	马隐秘杆菌	第三类	BSL-2	ABSL-2	BSL-2	BSL-1	B	UN 3373	
28	Arcanobacterium haemolyticum	溶血隐秘杆菌	第三类	BSL-2	ABSL-2	BSL-2	BSL-1	B	UN 3373	
29	Bacillus cereus	蜡样芽孢杆菌	第三类	BSL-2	ABSL-2	BSL-2	BSL-1	B	UN 3373	
30	Bacteroides fragilis	脆弱拟杆菌	第三类	BSL-2	ABSL-2	BSL-2	BSL-1	B	UN 3373	

| 序号 | 病原菌名称 | | 危害程度分类 | 实验活动所需生物安全实验室级别 | | | | 运输包装分类 e | | 备注 |
	学名	中文名		大量活菌操作 a	动物感染实验 b	样本检测 c	非感染性材料的实验 d	A/B	UN 编号	
31	Bartonella bacilliformis	杆状巴尔通体	第三类	BSL-2	ABSL-2	BSL-2	BSL-1	B	UN 3373	
32	Bartonella elizabethae	伊丽莎白巴尔通体	第三类	BSL-2	ABSL-2	BSL-2	BSL-1	B	UN 3373	
33	Bartonella henselae	汉氏巴尔通体	第三类	BSL-2	ABSL-2	BSL-2	BSL-1	B	UN 3373	
34	Bartonella quintana	五日热巴尔通体	第三类	BSL-2	ABSL-2	BSL-2	BSL-1	B	UN 3373	
35	Bartonella vinsonii	文氏巴尔通体	第三类	BSL-2	ABSL-2	BSL-2	BSL-1	B	UN 3373	
36	Bordetella bronchiseptica	支气管炎博德特菌	第三类	BSL-2	ABSL-2	BSL-2	BSL-1	B	UN 3373	
37	Bordetella parapertussis	副百日咳博德特菌	第三类	BSL-2	ABSL-2	BSL-2	BSL-1	B	UN 3373	
38	Bordetella pertussis	百日咳博德特菌	第三类	BSL-2	ABSL-2	BSL-2	BSL-1	B	UN 3373	
39	Borrelia burgdorferi	伯氏疏螺旋体	第三类	BSL-2	ABSL-2	BSL-2	BSL-1	B	UN 3373	

序号	病原菌名称		危害程度分类	实验活动所需生物安全实验室级别				运输包装分类 e		备注
	学名	中文名		大量活菌操作 a	动物感染实验 b	样本检测 c	非感染性材料的实验 d	A/B	UN编号	
40	Borrelia duttonii	达氏疏螺旋体	第三类	BSL-2	ABSL-2	BSL-2	BSL-1	B	UN 3373	
41	Borrelia recurrentis	回归热疏螺旋体	第三类	BSL-2	ABSL-2	BSL-2	BSL-1	B	UN 3373	
42	Borrelia vincenti	奋森疏螺旋体	第三类	BSL-2	ABSL-2	BSL-2	BSL-1	B	UN 3373	
43	Calymmatobacterium granulomatis	肉芽肿鞘杆菌	第三类	BSL-2	ABSL-2	BSL-2	BSL-1	B	UN 3373	
44	Campylobacter jejuni	空肠弯曲菌	第三类	BSL-2	ABSL-2	BSL-2	BSL-1	B	UN 3373	
45	Campylobacter sputorum	唾液弯曲菌	第三类	BSL-2	ABSL-2	BSL-2	BSL-1	B	UN 3373	
46	Campylobacter fetus	胎儿弯曲菌	第三类	BSL-2	ABSL-2	BSL-2	BSL-1	B	UN 3373	
47	Campylobacter coli	大肠弯曲菌	第三类	BSL-2	ABSL-2	BSL-2	BSL-1	B	UN 3373	
48	Chlamydia pneumoniae	肺炎衣原体	第三类	BSL-2	ABSL-2	BSL-2	BSL-1	B	UN 3373	
49	Chlamydia psittaci	鹦鹉热衣原体	第三类	BSL-2	ABSL-2	BSL-2	BSL-1	B	UN 2814	
50	Chlamydia trachomatis	沙眼衣原体	第三类	BSL-2	ABSL-2	BSL-2	BSL-1	B	UN 3373	

| 序号 | 病原菌名称 | | 危害程度分类 | 实验活动所需生物安全实验室级别 | | | | 运输包装分类 e | | 备注 |
	学名	中文名		大量活菌操作 a	动物感染实验 b	样本检测 c	非感染性材料的实验 d	A/B	UN编号	
51	Clostridium botulinum	肉毒梭菌	第三类	BSL-2	ABSL-2	BSL-2	BSL-1	A	UN 2814	菌株按第二类管理
52	Clostridium difficile	艰难梭菌	第三类	BSL-2	ABSL-2	BSL-2	BSL-1	B	UN 3373	
53	Clostridium equi	马梭菌	第三类	BSL-2	ABSL-2	BSL-2	BSL-1	B	UN 3373	
54	Clostridium haemolyticum	溶血梭菌	第三类	BSL-2	ABSL-2	BSL-2	BSL-1	B	UN 3373	
55	Clostridium histolyticum	溶组织梭菌	第三类	BSL-2	ABSL-2	BSL-2	BSL-1	B	UN 3373	
56	Clostridium novyi	诺氏梭菌	第三类	BSL-2	ABSL-2	BSL-2	BSL-1	B	UN 3373	
57	Clostridium perfringens	产气荚膜梭菌	第三类	BSL-2	ABSL-2	BSL-2	BSL-1	B	UN 3373	
58	Clostridium sordellii	索氏梭菌	第三类	BSL-2	ABSL-2	BSL-2	BSL-1	B	UN 3373	
59	Clostridium tetani	破伤风梭菌	第三类	BSL-2	ABSL-2	BSL-2	BSL-1	B	UN 3373	
60	Corynebacterium bovis	牛棒杆菌	第三类	BSL-2	ABSL-2	BSL-2	BSL-1	B	UN 3373	
61	Corynebacterium diphtheriae	白喉棒杆菌	第三类	BSL-2	ABSL-2	BSL-2	BSL-1	B	UN 3373	
62	Corynebacterium minutissimum	极小棒杆菌	第三类	BSL-2	ABSL-2	BSL-2	BSL-1	B	UN 3373	
63	Corynebacterium pseudotuberculosis	假结核棒杆菌	第三类	BSL-2	ABSL-2	BSL-2	BSL-1	B	UN 3373	

| 序号 | 病原菌名称 | | 危害程度分类 | 实验活动所需生物安全实验室级别 | | | | 运输包装分类 e | | 备注 |
	学名	中文名		大量活菌操作 a	动物感染实验 b	样本检测 c	非感染性材料的实验 d	A/B	UN编号	
64	Corynebacterium ulcerans	溃疡棒杆菌	第三类	BSL-2	ABSL-2	BSL-2	BSL-1	B	UN 3373	
65	Dermatophilus congolensis	刚果嗜皮菌	第三类	BSL-2	ABSL-2	BSL-2	BSL-1	B	UN 3373	
66	Edwardsiella tarda	迟钝爱德华菌	第三类	BSL-2	ABSL-2	BSL-2	BSL-1	B	UN 3373	
67	Eikenella corrodens	啮蚀艾肯菌	第三类	BSL-2	ABSL-2	BSL-2	BSL-1	B	UN 3373	
68	Enterobacter aerogenes / cloacae	产气肠杆菌/阴沟肠杆菌	第三类	BSL-2	ABSL-2	BSL-2	BSL-1	B	UN 3373	
69	Enterobacter spp	肠杆菌属	第三类	BSL-2	ABSL-2	BSL-2	BSL-1	B	UN 3373	
70	Erlichia sennetsu	腺热埃里希体	第三类	BSL-2	ABSL-2	BSL-2	BSL-1	B	UN 3373	
71	Erysipelothrix rhusiopathiae	猪红斑丹毒丝菌	第三类	BSL-2	ABSL-2	BSL-2	BSL-1	B	UN 3373	
72	Erysipelothrix spp	丹毒丝菌属	第三类	BSL-2	ABSL-2	BSL-2	BSL-1	B	UN 3373	
73	Pathogenic Escherichia coli	致病性大肠埃希菌	第三类	BSL-2	ABSL-2	BSL-2	BSL-1	B	UN 2814	

序号	病原菌名称 学名	中文名	危害程度分类	实验活动所需生物安全实验室级别 大量活菌操作 a	动物感染实验 b	样本检测 c	非感染性材料的实验 d	运输包装分类 e A/B	UN编号	备注
74	Flavobacterium meningosepticum	脑膜炎黄杆菌	第三类	BSL-2	ABSL-2	BSL-2	BSL-1	B	UN 3373	
75	Fluoribacter bozemanae	博兹曼荧光杆菌	第三类	BSL-2	ABSL-2	BSL-2	BSL-1	B	UN 3373	
76	Francisella novicida	新凶手弗朗西丝菌	第三类	BSL-2	ABSL-2	BSL-2	BSL-1	B	UN 3373	
77	Fusobacterium necrophorum	坏疽梭杆菌	第三类	BSL-2	ABSL-2	BSL-2	BSL-1	B	UN 3373	
78	Gardnerella vaginalis	阴道加德纳菌	第三类	BSL-2	ABSL-2	BSL-2	BSL-1	B	UN 3373	
79	Haemophilus ducreyi	杜氏嗜血菌	第三类	BSL-2	ABSL-2	BSL-2	BSL-1	B	UN 3373	
80	Haemophilus influenzae	流感嗜血杆菌	第三类	BSL-2	ABSL-2	BSL-2	BSL-1	B	UN 3373	
81	Helicobacter pylori	幽门螺杆菌	第三类	BSL-2	ABSL-2	BSL-2	BSL-1	B	UN 3373	
82	Kingella kingae	金氏金氏菌	第三类	BSL-2	ABSL-2	BSL-2	BSL-1	B	UN 3373	
83	Klebsiella oxytoca	产酸克雷伯菌	第三类	BSL-2	ABSL-2	BSL-2	BSL-1	B	UN 3373	
84	Klebsiella pnenmoniae	肺炎克雷伯菌	第三类	BSL-2	ABSL-2	BSL-2	BSL-1	B	UN 3373	

| 序号 | 病原菌名称 | | 危害程度分类 | 实验活动所需生物安全实验室级别 | | | | 运输包装分类 e | | 备注 |
	学名	中文名		大量活菌操作 a	动物感染实验 b	样本检测 c	非感染性材料的实验 d	A/B	UN编号	
85	Legionella pneumophila	嗜肺军团菌	第三类	BSL-2	ABSL-2	BSL-2	BSL-1	B	UN 3373	
86	Listeria ivanovii	伊氏李斯特菌	第三类	BSL-2	ABSL-2	BSL-2	BSL-1	B	UN 3373	
87	Listeria monocytogenes	单核细胞增生李斯特菌	第三类	BSL-2	ABSL-2	BSL-2	BSL-1	B	UN 3373	
88	Leptospira interrogans	问号钩端螺旋体	第三类	BSL-2	ABSL-2	BSL-2	BSL-1	B	UN 3373	
89	Mima polymorpha	多态小小菌	第三类	BSL-2	ABSL-2	BSL-2	BSL-1	B	UN 3373	
90	Morganella morganii	摩氏摩根菌	第三类	BSL-2	ABSL-2	BSL-2	BSL-1	B	UN 3373	
91	Mycobacterium africanum	非洲分枝杆菌	第三类	BSL-2	ABSL-2	BSL-2	BSL-1	B	UN 3373	
92	Mycobacterium asiaticum	亚洲分枝杆菌	第三类	BSL-2	ABSL-2	BSL-2	BSL-1	B	UN 3373	
93	Mycobacterium avium-chester	鸟分枝杆菌	第三类	BSL-2	ABSL-2	BSL-2	BSL-1	B	UN 3373	
94	Mycobacterium fortuitum	偶发分枝杆菌	第三类	BSL-2	ABSL-2	BSL-2	BSL-1	B	UN 3373	

序号	病原菌名称 学名	病原菌名称 中文名	危害程度分类	实验活动所需生物安全实验室级别 大量活菌操作 a	实验活动所需生物安全实验室级别 动物感染实验 b	实验活动所需生物安全实验室级别 样本检测 c	实验活动所需生物安全实验室级别 非感染性材料的实验 d	运输包装分类 e A/B	运输包装分类 e UN编号	备注
95	Mycobacterium hominis	人型分枝杆菌	第三类	BSL-2	ABSL-2	BSL-2	BSL-1	B	UN 3373	
96	Mycobacterium kansasii	堪萨斯分枝杆菌	第三类	BSL-2	ABSL-2	BSL-2	BSL-1	B	UN 3373	
97	Mycobacterium leprae	麻风分枝杆菌	第三类	BSL-2	ABSL-2	BSL-2	BSL-1	B	UN 3373	
98	Mycobacterium mal-moenes	玛尔摩分枝杆菌	第三类	BSL-2	ABSL-2	BSL-2	BSL-1	B	UN 3373	
99	Mycobacterium microti	田鼠分枝杆菌	第三类	BSL-2	ABSL-2	BSL-2	BSL-1	B	UN 3373	
100	Mycobacterium paratuberculosis	副结核分枝杆菌	第三类	BSL-2	ABSL-2	BSL-2	BSL-1	B	UN 3373	
101	Mycobacterium scrofulaceum	瘰疬分枝杆菌	第三类	BSL-2	ABSL-2	BSL-2	BSL-1	B	UN 3373	
102	Mycobacterium simiae	猿分枝杆菌	第三类	BSL-2	ABSL-2	BSL-2	BSL-1	B	UN 3373	
103	Mycobacterium szulgai	斯氏分枝杆菌	第三类	BSL-2	ABSL-2	BSL-2	BSL-1	B	UN 3373	
104	Mycobacterium ulcerans	溃疡分枝杆菌	第三类	BSL-2	ABSL-2	BSL-2	BSL-1	B	UN 3373	
105	Mycobacterium xenopi	蟾分枝杆菌	第三类	BSL-2	ABSL-2	BSL-2	BSL-1	B	UN 3373	

| 序号 | 病原菌名称 | | 危害程度分类 | 实验活动所需生物安全实验室级别 | | | | 运输包装分类 e | | 备注 |
	学名	中文名		大量活菌操作 a	动物感染实验 b	样本检测 c	非感染性材料的实验 d	A/B	UN编号	
106	Mycoplasma pneumoniae	肺炎支原体	第三类	BSL-2	ABSL-2	BSL-2	BSL-1	B	UN 3373	
107	Neisseria gonorrhoeae	淋病奈瑟菌	第三类	BSL-2	ABSL-2	BSL-2	BSL-1	B	UN 3373	
108	Neisseria meningitidis	脑膜炎奈瑟菌	第三类	BSL-2	ABSL-2	BSL-2	BSL-1	B	UN 3373	
109	Nocardia asteroides	星状诺卡菌	第三类	BSL-2	ABSL-2	BSL-2	BSL-1	B	UN 3373	
110	Nocardia brasiliensis	巴西诺卡菌	第三类	BSL-2	ABSL-2	BSL-2	BSL-1	B	UN 3373	
111	Nocardia carnea	肉色诺卡菌	第三类	BSL-2	ABSL-2	BSL-2	BSL-1	B	UN 3373	
112	Nocardia farcinica	皮诺卡菌	第三类	BSL-2	ABSL-2	BSL-2	BSL-1	B	UN 3373	
113	Nocardia nova	新星诺卡菌	第三类	BSL-2	ABSL-2	BSL-2	BSL-1	B	UN 3373	
114	Nocardia otitidiscaviarum	豚鼠耳炎诺卡菌	第三类	BSL-2	ABSL-2	BSL-2	BSL-1	B	UN 3373	
115	Nocardia transvalensis	南非诺卡菌	第三类	BSL-2	ABSL-2	BSL-2	BSL-1	B	UN 3373	
116	Pasteurella multocida	多杀巴斯德菌	第三类	BSL-2	ABSL-2	BSL-2	BSL-1	B	UN 3373	
117	Pasteurella pneunotropica	侵肺巴斯德菌	第三类	BSL-2	ABSL-2	BSL-2	BSL-1	B	UN 3373	

序号	病原菌名称 学名	中文名	危害程度分类	实验活动所需生物安全实验室级别 大量活菌操作 a	动物感染实验 b	样本检测 c	非感染性材料的实验 d	运输包装分类 e A/B	UN编号	备注
118	Peptostreptococcus anaerobius	厌氧消化链球菌	第三类	BSL-2	ABSL-2	BSL-2	BSL-1	B	UN 3373	
119	Plesiomonas shigelloides	类志贺气单胞菌	第三类	BSL-2	ABSL-2	BSL-2	BSL-1	B	UN 3373	
120	Prevotella spp	普雷沃菌属	第三类	BSL-2	ABSL-2	BSL-2	BSL-1	B	UN 3373	
121	Proteus mirabilis	奇异变形菌	第三类	BSL-2	ABSL-2	BSL-2	BSL-1	B	UN 3373	
122	Proteus penneri	彭氏变形菌	第三类	BSL-2	ABSL-2	BSL-2	BSL-1	B	UN 3373	
123	Proteus vulgaris	普通变形菌	第三类	BSL-2	ABSL-2	BSL-2	BSL-1	B	UN 3373	
124	Providencia alcalifaciens	产碱普罗威登斯菌	第三类	BSL-2	ABSL-2	BSL-2	BSL-1	B	UN 3373	
125	Providencia rettgeri	雷氏普罗威登斯菌	第三类	BSL-2	ABSL-2	BSL-2	BSL-1	B	UN 3373	
126	Pseudomonas aeruginosa	铜绿假单胞菌	第三类	BSL-2	ABSL-2	BSL-2	BSL-1	B	UN 3373	
127	Rhodococcus equi	马红球菌	第三类	BSL-2	ABSL-2	BSL-2	BSL-1	B	UN 3373	

序号	病原菌名称 学名	病原菌名称 中文名	危害程度分类	实验活动所需生物安全实验室级别 大量活菌操作 a	实验活动所需生物安全实验室级别 动物感染实验 b	实验活动所需生物安全实验室级别 样本检测 c	实验活动所需生物安全实验室级别 非感染性材料的实验 d	运输包装分类 e A/B	运输包装分类 e UN编号	备注
128	Salmonella arizonae	亚利桑那沙门菌	第三类	BSL-2	ABSL-2	BSL-2	BSL-1	B	UN 3373	
129	Salmonella choleraesuis	猪霍乱沙门菌	第三类	BSL-2	ABSL-2	BSL-2	BSL-1	B	UN 3373	
130	Salmonella enterica	肠沙门菌	第三类	BSL-2	ABSL-2	BSL-2	BSL-1	B	UN 3373	
131	Salmonella meleagridis	火鸡沙门菌	第三类	BSL-2	ABSL-2	BSL-2	BSL-1	B	UN 3373	
132	Salmonella paratyphi A,B,C	甲、乙、丙型副伤寒沙门菌	第三类	BSL-2	ABSL-2	BSL-2	BSL-1	B	UN 3373	
133	Salmonella typhi	伤寒沙门菌	第三类	BSL-2	ABSL-2	BSL-2	BSL-1	B	UN 3373	
134	Salmonella typhimurium	鼠伤寒沙门菌	第三类	BSL-2	ABSL-2	BSL-2	BSL-1	B	UN 3373	
135	Serpulina spp	小蛇菌属	第三类	BSL-2	ABSL-2	BSL-2	BSL-1	B	UN 3373	
136	Serratia liquefaciens	液化沙雷菌	第三类	BSL-2	ABSL-2	BSL-2	BSL-1	B	UN 3373	
137	Serratia marcescens	黏质沙雷菌	第三类	BSL-2	ABSL-2	BSL-2	BSL-1	B	UN 3373	
138	Shigella spp	志贺菌属	第三类	BSL-2	ABSL-2	BSL-2	BSL-1	B	UN 3373	

序号	病原菌名称		危害程度分类	实验活动所需生物安全实验室级别				运输包装分类 e		备注
	学名	中文名		大量活菌操作 a	动物感染实验 b	样本检测 c	非感染性材料的实验 d	A/B	UN编号	
139	Staphylococcus aureus	金黄色葡萄球菌	第三类	BSL-2	ABSL-2	BSL-2	BSL-1	B	UN 3373	
140	Staphylococcus epidermidis	表皮葡萄球菌	第三类	BSL-2	ABSL-2	BSL-2	BSL-1	B	UN 3373	
141	Streptobacillus moniliformis	念珠状链杆菌	第三类	BSL-2	ABSL-2	BSL-2	BSL-1	B	UN 3373	
142	Streptococcus pneumoniae	肺炎链球菌	第三类	BSL-2	ABSL-2	BSL-2	BSL-1	B	UN 3373	
143	Streptococcus pyogenes	化脓链球菌	第三类	BSL-2	ABSL-2	BSL-2	BSL-1	B	UN 3373	
144	Streptococcus spp	链球菌属	第三类	BSL-2	ABSL-2	BSL-2	BSL-1	B	UN 3373	
145	Streptococcus suis	猪链球菌	第三类	BSL-2	ABSL-2	BSL-2	BSL-1	B	UN 2814	
146	Treponema carateum	斑点病密螺旋体	第三类	BSL-2	ABSL-2	BSL-2	BSL-1	B	UN 3373	
147	Treponema pallidum	苍白（梅毒）密螺旋体	第三类	BSL-2	ABSL-2	BSL-2	BSL-1	B	UN 373	
148	Treponema pertenue	极细密螺旋体	第三类	BSL-2	ABSL-2	BSL-2	BSL-1	B	UN 3373	
149	Treponema vincentii	文氏密螺旋体	第三类	BSL-2	ABSL-2	BSL-2	BSL-1	B	UN 3373	

序号	病原菌名称		危害程度分类	实验活动所需生物安全实验室级别				运输包装分类 e		备注
	学名	中文名		大量活菌操作 a	动物感染实验 b	样本检测 c	非感染性材料的实验 d	A/B	UN编号	
150	Ureaplasma urealyticum	解脲脲原体	第三类	BSL-2	ABSL-2	BSL-2	BSL-1	B	UN 3373	
151	Vibrio vulnificus	创伤弧菌	第三类	BSL-2	ABSL-2	BSL-2	BSL-1	B	UN 3373	
152	Yersinia enterocolitica	小肠结肠炎耶尔森菌	第三类	BSL-2	ABSL-2	BSL-2	BSL-1	B	UN 3373	
153	Yersinia pseudotuberculosis	假结核耶尔森菌	第三类	BSL-2	ABSL-2	BSL-2	BSL-1	B	UN 3373	
154	Human granulocytic ehrlichiae	人粒细胞埃立克体	第三类	BSL-2	ABSL-2	BSL-2	BSL-1	B	UN 3373	
155	Ehrlichia Chaffeensis, EC	查菲埃立克体	第三类	BSL-2	ABSL-2	BSL-2	BSL-1	B	UN 3373	

注:BSL-n/ABSL-n:代表不同生物安全级别的实验室/动物实验室。

a. 大量活菌操作:实验操作涉及"大量"病原菌的制备,或易产生气溶胶的实验操作(如病原菌离心、冻干等)。

b. 动物感染实验:特指以活菌感染的动物实验。

c. 样本检测:包括样本的病原菌分离纯化、药物敏感试验、生化鉴定、免疫学实验、PCR 核酸提取、涂片、显微观察等初步检测活动。

d. 非感染性材料的实验:如不含致病性活菌材料的分子生物学、免疫学等实验。

e. 运输包装分类:按国际民航组织文件 Doc9284《危险品航空安全运输技术细则》的分类包装要求,将相关病原和标本分为 A、B 两类,对应的联合国编号分别为 UN2814 和 UN3373;A 类中传染性物质特指菌株或活菌培养物,应按 UN2814 的要求包装和空运,其他相关样本和 B 类的病原和相关样本均按 UN3373 的要求包装和空运;通过其他交通工具运输的可参照以上标准包装。

f. 因属甲类传染病,流行株按第二类管理,涉及大量活菌培养等工作可在 BSL-2 实验室进行;非流行株归第三类。

说明:

1. 在保证安全的前提下,对临床和现场的未知样本的检测可在生物安全二级或以上防护级别的实验室进行。涉及病原菌分离培养的操作,应加强个体防护和环境保护。但此项工作仅限于对样本中病原菌的初步分离鉴定。一旦病原菌初步明确,应按病原微生物的危害类别将其转移至相应生物安全级别的实验室开展工作。

2."大量"的病原菌制备,是指病原菌的体积或浓度,大大超过了常规检测所需要的量。比如在大规模发酵、抗原和疫苗生产,病原菌进一步鉴定以及科研活动中,病原菌增殖和浓缩所需要处理的剂量。

3.本表未列之病原微生物和实验活动,由单位生物安全委员会负责危害程度评估,确定相应的生物安全防护级别。如涉及高致病性病原微生物及其相关实验的,应经国家病原微生物实验室生物安全专家委员会论证。

4.国家正式批准的生物制品疫苗生产用减毒、弱毒菌种的分类地位另行规定。

附表4　真菌分类名录

| 序号 | 真菌名称 | | 危害程度分类 | 实验活动所需生物安全实验室级别 | | | | 运输包装分类e | | 备注 |
	学名	中文名		大量活菌操作a	动物感染实验b	样本检测c	非感染性材料的实验d	A/B	UN编号	
1	Coccidioides immitis	粗球孢子菌	第二类	BSL-3	ABSL-3	BSL-2	BSL-1	A	UN 2814	
2	Histoplasmfarcinimosum	马皮疽组织胞浆菌	第二类	BSL-3	ABSL-3	BSL-2	BSL-1	A	UN 2814	
3	Histoplasma capsulatum	荚膜组织胞浆菌	第二类	BSL-3	ABSL-3	BSL-2	BSL-1	A	UN 2814	
4	Paracoccidioides brasiliensis	巴西副球孢子菌	第二类	BSL-3	ABSL-3	BSL-2	BSL-1	A	UN 2814	
5	Absidiacorymbifera	伞枝梨头霉	第三类	BSL-2	ABSL-2	BSL-2	BSL-1	B	UN 3373	
6	Alternaria	交链孢霉属	第三类	BSL-2	ABSL-2	BSL-2	BSL-1	B	UN 3373	
7	Arthrinium	节菱孢霉属	第三类	BSL-2	ABSL-2	BSL-2	BSL-1	B	UN 3373	
8	Aspergillus flavus	黄曲霉	第三类	BSL-2	ABSL-2	BSL-2	BSL-1	B	UN 3373	
9	Aspergillus fumigatus	烟曲霉	第三类	BSL-2	ABSL-2	BSL-2	BSL-1	B	UN 3373	
10	Aspergillus nidulans	构巢曲霉	第三类	BSL-2	ABSL-2	BSL-2	BSL-1	B	UN 3373	
11	Aspergillus ochraceus	赭曲霉	第三类	BSL-2	ABSL-2	BSL-2	BSL-1	B	UN 3373	

序号	真菌名称		危害程度分类	实验活动所需生物安全实验室级别				运输包装分类e		备注
	学名	中文名		大量活菌操作a	动物感染实验b	样本检测c	非感染性材料的实验d	A/B	UN编号	
12	Aspergillus parasiticus	寄生曲霉	第三类	BSL-2	ABSL-2	BSL-2	BSL-1	B	UN 3373	
13	Blastomyces dermatitidis	皮炎芽生菌	第三类	BSL-2	ABSL-2	BSL-2	BSL-1	B	UN 3373	
14	Candida albicans	白假丝酵母菌	第三类	BSL-2	ABSL-2	BSL-2	BSL-1	B	UN 3373	
15	Cephalosporium	头孢霉属	第三类	BSL-2	ABSL-2	BSL-2	BSL-1	B	UN 3373	
16	Cladosporium carrionii	卡氏枝孢霉	第三类	BSL-2	ABSL-2	BSL-2	BSL-1	B	UN 3373	
17	Cladosporium trichoides	毛样枝孢霉	第三类	BSL-2	ABSL-2	BSL-2	BSL-1	B	UN 3373	
18	Cryptococcus neoformans	新生隐球菌	第三类	BSL-2	ABSL-2	BSL-2	BSL-1	B	UN 3373	
19	Dactylariagallopava	指状菌属	第三类	BSL-2	ABSL-2	BSL-2	BSL-1	B	UN 3373	
20	Dermatophiluscongolensis	嗜刚果皮菌	第三类	BSL-2	ABSL-2	BSL-2	BSL-1	B	UN 3373	
21	Emmonsia parva	伊蒙微小菌	第三类	BSL-2	ABSL-2	BSL-2	BSL-1	B	UN 3373	
22	Epidermophyton floccosum	絮状表皮癣菌	第三类	BSL-2	ABSL-2	BSL-2	BSL-1	B	UN 3373	
23	Exophiala dermatitidis	皮炎外瓶霉	第三类	BSL-2	ABSL-2	BSL-2	BSL-1	B	UN 3373	
24	Fonsecaea compacta	着紧密色霉	第三类	BSL-2	ABSL-2	BSL-2	BSL-1	B	UN 3373	
25	Fonsecaeapedrosoi	佩氏着色霉	第三类	BSL-2	ABSL-2	BSL-2	BSL-1	B	UN 3373	
26	Fusarium equiseti	木贼镰刀菌	第三类	BSL-2	ABSL-2	BSL-2	BSL-1	B	UN 3373	
27	Fusarium graminearum	禾谷镰刀菌	第三类	BSL-2	ABSL-2	BSL-2	BSL-1	B	UN 3373	
28	Fusarium moniliforme	串珠镰刀菌	第三类	BSL-2	ABSL-2	BSL-2	BSL-1	B	UN 3373	
29	Fusarium nivale	雪腐镰刀菌	第三类	BSL-2	ABSL-2	BSL-2	BSL-1	B	UN 3373	
30	Fusarium oxysporum	尖孢镰刀菌	第三类	BSL-2	ABSL-2	BSL-2	BSL-1	B	UN 3373	

序号	真菌名称		危害程度分类	实验活动所需生物安全实验室级别				运输包装分类 e		备注
	学名	中文名		大量活菌操作 a	动物感染实验 b	样本检测 c	非感染性材料的实验 d	A/B	UN编号	
31	Fusarium poae	梨孢镰刀菌	第三类	BSL-2	ABSL-2	BSL-2	BSL-1	B	UN 3373	
32	Fusarium solani	茄病镰刀菌	第三类	BSL-2	ABSL-2	BSL-2	BSL-1	B	UN 3373	
33	Fusarium sporotricoides	拟枝孢镰刀菌	第三类	BSL-2	ABSL-2	BSL-2	BSL-1	B	UN 3373	
34	Fusarium tricinctum	三线镰刀菌	第三类	BSL-2	ABSL-2	BSL-2	BSL-1	B	UN 3373	
35	Geotrichum. spp	地霉属	第三类	BSL-2	ABSL-2	BSL-2	BSL-1	B	UN 3373	
36	Loboalobai	罗布罗布芽生菌	第三类	BSL-2	ABSL-2	BSL-2	BSL-1	B	UN 3373	
37	Madurellagrisea	灰马杜拉分枝菌	第三类	BSL-2	ABSL-2	BSL-2	BSL-1	B	UN 3373	
38	Madurellamycetomatis	足马杜拉分枝菌	第三类	BSL-2	ABSL-2	BSL-2	BSL-1	B	UN 3373	
39	Microsporum. spp	小孢子菌属	第三类	BSL-2	ABSL-2	BSL-2	BSL-1	B	UN 3373	
40	Mucor. spp	毛霉属	第三类	BSL-2	ABSL-2	BSL-2	BSL-1	B	UN 3373	
41	Penicillium citreoviride	黄绿青霉	第三类	BSL-2	ABSL-2	BSL-2	BSL-1	B	UN 3373	
42	Penicillium citrinum	桔青霉	第三类	BSL-2	ABSL-2	BSL-2	BSL-1	B	UN 3373	
43	Penicillium cyclopium	圆弧青霉	第三类	BSL-2	ABSL-2	BSL-2	BSL-1	B	UN 3373	
44	Penicillium islandicum	岛青霉	第三类	BSL-2	ABSL-2	BSL-2	BSL-1	B	UN 3373	
45	Penicillium marneffei	马内菲青霉	第三类	BSL-2	ABSL-2	BSL-2	BSL-1	B	UN 3373	
46	Penicillium patulum	展开青霉	第三类	BSL-2	ABSL-2	BSL-2	BSL-1	B	UN 3373	
47	Penicillium purpurogenum	产紫青霉	第三类	BSL-2	ABSL-2	BSL-2	BSL-1	B	UN 3373	

| 序号 | 真菌名称 | | 危害程度分类 | 实验活动所需生物安全实验室级别 | | | | 运输包装分类 e | | 备注 |
	学名	中文名		大量活菌操作 a	动物感染实验 b	样本检测 c	非感染性材料的实验 d	A/B	UN 编号	
48	Penicillium rugulosum	皱褶青霉	第三类	BSL-2	ABSL-2	BSL-2	BSL-1	B	UN 3373	
49	Penicillium versicolor	杂色青霉	第三类	BSL-2	ABSL-2	BSL-2	BSL-1	B	UN 3373	
50	Penicillium viridicatum	纯绿青霉	第三类	BSL-2	ABSL-2	BSL-2	BSL-1	B	UN 3373	
51	Pneumocystis carinii	卡氏肺孢菌	第三类	BSL-2	ABSL-2	BSL-2	BSL-1	B	UN 3373	
52	Rhizopus cohnii	科恩酒曲菌	第三类	BSL-2	ABSL-2	BSL-2	BSL-1	B	UN 3373	
53	Rhizopus microspous	小孢子酒曲菌	第三类	BSL-2	ABSL-2	BSL-2	BSL-1	B	UN 3373	
54	Sporothrixschenckii	申克孢子细菌	第三类	BSL-2	ABSL-2	BSL-2	BSL-1	B	UN 3373	
55	Stachybotrys	葡萄状穗霉属	第三类	BSL-2	ABSL-2	BSL-2	BSL-1	B	UN 3373	
56	Trichoderma	木霉属	第三类	BSL-2	ABSL-2	BSL-2	BSL-1	B	UN 3373	
57	Trichophyton rubrum	红色毛癣菌	第三类	BSL-2	ABSL-2	BSL-2	BSL-1	B	UN 3373	
58	Trichothecium	单端孢霉属	第三类	BSL-2	ABSL-2	BSL-2	BSL-1	B	UN 3373	
59	Xylohyphabantania	木丝霉属	第三类	BSL-2	ABSL-2	BSL-2	BSL-1	B	UN 3373	

注:BSL-n/ABSL-n:代表不同生物安全级别的实验室/动物实验室。

a. 大量活菌操作:实验操作涉及"大量"病原菌的制备,或易产生气溶胶的实验操作(如病原菌离心、冻干等)。

b. 动物感染实验:特指以活菌感染的动物实验。

c. 样本检测:包括样本的病原菌分离纯化、药物敏感试验、生化鉴定、免疫学实验、PCR 核酸提取、涂片、显微观察等初步检测活动。

d. 非感染性材料的实验:如不含致病性活菌材料的分子生物学、免疫学等实验。

e. 运输包装分类:按国际民航组织文件 Doc9284《危险品航空安全运输技术细则》的分类包装要求,将相关病原和标本分为 A、B 两类,对应的联合国编号分别为 UN2814 和 UN3373;A 类中传染性物质特指菌株或活菌培养物,应按 UN2814 的要求包装和空运,其他相关标本和 B 类的病原和相关样本均按 UN3373 的要求包装和空运;通过其他交通工具运输的可参照以上标准包装。

说明:

1. 在保证安全的前提下,对临床和现场的未知样本的检测可在生物安全二级或以上防护级别的实验室进行。涉及病原菌分离培养的操作,应加强个体防护和环境保护。但此项工作仅限于对样本中病原菌的初步分离鉴定。一旦病原菌初步明确,应按病原微生物的危害类别将其转移至相应生物安全级别的实验室开展工作。

2."大量"的病原菌制备,是指病原菌的体积或浓度,大大超过了常规检测所需要的量。比如在大规模发酵、抗原和疫苗生产,病原菌进一步鉴定以及科研活动中,病原菌增殖和浓缩所需要处理的剂量。

3.本表未列之病原微生物和实验活动,由单位生物安全委员会负责危害程度评估,确定相应的生物安全防护级别。如涉及高致病性病原微生物及其相关实验的,应经国家病原微生物实验室生物安全专家委员会论证。

4.国家正式批准的生物制品疫苗生产用减毒、弱毒菌种的分类地位另行规定。

(臧文巧)